高等农林院校精品课程建设教材

CAD/CAM 技术及应用

刘　军　李永奎　陶栋材　主编

中国农业大学出版社

主　编　刘　军（河南农业大学）
李永奎（沈阳农业大学）
陶栋材（湖南农业大学）
副主编　弋景刚（河北农业大学）
孔晓玲（安徽农业大学）
郑德聪（山西农业大学）
参　编　赵凤芹（沈阳农业大学）
李　燕（河南农业大学）
吴明亮（湖南农业大学）

内 容 简 介

本书重点介绍先进制造技术中CAD/CAM的基础技术、关键技术和应用技术。内容包括CAD/CAM系统的支撑技术、CAD/CAM软件开发基础、CAD的基本方法、计算机辅助图形处理、CAD/CAM建模技术及产品数据模型、计算机辅助工程分析技术、计算机辅助数控加工、成组技术基础、计算机辅助工艺过程设计、计算机辅助工装设计、计算机辅助质量系统和CAD/CAM集成技术及其发展等。

考虑到CAD/CAM技术的迅速发展及其应用的日益广泛，教材编写中除注意内容安排的系统性、完整性之外，还注意突出介绍方法和思路上的多样性和实用性，并体现了CAD/CAM技术的最新发展趋势。

本书可作为机械工程、农业工程相关专业的本科生和研究生教材或参考书，同时可供广大从事CAD/CAM技术研究的工程技术人员参考。

前　言

CAD/CAM 技术是当代科学技术发展最为活跃的领域之一，是产品更新、生产发展、国际间经济竞争的重要手段，它的应用和发展引起了社会和生产的巨大变革，因此CAD/CAM 技术被视为 20 世纪最杰出的工程成就之一。目前，CAD/CAM 技术广泛应用于机械、电子、航空、航天、汽车、船舶、纺织、轻工及建筑等各个领域，它的应用水平已成为衡量一个国家技术发展水平及工业现代化水平的重要标志。

随着市场竞争的日益激烈及全球市场的形成，对制造业来说，本世纪企业竞争的核心将是新产品的开发能力及制造能力，CAD/CAM 技术是提高产品设计质量、缩短产品开发周期、降低产品生产成本的强有力的手段。因此，国内外的企业对CAD/CAM 技术的发展及应用都十分重视。随着CAD/CAM 技术的推广应用，它已经从一门新兴技术发展成为一种高新技术产业，所以CAD/CAM 技术也是工程技术人员必须掌握的基本工具。

CAD/CAM 技术涉及的内容十分广泛，本教材以机械工程、农业工程类专业本科生和研究生的教育为主，在学生已掌握了计算机的基本知识、计算机编程语言、计算机辅助绘图、机械设计及机械制造工艺学等基本知识的基础上，系统地介绍了计算机在设计与制造中的应用和开发技术。教材的编写考虑学科的发展及国民经济的需要，总结编者多年的教学经验和研究成果。在内容安排上，按照产品开发过程链，着重介绍一些基本概念、实施方法和关键技术；在介绍实施方法时，突出思路和方法的多样化，以开阔学生思路，培养学生分析问题和解决问题的能力。

本书在编写过程中，力求做到以下几点。

1. 尽量反映CAD/CAM 技术的最新发展和内容，使其在内容上具有先进性。

2. 从系统论、信息论、控制论所形成的系统科学和方法论的角度，以制造系统工程学为主线来论述CAD/CAM 的内容，使之在体系上具有科学性。

3. 理论联系实际，注意多介绍一些方法、实例，以满足技术上的实用性。

4. 贯彻名词术语、代（符）号、量和单位等现行国家标准，以满足行业和社会的需要。

5. 尽量多用图、表，图文并茂，使读者便于理解。

本书由河南农业大学刘军、沈阳农业大学李永奎、湖南农业大学陶栋材任主编，河北农业大学弋景刚、安徽农业大学孔晓玲、山西农业大学郑德聪任副主编。

参加各章编写工作的人员如下：李永奎（沈阳农业大学）——第 1，2 和 3 章；陶栋材，吴明亮（湖南农业大学）——第 4 和 7 章；孔晓玲（安徽农业大学）——第 5 和 11 章；赵凤芹（沈阳农业大学）——第 6 章；弋景刚（河北农业大学）第 8 和 13 章；刘军，李燕（河南农业大学）——第 9 和 10 章；郑德聪（山西农业大学）——第 12 章。

由于编者水平有限，书中不足、不妥之处在所难免，敬请读者批评指正。

编者

2004 年 11 月

目　录

1　概　述

1.1　CAD/CAM 的基本概念

1.1.1　CAD/CAM 的概念

计算机辅助设计(computer aided design, CAD)是指工程技术人员借助于计算机进行设计的方法。其特点是将人的创造能力和计算机的高速运算能力、巨大存储能力及逻辑判断能力很好地结合起来。在工程、产品设计中的许多繁重工作，例如非常复杂的数学和力学计算，多种设计方案的提出，综合分析比较与优化，工程图纸及生产管理信息的输出等，均可由计算机完成。一般认为 CAD 系统应具有草图设计、零件设计、工程分析、装配设计、图纸输出和数据交换等功能。

计算机辅助制造(computer aided manufacturing, CAM)，一般意义上是指计算机自动生成数控加工程序，工艺过程设计，加工顺序和加工参数的优化及加工过程仿真分析等。广义上讲 CAM 是指利用计算机系统辅助完成从生产准备到产品制造整个过程的活动，包括工艺设计、数控加工代码的生成、加工作业计划、生产监控及制造质量控制等。

1.1.2　CAD/CAM 的集成

CAD/CAM 技术是围绕产品的设计与制造相对独立发展起来的，在早期应用中，常常以独立的形式出现，并独立发挥作用。但在产品整个设计与制造过程中，各个环节又是紧密相连的。经过多年的发展，CAD/CAM 技术形成了一些具有环节针对性的单项技术，其中代表性技术有：

①计算机辅助绘图(computer aided graphics,CAG)；

②计算机辅助工程分析(computer aided engineering,CAE)；

③计算机辅助工艺过程设计(computer aided process planning,CAPP)；

④计算机辅助数控编程(number control programming,NCP)；

⑤计算机虚拟制造(virtual manufacturing,VM)。

如果将每项技术作为独立的系统运行，一方面需要在各系统之间进行频繁的数据交换，另一方面还需要频繁地在各系统间进行切换。人们很自然想到将与产品设计制造的各环节相对应各个单项技术集成在一个大系统中，实现数据与功能的自动连接，这样可以大大提高效率。集成后的系统，输入的是产品的设计参数，输出的是控制数控设备动作的加工程序。这种集成多项功能的计算机辅助设计制造系统就是 CAD/CAM 集成系统。

1.1.3　CAD/CAM 的过程

图 1-1 给出一个较为完整的利用 CAD/CAM 系统开发产品的过程，过程中包括以下几个

主要方面。

①将欲设计的产品的性能参数输入 CAD 系统,CAD 系统首先进行方案设计与分析,再利用几何建模功能,构造几何模型。

②系统对模型进行进一步的分析计算,确定总体方案及各零部件的结构参数,并将结果以图形方式显示在屏幕上。

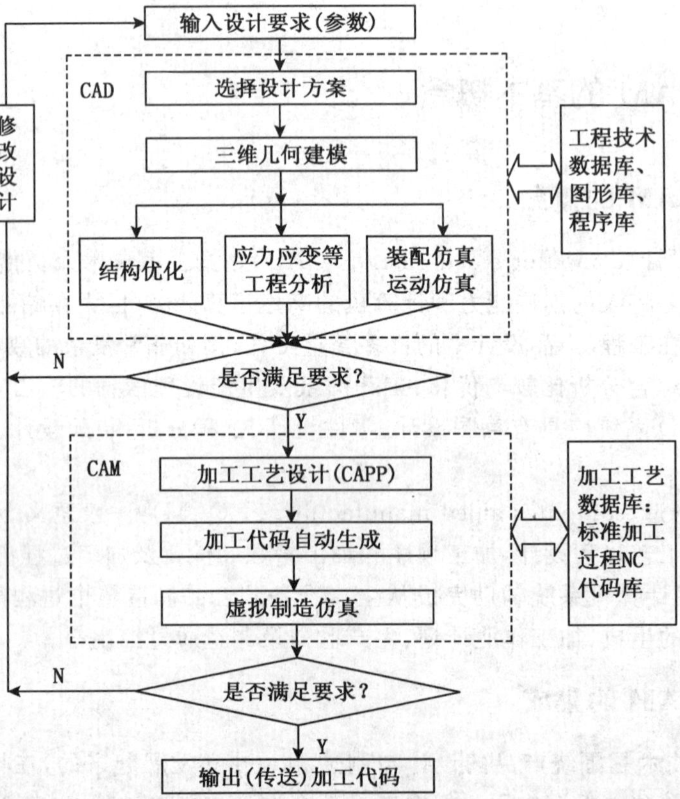

图 1-1 CAD/CAM 过程

③系统设计人员可以对产品的性能、结构、运动及装配进行预测、分析与仿真等。用户可以根据这些结果,初步判断出设计对象是否满足要求,如果在某些方面存在问题,可以对设计做进一步修改,直到达到要求为止。

④模型设计完成后,CAM 系统根据模型的参数、技术要求及加工设备的性能,首先对零部件的加工工艺进行分析与设计。在此过程中,设计人员可以根据特殊的加工工艺条件,对工艺的设计结果进行必要的干预,以达到工艺的可行性与过程的最优化。

⑤工艺设计完成后,系统输出工艺规程或选定数控加工设备的 NC 程序。对生成 NC 程序,系统还可以进行加工过程仿真,以验证其工艺的合理性与可行性。

上述的每个过程,都可以分别独立的进行,各过程之间没有内在的实质性的联系。也可以仅使用几个过程完成设计,如对于简单的零件,可以利用 CAD 完成建模后,直接生成 NC 程序,进行数控加工,由于零件简单,可以不进行复杂的参数分析等。

1.1.4 CAD/CAM 的主要功能

工程技术人员利用 CAD/CAM 系统,可以实现产品设计与制造全过程的信息辅助处理,包括数值计算、设计分析、图纸生成、产品性能的分析与仿真、加工工艺过程的分析计算、加工过程的仿真等。所以,一般CAD/CAM系统应具备如下功能。

1.1.4.1 零件造型

CAD的造型技术是指利用计算机图形学理论,在计算机系统中构造零件的数字模型。其主要技术主要包括两个方面:一是模型的计算机描述方法,即研究用什么样的数据结构来描述一个完整的几何实体及零件的其他特征参数的问题;二是用户如何输入模型的参数,目前多采用三维图形人机交互方式实现模型的定义。几何造型技术是CAD/CAM的核心,是为产品的设计、分析、制造提供最基本的数据。有了基本几何模型后,系统才能进一步对模型进行分析、进行加工工艺的设计等工作。

1.1.4.2 装配造型

装配造型是将设计好的零件模型,在CAD/CAM提供的模拟环境下,实现虚拟的组装,在装配过程中可以发现由于设计不当而产生的装配问题,如装配间隙、零件装配的干涉、零件运动的干涉等问题。

1.1.4.3 产品工作过程仿真与分析

系统形成装配模型后,设计人员可以在虚拟的产品上进行运动学分析,检查产品在动作上是否达到了设计要求。一些先进系统还可以进行动力学分析,实现虚拟样机的试验研究。

1.1.4.4 标准件库管理

根据工业标准,CAD系统中通常提供大量的标准件模型与标准特征模型,如螺栓、键、孔、轴、法兰等,设计人员可以方便地从库中调用这些标准件。系统也同时提供对标准件库进行编辑功能,用户可以对标准件库进行必要的扩展。

1.1.4.5 工程图生成

工程图是一种设计与制造的中间成果,也是一种必要的技术文件。就目前工业技术水平,生成工程图纸还是必要的。因此多数CAD系统都提供了工程图的生成能力,可以在三维模型基础上,自动完成投影图、辅助图及局部视图,也可以完成尺寸的自动标注等功能。先进的CAD系统可以实现工程图与三维模型的同步编辑功能。

1.1.4.6 工程分析与优化设计

几何模型形成后,系统可以求出模型的几何参数及其他物理参数,如体积、重心、转动惯量等参数。系统利用有限元等数值分析方法,可以计算出零件的应力分布、温度分布等。利用优化理论,系统可以对零件的性能、参数等特征进行优化计算,求出所设计的某个参数或多个参数综合最优化。

1.1.4.7 辅助工艺过程设计

作为CAD与CAM的中间环节,计算机辅助工艺过程设计(CAPP)的任务是在CAD设计的几何模型的基础上,根据加工的要求及加工条件,进行零件的加工方法、工艺路线、加工步骤、加工设备及加工参数的设计。CAPP一方面可以实现加工工艺过程的优化,给出最佳的工艺路线、最合理的工序安排;另一方面其结果也为CAM的NC自动编程奠定了必要的技术基础。

1.1.4.8 辅助NC编程与加工过程仿真

CAM系统根据CAD建立的零件几何模型及CAPP的工艺过程设计,结合具体的数控加工设备,自动生成NC程序。NC程序生成后,系统可以对加工过程进行仿真,就是在虚拟的数控设备上执行NC程序,以验证NC程序的正确性,如是否出现刀具与零件、机床或夹具相干涉等问题。系统还可以实现加工程序的优化，以最优的走刀路线、最合理的加工用量进行加工。

1.2 CAD/CAM 的系统结构

1.2.1 CAD/CAM 系统的组成

一般认为CAD/CAM 系统是由硬件、软件和工程师组成。硬件是CAD/CAM 系统运行的基础，主要包括计算机主机、计算机外部设备以及网络通信设备等。软件是CAD/CAM 系统的核心，包括操作系统、各种支撑软件和应用软件等。CAD/CAM 软件在系统中占据越来越重要的地位，软件配置水平决定CAD/CAM 系统性能的优劣，软件的成本已远远超过了硬件设备。

工程师在系统中起着关键的作用。从使用方法的角度看，目前各类CAD/CAM 系统基本都采用人机交互的工作方式，通过人机对话完成CAD/CAM 的各种作业过程。CAD/CAM 系统这种工作方式要求工程技术人员与计算机密切合作，各自发挥自身的特长。计算机在信息的存储与检索、分析与计算、图形与文字处理等方面有着特有的功能，而设计策略、逻辑控制、信息组织以及经验和创造性方面，工程技术人员将起到主导性作用。

1.2.2 系统硬件

由于CAD/CAM 系统需要进行大量的数据处理、数值运算、图形处理等复杂的作业，对系统硬件提出了更高的要求，为保证系统有效、快捷地工作，其硬件系统应满足如下的要求。

1)强大的图形功能。在CAD/CAM 系统中，图形信息的处理所占比例较大，为提高图形软件的处理效率，系统应配置较高档的图形显示系统，如配置具有大的数据通讯带宽、大的显示存储功能及高速的3D加速图像处理芯片的显示卡等。

2)高速的信息处理与数值运算能力。三维模型的处理、图形的显示、工程分析等工作都需要大量的逻辑和数值运算，并需要大量的信息支持，因此CPU 的速度在CAD/CAM 系统中显得十分重要。

3)大容量的存储空间。CAD/CAM 工作过程中，随着模型复杂程度的加大，描述模型及处理模型都需要大量的存储空间，配置大容量的存储空间对提高系统的运行速度及稳定性是十分必要的。

4)方便的人机交互功能。CAD/CAM 系统一般采用人机交互工作方式，要求硬件系统能够提供方便的人机交互工具和快速的交互响应速度。

5)良好的通信联网功能。CAD/CAM 集成系统是一个综合化系统，涉及到产品的各种设计、制造与技术管理等活动。作为一个完善的系统，需要计算机网络的支持，可以将不同地点和不同部门的信息整合为一个大系统，实现信息共享，团队作业。

1.2.3 CAD/CAM 支撑软件

支撑软件是CAD/CAM 系统的核心，是在计算机基本系统基础上，以实现CAD/CAM 各种功能为目的的工具软件集合。根据软件功能特点，可分为绘图软件、几何造型软件、工程分析与优化软件及数据库管理软件等。目前国内广泛流行的CAD/CAM 支撑软件主要有如下几种。

1.2.3.1 Unigraphics(UG)

UG是Unigraphics Solutions公司产品。系统突破传统CAD/CAM模式，为用户提供一个全面的产品建模系统。在UG中，优越的参数化和变量化技术与传统的实体、线框和表面功能结合在一起，这一结合被实践证明是强有力的，并被大多数CAD/CAM软件厂商所采用。

1.2.3.2 SOLIDEDGE

SOLIDEDGE是真正Windows软件。它不是将工作站软件生硬地搬到Windows平台上，而是充分利用Windows基于组件对象模型(COM)的先进技术重写代码。SOLIDEDGE与Microsoft Office兼容，与Windows的OLE技术兼容，这使得设计师们在使用CAD系统时，能够进行Windows下的文字处理、电子报表、数据库操作等。

SOLIDEDGE具有友好的用户界面，它采用一种称为Smart Ribbon的界面技术，用户只要按下一个命令按钮，即可以在Smart Ribbon上看到该命令的具体内容和详细的步骤，同时在状态条上提示用户下一步该做什么。

SOLIDEDGE是基于参数和特征实体造型的新一代机械设计CAD系统，它是为设计人员专门开发的，易于理解和操作的实体造型系统。

1.2.3.3 AutoCAD

AutoCAD是Autodesk公司的主导产品。Autodesk公司是世界第4大PC软件公司。目前在CAD/CAE/CAM工业领域内，该公司是拥有全球用户量最多的软件供应商，也是全球规模最大的基于PC平台的CAD和动画及可视化软件企业。Autodesk公司的软件产品已被广泛地应用于机械设计、建筑设计、影视制作、视频游戏开发以及Web网的数据开发等重大领域。

AutoCAD是当今最流行的二维绘图软件，它在二维绘图领域拥有广泛的用户群。AutoCAD有强大的二维功能，如绘图、编辑、剖面线和图案绘制、尺寸标注以及二次开发等，同时有部分三维功能。AutoCAD提供AutoLISP、ADS、ARX作为二次开发的工具。在许多实际应用领域(如机械、建筑、电子)中，一些软件开发商在AutoCAD的基础上已开发出许多符合实际应用的软件。目前，Autodesk公司已经发布AutoCAD2004。

1.2.3.4 MDT

MDT是Autodesk公司在PC平台上开发的三维机械CAD系统。它以三维设计为基础，集设计、分析、制造以及文档管理等多种功能为一体；为用户提供了从设计到制造一体化的解决方案。MDT主要功能特点如下：

①基于特征的参数化实体造型，用户可十分方便地完成复杂三维实体造型，可以对模型进行灵活地编辑和修改；

②基于NURBS的曲面造型，可以构造各种各样的复杂曲面，以满足如模具设计等方面对复杂曲面的要求；

③可以比较方便地完成几百甚至上千个零件的大型装配；

④MDT提供相关联的绘图和草图功能，提供完整的模型和绘图的双向联结。

1.2.3.5 SolidWorks

SolidWorks是生信国际有限公司推出的基于Windows的机械设计软件。生信公司是一家专业化的信息高速技术服务公司，在信息和技术方面一直保持与国际CAD/CAE/CAM/PDM市场同步。该公司提倡的“基于Windows的CAD/CAE/CAM/PDM桌面集成系统”是以Windows为平台，以SolidWorks为核心的各种应用的集成，包括结构分析、运动分析、工程数据管理和数控加工等。

SolidWorks 是基于 Windows 平台的全参数化特征造型软件，它可以十分方便地实现复杂的三维零件实体造型、进行复杂装配和生成工程图。图形界面友好，用户上手快。该软件可以应用于以规则几何形体为主的机械产品设计及生产准备工作中。

1.2.3.6 Pro/Engineer

Pro/Engineer 系统是美国参数技术公司(Parametric Technology Corporation，PTC)的产品。PTC 公司提出的单一数据库、参数化、基于特征、全相关的概念改变了机械 CAD/CAE/CAM 的传统观念，这种全新的概念已成为当今世界机械 CAD/CAE/CAM 领域的新标准。利用该概念开发出来的第三代机械 CAD/CAE/CAM 产品 Pro/Engineer 软件能将设计至生产全过程集成到一起，让所有的用户能够同时进行同一产品的设计制造工作，即实现所谓的并行工程。Pro/Engineer 系统主要功能如下：

①真正的全相关性，任何地方的修改都会自动反映到所有相关地方；

②具有真正管理并发进程、实现并行工程的能力；

③具有强大的装配功能，能够始终保持设计者的设计意图；

④容易使用，可以极大地提高设计效率。

Pro/Engineer 系统用户界面简洁，概念清晰，符合工程人员的设计思想与习惯。整个系统建立在统一的数据库上，具有完整而统一的模型。

1.2.3.7 高华 CAD

高华 CAD 是由北京高华计算机有限公司推出的 CAD 产品。该公司是由清华大学和广东科龙(容声)集团联合创建的一个专门从事 CAD/CAM/PDM/MIS 集成系统的研究、开发、推广、应用、销售和服务的专业化高技术企业。公司与国家 CAD 支撑软件工程中心紧密结合，坚持走自主版权的民族软件产业的发展道路，以“用户的需要就是我们的需要”为承诺，在科研成果商品化方向迈出了可喜的一步。

高华 CAD 系列产品包括计算机辅助绘图支撑系统 GHDrafting、机械设计及绘图系统 GHMDS、工艺设计系统 GHCAPP、三维几何造型系统 GHGEMS、产品数据管理系统 GHPDMS 及自动数控编程系统 GHCAM。其中 GHMDS 是基于参数化设计的 CAD/CAE/CAM 集成系统，它具有全程导航、图形绘制、明细表的处理、全约束参数化设计、参数化图素拼装、尺寸标注、标准件库、图像编辑等功能模块。

1.2.3.8 CAXA 电子图板和 CAXAME 制造工程师

CAXA 电子图板和 CAXAME 制造工程师软件的开发与销售单位是北京北航海尔软件有限公司(原北京航空航天大学华正软件研究所)。该公司是从事 CAD/CAE/CAM 软件与工程服务的专业化公司。

CAXA 电子图板是一套高效、方便、智能化的通用中文设计绘图软件，可帮助设计人员进行零件图、装配图、工艺图表、平面包装的设计，适合所有需要二维绘图的场合，使设计人员可以把精力集中在设计构思上，彻底甩掉图板，满足现代企业快速设计、绘图、信息电子化的要求。

CAXAME 是面向机械制造业自主开发的、使用中文界面的三维复杂形面 CAD/CAM 软件。CAXAME 制造工程师 1.0 版于 1996 年推出，CAXAME 2.0 版于 1998 年 3 月发布，CAXAME 2000 版业已发布。

1.2.3.9 金银花系统

金银花(Lonicera)系统是由广州红地技术有限公司开发的基于 STEP 标准的 CAD/CAM

系统。该系统是国家科委 863/CIMS 主题在“九五”期间科技攻关的最新研究成果。该软件主要应用于机械产品设计和制造中，它可以实现设计/制造一体化和自动化。该软件起点高，以制造业最高国际标准 ISO 10303(STEP)为系统设计的依据。该软件采用面向对象的技术，使用先进的实体建模、参数化特征造型、二维和三维一体化、SDAI 标准数据存取接口的技术；具备机械产品设计、工艺过程设计和数控加工程序自动生成等功能；同时还具有多种标准数据接口，如 STEP、DXF 等；支持产品数据管理(PDM)。目前金银花系统的系列产品包括：机械设计平台 MDA、数控编程系统 NCP、产品数据管理 PDS、工艺设计工具 MPP。

机械设计平台 MDA(mechanical design assistant)是金银花系列软件之一，是二维和三维一体化设计系统。目前，MDA1.7 版已投放市场，MDA99 版也已发布。“金银花”MDA 在国内率先实现商品化，并向国外三维 CAD 软件发出了强有力的挑战。

此外，美国 Unigraphics Solutions 公司的 SolidEdge，CNC 公司的 MasterCAM，SDRC 公司的 I-DEAS，法国达索公司的 CATIA 等系统也具有各自的专长，并在一些行业中被广泛应用。

1.2.4 CAD/CAM 中主要关键技术

参数化设计、特征建模技术、数控自动编制技术是目前 CAD/CAM 系统的热门研究技术。

1.2.4.1 参数化设计

参数化设计(parametric)，又叫尺寸驱动(dimension-driven)是 CAD 在实际应用中提出来的，它不仅可使 CAD 系统具有交互式绘图功能，还具有自动绘图的功能。目前它是 CAD 技术应用领域内的一个重要的、且待进一步研究的课题。利用参数化设计手段开发的专用产品设计系统，可使设计人员从大量繁重而琐碎的绘图工作中解脱出来，可以大大提高设计速度，并减少信息的存储量。

由于上述应用背景，国内外对参数化设计做了大量的研究，目前参数化技术大致可分为如下 3 种方法：①基于几何约束的数学方法；②基于几何原理的人工智能方法；③基于特征模型的造型方法。其中数学方法又分为初等方法(primary approach)和代数方法(algebraic approach)。

参数化设计中的参数驱动机制是基于对图形数据的操作。通过参数驱动机制，可以对图形的几何数据进行参数化修改，但是在修改的同时，还要满足图形的约束条件，需要约束间关联性的驱动手段来约束联动，约束联动是通过约束间的关系实现的驱动方法。对一个图形，可能的约束十分复杂，而且数量很大。而实际由用户控制的，即能够独立变化的参数一般只有几个，称之为主参数或主约束；其他约束可由图形结构特征确定或与主约束有确定关系，称它们为次约束。对主约束是不能简化的，对次约束的简化可以有图形特征联动和相关参数联动两种方式。

所谓图形特征联动就是保证在图形拓扑关系不变的情况下，对次约束的驱动，亦即保证连续、相切、垂直、平行等关系不变。反映到参数驱动过程就是要根据各种几何相关性准则去判识与被动点有上述拓扑关系的实体及其几何数据，在保证原关系不变的前提下，求出新的几何数据。称这些几何数据为从动点。这样，从动点的约束就与驱动参数有了联系。依靠这一联系，从动点得到了驱动点的驱动，驱动机制则扩大了其作用范围。

所谓相关参数联动就是建立次约束与主约束在数值上和逻辑上的关系。在参数驱动过程中，始终要保持这种关系不变。相关参数的联动方法使某些不能用拓扑关系判断的从动点与驱动点建立了联系。使用这种方式时，常引入驱动树，以建立主动点、从动点等之间的约束关系的树形表示,便于直观地判断图形的驱动与约束情况。

在图 1-2 中,主要的图形特征关联有线段 *AB* 与 *BC* 垂直、线段 *DC* 与 *BC* 垂直、线段 *AB*,*CD* 分别与半圆弧 *AD* 相切,圆 *O* 与半圆弧同心等;参数关联存在于圆 *O* 与线段 *BC* 之间,关系为:圆 *O* 直径为 *BC* 长一半。有了这些关联后,如果改变线段 *BC* 尺寸,半圆弧的半径及圆的直径将同时改变,但几何关系不会改变。

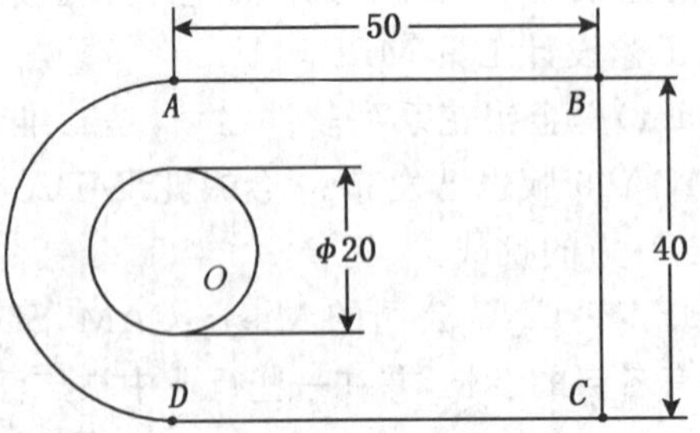

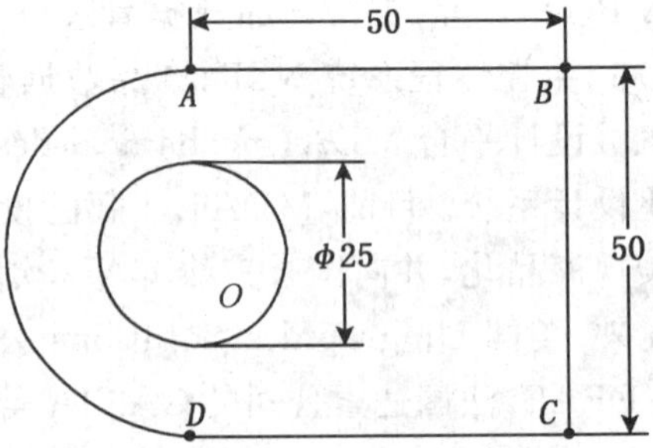

图 1-2 参数化设计示例

1.2.4.2 特征建模技术

特征建模技术是 CAD/CAM 技术发展中的一个新里程碑,它是在 CAD/CAM 技术的发展和应用达到一定水平,要求进一步提高生产组织的集成化、自动化程度的历史进程中孕育成长起来的。

客观事物都是由事物本身的特性体及其相互关系构成。一般地讲,特征是客观事物特点的征象或标志。目前人们对于 CAD 中特征的定义尚没有达到完全统一。在研究特征技术的过程中,国内外学者从不同的侧面、不同的角度,根据需要给特征赋予了不同的含义。在机械行业中,特征源于使用在各种设计、分析和加工活动的推理过程,并且经常紧密地联系到特定的应用领域,因而产生了不同的特征定义。当我们提到特征时,通常是指形状特征。形状特征的一种定义是面向加工的,例如工件特征定义为:在工件的表面、边或角上形成的特定的几何构型。另一种涉及工艺过程的形状特征定义为:工件上一个有一定特性的几何形状,其对于一种机械加工过程是特定的,或者用于装夹和测量目的。此外,还有用于装配的功能特征,如配合特征、用于加工的加工精度特征等。

在图 1-3 模型中,包含有 6 个基本几何特征,其中基本特征 A 和基本特征 B 构成了模型的主体,在这两个特征基础上建立其他特征。

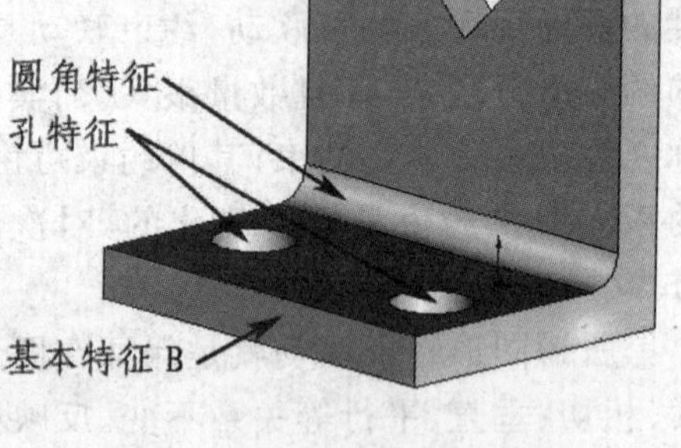

图 1-3 特征建模技术示例

1.2.4.3 数控编程技术

数控编程是目前 CAD/CAPP/CAM 系统中最能明显发挥效益的环节之一,其在实现设计与加工自动化、提高加工精度和加工质量、缩短产品研制周期等方面发挥着重要作用。数控编程在诸如航空工业、汽车工业等领域有着大量的应用。由于生产实际的强烈需求,国内外都对数控编程技术进行了广泛的研究,并取得了丰硕成果。

数控编程是从零件图纸(模型)中到获得数控加工程序的全过程。数控编程的核心工作是生成刀具轨迹，然后将其离散成刀位点，刀位点一般取为刀具轴线与刀具表面的交点，多轴加工中还要给出刀轴矢量，最后经后置处理程序进一步产生数控加工程序。

1.3 我国CAD/CAM应用现状与发展

1.3.1 我国CAD技术应用的现状

我国CAD/CAM技术的研究起步于20世纪70年代，当时仅有少数大型企业和科研单位及部分高校参加，进展速度很慢。近年来，由于计算机价格的不断下降，加之改革开放和国内外市场激烈竞争形势的不断发展，促使我国科技人员采用新技术的积极性不断高涨，CAD/CAM技术的优点逐渐被更多的人们所接收。近几年来，CAD技术有了较快的发展，主要表现为以下几个方面。

1)少数大型企业已经建立起较完整的CAD/CAM系统并获得较好的效益。几年来，少数大型企业在某一(和某些)专业领域大胆应用CAD/CAM技术后，真正提高了产品质量，缩短了生产周期，取得了较好的社会经济效益。这些企业认识到了CAD/CAM技术是提高生产效益必不可少的条件之一。

2)中小企业开始使用CAD/CAM技术。进入20世纪90年代后，国家各工业部门都十分重视推广应用CAD/CAM技术，制定了发展计划，并对所属企业提出了具体要求。另外，少数大型企业采用CAD/CAM技术后产生的明显的经济效益，对中小企业的影响十分巨大。它们首先应用微机和微机CAD软件组成CAD系统，进行机电产品的设计和工程图纸的绘制，与传统设计方法相比提高了效率。同时，应用范围也不断扩大，而且逐步深化。有的企业在原有的基础上还计划引进工程工作站和数控机床，实现CAD和数控加工相结合。

3)我国已自行开发了大量实用的CAD/CAM软件。从20世纪70年代中后期起，国内一些高等院校和科学院的研究所以及一些大型企业在CAD/CAM技术领域内进行了大量的研究工作，自行开发了一些实用的CAD/CAM软件。由于这些软件价格比较便宜，维护和培训较方便，所以便于推广应用。

4)引进国外成套的CAD/CAM设备。在改革开放和发展市场经济的条件下，一些经济效益好的企业从国外引进一些成套的功能较强的CAD/CAM系统，这对提高我国CAD/CAM技术的水平是十分有用的。

1.3.2 我国CAD/CAM技术应用中存在的问题

CAD/CAM软件在我国制造行业设计中已得到广泛应用，但在实际工作中还存在一些问题。

①CAD/CAM标准化尚不完善，传统的设计与加工的标准已经不能很好地满足CAD/CAM要求；

②CAD/CAM系统硬件与软件配套水平不高，主要体现在个别用户盲目追求主要硬件设备的高水平，常常忽略附属设备及软件的配套，如高性能的数控加工设备没有高水平的CAM软件支持，很难发挥其应有的功能；

③工程技术人员技术水平存在差异，能够熟练使用CAD系统完成实际设计任务，对系统各项功能能够清楚掌握的设计人员，能够熟练操作维护复杂数控加工设备的技术人员，在国内

目前还十分缺乏，更谈不上对已有的系统上进行改造及二次开发；

④选用的软件系统的技术先进性与实用性还比较落后，实际上多数中小型企业还只是停留在基本的 CAD/CAM 系统一般性应用的水平上。

1.3.3 CAD 技术的发展趋势

最近 10 年，随着计算机性能的提高，价格的不断下降；随着网络通讯技术的普及，信息处理的智能化、多媒体技术的实用化；随着 CAD/CAM 市场的不断需求，CAD/CAM 技术正向着开放、集成、智能和标准化的方向发展。

1)开放是基础。一个开放的计算机软件系统，应该是建立在一个开放的平台基础上，具有优秀的人机界面，并提供二次开发的能力。目前首选操作系统应为具有 Windows NT 内核的操作系统，并采用 OLE 等面向对象软件技术，方便用户对软件功能进行扩展。

2)集成是关键。集成就是向企业提供 CAD/CAM 技术一体化的解决方案。从技术发展的层次上看，系统集成应有以下几种方式。①通过数据文件转换器实现不同系统间的信息共享，目前广泛使用的是 IGES、DXF 文件转换；②通过网络实现异地系统协同共享信息资源；③软件功能的集成，实现 CAD/CAE/CAPP/CAM/CAQ/PDM/ERP 等各环节在功能上无缝调用；④软件硬件的集成，这种集成是将 CAD/CAM 的硬件和软件捆绑在一起，形成一体化的集成系统。

3)智能是方向。设计与加工制造是一个含有高度智能的人类创造性劳动。具有一定人工智能的 CAD/CAM 系统对工程技术人员的设计与制造过程是十分有利的。要真正使产品、工程和系统的质量好、成本低，就需要用最好的设计、最好的加工和最好的管理，这迫切需要总结国内外相关产品、工程和系统的设计制造经验和教训，并把成功的设计制造经验做成智能设计，智能制造系统去指导新产品、新工程和新系统的设计制造。

4)标准化是保障。CAD/CAM 软件一般是集成在一个异构的工作平台上，为了支持不同的作业环境，就要求它应是一个开放的系统，开放的前提条件就是“标准化技术”。这里所说的“标准化技术”不能仅理解为几个文件格式的标准化，还涉及到十分广泛的内容。如国际上目前比较流行的 ISO 10303 国际标准——《产品数据表达与交换标准》，简称 STEP，它涵盖了所有人工设计的产品，采用统一的数字化定义方法。由于 STEP 标准涉及的面非常宽，众口难调，标准的制定过程十分缓慢，存在问题很多。

习题 1

1. 叙述 CAD/CAM 的主要功能，比较说明 CAD/CAM 设计制造技术与传统设计制造技术的优点。

2. 目前 CAD/CAM 系统中常用的关键技术有哪些？每项关键技术所要解决的问题是什么？

2 CAD/CAM 系统的支撑技术

2.1 CAD/CAM 系统的硬件

CAD/CAM 系统的硬件主要由一套计算机系统和数控生产设备组成，如图 2-1 所示。其中，数控加工设备实际上是一套计算机控制的高精度机电一体化系统。

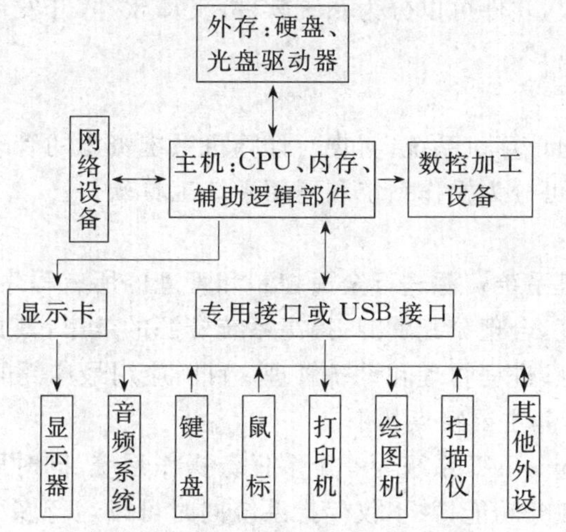

图 2-1　CAD/CAM 系统硬件组成

1)主机。主机是计算机系统的硬件核心，由中央处理器(CPU)、内存储器、主板及电源系统组成。其中 CPU 是硬件的核心，主要完成信息处理(数值运算与逻辑运算)和控制其他同部件工作。CPU 的性能很大程度上决定着整个系统的性能。内存储器是存储 CPU 操作的指令和数据的地方，内存有集成电路构成，数据的读写速度很快。一般来讲内存越大，机器的性能就越强。主板用来连接 CPU、内存及其他接口电路，并为每个部件工作提供一定的条件。

2)外存储器。外存储器又叫外存，通常是采用磁或光介质永久保存数据，代表性的外存有硬盘和光盘。一块硬盘的容量通常是 40～120 G，不久可能还会出现更大容量的硬盘，硬盘的容量已经足够满足一般用户的要求。光盘分为 VCD 兼容格式和 DVD 兼容格式，其中 VCD 格式的光盘可以保存 600～700 M 的数据，而 DVD 格式光盘可以保存多达 4 G 的数据。虽然 DVD 容量大，但目前市场流行的光盘还是以 VCD 格式为主。

3)外围设备。目前微机系统的外围设备种类越来越多，除了显示系统、键盘、鼠标及打印机外，还包括图像系统、音频系统、视频系统等。其中图像系统包括图像扫描仪、数码相机等；视频系统主要指视频采集系统，如数码摄像机、数码摄像头等。目前外围设备的接口方式通常有标准接口、USB 接口及专用接口几种形式。外围设备的使用可以大大提高计算机系统处理问题的范围，因此外围设备是计算机系统重要组成部分，在条件允许的情况下应该配齐相应的外围设备，对于 CAD/CAM 系统，图像扫描仪、激光打印机及绘图机等设备是必需的。

4)网络通讯设备。对于一台独立的计算机系统,若想将其连接到网络上,只需安装一块网卡就可以了,目前广泛使用的网卡全部为百兆的传输速度,已经完全可以满足一般用户的需要。如果由多台计算机组成一个CAD/CAM工作室,需要建立一个局域网,则还需要一台具有适当数量端口的网络交换机,每台计算机通过网线连接到交换机上,再由交换机统一连接到其他网络上。

2.2 CAD/CAM 系统的软件

计算机硬件为系统工作提供了一个物理的环境,而所有硬件的动作及计算机系统的工作过程必须在软件的支撑与控制下才能完成,从某种意义上讲,计算机系统的性能优劣很大程度上是由所配置的软件系统决定的。目前随着软件技术的发展,软件在计算机系统中起着越来越大的作用。按不同的层次,软件可以分为系统软件、支撑软件、开发环境、应用软件等。

2.2.1 系统软件

系统软件主要是面向计算机系统,实现对计算机系统资源的管理,为用户提供一个安全有效的环境,系统软件一般可分为操作系统和通用系统工具软件。

2.2.1.1 操作系统

操作系统是对计算机系统资源进行全面控制和管理的所有程序总和。它实现对计算机系统资源的统一监控和调度,合理分配资源,提高系统资源的效率,其具体功能可以概括为:内存管理、文件管理、作业管理、进程管理和设备管理。目前应用最广泛的操作系统为Microsoft公司的Windows NT系列,其主要特点如下。

1)多任务性。Windows NT系统为一个多任务操作系统,同时可以运行多道程序,实现多任务并发运行。这种多任务功能,并不仅仅指系统同时可以运行多个应用软件,更主要的是可以实现多作业的并发执行。如在打印机输出的同时,可以对其他内容进行编辑操作,而不管打印和编辑是否来自于相同还是不同的应用程序。

2)多视窗图形界面。Windows NT用户操作界面为多视窗图形界面,即系统在屏幕上为每一个程序创建一个或多个窗口,用户在窗口中与相对应的程序进行对话。操作方式采用图形方式,采用"图标"来连接每一个操作,用户可以利用鼠标点击图标下达操作命令。

3)即插即用功能。对于大多数的外围设备,只需将其插入相应的接口上,系统就可自动完成设备驱动程序的安装、系统更新等工作,而不需要用户干涉。

4)网络支撑功能。Windows NT支撑多种网络协议,可以方便、快速实现网络连通。

2.2.1.2 通用系统工具

通用系统工具软件主要是协助操作系统,完成一些任务专一,不易集成在操作系统中的功能,也有些系统工具软件是为了扩展系统的某些功能而设计的,常见的系统工具有以下几种。

1)病毒查杀软件。计算机病毒是目前计算机系统的大敌,一旦计算机系统感染了病毒,将影响计算机系统的工作,甚至会造成系统瘫痪。随着计算机网络的普及,在有用信息快速传播的同时,也给计算机病毒的传播提供了一个快捷的途径。一种新型病毒,在几天之内,甚至是几个小时之内就可传播到全世界的每个角落,所产生的破坏影响可能是世界性的。一旦造成要害系统的瘫痪或造成重要数据的丢失,后果是不堪设想的。因此信息业内甚至是政府部门对计算机病毒都十分重视,纷纷投入大量的人力财力研制开发各种计算机病毒查杀程序,来防止计算机病毒的侵入。国内一般用户常用的病毒查杀系统有江民病毒查杀系列软件、金山系列、瑞星系列等。

2)文件与磁盘管理软件。主要功能是协助操作系统实现对文件与磁盘的组织、管理等功能,常见的文件磁盘管理软件包括文件压缩软件、文件分割软件、磁盘空间管理等。

3)多媒体扩展软件。Window 系列操作系统本身具有多媒体支撑功能,但其界面风格、播放方式比较简单,因此一些软件开发者开发了功能更为强大、操作更为方便的多媒体播放及处理软件,如播放软件、多媒体编辑及压缩软件。

2.2.2 支撑软件

支撑软件又叫支持软件,其主要任务是协助应用系统完成一些特定的功能。虽然操作系统已提供了强大的计算机系统管理功能,但由于应用程序的复杂性及任务的特殊性,在操作系统与应用软件之间需要有一些辅助支撑系统,将应用软件中的一些共性的特殊任务集中进行统一处理。常见的支撑软件(系统)有图形图像处理系统、数据库管理系统等。

2.2.2.1 图形、图像支撑软件

计算机的显示卡是标准的输出设备之一,实际上显示卡是一个相对独立的信息处理系统,包括图形/图像处理的 CPU 及独立的存储芯片。图形/图像处理 CPU 在主机 CPU 控制之下独立工作,完成复杂的图像处理功能,这些功能包括图形的剪切、图像的贴图、三维图形的渲染等。要使其正常工作,还需要一定的标准格式的原始数据支撑,因此在应用软件与显示卡之间应该存在一个与显示卡功能相对应的函数库及数据结构库,实现应用程序与显示系统的接口。常见的图形/图像支撑系统标准有 Open GL、DirectX 等。当然这些系统的功能利用软件的方法也可以实现,但相比硬件实现速度要慢得多。因此,一些高档图形/图像处理系统都采用这些支撑系统实现图像的显示,特别是三维造型软件更应该使用硬件系统对图形/图像的显示进行处理。

2.2.2.2 数据库管理系统

数据库的管理是指对具有一定组织形式的数据进行存储、分类、查询、错误检查等操作。一般来讲数据库管理系统作为一个服务器程序存在系统中,应用程序可以通过服务程序的指令来控制其工作,同时操作系统将其处理的结果反馈给用户。常见的数据库管理系统有 SQL Server、SYBASE、ORACLE 等。值得注意的是数据库管理系统仅仅是一个服务器系统,它接收客户程序传过来的指令,并按照指令要求完成作业。客户程序支撑系统通常被嵌入在某些开发环境中,如被嵌入在 DELPHI 开发环境中,这样软件开发人员可以利用 DELPHI 设计、组织客户端程序,并调用数据库管理系统功能完成系统的开发。

2.2.3 开发环境

开发环境是指提供给软件开发人员的一种用于进行软件开发的计算机系统,在开发环境的支持下,软件设计人员可以快速、高效地开发出所要求的软件。下面介绍与应用软件密切相关的开发环境与工具。

2.2.3.1 程序语言与程序设计

程序设计语言是开发应用软件的基本工具,目前程序设计语言繁多,但总的可以分为 3 类:机器语言、汇编语言和高级语言。在 CAD/CAM 系统中,可采用多种程序设计语言。目前,CAD/CAM 系统中应用较多的是高级语言,如 Visual Basic,Visual C++ 等。从功能角度划分,

高级语言又可分为程序设计语言，数据库语言，仿真语言，人工智能语言等。目前比较常用的程序设计语言有以下几种。

1)C 语言。最早 C 语言是 UNIX 系统下的基本语言。具有通用性好、使用灵活、易移植等特点。目前在 Windows 平台广泛使用的 VC 或 BC 就是以 C 或C++ 作为其描述语言的。很多工具软件都是在 C 语言环境下开发的。C 语言是目前软件工程中的主流设计环境之一。

2)Pascal 语言。Pascal 语言具有结构严谨、数据类型丰富、定义明确等特点。目前在 Windows 平台下广泛使用的 Delphi 环境中使用的是 Object Pascal 语言，它增加了面向对象的描述方法。Pascal 语言非常适应于个人计算机上的软件开发，具有十分广泛的应用空间。

3)BASIC 语言。BASIC 语言是目前微机中基本计算机语言之一，简单易学。目前广泛使用的 VB 等环境就是以 BASIC 为基本描述语言，而且在其他的开放环境中，也都嵌入了 VB 框架作为二次开发环境，如 OFFICE 中宏、AutoCAD 中 VBA 等。

4)LISP 语言。LISP 语言是一种典型的函数表处理语言，适合逻辑推理和符号处理，多用于人工智能系统的研究开发。

5)Java 语言。Java 语言是与 C 语言很相似的一种新型语言，采用一种称为 Java 虚拟机的虚拟微处理器规范，使其能够在各种类型计算机上运行。目前 Java 语言广泛用于 Web 项目管理与开发，已成为一种国际标准计算机语言。

选择什么样的环境进行软件开发，一方面取决于所要求解决的问题的类型，一般来讲，C 语言环境多用于开发需要与系统密切结合的、大型的工具软件；而 PASCAL 环境多用于开发一些面向问题的应用系统；VB 环境则常用于开发一些问题简单的小型应用软件。另一方面，还要取决于开发人员对环境掌握的程度，实际上对于一般问题不论采用什么环境都可以方便地得到解决，并且每一个环境所包含的功能都超出了一般开发人员所能全部掌握的程度。因此对一般性系统，选择什么语言环境实际上不是十分重要，相比之下，开发人员的水平可能更重要一些。

2.2.3.2 开放体系结构的开发模式

随着软件技术的发展，软件面临着诸多实际问题，如基于网络技术的分布式系统，软件功能的复用化等问题，逐渐显现出来。因此，国际上软件组织及软件开发商纷纷提出各种技术标准，来约束软件开发的行为，使其在一定程度上实现软件的组件化、用户特性化、集成化与软件间的互动化。

①集成化是一个相对概念，它是将多个不同专业领域的单一功能软件系统集成于某个公共软件平台之上，形成一个多功能的、统一的运行环境。公共软件平台在内部数据结构上应能够满足通用性要求，不同专业的软件系统之间可自由地传递和转换数据、协同工作。

②用户化是指用户可以人工控制软件系统的性能及外在表现，以符合用户的个人品味。

③互动操作性是一个较为新颖的概念，它认为软件系统不应该是一种封闭的环境，软件系统之间应该能够相互驱动、相互操作，以达到发挥各自优势、协同工作的目的。

④所谓组件化一般有两方面内容：一是原有软件系统局部模块的可替换性；二是原有软件系统允许用户进行二次开发，嵌入新的功能模块。Windows MS 操作系统是典型的组件化的开放体系结构的软件系统。

为此，OMG(object management group，对象管理组织)和 Microsoft 分别提出了 CORBA (common object request broker architecture，公共对象请求代理体系结构)和 COM (component object model,组件对象模型)标准。其目标是:使得基于对象的软件在分布异构环境下具有良好的可重用性、可移植性和互操作性。目前 CORBA 模型主要应用在 UNIX 操作系统平台上,而 COM 则主要应用在 Microsoft Windows 操作系统平台上。

1)公共对象请求代理体系结构(CORBA)。CORBA 的结构基础是 OMG 的组件对象模型(COM:component object model)。软件组件可作为对象,以客户身份通过封装的接口提出请求,并获取服务对象所提供的服务,以形成协同工作的系统。为达到互操作性,设计了对象请求代理(ORB:object request broker)作为通信的基础设施。它截获客户的请求,负责找出实现其请求的服务对象,并负责返回结果,客户不必知道服务对象是位于同一机器还是跨网位于不同机器,也不要求客户与服务对象有同一编程语言、运行于同种平台,由 ORB 提供异构分布环境中不同机器上应用的互操作性。图 2-2 所示为 OMA 模型(object management architecture,对象管理体系结构)。ORB 能识别的协议是 OMG 的接口定义语言 IDL,它可完整地确定构件的接口,即客户所需使用接口的全部信息。

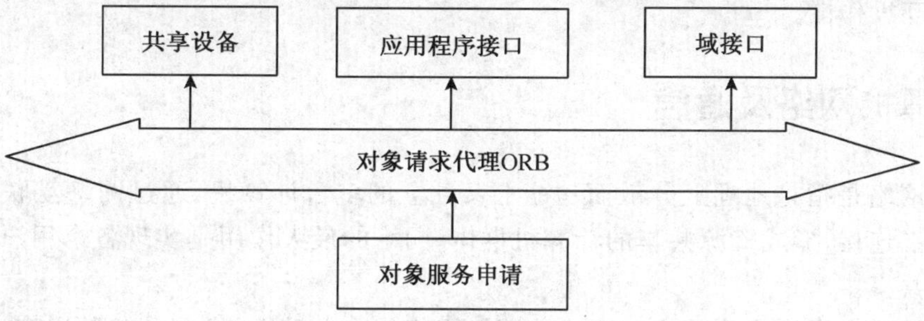

图 2-2 OMA 模型

CORBA 规范充分利用了现今各种技术发展的最新成果,将面向对象的概念融合到分布处理中,定义了一组与实现无关的接口方式,引入代理机制分离客户和服务器,使得 CORBA 规范成为开放的、基于客户/服务器模式的、面向对象的分布计算的工业标准。

2)组件对象模型(COM/DCOM)。

①组件对象模型(COM)。COM 是由微软提出的组件标准,它不仅定义了组件程序之间进行交互的标准,并且也提 供了组件程序运行所需的环境。在 COM 标准中,一个组件程序也被称为一个模块,它可以是一个动态连接库(DLL),称作进程内组件(in-process component);也可以是一个可执行程序(即 EXE 程序),称作进程外组件(out-of-process component)。一个组件程序可以包括一个或多个组件对象,因为 COM 是以对象为基本单位的模型,所以在程序与程序之间进行通信时,通信的双方应该是组件对象,也叫做 COM 对象,而组件程序(称作 COM 程序)是提供 COM 对象的代码载体。

COM 对象不同于一般面向对象语言(如C++语言)中的对象概念,COM 对象是建立在二进制可执行代码级的基础上,而C++等语言中的对象是建立在源代码级基础上的,因此 COM 对象是与语言无关的。这一特性使以不同编程语言开发的组件对象进行交互成为可能。

微软不仅定义了 COM 规范标准,而且提供了具体的实现,在 Microsoft Windows 系统平台上,COM 技术被应用于系统的各个层次,从底层的 COM 对象管理到上层的应用程序交互都用到了 COM 标准。各种层次上的 COM 技术应用为我们提供了很好的范例,我们几乎总可以在微软的软件产品中找到 COM 技术的应用,如用 Visual Basic 编写 ActiveX 控制就用到了 COM 的技术原理,微软的对象连接与嵌入技术 OLE 就建立在 COM 基础上。

②分布式组件对象模型(DCOM:distributed component object model)。微软在组件对象模型(COM)的基础上,扩展成支撑局域网、广域网甚至 Internet 上不同计算机组件对象间互操作的 DCOM,以完成与 CORAB 相近的作用。COM 组件有进程内组件与进程外组件两种,由于进程外组件与客户程序运行在不同的进程空间,所以客户程序调用组件对象并不是直接进行的,而是用到了操作系统支持的一些跨进程通信方法。对照 DCOM 组件与客户程序的通信过程,当客户与软件组件位于不同机器时,DCOM 只是简单地把本地跨进程通信用一个网络协议传输过程来代替,客户代码和组件对象都感觉不到中间发生的过程,只是中间数据传递的路线更长一些。同时组件对象与客户程序协作运行的环境也发生了变化,从单机系统环境转到了网络环境。毕竟网络通信比单机环境下的跨进程通信要脆弱得多,所以为了保证协作过程的可靠性以及程序对异常事件的应变能力,客户程序和组件程序需要考虑更多的细节,而不是仅仅提供与应用有关的基本功能。总之,DCOM 是微软技术在分布式环境中的扩展,它在微软产品体系中显然是很合适的。DCOM 的支持者也已在 UNIX 系统中发展 DCOM,以达到在异构平台上的互操作性。

2.3 计算机网络及通信

计算机网络是指将地理上分散而功能上又独立的多台计算机,通过网络互联设备和网络软件实现相互连接,形成资源共享的计算机群体。网络的最大作用是实现各个用户对网上的信息和资源的共享。

网络系统是由网络操作系统和组成计算机网络的多台计算机,以及各种通信设备组成的。在计算机网络系统中,每台计算机是独立的,任何一台计算机都不能直接干预其他计算机的工作,任何两台计算机之间没有主从关系。

计算机网络按其覆盖的地理范围可分为局域网(LAN)和广域网(WAN)两大类。LAN 一般局限于几千米以内,企业 CAD/CAM 网络系统多属于局域网。WAN 由多个局域网连接而成,覆盖范围较大,例如因特网(Internet)就是目前最大的一个广域网。按照对数据的组织能力的不同,可以将计算机网络分为分布式网络系统和集中式网络系统。

2.3.1 计算机网络的拓扑结构

采用从图论演变而来的拓扑方法,抛开网络中的具体设备,把工作站、服务器等网络元抽象为“点”,把网络中的传输介质抽象为“线”,这样从拓扑学的观点看计算机网络系统就形成了由点和线组成的几何图形,从而抽象出了网络系统的具体结构。这种采用拓扑学方法抽象出的网络结构称为计算机网络的拓扑结构。常见的计算机网络拓扑结构有总线式结构、星形式结构、环形结构及网状结构等。

2.3.1.1 星形结构

所有设备都联结到一个交换机上(或集线器 HUB),各设备之间的连接由交换机统一调度。星形结构的优点是网络扩展方便,网络的个别设备出了故障不会影响其他设备的工作。

2.3.1.2 总线结构

网络中的所有的设备都连接到统一的总线上,总线是网络的中枢。总线结构的优点是结构简单,设备投入少,但网络的负荷能力不高,当有多对设备同时进行数据通讯时,其速度会大大降低。

2.3.1.3 混合结构

一个实际的计算机网络并不限定必须采用一种结构，根据实际情况，可以采用多种不同的局部结构形式。如交换机之间可以采用总线形式，通过高速的光纤设备连接各个小的局域网，而各个小局域网可以采用星形结构，将各个计算机设备连接到交换机上。

2.3.2 客户/服务器工作模式

客户/服务器(client/server, C/S)模式实际上是一种计算机工作模式，是一种软件组织形式，这种模式通常在网络上能够被很好地实现。客户/服务器工作模式有效地实现了网络分布式计算功能，成为计算机应用的重点。

客户/服务器一般由三个基本部分组成，即客户计算机、服务器及用于连接它们的网络，其本质是将一个计算机应用程序的实际工作分配到若干台相互间请求服务的计算机上。客户机和服务器都是计算机，只是处理能力不同，它们协同工作，分担并完成计算机作业所必需的计算工作负荷。多数情况下，客户计算机是普通 PC 机，服务器可能是一台高档的 PC 机，或一台小型机，或者是一台大型机。发出请求的计算机称为“客户”，客户程序称为“前端”；为请求提供服务的计算机称为“服务器”，服务器程序称为后端。在客户/服务器工作模式中，把应用程序所需要的某种特定系统功能和资源存放在服务器上，用户在客户机上工作，通过网络访问服务器，获得所需的系统服务和资源。

由于 C/S 结构存在着下述问题：①它是单一服务器且以局域网为中心的，难以扩展至大型企业广域网或 Internet；②软硬件的组合及集成能力有限。因此，基于 Internet 和 Web 技术的浏览器/服务器(Browser/Server)结构成为目前广泛应用的网络计算模式。

2.3.3 Internet 简介

Internet(互联网，又称因特网)泛指由多个计算机网络(LAN)通过路由器、数字数据网(DDN)或无线通信(微波)相互连接而成的、在功能和逻辑上组成的一个大型网络。若把在世界各地已经大量建成的局域网(LAN)和广域网(WAN)看作物理网络，Internet 则是把物理上的网络按照层次关系连接在一起而形成的逻辑网络。

对用户而言，Internet 是一个巨大资源。用户希望能在 Internet 上得到自己所需的东西，因此用户必须知道在哪儿去寻找信息，怎样使用 Internet。这样就涉及到两方面的内容，即计算机的 Internet 地址和 Internet 所能提供的服务。

由于在 Internet 网上的计算机成千上万，位于不同国家、地区、公司和部门，计算机必须有惟一的地址才能相互识别并进行通信。这种地址码，采用分层分级方法，地址的一部分确定计算机所在的网络，一部分为网内地址。这样就形成了被称为 IP 的地址，实际上 IP 地址由 4 个数字部分组成，每部分数字都为一个字节，其范围为 0～255。用户所看到的 IP 地址，字节之间由“.”分开。由于 IP 地址是数字，一般人难以记忆，因此 Internet 又定义了域名地址(domain name system，DNS)，它用字母代替数字。域名地址也分几部分，每部分也用“.”分开，称为“域”。每一个 DNS 地址都对应一个 IP 地址，但 DNS 只对网络中重要的机器(一般为各种服务器)才进行域名映射，而对于一般用户计算机，还是要使用 IP 地址来识别。如 www.syau.edu.cn 就是一个域名地址，其中 cn 代表中国域，edu 代表教育机构，syau 代表一个具体单位，www 表示 Web 服务器(一台计算机)。

目前 Internet 所提供的信息服务方式有：①Web 服务，也就是我们常说的网页浏览，通过

Web 可以浏览基于超文本链接在一起的信息，也可以实现与远程服务器系统的交流；②电子邮件(E-mail)服务，通过分配给用户的邮件服务器上的标识，用户之间可以实现信息的相互交流，和日常生活中的邮寄一样，双方必须都有 E-mail 地址，电子邮件与普通邮件相比，具有速度快、费用低廉的特点，是 Internet 上利用率最高的服务之一；③文件传送(file transport protocol，FTP)FTP 是文件传输的最主要工具，它可以用来传输任何格式的数据文件，用户登陆到要访问的 FTP 服务器后，可以下载或上传(只要服务器允许)各种格式的文件。

习题 2

1. 作为 CAD 使用的计算机系统，有哪些特殊要求？
2. Windows NT 主要特点有哪些？
3. 利用“组件对象模型(COM)”进行软件开发，有哪些优点？
4. 信息“C/S 处理模式”的主要含义是什么？列举一些这方面的例子。

3 CAD/CAM 软件开发基础

3.1 软件工程

软件是计算机系统的逻辑存在,如果没有软件的支持,计算机系统不可能完成任何工作。实际上,目前所谈的计算机应用技术多数情况下是指软件应用,而软件的开发过程是个很复杂的工程过程。人们将计算机软件的开发、维护工程称为软件工程。软件工程采用一般工程的理念、原理、技术和方法来开发与维护软件。与其他工程方法一样,软件工程也是将经过实践考验的正确管理技术和先进技术方法结合起来,开发及维护计算机软件系统,使其在软件的生命期内正常工作。软件工程的目标是指导或规范软件开发与应用的过程,设计开发出功能完善、性能优秀、健壮可靠的软件系统,采用科学的方法对软件进行维护。与其他工程设计开发过程相似,软件工程也具有自己的特点及实施规范。

3.1.1 问题的定义

软件设计的第一阶段,必须先对软件所要解决的问题进行定义,回答"要解决的问题是什么"。如果不明确问题是什么就想利用计算机解决问题,显然是盲目的,也不可能得到问题的解。这一阶段常常被软件设计的新手所忽略,他们往往只对问题有了初步了解后就急于上机实现系统,似乎计算机可以解决所有的问题。这样做常常在软件开发过程中,就会走进自相矛盾的境界,必须对已经开发的部分进行修改,甚至将开发出的内容全部推翻,重新设计。

3.1.2 可行性分析

这个阶段主要解决的问题是"对已经明确的问题能不能找到有效的、可以实现的计算机解决方法"。分析的目的是要在比较高的层次上,对已经定义的问题进行抽象,并探索问题是否值得去解,是否有可行的解决方法,以及对求解的大概途径、求解算法的空间复杂度和时间复杂度等问题进行分析。

通过分析,应该进一步明确系统的规模、目标,进一步说明系统的功能,以及系统运行后会给用户带来的好处。作为可行性分析结果之一,分析人员应该给出一些预测性的答案,以回答软件开发大概所需要的人力及财力投入、软件运行所需的环境及运行费用。这些信息对决策者来说是十分重要的,决策者会根据这些信息做出工程是否进行,是否对该项目的规模进行调整等决定。

3.1.3 需求分析

可以认为,问题的定义是对软件所要解决的问题的明确过程,而可行性分析是对一个项目是否执行做出决定的过程,这两个阶段还不是软件的具体设计、开发过程,仅仅是软件系统的论证阶段,当然这两个阶段对整个项目具有一定的指导性作用,是软件工程实施的依据。而需求分析可以认为是软件工程开发的真正开始阶段。需求分析，要解决的问题是“目标系统到底要完成哪些具体的功能，以解决用户的什么样的问题”，以及“解决这些问题需要用户提供什么给系统”。

3.1.4 总体设计

一个项目的总体设计是进行详细设计之前的必要过程，在总体设计过程中，设计人员会在全局的高度考虑设计的对象应如何完成期望的功能，以及如何实现这些功能。软件工程的总体设计包括哪些问题由计算机系统自动完成；哪些问题由人工完成；采用何种人机交流形式；采用何种平台模式作为系统开发的支撑等。

在总体设计阶段，系统设计人员应该给出详细的数据流程图与功能分工，调用框图，明确任务的界限，明确各功能间数据的接口标准。系统的总体设计除了要考虑系统的功能如何实现外，还应该考虑到系统的扩展、维护及测试等一系列问题。如果认为可行性分析与需求分析决定了项目做不做和系统做成什么样的问题，而总体设计决定了系统是否能够顺利进行下去。

3.1.5 详细设计

详细设计主要目的是利用计算机能完成的算法详细给出各部分功能的实现方法，告诉程序员应该如何实现具体的功能。与其他工程设计相似，详细设计最终要提出“设计图纸”，当然这种“图纸”应采用计算机软件中的标准表示方法来表示各个环节。

3.1.6 单元与代码设计

单元与代码设计实际上就是系统各个“零件”的加工制造过程，在这个过程中程序员根据详细设计及总体设计的要求，利用适当的开发环境，设计出详细设计中提出的功能模块。

3.1.7 系统集成与综合测试

各个功能模块实现后，还需要将相对独立的模块组装成一个完整的系统，并采用软件测试方法对系统进行综合调试。系统组装与初步调试成功后，在交付使用之前，一般还需要进行系统试运行测试。

3.1.8 软件维护

系统交付使用后，软件开发人员还要继续对软件的运行情况进行跟踪，对运行中出现的问题进行修改；对用户不满意的功能，进行进一步修改，确保系统健康地运行，为用户提供稳定的、方便的服务。

3.2 数据结构

数据处理是 CAD/CAM 系统的核心，如何保存及处理工程数据、图形数据等是 CAD/CAM 系统研究的关键问题。其中数据结构是数据处理中的最基本的软件技术。

3.2.1 数据逻辑结构

所谓逻辑结构，是对数据之间逻辑关系的描述，那么，什么是数据呢？

数据是对客观事物的符号表示，在计算机科学中是指所有能输入到计算机中并能被计算机程序处理的符号的总称。

被处理的数据，在逻辑上存在着一定的关系。依照一定关系，数据被组织在一起，用以描述一个完整的事务。表 3-1 给出的是一个某产品的零件汇总表，如何存储及处理这样的表格，这就是数据结构所要研究的内容。实际上，我们可以对表中的成分进行抽象，以有利于采用统一的方法研究不同的数据对象。

表 3-1 零件汇总表

零件号	零件名称	是否标准件	零件图号	数量	零件标准	材料
1	箱体	否	001	1		HT100
2	上端盖	否	002	1		HT100
3	轴	否	003	1		45
4	螺栓	是		4	GB/T 5782-M10×45	
⋮	⋮	⋮	⋮	⋮	⋮	⋮

3.2.1.1 结点

我们通常把在所讨论的问题中，能够作为一个整体进行考虑和处理的数据单位，称为“结点”。例如，在表 3-1 中，一行数据是描述一个零件的参数，是一个相对独立的整体，如果在计算机中对它进行描述，我们就可以把这一行数据称为一个“结点”。我们可以看出，结点的数据类型和值可以是很复杂的，可以有多个数据域组成，但一个结构中的结点类型应该是一致的。

在数据库技术中，通常把“结点”叫“记录”，实际上，在概念上“结点”更抽象一些，而“记录”更具体一些。作为更一般概括，一个记录可以抽象为一个结点，但也并不是任何情况下结点都代表一个记录。结点究竟代表什么，要取决于我们作为整体处理的数据单位是什么，例如，当我们要研究记录间的相互关系时，记录就代表一个结点，若要研究记录的内部组成时，就不妨把构成记录的各数据项看成结点，同样，当我们要研究数组间的关系时，可把数组看成结点，而研究一个数组中各元素的关系时，又应把每个数组元素看成一个结点，如此等等。

我们在研究数据结构中，并不总关心结点到底是什么，而重点研究结点之间的关系及结点的宏观操作。

3.2.1.2 数据结构

一个数据结构 B 可以形式地用一个二元组表示为：$B=(A,R)$。

其中，A 是结点的非空有限集合，R 是定义在 A 上的关系的非空有限集合。结点之间的关系称为“结构”，所以，数据结构就是结点(数据本身)的有限集合和关系的有限集合。

由于结点间相互关系描述的是结点间的逻辑关系，所以，上述数据结构的定义又称“逻辑结构”。在结点的逻辑关系中，相邻的两个结点$\langle a,b\rangle$存在着一定的排列顺序，即 a 结点在 b 前面，b 结点在 a 后面，则称“结点 a 为结点 b 的前驱”，称“结点 b 为结点 a 的后继”。如果一个结点只有后继结点而没有前驱结点，这类结点可以称为起始结点，或根结点。如果一个结点只有前驱结点而没有后继结点，这类结点可以称为终止结点。除起始结点和终止结点外的其余结点统称为内部结点或中间结点。

3.2.1.3 数据结构的分类

数据结构按结点间逻辑关系的不同分为线性结构和非线性结构两大类，其中，非线性结构又分为"树形结构"和"网状结构(或图结构)"。

1)线性结构。在线性结构中,结点按照它们之间的关系,可以排成一个序列,如图 3-1 所示。线性结构是一种最简单的结构,它所表示的关系是一对一的,结构中除起始结点(如图 3-1 中的 a_1)和终止结点(如图 3-1 中的 a_n)外,每个结点都有 1 个惟一的前驱和后继。

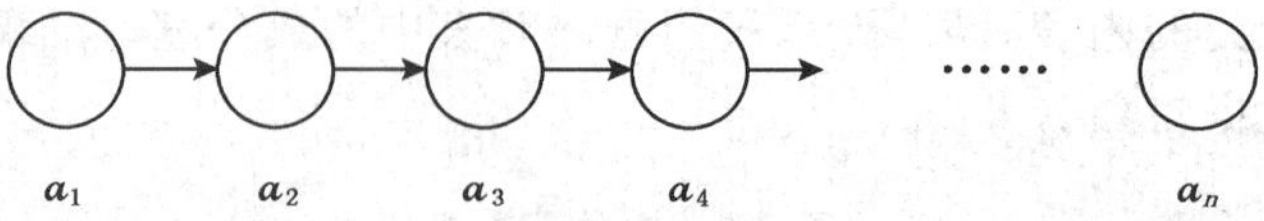

图 3-1 线性结构

2)树形结构。树形结构反映的关系是客观世界中十分普遍的一种层次关系,如图 3-2 所示。在树形结构中,只有惟一的一个结点没有前驱,称为"树根",如图 3-2 中的结点 A,其余都有且仅有一个前驱。在树形结构和网状结构中,前驱和后继又称"双亲"和"子女"。树形结构所反映的关系是一对多的,即 1 个双亲可以有多个子女,但 1 个子女只能有一个双亲。

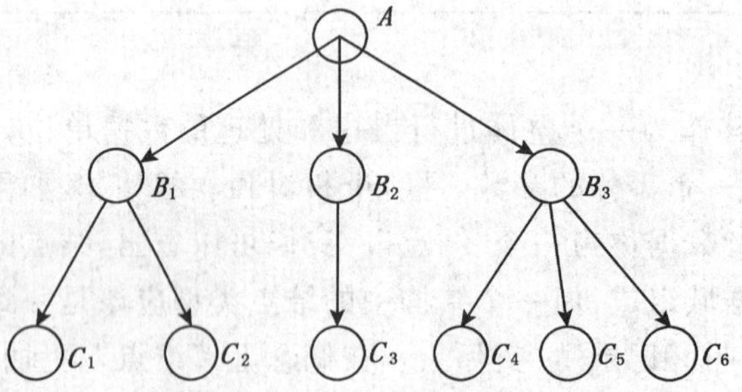

图 3-2 树形结构

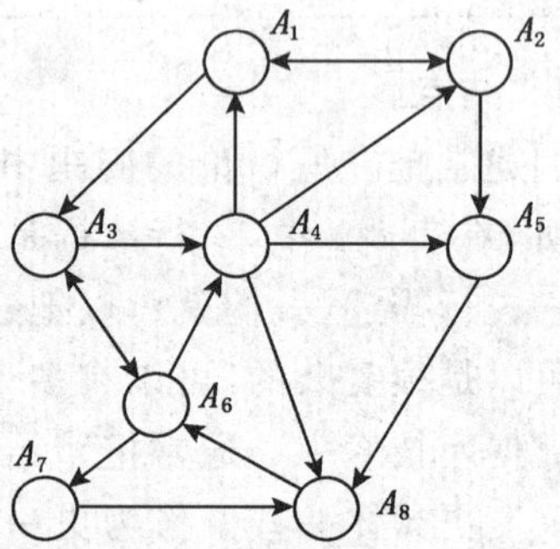

图 3-3 网状结构

3)网状结构(亦称图结构)。网状结构如图 3-3 所示。在网状结构中,结点的前驱和后继的个数不受限制,可以有 1 个以上的结点无双亲,也允许结点有 1 个以上的双亲,网状结构反映的关系是多对多的,1 个结点既可以有多个双亲又可有多个子女。显然,可以把树看成是网状结构的特例。

3.2.2 数据的物理结构

我们研究结点间的逻辑结构是为了处理加工和存储管理的需要,因此,在确定数据的逻辑结构之后,就要把结点及其关系存储到计算机中去。数据的逻辑结构是独立于计算机的,而数据的存储结构是依赖于计算机的,它是逻辑结构在计算机中的实现。

计算机的内存储器是由很多存储单元组成的,它们有惟一的连续的地址编码,用以标识存储单元。设 2 个单元分别为 Z_1,Z_2,它们的地址记为 dZ_1,dZ_2,若存在 $dZ_2=dZ_1+1$,就称"Z_1,Z_2 是相继的单元"。一片相继的存储单元的整体称为 1 个"存储区域"。

3.2.2.1 顺序存储

设一个线性结构的结点为 $A=\{a_1,a_2,\cdots a_i,\cdots,a_n\}$,存储每个结点需要 s 个单元,如果第 i 个结点 a_i 的存储地址为 da_i,且有 $da_i=da_{i-1}+s$,也就是说在逻辑结构中相邻 2 个结点,在物理存储结构中也是相邻的。在这种情况下,只需顺序的存储各个节点,不必要专门存储各节点的关系,其存储的物理顺序就是结构的逻辑顺序。但这种顺序存储只能用于简单的线性结构,对于非线性结构则不能也没办法利用顺序存储来保存数据结构。

3.2.2.2 链接存储

顾名思义，链接存储是在每个结点增加一个(或多个)用于保存相邻结点关系的“指针”。图3-4示意了如何利用静态数组形式存储一个线性表，图中Q数组的每一列可以认为是线性结构中的一个结点，其中Next域指示出下一个结点的数组索引号；*H*变量指示了线性表的起始结点的索引号。可以看出如果Data域中保存的为一整数类型，则结构表示的线性结构的逻辑顺序为3[5]，5[65]，2[32]，4[18]，1[12]，7[2]，6[3]。采用链接存储的好处，一是如果要改变结点的顺序，只需要调整结点的链接指针，而不必改变结点的物理位置；二是如果在结点上定义2个或多个next域，如定义next1，next2域，就可以用来描述非线性结构。因此链式存储形式在数据存储中经常被采用。

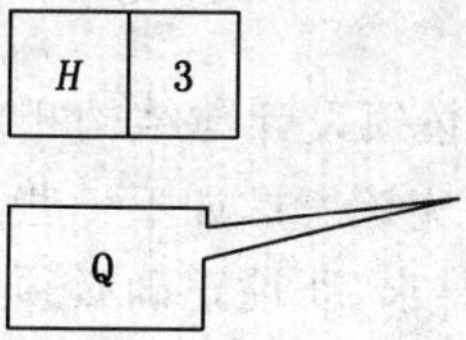

Index	1	2	3	4	5	6	7	……
Data	12	32	5	18	65	3	2	
Next	7	4	5	1	2	0	6	

图3-4 采用静态数组链接形式存储的线性结构

3.2.3 数据的运算描述

数据结构，一方面要研究数据的描述方法，另一方面就是要研究对一定形式的数据结构如何进行处理，这就是数据结构的运算问题。

3.2.3.1 算法的描述

一般情况下可以采用通用高级计算机语言格式来描述具体的算法，但为了简化描述过程，将主要注意力集中在算法上而不是计算机语言上，常采用“类语言”来描述算法，下面为一种类PASCAL/C语言的定义：

```
函数:FUNCTION 〈函数名〉(参数表):返回值类型;
过程:PROCEDURE 〈过程名〉(参数表);
     参数表:〈变量表〉:类型;〈变量表〉:类型……
类型定义:TYPE 〈类型名〉:类型描述;
基本类型:INTEGER(整数);DOUBLE(实数);CHAR(字符);STRING * n(n长字符串);
         BOOLEAN(布尔类型);
构造类型:ARRAY[〈下标类型〉]of 〈元素类型〉;
子域类型:〈下界〉… 〈上界〉;
纪录类型:RECORD
            〈域1〉:〈类型1〉;
            〈域2〉:〈类型2〉;
                  ⋮
                  ⋮
            〈域n〉:〈类型n〉;
         END;
分支控制:IF 〈布尔表达式〉 THEN 〈语句1〉 [ELSE 〈语句2〉]
         CASE 〈被测表达式〉 OF
            〈值1〉:〈语句1〉;
```

```
        〈值 2〉:〈语句 2〉;
              ⋮
              ⋮
        〈值 n〉:〈语句 n〉;
        [ELSE〈语句 n+1〉]
      END;
```

循环控制:WHILE〈布尔表达式〉DO〈语句〉

REPEAT〈语句组〉UNTIL〈布尔表达式〉

FOR〈变量〉:=〈初值〉TO|DOWNTO〈初值〉DO〈语句〉

变量访问:〈变量〉:=〈值〉;

组合语句:利用{……}或 begin……end 将多个语句括起来,可以视为一个语句。

3.2.3.2 算法设计的基本要求

设计一个数据结构,除了设计结点的逻辑关系、存储关系,还必须设计与结构相对应的算法。算法的好坏,很大程度上决定着软件的功能,设计"好"的算法应该考虑如下一些目标。

1)正确性。不论算法完成什么功能,都必须满足具体问题的要求,所谓正确必须是全方位的,应该体现在:①程序不含任何的语法错误;②程序对问题定义内的各组数据必须都得到正确的结果;③程序必须充分考虑接口的各种可能情况,对各种数据的出入应能做出合理的可解释的反应或结果。很显然第③层次要求最高,如果能满足第③层次的要求,可以认为程序是健壮的,算法实现是正确的。

2)可读性。可读性要求算法在设计时,不仅要考虑计算机的可实现性,还要考虑人的可阅读性,这样有利于对算法进行分析,也容易发现算法中隐含的错误。

3)高效性。所谓高效性就是指算法在执行过程中所需要占用的系统资源应该是最小的。这里所说的资源一方面指系统的时间资源,通常叫算法的时间复杂度,即要求算法的时间效率要高;另一方面是指系统的存储资源,通常叫算法的空间复杂度,即要求算法的所占用的存储空间要尽可能的少。一般情况下,算法的时间复杂度与数据规模存在一定的关系,衡量一个算法的时间复杂度,就是看其随着数据规模的增加,时间复杂度是如何增加的,算法的时间复杂度一般为:$O(1)$,$O(n)$,$O(n^2)$,$O(\log(n))$,$O(2^n)$。其中$O(1)$表示算法的时间消耗与数据规模无关,为一常数;$O(n)$表示算法的时间消耗与数据规模成线性关系,当数据规模增加时,算法的时间消耗随之线性增加,其他几种情况与此相似。可见算法的时间复杂度受数据规模的影响越小越好。

3.2.4 线性表

线性表是最简单的一种数据结构,是 $n(n>0)$ 个数据元素的有限序列。其结构特点是只有一个第一个结点和一个最后一个结点,其他结点只有一个前驱结点和一个后继结点。

3.2.4.1 顺序存储的线性表

顺序存储的线性表,物理结构简单,空间利用率高,可以用来存储简单、需要不复杂操作的线性结构。实际上顺序储存线性表,就是利用一维数组保存一个线性结构,数组的物理顺序就是线性表的逻辑顺序。下面是一个顺序存储的线性表的结构定义:

```
TYPE tlist =RECORD
        Length:INTEGER;
        Data:ARRAY[1…n] of datatype,

end
```

其中 datatype 为结点数据类型;n 为线性表的最大长度;length 为线性表目前的长度,即目前有效的数据为 length 个,存储的范围为 1..length。

下面重点讨论顺序存储线性表的几种算法。

①删除第 i 个结点。

基本思路:将从 i+1 结点到第 length 结点顺序向前移一位置,然后将 length 改为 length-1即可,算法实现如下:

```
FUNCTION delete(var l:tlist;I:integer):BOOLEAN;
  Var j:integer;
 begin
 if (I>l.length) or (I<1) then
       delete:=false
 else
   begin
     if (I<l.length) and (l.length>1) then
        for j:=I+1 to l.length do
           l.data[j-1]:=l.data[j];
      l.length:=l.length-1;
      delete:=true;
   end;
 end;
```

算法分几种情况设计用于不同的处理,首先考虑参数 i 的范围超出表的长度或小于 1 时,程序不做任何处理,只是函数返回 false 表示错误;其次考虑表的长度为 1 或删除表中最后一个元素时情况,此时只需将 length 减去 1 即可;其他情况进行数据移动操作。

②在第 i 个位置上插入一个结点。在第 i 个位置上插入新结点,首先应将原来第 i 到最后的结点向后移动一个位置,以腾出第 i 个位置,存放新的结点。

```
FUNCTION insert (var l:tlist;I:integer;x:tdata):BOOLEAN
  Var j:integer;
  begin
  if I <1 then
      delete:=false
  else
    begin
        if I>l.length then I:=length;
        for j :=l.length downto I do
              l.data[j+1]:=l.data[j];
        l.data[I]:=x;
        l.length:= l.length+1;
        insert:=true;
     end;
   end;
```

值得注意的是,该算法与 delete 算法在数据移动过程设计的不同,一个是从前向后移动,另一个是从后向前移动。再一点应注意,对于删除这样的“破坏性”操作,其条件应该更苛刻一些,而对于像插入这样“非破坏性”操作,条件可以适当放宽一些,两个算法中对位置参数 i 大于数据表的总长度的处理就是一个例子。

③数据表重新分类算法。该算法的目的是将数据表中数据，按大小关系分成两类，其中一类的特定关键值全部小于等于给定的值；另一类中的关键值全部大于等于给定的值。算法可以按两种思路考虑，一种思路是新开设两个相同结构的变量，对原数据表中数据进行扫描，如果关键值小于等于给定值，则保存在一个变量中，不然保存在另一个变量中，最后将两者合并在一起；另一种思路不设新变量，在对原数表扫描过程中，如果元素关键值小于等于给定值，则将该元素移动到表的头部，否则不进行移动。

为了讨论方便，我们假设数据域本身就是有序类型，即可以直接进行比较大小。实际问题中如果数据域是一个组合类型，在记录中可以增加一个关键字，利用关键字实现有序操作。

下面先讨论第1种算法：

```
PROCEDURE sort1 (var l:tlist; var p:integer; x:tdata )
  %%其中p返回分界点位置
  Var j:integer;
    l0,l1:tlist;
  begin
  l0.length:=0;l1.length:=0;
  for j:=1 to l.length do
    if l.data[j]<=x then
        append(l0,l.data[j]);
    else
      append(l1,l.data[j]);
    l:=l0;
    for j:=l0.length+1 to l0.length+l1.length do
      append(l,l1.data[j-l0.length]);
    p:=l0.length;
  end;
```

算法中用到了一个append过程，此过程是将指定数追加到数据表的有效数据的后面，具体实现为：

```
PROCEDURE append(var l:tlist,x: datatype)
   begin
     Inc(l.length); //当前位置向前加1
     l.data[l.length]:=x;
  end;
```

第2种算法则不需要开设新的变量，而是在原数据表上直接进行分类，算法实现如下；

```
PROCEDURE sort2 (var l:tlist; var p:integer; x:tdata)
 Var j:integer;
    t:tdata;
begin
    P:=0;
   for j:=1 to l.length do
     if l.data[j]<=x then begin
       t:=l.data[j];
       delete(l,j);
```

```
            insert(l,1,t);
            inc(p);
          end;
        end;
```

比较两种算法,第 1 种算法时间复杂度为线性,但空间复杂度比较大,需要另外 2 倍的数据表空间;第 2 种算法不需要另外的空间,但时间复杂度为二次,当然对第 2 种算法可以做些改进,利用一个循环完成数据移动,进而增加程序的执行速度。

3.2.4.2 链式存储的线性表

链式存储分为静态链式存储和动态链式存储。所谓动态链式存储,是指系统动态分配每个结点的存储空间,动态分配空间是一种内存空间管理技术。这里我们重点讨论静态链式存储的线性表。静态链式存储的线性表类型可作如下定义:

```
TYPE tnode=RECORD
          value:tdata;
          next:integer;
            end;
    tlist =RECORD
        head:integer;
        data:ARRAY[1…n] of tnode;
  end;
```

其中 tnode 为结点类型,tnode 中除了包含一个值域外,还包含一个指针域 next,当然也可以包含像关键字等其他域。tlist 类型中包含一个表域和一个用来指示头结点的指针 head。这里对 next 应该有些约定,如果 next 值为 0,表明数据表到此结束;如果 next 值为<−1,表明此单元未被占用。下面针对这样一种结构,简单分析 2 种主要算法。

①求线性表长度函数。由于在链式结构中没有指示线性表当前元素个数的变量,因此需要设计一种函数,返回表的当前长度。函数实现如下:

```
FUNCTION length(l:tlist):integer;
  Var p,h:integer;
    begin
      p:=0;
      h:=l.head;
      while h>0 then begin
      h:=l.data[h].next;
      inc(p);
     end;
    length:=p;
  end;
```

②在第 i 个位置插入新结点。算法首先在数据表中扫描一个空的结点位置,将新结点数据保存在这个空位置上,再确定第 i 个结点的位置,然后调整指针,将新的结点链接到数据表中,具体算法实现如下:

```
FUNCTION insert(var l:tlist;I:integer;x:tdata):BOOLEAN;
Var j,p1,p2,p3:integer;
begin
```

```
  J:=1;
while (j<=n) and (l.data[j].next>=0) do
   Inc(j)
if j<=n then begin
   l.data[j].values:=x;
   p2:=0;
   p1:=l.head;
while (l.data[p1].next>0) and (p2<I) then begin
    p1:=l.data[p1].next;
    inc(p2);
end;//p1 为指向要插入的结点位置指针;
l.data[j].next:=l.data[p1].next; //将表 I 位置后面的结点链接到新结点上;
l. data[p1].next:=j;//将新结点链接到第 I 个结点上;
   insert:=true;
end
else
   insert:=false;
end;
```

可以看出采用静态存储形式实现的链式线性表,在一些算法设计上还是比较复杂,在软件开发中通常采用动态链表形式,可以降低算法设计的复杂性。

3.2.5 树与二叉树

树结构也是一种常用数据结构。树结构的可作如下定义:

①包含 n(n>0)个有限个结点;

②存在惟一 1 个结点,它没有前驱,称为“根”结点;

③除根结点外,其他结点有且只有 1 个前驱;

④除根结点外,任何 1 个结点都存在 1 个惟一的从根到该结点的序列;

1)树的存储结构。树的存储一般采用链式存储,这里以图 3-2 为例,研究如何采用静态链表存储一个树结构。图 3-2 所示的树结构,共有 10 个结点,最多子结点数为 3,这样就可以定义一个具有 3 个后继指针的结点类型,构造具有 10 个结点的结构,具体定义如下:

```
TYPE tnode=RECORD
         Value:tdata;
         Next:arrat(1…m) of integer;
    end;
    Ttree=Body:array[1…n] of tnode;
```

这里 m 为最大子结点数,n 为最大结点数。图 3-2 所示的结构,m 为 3,n 为 10。树结构最常见的算法就是如何遍历树,所谓树的遍历就是对树中各节点进行访问,要求逐一访问每个结点,每个结点仅访问一次,且不能存在漏访问的结点。树的遍历通常采用先根遍历和后根遍历方式,所谓先根遍历,就是先访问根,再从左向右依次访问该结点的各个子树;所谓后根遍历,就是先从左向右依次访问该结点的各个子树,最后再访问根结点。下面分析先根遍历的具体算法:

```
PROCEDURE Preorder(var te:ttree;t:integer); //te 为被遍历的树结构;t 为根结点;
  var j:integer;
  begin
    if t >0 then begin
      visit(te[t].value);//访问根结点
    for j:=1 to m do
      preorder(te,te[t].next[j]);
    end
    end;
```

这是一种递归算法,如果根指针不为空,则访问该指针指向的结点,并将该结点的各子树指针作为根指针再调用本函数进行遍历;如果指针为空,则退出。

2)二叉树。顾名思义,二叉树就是最多子树数为 2 的树。由于二叉树结构简单,而且很多算法都可以采用二叉树的算法来解决,所以二叉树在数据结构中显得尤为重要。在结构上二叉树由根及左右 2 个子树组成。与树结构相似,二叉树的遍历分为先根遍历(TLR)、中根遍历(LTR)和后根遍历(LRT)。遍历的算法一般采用递归结构来描述,下面是先根遍历的算法实现:

```
PROCEDURE TLR(var te:ttree,t:integer);
  begin
    if t>0 then begin
        visite(te[t].value);//访问结点
          TLR(te,te[t].lc); //遍历左子树
      TLR(te,te[t].rc); //遍历右子树
    end;
  end;
```

其他遍历算法实际上,只要改变 visite 过程的位置就可方便实现。

3.3 数据库技术

开发和使用 CAD/CAM 这样的大型的复杂的计算机系统,会涉及到大量的数据,如何组织、管理及处理这些数据将是软件设计人员必须要考虑的问题。数据库技术的发展与广泛应用,为大规模数据的管理提供了一种有效的途径。

3.3.1 工程数据的特点

工程数据主要包括产品设计数据、产品模型数据、绘图数据、材料数据、加工数据、测试数据和各种手册、标准等,内容十分广泛。其表现形式除了数据文字信息外,还包括大量的几何图形信息。与一般事务管理信息中数据相比,其特点是数据量大、类型多、结构复杂、动态性等特点。

根据数据的规模、复杂程度,数据管理主要有程序直接管理、文件管理及数据库管理 3 种形式。工程数据的文件系统管理具有实现方便、使用效率高、简便灵活等优点。但其共享能力差,难以适用于多用户环境,并且数据存储一般较为分散,冗余度也较大,对数据的完整性一般难以保证。

数据库系统管理方法是在文件系统管理基础上发展起来的一种新型数据管理技术，其应用领域十分广泛。数据库系统首先是统一管理用户文件的系统，解决数据的冗余性，进而把用户数据的逻辑结构从整体逻辑结构中独立出来。在用户数据逻辑结构与数据的物理存储结构之间插入一层数据的整体逻辑结构，使数据的物理存储结构的变化不影响用户的数据逻辑结构和应用程序，从而解决了数据的独立性问题。数据库系统通过集中管理所有的文件，实现用户对数据的共享，保证数据的一致性。而且将一切相对数据库操作的繁琐细节屏蔽起来，使用户可以逻辑地、抽象地使用数据，使数据的存储和维护不受任何用户的影响。数据库系统管理的主要特点是：①数据的共享性好，冗余度小；②数据的独立性强；③数据存储的结构化；④数据具有安全性和完整性。应该说，数据库系统管理方式是工程数据最为理想、最为有效的管理方式。

3.3.2 数据库系统原理

3.3.2.1 数据库系统的组成

数据库系统包括数据库（DB）和数据库管理系统（DBMS）两部分。数据库是存储、关联数据的集合。数据库管理系统提供对相应数据的定义、建立、检索、修改等操作，以及对数据的安全性、完整性等统一控制的集合，它起着应用程序与数据库之间的接口作用，用户通过数据库管理系统访问数据库中数据及对数据库中的数据进行处理，而不必了解数据库的物理结构。也就是说数据库管理系统是建立在数据库和用户程序之间的一个界面，用户程序一般情况下不能直接对数据库进行访问，要访问或操作数据库，必须通过数据库管理程序。我们可以把数据库管理系统看成是服务的提供者，而把用户程序看成是数据的客户，这样的模式就是所谓的客户/服务器（C/S）模式。如果一个“服务器”系统可以同时为多个用户程序提供服务，则我们说“服务器”系统提供了数据共享能力。图 3-5 所示为数据库系统的结构示意图。

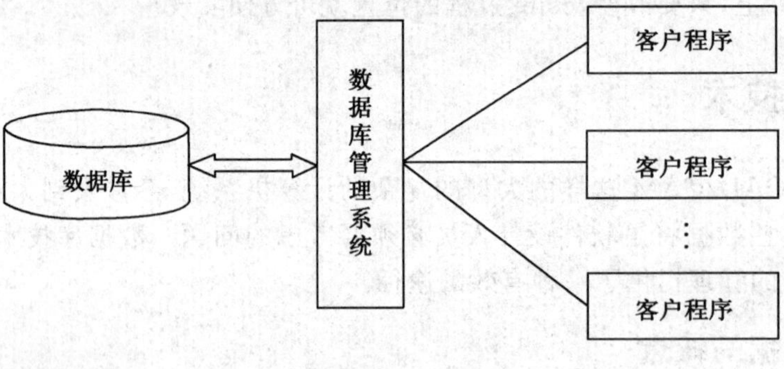

图 3-5 数据库系统结构

3.3.2.2 数据库的数据模型

数据模型(data model)是指数据库内部数据的组织方式，描述了数据之间的联系、数据的操作以及语义约束规则，是数据结构化的表现。其实质是一组向用户提供的规则，这组规则规定数据如何组织在一起，以及相应地允许进行何种操作。一个数据模型由 3 部分组成：数据结构、建立在这种结构上的操作集合和完整性约束规则。数据模型是数据库系统的核心和基础，每一种数据库管理系统都是基于某种数据模型的。数据模型可分为 3 类：层次模型、网状模型和关系模型。

1)层次模型。层次模型是数据元素之间的关系为树型的组织结构,体现了一对多的关系。层次模型必须满足 2 个条件:①只有一个根结点;②根以外的其他结点有且仅有一个父结点。按照层次模型建立的数据库系统称为层次模型数据库系统。

2)网状模型。网状模型是数据元素之间的关系为网络的组织结构,体现了多对多的关系。显然取消层次模型的 2 个条件便形成了网状模型,层次模型是网状模型的特殊形式。

3)关系模型。关系模型是用二维表结构表示数据元素之间的联系的模型。也就是说,它不需要人为地设置各种指针,而是由数据本身自然建立起它们之间的关系。这种模型把一些复杂的数据关系利用一个二维表格关系表示,具有直观和使用方便等优点。注意,描述一种关系的二维表必须满足以下条件:

①表中的每一列必须是一个基本数据项;

②表中的每一列必须具有相同的数据类型和长度;

③表中的每一列有一个惟一的名字;

④行的顺序与列的顺序不影响表格中所表示信息的含义。

关系模型的数据结构简单,应用广泛。基于关系模型建立的数据库系统称为关系数据库,目前常用的关系数据库系统有:FoxPro、Oracle、Access 等。

以上 3 种传统数据模型都不是最优的,单一的采用某一种模型的数据库系统都不能很好地适应于工程数据的要求。研究、开发新型的、复合性数据模型的数据库管理系统,如语义数据模型和特殊目的数据模型等,已经成为相关研究的重点。值得注意的是,数据模型和数据模式是 2 个不同的概念,数据模式是以某一种数据模型为工具,对具体单位的数据结构的描述。

3.3.3 数据库管理系统的功能

一个数据库管理系统,应具备以下一些主要功能:

1)数据定义功能。DBMS 提供数据定义语言(data definition language,DDL),用户通过这类语言可以方便地定义数据。

2)数据操纵功能。DBMS 还提供数据操纵语言(data manipulation language,DML)实现对数据库的基本操作,如查询、插入、删除和修改等操作。用户可以使用 DML 操纵数据(即对数据库中数据进行查询、修改、插入和删除等操作)。

3)数据库的运行管理。这是数据库管理系统运行时的核心部分,包括并发控制、安全性检查、完整性约束条件的检查和执行、数据库内部维护(如索引、数据字典的自动维护)等。所有数据库的操作都要在这些控制程序的统一管理下进行。以保证数据的安全性、完整性以及多用户对数据库的并发使用。

4)数据库的建立和维护功能。它包括数据库初始数据的输入、数据类型的转换、数据库的转储、恢复功能,数据库的重组织功能和性能监视、分析功能等等。这些功能通常是由一些实用程序完成的。

3.3.4 关系型数据库语言

根据数据库管理系统的不同,关系型数据库语言也有所不同。目前应用最为广泛的,最有影响力的为 SQL(structured query language)语言。SQL 是一种集数据定义、数据操纵及数据控制功能为一体的关系型数据库语言,目前已经成为标准的数据库语言。

3.3.4.1 SQL 数据定义功能

SQL 数据定义功能包括数据库定义、表定义等，具体语句如下。

1)数据库定义：CREATE DATABASE 〈数据库名〉[参数]

其中〈数据库名〉是在存储设备上所建立的数据库的名称，在存储设备上该名称必须是惟一的；[参数]部分用来指出申请的最大数据库空间、如何建立日志文件等信息。

2)数据库删除：DROP DATABASE 〈数据库名〉

语句的功能是删除指定数据库，数据库被删除意味着数据库中数据全部被删除。

3)表的定义：CREATE TABLE[〈数据库名〉]〈表名〉

　　(〈列名 1〉类型 [NOT NULL/NULL]

　　[,〈列名 2〉类型[NOT NULL/NULL]……])

　　[其他参数]

其中“()”中内容描述了数据库中具体的列的定义，“类型”一般依赖不同的数据库管理系统而不同，如 SYBASE 数据库中的主要基本数据类型包括：

char(n)　　长度为 n 的字符串；
int　　4 个字节的整数类型；
smallint　　2 个字节的整数类型；
float　　8 个字节的浮点数；
double　　16 个字节的浮点数；
real　　4 个字节的浮点数；
money　　8 个字节的货币数值类型；
datetime　　8 个字节的日期时间类型。

每个“列”的定义中，可以利用“NOT NULL”或“NULL”限制该列内容是否允许空，如果选“NOT NULL”，则在输入数据时，此列不可为空。

如下面的语句可以在当前数据库中，创建一个名为“part”的表，表的形式如表 3-2 所示：

```
CREATE TABLE part (name char(20) NOT NULL,drawno char(4),
        amount int ,material char(10) ,remark char(30))
```

表 3-2　二维表

零件名称	图号	数量	材料	备注
阶梯轴	001	1	45	
螺　钉	002	4	HT150	
法兰盘	003	1	45	
轴承座	004	2	45	

根据定义，零件名称(name)允许文本长度为 20 个字符，相当于 10 个汉字，并不允许为空；图号(drawno)允许文本长度为 4 个字符；数量(amount)为整数类型；材料(material)为 10 个字符；备注(remark)为 30 个字符。

4)表的删除：DROP TABLE[〈数据库名〉]〈表名〉[,[〈数据库名〉]〈表名〉……]删除指定数据库中的指定表，显然一次性可以删除多个表。

3.3.4.2 SQL 数据操作功能

数据操作功能主要包括数据的查询和数据的更新操作。

1)SQL 查询语句:这里只给出语句的基本格式。

SELECT 〈目标表描述〉
FROM [〈数据库名〉]〈表名〉[,[〈数据库名〉]〈表名〉……]
WHERE 〈条件表达式〉

语句的意义是从 FROM 子句提供的表中,按照 WHERE 指定的条件,找出满足条件的成分(行数据),再按〈目标表描述〉的描述,选择成分中的列值,构造新的表。下面是几个简单的示例,示例中使用的表定义如下:

零件表:part(name char(20),amount int, material char(10))

其中:material 为材料代号,材料具体的特征有 mater 表提供。

材料表:mater (material char(10),name char(10), spec float, ela float)

其中:name 为材料名称;spec 为材料规格;ela 为材料的弹性模量。很显然,在实际系统中仅仅这样定义材料是远远不够的,这里仅作为一个例子来说明问题。

①列出零件材料代号为 45 的零件名称:

SELECT name FROM part WHERE material=“45”

②求出材料名称为“圆钢”的零件:

SELECT part.name, mater.name FROM part, mate
WHERE (part.material=mate.material) and mate.name=“圆钢”

2)删除:DELETE
FROM [〈数据库名〉]〈表名〉
WHERE 〈条件表达式〉

功能是将指定表中满足指定条件记录删除。

3)插入:INTSERT
INTO〈表名〉[〈属性列 1〉[,〈属性列 2〉……]]
VALUES (〈常量 1〉[,〈常量 2〉…])

功能将指定值插入到表中。

习题 3

1. 软件开发的需求分析主要目的是什么?
2. 在线性数据结构中,如何删除指定一个节点?
3. 如何将两个线性表合并成一个表?
4. 说明数据库系统与常规文件系统在数据管理方面有什么不同。
5. 客户/服务器模式的数据库系统的优点有哪些?

4 CAD的基本方法

在机械设计过程中，经常要用到各种数表和线图资料，如各种标准(ISO，GB)数据表、材料性能表、应力集中系数线图等。在传统的设计方法中，主要靠设计人员手工查取，既费时又繁琐；在CAD/CAM中，就要将这些资料以数据库或文件的形式加以管理，以便在设计时计算机按要求自动检索和调用；或在程序编制过程中融入其中，将其程序化，随着程序的运行，自动选用、加工处理。另外，函数的插值和数据结果的处理，也是机械设计中经常遇到的两个问题，本章将分别介绍这些问题的处理方法和如何运用C语言编程，并附对应的C语言源程序。

4.1 设计资料的程序化处理

4.1.1 数表程序化处理

机械设计中使用到的数表，按照是否为函数，可以分为两大类：一类是列表函数表——函数数表，如V带传动小带轮包角系数 K_α；另一类是简单数表——非函数数表，如渐开线齿轮的标准模数表等。列表函数数表可以检索，而且非数表中的数据可以通过插值法求得；简单数表只能检索，不能插值。

数表的计算机处理方法通常有下列两种：①数表的程序化；②数据以数据文件的形式独立于程序存于外存。

例4-1 将表4-1中的齿轮标准模数值编入程序。要求程序运行时，输入模数计算值后，能输出合适的标准模数。

表4-1 齿轮标准模数(部分) mm

第一系列	2		2.5		3				4		5
第二系列		2.25		2.75		(3.25)	3.5	(3.75)		4.5	
第一系列		6			8		10		12		
第二系列	5.5		(6.5)	7		9		(11)		14	

1)解题分析。考察表中数据及实际使用情况，有如下特点。

①表为简单数表。所列齿轮标准模数是一组取值严格，而从总体上看又无统一规律的数列。

②标准规定，第一系列为优先采用模数；第二系列中不带括号的数值为可以采用的模数；而带括号的数值为尽量不采用的模数，程序中应能反映这一标准规定。

③通常根据模数的计算值选用较大的标准值。但对于比标准值大得很有限的一类计算值(如计算值为3.01 mm，标准值为3 mm)，若选用高一档的模数值或许并不合适，编程中应考虑这一情况。

④程序运行结束之前，设置一交互结点，由用户对机选模数值加以判断，如满意结束，或重新选取大一档或小一档数值。

2)参考程序见附录程序1。

4.1.2 线图的数表化处理

在机械设计中，很多参数间的函数关系是用线图表示的，例如齿轮齿向载荷分布系数 K_β。线图的特点是鲜明直观，能表现出函数的变化趋势。目前线图不能直接存储在计算机中，在编程序前必须进行预处理，以便计算机能应用这些设计资料。

对线图的处理方法有两种：一是将线图转换成相应的数表，对数表中没有的结点值采用插值法求得；二是将线图公式化。

4.1.2.1 线图数表化

对于各种曲线，将其转换成数表比较方便，只要在所需处理的线图上取一些结点，然后把这些结点的横、纵坐标值一一对应列成表格即得。例如，表示齿轮齿向载荷分布系数 K_β 值的线图（图 4-1）上，共有 4 条曲线，每条曲线又分软齿面和硬齿面两种不同的 K_β 值，将其转换成 8 个一维数表，组合成 1 个二维数表，如表 4-2 所示。把线图转成数表后，就可按数表程序化编制程序。参考程序见附录程序 2。

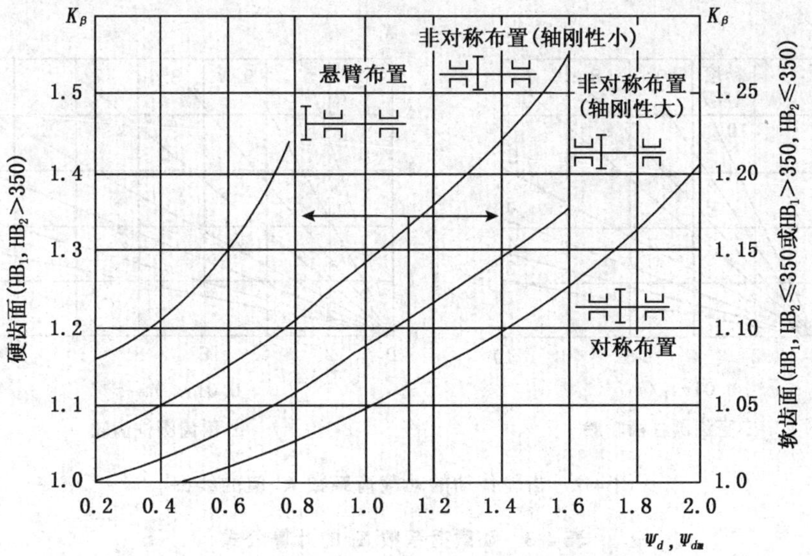

图 4-1 齿轮齿向载荷分布系数 K_β 值的曲线

表 4-2 齿向载荷分布系数 K_β

小齿轮相对支承的位置(K_3=1～4)		齿轮硬度(K_4=1～8)	齿宽系数(I=1～8)							
			0.2	0.4	0.6	0.8	1.0	1.2	1.4	1.6
对称布置		Ⅰ	—	1	1.015	1.03	1.05	1.07	1.09	1.13
		Ⅱ	—	1	1.03	1.06	1.1	1.14	1.07	1.25
非对称布置	轴的刚性较大	Ⅰ	1	1.02	1.04	1.06	1.08	1.12	1.14	1.18
		Ⅱ	1	1.04	1.08	1.13	1.17	1.23	1.28	1.35
	轴的刚性较小	Ⅰ	1.025	1.05	1.08	1.115	1.15	1.18	1.225	1.28
		Ⅱ	1.05	1.1	1.16	1.22	1.28	1.36	1.45	1.55
悬臂布置		Ⅰ	1.075	1.115	1.16	1.225	—	—	—	—
		Ⅱ	1.15	1.21	1.32	1.45	—	—	—	—

注：1. Ⅰ——软齿面，或大轮为软齿面，小轮为硬齿面；Ⅱ——硬齿面。

2. 表头各项括号中的 K_3、K_4 和 I 为程序中所用的变量名，数字为其取值范围。

4.1.2.2 线图的公式化

机械设计资料中，有些线图是由直线和折线组成的，这类线图很容易建立它们的函数关系。直线图通常采用直角坐标系或对数坐标系。下面通过例子分别介绍对它们的处理方法。

1)直角坐标系线图。

例 4-2 图 4-2 为齿轮传动的动载荷系数 K_v 值与 $vz_1/100$ 成直线关系的线图。在 b 图中标有“7”级精度的直线上任取两点 $x_1=2, y_1=1.09$ 和 $x_2=10, y_2=1.47$ 代入两点式直线方程

$$\frac{y-y_1}{x-x_1}=\frac{y_2-y_1}{x_2-x_1}$$

经整理后得

$$y=0.47x+1$$

即

$$K_v=(0.047vz_1/100)+1$$

对于图中其他直线采用类似方法处理，可得相应的 K_v 值计算公式，现列于表 4-3 中。

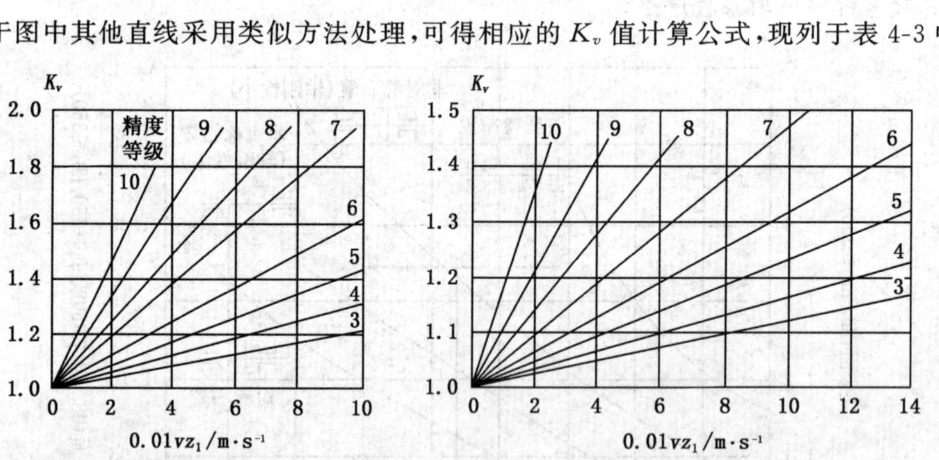

a 直齿圆柱齿轮胎　　b 斜齿圆柱齿轮

图 4-2 齿轮传动的动载荷系数 K_v 值的线图

表 4-3 动载荷系数 K_v 的计算公式

齿轮精度等级	直齿圆柱齿轮	斜齿圆柱齿轮
5	$K_v=(0.04vz_1/100)+1$	$K_v=(0.023vz_1/100)+1$
6	$K_v=(0.06vz_1/100)+1$	$K_v=(0.032vz_1/100)+1$
7	$K_v=(0.09vz_1/100)+1$	$K_v=(0.047vz_1/100)+1$
8	$K_v=(0.12vz_1/100)+1$	$K_v=(0.070vz_1/100)+1$
9	$K_v=(0.18vz_1/100)+1$	$K_v=(0.105vz_1/100)+1$
10	$K_v=(0.25vz_1/100)+1$	$K_v=(0.177vz_1/100)+1$

2)对数坐标直线图。对数坐标直线图公式化处理时应将坐标值取对数后再代入两点式直线方程中。

例 4-3 图 4-3 为普通 V 带选型图，采用的是双对数坐标系，试将图中直线段 80－100A 公式化。

对于图中的 80～100 A 直线段，取其上两点的坐标，$x_1=1, y_1=10^{2.3139}$ 和 $x_2=6.3, y_2=1\,600$，代入下列两点式直线方程

$$\frac{\lg y-\lg y_1}{\lg x-\lg x_1}=\frac{\lg y_2-\lg y_1}{\lg x_2-\lg x_1}$$

经整理后得

$$\lg y=\lg(10^{2.3139}x^{1.1137})$$

即

$$y=10^{2.3139}x^{1.1137}$$

亦即

$$n_1=10^{2.3139}P_{ca}^{\ 1.1137}$$

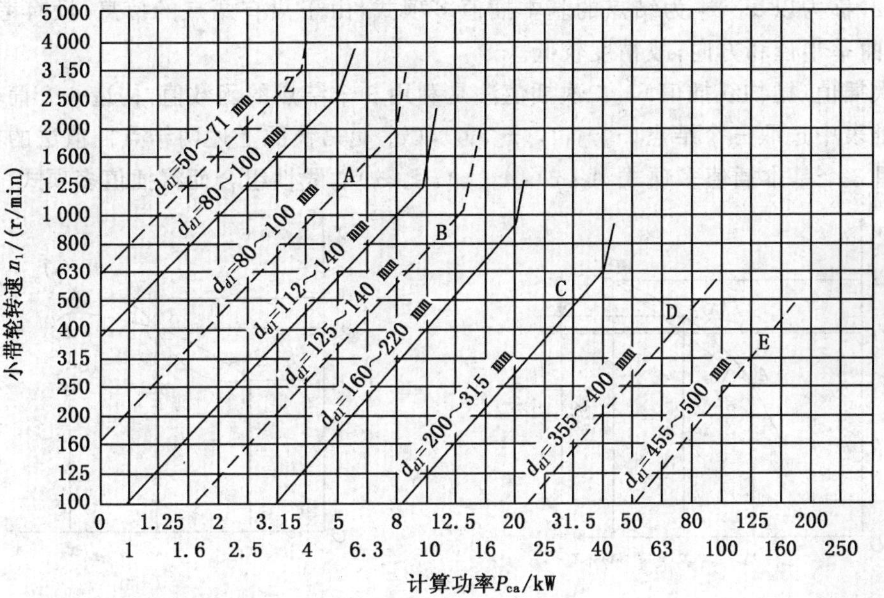

图 4-3 普通 V 带选型图

4.1.3 列表函数插值

机械设计中用到的列表函数表，只能给出有限点的函数值，对于表中没有给出的结点值可用插值法求得。插值的方法很多，下面仅介绍常用的线性插值法和二次插值法（抛物线插值法）。线性插值法简单易用，但精度较低，主要用于分布较密集的结点间的函数插值；当要求插值精度较高时，可用二次插值法。

插值法的基本思路是：在插值点附近选取几个合适的结点，构造一个简单函数 $y=g(x)$，作为实际列表函数 $y=f(x)$ 的近似表达式（又称逼近函数），则中间点 x 的函数值就用 $g(x)$ 的计算值作为所求 $f(x)$ 的近似值。因此，插值法的实质就是如何构造一个既简单又有足够精确的函数 $g(x)$。

4.1.3.1 一元列表函数的插值

1）线性插值。这是最简单又常用的一种插值方法，逼近函数 $g(x)$ 采用线性函数，其几何图形如图 4-4 所示，欲求中间点 x_i 处函数值 $f(x_i)$ 的步骤如下：

①从一维列表中选取两个邻近的自变量 x_1 和 x_2，并满足 $x_1<x_i<x_2$；

②用过 A、B 两点的直线 $g(x)$ 代替原有函数 $f(x)$，则由解析几何可写出对称式直线方程的表达式为

$$g(x)=\frac{x-x_1}{x_1-x_2}y_1+\frac{x-x_2}{x_2-x_1}y_2 \tag{4-1}$$

若记 $$A_1(x)=\frac{x-x_1}{x_1-x_2},\ A_2(x)=\frac{x-x_2}{x_2-x_1}$$

则式(4-1)可表示为 $$g(x)=A_1(x)y_1+A_2(x)y_2 \tag{4-2}$$

式(4-2)称为以 x_1,x_2 为结点的基本插值多项式，由于只有两点的信息，没有考虑原有函数 $f(x)$ 的曲率半径和方向，故精度较低。

2)二次插值(抛物线插值)。二次插值法是利用3个结点的函数值，构造一个简单函数。

在一维表中选取三个结点 (x_1,y_1)，(x_2,y_2)，(x_3,y_3)，仿照上述两结点插值法的方法，类似式(4-2)，用3个基本插值多项式 $A_1(x)$，$A_2(x)$，$A_3(x)$ 的线性组合而得插值多项式。

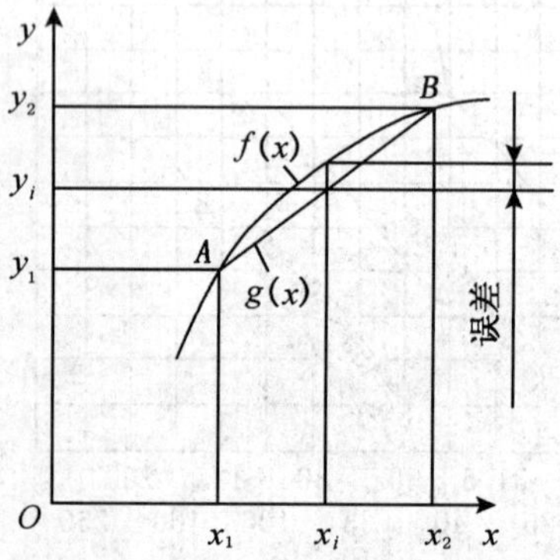

图 4-4 一元线性插值的几何解

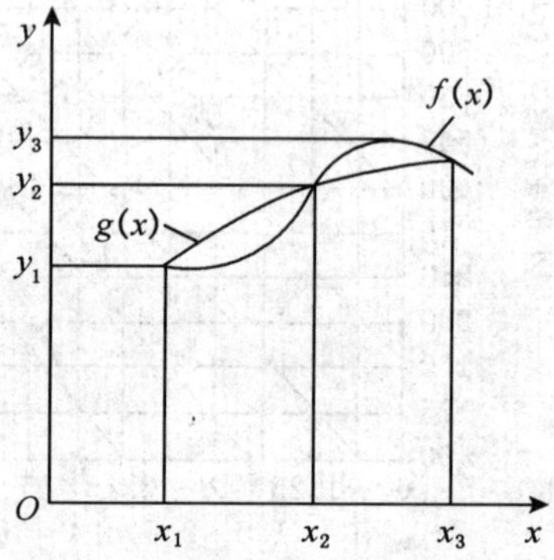

图 4-5 一元抛物线插值的几何解析

若记

$$A_1(x)=\frac{(x-x_2)(x-x_3)}{(x_1-x_2)(x_1-x_3)}$$

$$A_2(x)=\frac{(x-x_1)(x-x_3)}{(x_2-x_1)(x_2-x_3)}$$

$$A_3(x)=\frac{(x-x_1)(x-x_2)}{(x_3-x_1)(x_3-x_2)}$$

则插值多项式为 $$g(x)=A_1(x)y_1+A_2(x)y_2+A_3(x)y_3 \tag{4-3}$$

式(4-3)是一个不超过二次的多项式，因此这种插值法称为二次插值法，其几何解析如图4-5所示，用通过三点 (x_1,y_1)，(x_2,y_2)，(x_3,y_3) 所作的抛物线 $g(x)$ 来近似代替(或逼近)原有函数 $f(x)$。因而二次插值也称作抛物线插值。对照图4-5可知，二次插值比线性插值可获得较高的精度。

二次插值的关键是如何选取合适的3个插值结点，其要点是选取的3个结点与待求插值点 x_d 邻近。其步骤如下：

设已知插值点 x_d，求 y_d。

①从一维表中选取两点 x_i 和 x_{i+1}，并满足下列条件：$x_i < x_d < x_{i+1}$

②比较 $|x_d - x_i|$ 和 $|x_{i+1} - x_d|$ 的值。若 $|x_d - x_i| < |x_{i+1} - x_d|$，则第三点取 x_{i-1}，反之，则第三点取 x_{i+2}。

4.1.3.2 二元列表函数的插值

一元列表函数的插值，其几何意义如图 4-4 所示。在二维空间中，构造一条曲线 $g(x)$ 来近似代替原有函数 $f(x)$。推广到二元列表函数的插值，其几何意义如图 4-6 所示，在三维空间中构造一曲面 $g(x,y)$（虚线）来近似代替原有函数 $f(x,y)$（实线）。事实上二维数表可以看成若干个一维数表的组合，因此，二元列表函数的插值可以多次运用一元列表函数的插值法来实现。具体步骤如下，如图 4-6 及表 4-4 所示。

设已知插值点 x,y，求 $f(x,y)$。

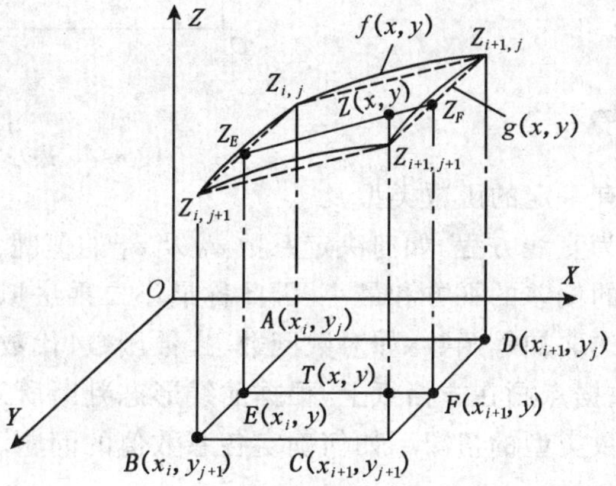

图 4-6 二元列表函数线性插值几何解释

①先固定 x_i，根据 $f(x_i, y_j)$ 和 $f(x_i, y_{j+1})$，运用一元线性插值法求得函数值 $f(x_i, y)$；再固定 x_{i+1}，根据 $f(x_{i+1}, y_j)$ 和 $f(x_{i+1}, y_{j+1})$ 运用一元线性插值法求得函数值 $f(x_{i+1}, y)$。

②根据上一步求得的 $f(x_i, y)$ 和 $f(x_{i+1}, y)$，再次用一元线性插值法求得函数值 $f(x,y)$。为了提高插值精度，在第①和第②步中均可改用抛物线插值，因而就有线性—线性插值、抛物线—线性插值和抛物线—抛物线插值等多种二元列表函数的插值方法。

表 4-4 二元列表函数的线性插值结点和函数值

	$\cdots y_j$	y	$y_{j+1}\cdots$	$\cdots$
$\cdots$	$\cdots$	$\cdots$	$\cdots$	$\cdots$
x_i	$f(x_i, y_j)$（A 点）①	$f(x_i, y)$	$f(x_i, y_{j+1})$（B 点）	$\cdots$
x		$f(x, y)$		
x_{i+1}	$f(x_{i+1}, y_j)$（D 点）	$f(x_{i+1}, y)$	$f(x_{i+1}, y_{j+1})$（C 点）	$\cdots$
$\cdots$				

注：①A,B,C,D 4 点见图 4-6。

4.2 建立经验公式的方法

在实际的工程问题中时常需要用一定的数学方法将一系列测试数据或统计数据拟合成近似的经验公式，这种建立经验公式的过程也称为曲线拟合。此外，在 CAD/CAM 中还经常遇到线性方程组的求解问题。本节主要讨论采用最小二乘法的曲线拟合及线性方程组的求解。

4.2.1　最小二乘法拟合的基本思想

如图 4-7 中 1～9 为已知点，$y=f(x)$是拟合所得的曲线，它不一定通过所有点，但它尽可能地接近这些点。

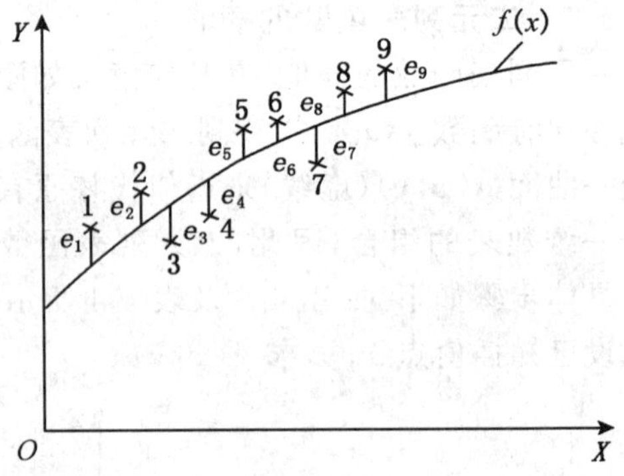

图 4-7　最小二乘法曲线拟合

已知：由线图或实验所得 m 个点的值(x_1, y_1)，(x_2, y_2)，…，(x_m, y_m)，设拟合公式为 $y=f(x)$，因此，每一结点处的偏差为

$$e_i=f(x_i)-y_i \qquad i=1,2,\cdots,m$$

偏差的平方和为

$$\sum_{i=1}^{m} e_i^2=\sum_{i=1}^{m}(f(x_i)-y_i)^2$$

拟合公式 $y=f(x)$具有一定的函数类型及系数，例如 $y=a_0+a_1x$，即为直线方程，如何决定系数 a_0 及 a_1 的值呢？最基本的要求就是由该系数决定的直线与各结点的偏差的平方和最小，因此称最小二乘法拟合。

拟合公式的类型通常选取初等函数，如对数函数、指数函数、代数多项式等。这一工作由编程人员来决定，一般先将数据点画在方格纸上，根据曲线形态判断所采用的函数类型。

本节只讨论在选定函数类型的情况下如何确定各系数值的问题。

4.2.2　线性函数拟合

有 n 组实验数据(x_i, y_i)，设线性方程的形式是：

$$y=a+bx \tag{4-4}$$

根据最小二乘法原理，为达到最好的拟合，应使各节点的偏差平方和为最小。设 $S(a,b)$为偏差平方和，则

$$S(a,b)=\sum_{i=1}^{n}(y_i-a-bx_i)^2 \tag{4-5}$$

只要求出 $S_{\min}$时的 a、b 代入式(4-4)所得的线性方程即为偏差平方和极小的曲线拟合方程。由此可见，曲线拟合可归结为函数求极值问题。

对式(4-5)求偏导并使之为零，得

$$\left.\begin{aligned}\frac{\partial S}{\partial a}&=-2\sum_{i=1}^{n}(y_i-a-bx_i)=0\\ \frac{\partial S}{\partial b}&=-2\sum_{i=1}^{n}(y_i-a-bx_i)x_i=0\end{aligned}\right\} \tag{4-6}$$

整理并求解

$$b=\frac{\sum_{i=1}^{n}y_ix_i-\sum_{i=1}^{n}x_i\sum_{i=1}^{n}(y_i/n)}{\sum_{i=1}^{n}x_i^2-\left(\sum_{i=1}^{n}x_i\right)^2/n} \tag{4-7}$$

$$a=\frac{1}{n}\left(\sum_{i=1}^{n}y_i-b\sum_{i=1}^{n}x_i\right) \tag{4-8}$$

将 a、b 值代入式(4-4)，则此线性函数即为 n 组实验数据的拟合方程。线性函数拟合参考程序见附录程序 3。

4.2.3 对数函数拟合

有 n 组实验数据(x_i,y_i)，设对数方程的形式是：

$$y=a+b\ln x \tag{4-9}$$

采用变量代换法，使之回归成线性方程的形式。令 $X=\ln x$，代入式(4-9)得

$$y=a+bX$$

此式同式(4-4)形式一样，同理可求出系数 a、b 值。

$$b=\frac{\sum_{i=1}^{n}y_iX_i-\sum_{i=1}^{n}X_i\sum_{i=1}^{n}(y_i/n)}{\sum_{i=1}^{n}X_i^2-\left(\sum_{i=1}^{n}X_i\right)^2/n},a=\frac{1}{n}\left(\sum_{i=1}^{n}y_i-b\sum_{i=1}^{n}X_i\right)$$

注意，这里的 $X_i=\ln x_i$，其偏差的平方和为

$$S(a,b)=\sum_{i=1}^{n}(y_i-a-b\ln x_i)^2$$

4.2.4 指数函数拟合

有 n 组实验数据(x_i,y_i)，设指数方程的形式是：

$$y=ax^b \tag{4-10}$$

对方程两边取对数，得：

$$\ln y=\ln a+b\ln x$$

令 $Y=\ln y$，$A=\ln a$，$X=\ln x$，则

$$Y=A+bX$$

这样，又可借用线性方程方程拟合的公式求出系数 A、b 值。其偏差平方和为

$$S(a,b)=\sum_{i=1}^{n}(y_i-ax_i^b)^2 \tag{4-11}$$

4.2.5 对数指数函数拟合

有 n 组实验数据(x_i,y_i)，设对数指数方程的形式是：

$$y=ae^{bx} \tag{4-12}$$

对方程两边取对数，得：

$$\ln y=\ln a+bx\ln e$$

令 $Y=\ln y$，$A=\ln a$，则

$$Y=A+bx$$

同理，可借用线性方程拟合的公式求出系数 A、b 值。其偏差平方和为

$$S(a,b)=\sum_{i=1}^{n}(y_i-ae^{bx_i})^2 \tag{4-13}$$

4.2.6 多项式拟合

已知有 m 组实验数据 (x_1,y_1)，(x_2,y_2)，…，(x_m,y_m)，采用 n 次多项式

$$y=f(x)=a_0+a_1x+a_2x^2+\cdots+a_nx^n$$

拟合，$m\geqslant n$，结点偏差的平方和为

$$\sum_{i=1}^{m}e_i^2=\sum_{i=1}^{m}(f(x_i)-y_i)^2$$

$$=\sum_{i=1}^{m}[(a_0+a_1x_i+a_2x_i^2+\cdots+a_nx_i^n)-y_i]^2=S(a_0,a_1,\cdots,a)$$

这表明偏差平方和是 $(a_0,a_1,\cdots,a_n)$ 的函数。为使其最小，取 $S(a_0,a_1,\cdots,a_n)$ 对各自变量的偏导数等于零。

$$\frac{\partial S}{\partial a_j}=0 \qquad j=0,1,\cdots,n$$

即

$$\frac{\partial\sum\limits_{i=1}^{m}[(a_0+a_1x_i+a_2x_i^2+\cdots+a_nx_i^n)-y_i]^2}{\partial a_j}=0 \qquad j=0,1,\cdots,n$$

求各偏导数并经整理得到

$$\left(\sum_{i=1}^{m}x_i^j\right)a_0+\left(\sum_{i=1}^{m}x_i^{j+1}\right)a_1+\left(\sum_{i=1}^{m}x_i^{j+2}\right)a_2+\cdots+\left(\sum_{i=1}^{m}x_i^{j+n}\right)a_n=\sum_{i=1}^{m}x_i^jy_i \qquad j=0,1,\cdots,n \tag{4-14}$$

亦可写成下面的方程组

$$\left.\begin{array}{l}\left(\sum x_i^0\right)a_0+\left(\sum x_i^1\right)a_1+\left(\sum x_i^2\right)a_2+\cdots+\left(\sum x_i^n\right)a_n=\left(\sum x_i^0y_i\right)\\ \left(\sum x_i^1\right)a_0+\left(\sum x_i^2\right)a_1+\left(\sum x_i^3\right)a_2+\cdots+\left(\sum x_i^{n+1}\right)a_n=\left(\sum x_i^1y_i\right)\\ \left(\sum x_i^2\right)a_0+\left(\sum x_i^3\right)a_1+\left(\sum x_i^4\right)a_2+\cdots+\left(\sum x_i^{n+2}\right)a_n=\left(\sum x_i^2y_i\right)\\ \vdots\\ \left(\sum x_i^n\right)a_0+\left(\sum x_i^{n+1}\right)a_1+\left(\sum x_i^{n+2}\right)a_2+\cdots+\left(\sum x_i^{2n}\right)a_n=\left(\sum x_i^ny_i\right)\end{array}\right\} \tag{4-15}$$

其中 $\sum$ 均为对 $i=0,1,2,\cdots,m$ 求和。

式(4-15)中待求的系数 $(a_0,a_1,\cdots,a_n)$ 共 $(n+1)$ 个，方程也是 $(n+1)$ 个，因此解此联立方程，就可求得各系数值。

例 4-4 有一组实验数据如表 4-5 所示，它有 7 个点，现要求用二次多项式拟合。

表 4-5 一组实验数据

点号	1	2	3	4	5	6	7
x_i 值	-3	-2	-1	0	1	2	3
y_i 值	4	2	3	0	-1	-2	-5

解:设二次多项式为 $y=a_0+a_1x+a_2x^2$

由表 4-5 实验数据及二次多项式可知 $m=7,n=2$,代入式(4-14)得

$$j=0 \qquad ma_0+\left(\sum x_i\right)a_1+\left(\sum x_i^2\right)a_2=\sum y_i$$

$$j=1 \qquad \left(\sum x_i\right)a_0+\left(\sum x_i^2\right)a_1+\left(\sum x_i^3\right)a_2=\sum x_iy_i$$

$$j=2 \qquad \left(\sum x_i^2\right)a_0+\left(\sum x_i^3\right)a_1+\left(\sum x_i^4\right)a_2=\sum x_i^2y_i$$

把 x_i,y_i 用表 4-5 中值代入,得

$$\left.\begin{array}{l}7a_0+0a_1+28a_2=1\\0a_0+28a_1+0a_2=-39\\28a_0+0a_1+196a_2=-7\end{array}\right\}$$

求解得

$$a_0=\frac{2}{3} \qquad a_1=\frac{39}{28} \qquad a_2=-\frac{11}{84}$$

最后得拟合后的经验公式

$$y=\frac{1}{84}(56-111x-11x^2)$$

采用最小二乘法的多项式拟合时,要注意以下问题。

①多项式的幂次不能太高,一般小于 7,可先用较低的幂次,如误差较大则再增加幂次。

②一组数据或一条曲线有时不能用一个多项式表示其全部,此时应分段处理,分段大都发生在拐点或转折处。

③如欲提高某区间的拟合精度,则应在该区间上采集更多的点。

4.2.7 列主元素高斯消去法求解线性联立方程

求解线性方程组有消去法(直接解法)和迭代法(间接法)2 种。对它们的详细讨论不是本书的任务,此处因为在最小二乘法的多项式拟合中要用到,故仅介绍高斯消去法。

首先用一个简单例子说明高斯消去法的实质。

有一四阶方程组

$$\begin{array}{l}x_1+x_2+x_3+x_4=10\\2x_1+x_2+3x_3+2x_4=21\\x_1+3x_2+2x_3+x_4=17\\3x_1+3x_2+x_3+x_4=14\end{array}$$

其求解步骤如下。

①把系数矩阵$[a_{ij}]$和等式右边向量$[b_i]$组成增广矩阵形式:

$$\begin{bmatrix} 1 & 1 & 1 & 1 & 10 \\ 2 & 1 & 3 & 2 & 21 \\ 1 & 3 & 2 & 1 & 17 \\ 3 & 3 & 1 & 1 & 14 \end{bmatrix}$$

其中 $a_{i,5}=b_i(i=1,2,3,4)$

②第 1 次消元为使 $a_{11}=1, a_{i1}=0(i=2,3,4)$。从第 2 行中减去 2 倍的第 1 行，从第 3 行中减去 1 倍的第 1 行，从第 4 行中减去 3 倍的第 1 行，得到如下矩阵：

$$\begin{bmatrix} 1 & 1 & 1 & 1 & 10 \\ 0 & -1 & 1 & 0 & 1 \\ 0 & 2 & 1 & 0 & 7 \\ 0 & 0 & -2 & -2 & -16 \end{bmatrix}$$

③第 2 次消元使 $a_{22}=1$，再类似②的过程使 $a_{i2}=0(i=3,4)$，得到如下矩阵：

$$\begin{bmatrix} 1 & 1 & 1 & 1 & 10 \\ 0 & 1 & -1 & 0 & -1 \\ 0 & 0 & 3 & 0 & 9 \\ 0 & 0 & -2 & -2 & -16 \end{bmatrix}$$

④第 3 次消元使 $a_{33}=1$，并同时也使 $a_{i3}=0(i=4)$，得到如下矩阵：

$$\begin{bmatrix} 1 & 1 & 1 & 1 & 10 \\ 0 & 1 & -1 & 0 & -1 \\ 0 & 0 & 1 & 0 & 3 \\ 0 & 0 & 0 & -2 & -10 \end{bmatrix}$$

⑤第 4 次消元使 $a_{44}=1$，得到如下矩阵：

$$\begin{bmatrix} 1 & 1 & 1 & 1 & 10 \\ 0 & 1 & -1 & 0 & -1 \\ 0 & 0 & 1 & 0 & 3 \\ 0 & 0 & 0 & 1 & 5 \end{bmatrix}$$

由此得到与原方程组等价的上三角方程组：

$$\begin{aligned} x_1+x_2+x_3+x_4&=10 \\ x_2-x_3+0\cdot x_4&=-1 \\ x_3+0\cdot x_4&=3 \\ x_4&=5 \end{aligned}$$

⑥通过回代过程则可得出：

$$\boldsymbol{X}=\begin{bmatrix} x_1 \\ x_2 \\ x_3 \\ x_4 \end{bmatrix}=\begin{bmatrix} 0 \\ 2 \\ 3 \\ 5 \end{bmatrix}$$

有 n 阶线性方程组：

$$\begin{aligned} a_{11}^0x_1+a_{12}^0x_2+\cdots+a_{1n}^0x_n&=b_1^0\\ a_{21}^0x_1+a_{22}^0x_2+\cdots+a_{2n}^0x_n&=b_2^0\\ &\vdots\\ a_{n1}^0x_1+a_{n2}^0x_2+\cdots+a_{nn}^0x_n&=b_n^0 \end{aligned}$$

其矩阵形式为：

$$\boldsymbol{A}^0\boldsymbol{X}=\boldsymbol{B}^0$$

其中 $\boldsymbol{A}^0$ 及 $\boldsymbol{B}^0$ 分别为：

$$\boldsymbol{A}^0=\begin{bmatrix} a_{11}^0 & a_{12}^0 & a_{13}^0 & \cdots & a_{1n}^0\\ a_{21}^0 & a_{22}^0 & a_{23}^0 & \cdots & a_{2n}^0\\ \vdots & \vdots & \vdots & & \vdots\\ a_{n1}^0 & a_{n2}^0 & a_{n3}^0 & \cdots & a_{nn}^0 \end{bmatrix}\qquad \boldsymbol{B}^0=\begin{bmatrix} b_1^0\\ b_2^0\\ \vdots\\ b_n^0 \end{bmatrix}$$

矩阵元素为 a_{ij}^k，其中 i 表示第 i 列元素，j 表示第 j 列元素，k 表示 k 次消元后的元素。

因此，经第一次消元后，则可得如下等价方程组：

$$\boldsymbol{A}^1\boldsymbol{X}=\boldsymbol{B}^1$$

其中 $\boldsymbol{A}^1$ 及 $\boldsymbol{B}^1$ 分别为：

$$\boldsymbol{A}^1=\begin{bmatrix} a_{11}^1 & a_{12}^1 & a_{13}^1 & \cdots & a_{1n}^1\\ 0 & a_{22}^1 & a_{23}^1 & \cdots & a_{2n}^1\\ \vdots & \vdots & \vdots & & \vdots\\ 0 & a_{n2}^1 & a_{n3}^1 & \cdots & a_{nn}^1 \end{bmatrix}\qquad \boldsymbol{B}^1=\begin{bmatrix} b_1^1\\ b_2^1\\ \vdots\\ b_n^1 \end{bmatrix}$$

经过 n 次消元就可得到等价的上三角方程组：

$$\boldsymbol{A}^n\boldsymbol{X}=\boldsymbol{B}^n$$

$$\boldsymbol{A}^n=\begin{bmatrix} a_{11}^n & a_{12}^n & a_{13}^n & \cdots & a_{1n}^n\\ 0 & a_{22}^n & a_{23}^n & \cdots & a_{2n}^n\\ 0 & 0 & a_{33}^n & \cdots & a_{3n}^n\\ \vdots & \vdots & \vdots & & \vdots\\ 0 & \cdots & \cdots & 0 & a_{nn}^n \end{bmatrix}\qquad \boldsymbol{B}^n=\begin{bmatrix} b_1^n\\ b_2^n\\ b_3^n\\ \vdots\\ b_n^n \end{bmatrix}$$

再通过回代过程，就可得到方程的解。

现设经过 $k-1$ 次消元矩阵 $\boldsymbol{A}^{k-1}$ 和 $\boldsymbol{B}^{k-1}$ 分别为：

$$\boldsymbol{A}^{k-1}=\begin{bmatrix} a_{11}^{k-1} & a_{12}^{k-1} & a_{13}^{k-1} & \cdots & a_{1k-1}^{k-1} & a_{1k}^{k-1} & \cdots & a_{1n}^{k-1}\\ 0 & a_{22}^{k-1} & a_{23}^{k-1} & \cdots & \cdots & \cdots & \cdots & a_{2n}^{k-1}\\ 0 & 0 & a_{33}^{k-1} & \cdots & a_{3k-1}^{k-1} & \cdots & \cdots & a_{3n}^{k-1}\\ \vdots & \vdots & \vdots & \vdots & \vdots & \vdots & & \vdots\\ 0 & \cdots & \cdots & 0 & a_{k-1k-1}^{k-1} & a_{k-1k}^{k-1} & \cdots & a_{k-1n}^{k-1}\\ 0 & \cdots & \cdots & \cdots & 0 & a_{kk}^{k-1} & \cdots & a_{kn}^{k-1}\\ \vdots & \vdots & & & \vdots & \vdots & & \vdots\\ 0 & 0 & \cdots & \cdots & 0 & a_{nk}^{k-1} & \cdots & a_{nn}^{k-1} \end{bmatrix}\qquad \boldsymbol{B}^{k-1}=\begin{bmatrix} b_1^{k-1}\\ b_2^{k-1}\\ \vdots\\ \vdots\\ \vdots\\ \vdots\\ \vdots\\ b_n^{k-1} \end{bmatrix}$$

在 $\boldsymbol{A}^{k-1}$ 矩阵中主对角线元素 $a_{ii}^{k-1}=1$,($i=1,2,\cdots,k-1$)。当进行下一次(第 k 次)消元时,矩阵中诸元素 a_{ij}^{k} 和 b_{ij}^{k} 要根据其所在位置的不同而用不同的计算式,分 3 种情况。

①$\boldsymbol{A}^{k}$ 矩阵中其行号或列号小于 k 的各元素其值不变。在 $\boldsymbol{B}^{k}$ 向量中其行号小于 k 的各元素其值不变。即

$$a_{ij}^{k}=a_{ij}^{k-1}\qquad 当\ i<k\ 或\ j<k\ 时$$

$$b_{i}^{k}=b_{i}^{k-1}\qquad 当\ i<k\ 时$$

②$\boldsymbol{A}^{k}$ 矩阵和 $\boldsymbol{B}^{k}$ 向量中其行号等于 k,同时 $\boldsymbol{A}^{k}$ 矩阵中元素的列号大于或等于 k 的各元素按下列公式计算。

$$a_{kj}^{k}=a_{kj}^{k-1}/a_{kk}^{k-1}\qquad (j=k,k+1,\cdots,n)\qquad b_{k}^{k}=b_{k}^{k-1}/a_{kk}^{k-1}$$

③$\boldsymbol{A}^{k}$ 矩阵中其行号大于 k,并且其列号大于 $k-1$ 的各元素和 $\boldsymbol{B}^{k}$ 向量中行号大于 k 的各元素按下列公式计算。

$$a_{ij}^{k}=a_{ij}^{k-1}-a_{ik}^{k-1}a_{kj}^{k}\qquad (i=k+1,k+2,\cdots,n;j=k,k+1,\cdots,n)$$

$$b_{i}^{k}=b_{i}^{k-1}-a_{ik}^{k-1}b_{k}^{k}\qquad (i=k+1,k+2,\cdots,n)$$

当经过 n 次消元后,$\boldsymbol{A}^{n}$ 矩阵将是一个上三角矩阵。其主对角线上各元素皆等于 1。再通过回代过程就可求出方程组的解。回代公式如下:

$$x_{n}=b_{n}^{n}$$

$$x_{i}=b_{i}^{n}-\sum_{j=k+1}^{n}a_{ij}^{n}\cdot x_{j}\qquad (i=n-1,n-2,\cdots,1)$$

在上述消元过程中,要用主对角线上的元素 a_{kk}^{k-1} 作为除数。当 a_{kk}^{k-1} 的绝对值很小时,由于机器的舍入误差会影响计算精度。因此产生了列主元素消去法和全主元素消去法。

全主元素消去法在每次消元时,取系数矩阵中系数绝对值最大的未知量作为消去元,绝对值最大的系数所在的行作为保留行。这样经过 $n-1$ 次消元就可成为三角方程组,再经回代过程就可求出方程的解。由于全主元素消去法每次都要在全部系数中找最大值,占用机时较多,通常用列主元素消去法。它仅在消元列找绝对值最大的系数,并以此行作为保留行。这样可以既保证精度又节省机时。

4.3　CAD 人机交互技术和接口技术

任何一种计算机的应用过程都可抽象为输入、处理、输出 3 个逻辑部分,而在 CAD/CAM 中,这个过程不是单向的一个周期,而是输入、处理、输出,再输入、再处理、再输出……这样的反复过程。具体而言,技术人员将设计构思输入系统,系统对构思加以描述、整理,输出给技术人员;技术人员进行修改、补充后再输入计算机,系统再进行分析、判断,将结果输出;如此循环往复,直到设计满意。这就是所谓人机交互设计的过程。另外,客观实际要求 CAD/CAM 软件系统除满足基本功能之外,还易于被普通技术人员所接受和掌握。这些都要求有一个良好的人机界面和交互手段。为此,软件行业越来越重视用户界面的研究与开发,不断推出一些优秀的交互式图形界面系统。CAD/CAM 软件系统的开发也将友好用户界面作为基本需求要达到的目标之一。

4.3.1 用户界面的类型与设计

用户界面不能简单地被理解成是人操作计算机时所面对的屏幕显示形式，它隐含着人机交互的状态、表达形式、操作方法等一系列内容。

4.3.1.1 用户界面的类型

1)所见即所得型（What you see is what you set）。荧光屏上的显示与最终输出结果一致的界面类型。交互式绘图系统多具有这种界面。

2)直接操作型。操作动作与操作目的完全吻合的界面类型。如Windows环境下，将要删除的文件直接拖入废品箱；将某些应用程序图标直接移动到另一程序组窗口。这种情况下，功能命令已不是由通常的菜单选择或键盘输入来执行的，而是隐含在对表示符号的直接操作中。

3)图标型(Icon)。用图形代替文字或数值的界面类型。如图4-8所示，打印机代表打印命令、问号代表帮助命令、文件箱代表文件管理命令等，这里，图标表示的是一个命令动作；图4-9所示几种刻度图标：表盘、滑柱、指针等，代表的是某种属性状态，或许是光标在文本中的位置，或许是音量的大小，这种图标通常有一个动态区域，可由用户通过鼠标控制属性状态来改变，如图4-9中滑块上下移动、指针左右移动；图4-10所示是几种光标图例，代替箭头指示光标所在位置，这里，图标仅是个符号。图标型界面是目前最为流行的界面类型。

图4-8 图标命令

4)菜单型。将功能命令按类组织，列于屏幕之上，供用户选择的界面类型。它的使用类似于去餐馆吃饭时点菜的情景，用户不必事先记住所有功能命令，只要掌握菜单结构就可以到相应的菜单项中选取所需的命令，点取命令，即执行该命令所对应的操作。

5)问答型。按进程进行人机对话应答的界面类型。通常是系统运行到某一阶段需要人干预输入信息或决策选择时在屏幕上提示需输入的信息项目，等待用户输入；或显示预制选项，等待用户选择，用户一旦输入符合格式的信息，系统将继续运行，继续问答。问答型用户界面在交互式几何建模系统、CAM/CAM系统等只要含有某个进程的软件系统中都会见到。

6)表格型。将多项问答集中为一个表格，由用户逐项回答、填写的界面类型。多项内容可参照填写，可以设置多项默认缺省值，效率往往比问答型高。

7)命令键入型。通过键盘键入指令控制系统工作的界面类型。这种类型比较传统，需要用户记忆大量功能命令及其操作格式，不便掌握，易于出错。

8)语音型。用自然语音与计算机对话的界面类型。不再需要键盘、鼠标等输入设备,只要将需要的操作口述出来,计算机就能进行相应操作。

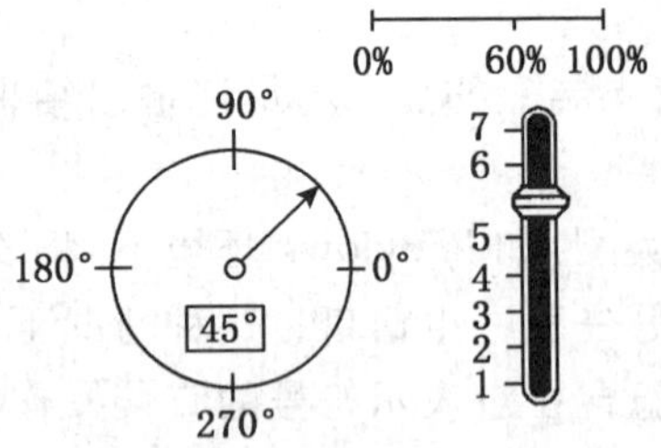

图 4-9 图标属性

图 4-10 图标光标

上述类型界面在实际系统中并非独立使用的,而常常是几种类型的组合,针对不同的环境、不同的需要而设置不同的界面。

4.3.1.2 用户界面设计

用户界面涉及到屏幕布局、颜色选择、网格划分、菜单设置、图标选用等多方面内容,应注意建立和维护数据表示与显示的一致性。

1)屏幕划分。针对显示屏幕的大小、格式和分辨率,合理、充分地利用屏幕,将屏幕适当划分,以便不同的显示用途。通常 CAD/CAM 系统总是需要开辟图形区、菜单区、显示提示区等至少三个区域。屏幕的划分有对称型和非对称型等不同形式。

2)字型选用。无论是菜单还是系统运行中的显示信息,若字符选用得当可以给屏幕带来生气和好的效果。

3)颜色、灰度选择。用不同颜色和灰度来标志信息、设置背景、分离不同形体,这对于用户在操作过程中集中注意力、减少错误非常有效,同时对操作者的情绪、心情等均会产生影响。

4)菜单设计。菜单是一组功能、对象、数据或其他用户可选择实体的列表,是目前 CAD/CAM 系统中最常用的交互功能方法。菜单设计时,通常要考虑菜单的结构、类型、形状等因素。

4.3.2 交互技术

人机交互的过程可分解为一系列基本操作,每种操作都是为完成某个特定的交互任务,归纳起来主要是定位、定量、定向、选择、拾取、文本 6 项交互任务。交互技术是完成交互任务的手段,在很大程度上依赖交互设备。

4.3.2.1 定位技术

定位技术即移动光标到满意位置,指定一个坐标。首先要明确定位坐标系和定位自由度,是用户坐标系还是设备坐标系;是矢量上定点还是平面上定点,还是三维空间定点。其次,选择合适的定位技术和辅助定位方法。

4.3.2.2 定量技术

交互过程中,输入某个数值代表某个特定的量的关系是司空见惯的,如大小、长度、角度等。最基本的方法就是直接键入数值。还有通过两次定位转换出所需量的技术。

4.3.2.3 定向技术

定向即为坐标系中图形确定某个方向。这仍然要首先确定坐标系和旋转自由度，然后可通过定义旋转中心、输入旋转角度完成；也可通过某些图形软件(如 I-DEAS)提供的动态热键旋转方式进行定向。但后者不适于精确的定向操作，多用于动态观察实体。

4.3.2.4 选择技术

主要指命令和选项的选择有 4 种方式。①鼠标移动光标选取选项；②键入选项命令全称或助记符形式执行命令；③按动功能热键驱动的命令程序；④语音控制选择选项。

4.3.2.5 拾取技术

拾取在多数情况下是针对图形对象而言的，它是交互式绘图及几何建模中不可缺少的功能。在二维坐标中，拾取的是线条或某个区域；而在三维坐标中，拾取的是面或体。

4.3.2.6 文本技术

文本交互主要是确定字符串的内容和长度。一般采用的方法是：①键入字符；②菜单选择字符；③单行或多行文本窗口输入字符；④语音识别或笔画识别等。

4.3.2.7 橡皮筋技术

针对变形类图形的要求，动态、连续表现变形过程，像随意拉动橡皮筋一样，使用户在这个交互过程中找到最满意的变形状态。该技术常用于曲线、曲面设计。

4.3.2.8 拖动技术

将形体在空间的移动过程动态、连续地表示出来，使用户实时观察到形体的位置，便于将其放置到希望的地方。拖动技术常用于演示部件装配过程、进行动画轨迹模拟。

4.3.2.9 草图技术

支持用户类似于在图板上画草图那种徒手绘图方式，可在屏幕上实现任意画图要求。它将等距采样点用折线或拟合曲线连接起来，生成图形。草图技术又称为徒手画技术、草图器技术等。

4.3.3 交互设备

常用的交互设备如下。

4.3.3.1 定位设备

定位的过程大多是将这些物理设备的位移转换成相应的屏幕光标的位移，当屏幕光标处于所需求的位置时，通过按下定点设备的按钮以采存该点的坐标。定位设备分为 3 类：直接设备和间接设备、绝对坐标设备和相对坐标设备、连续设备和离散设备。常见的定位设备有鼠标器、操纵杆、跟踪球、空间球、数字化仪的触笔或手动光标等。

4.3.3.2 笔画设备

笔画设备的输入等于多次调用定位设备，产生一系列的坐标值，根据产生的坐标值可产生多边形和曲线。用作定位的设备都可用作笔画设备。

4.3.3.3 定值设备

定值设备常用来输入各种参数和数据。任何一种带有数字键的键盘都可作为定值设备，拨号盘、滑动电位器、跟踪球、操纵杆等带有控制旋钮的也可作为定值设备。

4.3.3.4 字符串设备

用于进行字符串输入的设备，主要设备是键盘。

4.3.3.5 选择设备

用来选择菜单选项、属性选项和用于构图的对象形状等的设备。常用的选择设备有功能键、热键和定位设备等。

4.3.3.6 拾取设备

用于选择屏幕中所显示的图形且即将进行变换、编辑和处理的部分的设备。往往采用定位设备、选择设备、定值设备以及它们的组合功能来实现。

4.3.4 交互设计原则

任何设计都有要注意的问题和要遵循的原则，这是保证设计成功的必要前提。

4.3.4.1 一致性与规格化设计

将所开发系统的交互功能设计成统一的模式和语义，以相同的命令语法和操作步骤工作，显示同样的屏幕状态格式，整个系统前后一致，统一规格。

4.3.4.2 反馈信息

所谓人机交互，就是在人将信息输入计算机后，计算机能有所反应，这就是反馈，它是交互界面的基本组成部分。人机交互的特点就在于所有计算机的反馈信息都是由人预先根据各种可能的输入而准备好存入计算机的。反馈信息应及时、明确，以免用户茫然不知所措。

4.3.4.3 防错和改错功能

系统内部应设计完整性、合理性约束，具有较好的容错性，允许用户改动输入信息；而防错功能又能避免因错误的输入而给系统运行和结果带来的损害。

4.3.4.4 提示和帮助信息

一个良好的在线帮助功能是必不可少的。它能提供较详细的说明和信息，引导、帮助用户尽快掌握系统、正确使用系统。帮助功能的实现是靠热键或菜单项选择启动的，通常设置多种帮助信息检索途径。

4.3.4.5 用户记忆量最小

交互式CAD系统是要找到人和机的最佳结合点，既利用计算机高精度、高速度、大容量的特点，又充分发挥人的聪明智慧，使设计达到高质、高效。

4.3.5 用户界面标准

美国国家标准技术委员会于1990年5月将X窗口系统X.11.3版本正式发布为美国国家标准。窗口系统是控制显示设备与输入设备等资源的系统软件。它向用户提供应用界面、编程界面和窗口管理界面。

应用界面是系统用户和显示窗口间的交互机制。它向用户提供各种类型的窗口、菜单、图形、正文、对话框、滚动条(滑柱)和图标等灵活、高效、功能丰富的多窗口机制以及窗口对象的操作和相互通信。

编程界面是程序员编制应用程序的多窗口界面。它提供各类库函数、工具箱、对象类等编程机制，具有较强的图形功能、设备独立性及网络透明性。

窗口管理界面是对窗口进行宏观管理的界面环境，负责控制应用程序各窗口的布局、重显、大小边框及标题等。

X窗口系统标准包括X协议、X库函数、X工具箱函数、字体标准格式4个方面内容。X窗口系统的重要设计思想是提供实现各种界面的机制，而不是策略。由于标准只规定了应用程序员的编程接口,因而不同用户都可在其上实现各种窗口管理程序及界面外观。由此,X窗口系统成为工作站各用户界面的基础、事实上的工业标准。

开放软件基金会(OSF)于1989年发布了图形用户界面规范Motif。它以UNIX操作系统和X窗口系统为软件平台,提供了统一风格、窗口管理、工具箱、用户界面语言(UIL)等一系列机制及规定。现已在多种硬件平台及操作系统上被广泛用作为界面开发环境。

UNIX国际于1988年发布的图形用户界面规范OPEN LOOK也已作为UNIX系统后续版本发布的重要组成部分而正式推广使用。

Motif和OPEN LOOK都具有开放系统环境的共同特征,即交互操作性、可移植性及可伸缩性;均以面向对象风格提供应用编程界面(Apl)、丰富友好的图形用户界面元素;都有多任务能力;并适于网络环境;所不同的是具体外观及一些技术细节。

我国CAD/CAM应用软件开发应研究可参照和利用上述标准,以利于我国自主版权的CAD/CAM应用软件提高水平和走向国际市场参与竞争。

此外,自1981年国际图形学会提出用户界面管理系统UIMS(user interface management system)概念之后,人们越来越关注快速开发与修改界面技术的研究、发展与应用,国际上有关机构定期或不定期多次组织召开国际会议,研讨UIMS的有关问题,这对用户界面、交互技术的发展具有重要的指导意义。

习题4

1. 试述简单数表与列表函数的主要区别。
2. 简单数表能否公式化?
3. 线图数表化处理能否插值、检索?
4. 线图公式化处理如何区分直角坐标系线图、对数坐标系线图?
5. 对数坐标系线图公式化处理时应注意什么?
6. 试将表4-6所示的中小链轮齿数系数 K_z 及 K_z' 程序化。

表4-6 小链轮齿数系数 K_z 及 K_z'

Z_1	9	10	11	12	13	14	15	16	17
K_z	0.446	0.500	0.554	0.609	0.664	0.719	0.775	0.831	0.887
K_z'	0.326	0.382	0.441	0.502	0.566	0.633	0.701	0.773	0.846
Z_1	19	21	23	25	27	29	31	33	35
K_z	1.00	1.11	1.23	1.34	1.46	1.58	1.70	1.82	1.93
K_z'	1.00	1.16	1.33	1.51	1.69	1.89	2.08	2.29	2.50

7. 试将图4-3中直线段125~140 mm B公式化。
8. 试将表4-7所示的带传动小带轮包角系数公式化。

表4-7 小带轮包角系数 K_α

包角 α	70°	80°	90°	100°	110°	120°	130°	140°
K_α	0.58	0.64	0.69	0.74	0.78	0.82	0.86	0.89
包角 α	150°	160°	170°	180°	190°	200°	210°	220°
K_α	0.92	0.95	0.98	1.0	1.05	1.1	1.15	1.2

9. 何谓交互式绘图系统?试举例说明。

10. 何谓用户界面？试举例说明。

附录

程序 1(数表程序化参考程序)

```
/*module of gear,mn 2-14mm*/
#include<stdio.h>
#include<stdlib.h>
#include<conio.h>
int i,ch;
double mc,mn;
double m[21]={2,2.25,2.5,2.75,3,3.25,3.5,3.75,4,4.5,5,5.5,6,6.5,7,8,9,10,11,12,14};/*将标准
模数系列数值赋给数组m*/
void funl(void);
main()
{     puts("\n\tMc was calculated module of Gear.\n");
      printf("\tInput Mc=");/*输入模数的计算值*/
      scanf("%lf",&mc);
      mn=mc;
      puts("\n");
      if(mn>14)/*判断mn是否大于最大标准模数*/
      {     puts("\tTHE Mn(>14)is overflow!\n");/*输入的模数大于14,程序终止*/
            puts("\t-the end!-\n");
            exit(1);/*溢出标准值,调用程序结束函数*/
      }
      for(i=0;i<21;i++)
      {     if(mn<(1.02*m[i])) break;/*please analysis is the effect of 1.02*/
            funl();/*调用模数判别子函数*/
            return 0;
      }
      }
/*模数判别子函数*/
void funl(void)
{     mn=m[i];/*计算模数标准化,赋予标准模数*/
      switch(i)
      {     case 5:
            case 7:
            case 13:
            case 18:
            printf("\n\tNote:Mn=%4.2lfmm\n",mn);
            puts("\t This is second series. You would not use it!\n");
            break;
            /*以上的模数是不可用的第二系列模数*/
```

```
            case 1:
            case 2:
            case 6:
            case 9:
            case 11:
            case 14:
            case 16:
            case 20:
            printf("\n\tNote:Mn=%4.2lfmm\n",mn);
            puts("\t This is second series. \n");
            break;
/*以上是可用的第二系列模数*/
            default:
            printf("\n\tMn=%4.2lfmm\n",mn);/*输出所得 Mn*/
            break;
/*以上是第一系列的标准模数*/
      }
      puts("\t Is this Mn fine? (y/n)\n");/*判断所得 Mn 是否符合规定的界面程序部分*/
      ch=getch();
      if(ch='y')
      {     puts("\n\t-The end! -\n");
            exit (0);
      }
/*判断所得 Mn 是否符合规定的界面程序部分*/
/*对所得的 Mn 不满意,则作减小或者增大处理*/
      puts("\n\tDo you want decrease Mn? (y/n) \n");/*作减小处理程序部分*/
      ch=getch();
      if(ch=='y')
      {     if(i>0) i--;
            funl();/*递归调用本子程序重新判断*/
      }
      if(i<20) i++; /*作增大处理程序部分*/
      funl();
      }
```

程序 2(线图的数表化处理参考程序)

```
/*线图的数表化处理例程*/
#include<math.h>
#include<stdio.h>
main()
{
/*八个齿宽系数*/
      float fData1[]={0.2,0.4,0.6,0.8,1.0,1.2,1.4,1.6};
      /*按表 2-3 中行的顺序排列齿宽负荷分布系数的数据,没有的作 0 处理*/
```

```
    float fData2[]={0,1,1.015,1.03,1.05,1.07,1.09,1.13,
                    0,1,1.03,1.06,1.1,1.14,1.19,1.25,
                    1,1.02,1.04,1.06,1.08,1.12,1.14,1.18,
                    1,1.04,1.08,1.13,1.17,1.23,1.28,1.35,
                    1.025,1.05,1.08,1.115,1.15,1.18,1.225,
                    1.28,1.05,1.1,1.16,1.22,1.28,1.36,1.45,
                    1.55,1.075,1.115,1.16,1.225,0,0,0,0,
                    1.115,1.21,1.32,1.45,0,0,0,0};
/*k3 小齿轮相对支承的位置(1 to 4)*/
/*m1 齿面硬度类别(1 to 2)*/
/*jd 齿轮精度等级(5 to 10)*/
/*pd 齿宽系数(0.2 to 1.6)*/
    int k3,m1,jd;
    int i,j,pos;
    float kb,pd,kb1,kb2;
    char str0[]="***qing xian yun xing UCDOS***"; /*提示运行 UCDOS*/
/* 以下为一些基本提示信息 */
    char str1[]="qing shu ru k3";
    char str2[]="qing shu ru m1";
    char str3[]="qing shu ru jd";
    char str4[]="qing shu ru pd";
    char strErr[]="shu ru cuo wu";/*出错提示信息*/
    printf(str0);
    printf(str1);
    scanf("%d",&k3); /*请输入 k3 小齿轮相对支承的位置(1 to 4)*/
    while(k3<1||k3>4) /*不在(1 to 4)出错提示,并重新输入*/
    {   printf(strErr);
         scanf("%d",&k3);
    }
    printf(str2);
    scanf("%d",&m1); /*请输入 m1 齿面硬度类别(1 to 2)*/
    while(m1<1||m1>2) /*不在(1 to 2)出错提示,并重新输入*/
    {   printf(strErr);
    scanf("%d",&m1);
    }
    printf(str3);
    scanf("%d",&jd); /*请输入 jd 齿轮精度等级(5 to 10)*/
    while(jd<5||jd>10) /*不在(5 to 10)出错提示,并重新输入*/
    {   printf(strErr);
         scanf("%d",&jd);
    }
    printf(str4);scanf("%d",&pd); /*请输入 pd*/
    while(pd<0.2||pd>1.6) /*不在(0.2 to 1.6)出错提示,并重新输入*/
    {       printf(strErr);
```

```
            scanf("%f",&pd);
        }
        for(i=0;i<8;i++)
        {     if(fData1[i]==pd)
                {     pos=(2*(k3-1)+(m1-1))*8+i;
                      kb=fData2[pos];
                      goto end;
                } /*跳转到标志 end 处*/
        }
        for(i=0;i<8;i++)
        /*判断 pd 所在区间并用插值法求 KB*/
        {     if(fData1[i]<pd&&fData1[i+1]>pd)
                {     pos=(2*(k3-1)+(m1-1))*8+i;
                      kb1=((pd-fData1[i+1])/(fData1[i]-fData1[i+1]))*fData2[pos] ;
                      kb2=((pd-fData1[i])/(fData1[i+1]-fData1[i]))*fData2[pos];
                      kb=kb1+kb2;
                      break;
                }
        }
/*根据齿轮精度等级修正 Kb*/
        end:
        if(jd>8)
        kb=1.075*kb;
        else if(jd<8)
        kb=1.08*kb;
        printf("kb=%f",kb);
}
```

程序 3(线性函数拟合参考程序)

```
/*线性拟合*/
/*Y=a+bX*/
#include<stdio.h>
#include<conio.h>
#include<stdlib.h>
#include<math.h>
void display(int n,double *x,double *y,double *p);
main()
{
double x[]={1,2,3},y[]={12,14,16},d,e,f,g,h,a,b,*p,*pp;
int i,n;
e=f=g=h=d=0;
puts("\n\t N is number of Date(Xi,Yi).");
printf("\t Input N=");  /*N 为一元列表函数的结点数*/
scanf("%i",&n);
```

```
if((p=(double  * ) calloc(n,sizeof(double)))==NULL)
/*calloc 为分配主存储器函数 用法 void  *calloc(size-t nelem, size-t elsize); */
exit(1);/*调用结束函数*/
pp=p;
for(i=0;i<n;i++)
        {      e+=x[i];
        f+=y[i];
        g+=x[i]*x[i];
        h+=x[i]*y[i];
        }
b=(h-(e*f/n)/(g-e*e/n); /*计算系数 b*/
a=(f-b*e)/n; /*计算系数 a*/
/*输出 Y=a+bX*/
if(b! =0)
printf("\n\t Y=%.5lf+%.5lfX",a,b);
else printf("\n\t Y=%.5lf",a);
for(i=0;i<n;i++)
        {      *p=a+b*x[i];
        d+=(y[i]-*p)*(y[i]-*p++);
        }
printf("\n\t S=%.6lf",d);
display(n,x,y,pp); /*调用 DISPLAY()函数*/
puts("\n\t-The end.- \n");
return 0;
}
```

5 计算机辅助图形处理

5.1 概述

计算机辅助图形处理技术是CAD/CAM的一个重要组成部分，因为图样是工程设计与制造过程中的重要技术文件之一。计算机绘图的实现把设计人员从传统的人工绘图方式中解放出来，而计算机辅助图形处理技术的应用与发展推动了CAD/CAM研究的发展，同时也加速推动了工业生产的发展。所以，人们也把计算机绘图称为CAD（computer aided drawing）。

计算机辅助图形处理是利用计算机的高速运算功能、数据交换功能及人机交互功能来处理图形信息，并将图形显示在输出设备上。计算机辅助图形处理包括的内容有：图形信息的输入、输出及存储，图形的生成与交换、编辑及识别，图形之间的运算、剪裁及显示等 。

计算机辅助图形处理技术的应用，使工程设计人员可以通过交互式图形设备对零部件进行设计、计算及描述，产生二维图样或三维模型。设计者可以从各个不同的角度来观察零部件形状，并能进行修改、存储。我们设计计算机鼠标外形，它的颜色、结构、大小甚至它的工艺性能的设计都可以利用计算机来完成，并可以从图形显示器上观察及修改。

5.1.1 图形处理的基本概念

图形是由点、线和面等基本要素（图素）按一定的关系组合而成。

图素是组成图形的基本要素。例如，点、直线、圆、自由曲线和曲面等。

图形的生成是指在指定的输出设备上，根据坐标描述构造二维几何图形。

图形的表示有2种方法。一是点阵法，即把具有颜色信息的点阵来表示图形的一种方法。它强调图形由哪些点组成，并具有什么样的灰度或色彩。点阵法图素所描述的图形叫做图样。二是参数法，是以计算机中的记录的图形的形状参数与颜色、线型等属性参数来描述图形的一种方法。参数法所描述的图形也称为矢量图形。

计算机辅助图形处理所指的是参数法描述的图形即矢量图形的处理。

5.1.2 基本图形生成技术及算法

在计算机辅助设计的图形处理系统中，了解和掌握基本图形的计算机绘制方法，可以帮助我们深入理解计算机绘图系统的原理及进行计算机辅助设计的二次开发工作。

5.1.2.1 点与直线

点：平面上的一点 P 由它在该平面内坐标位置 $P(x,y)$ 来定义。

直线：直线是由线上两端点 $P_0(x_0,y_0)$ 及 $P_1(x_1,y_1)$ 来定义的。且该直线的方程可写成：

$$F(x,y)=y-kx-b=0 \tag{5-1}$$

其中：$k=\frac{\mathrm{d}y}{\mathrm{d}x}=\frac{y_1-y_0}{x_1-x_0}$，$x,y$ 是直线上一点。

直线的生成算法有：数值微分法（DDA算法）、直线的Bresenham算法、直线的中点Bresenham算法。

5.1.2.2 圆或圆弧

圆是由圆心及圆的半径构成的。圆的标准方程为：

$$x^2+y^2=R^2$$

圆的参数方程为：

$$x=x_0+R\cos\theta \text{ 或 } x-x_0=R\cos\theta$$

$$y=y_0+R\sin\theta \text{ 或 } y-y_0=R\sin\theta \tag{5-2}$$

其中(x_0,y_0)是该圆心的坐标，R 是圆的半径，参数 θ 是旋转角度。圆弧的生成算法有：角度 DDA 法(简单方程产生圆弧)、圆弧的 Bresenham 算法、中点 Bresenham 画圆。有关各种不同的算法原理在此就不叙述了。请参阅计算机图形学。

5.1.3 图形的生成方法

CAD 研究的主要内容就是如何简便、快捷地生成图形，建立零部件的几何模型。而图形生成方法决定了计算机绘图的作用和效率，目前我们所应用的图形生成方法归纳起来，主要有以下 5 种。

5.1.3.1 轮廓线法

所谓轮廓线法，就是将物体上的点与线条在计算机上逐一绘出，得到该物体的图形。该方法绘制的线条取决于它的端点坐标，不分先后，没有约束，因而，比较简单，适应面也广，但绘图工作量大、效率低，容易出错，尤其是不能满足系列化产品图形的设计要求，生成的图形的各图素之间无约束关系，所以无法通过尺寸参数加以修改。

采用轮廓线法绘图通常有两种工作方式：一是编制程序，成批绘制图线，程序一经确定，所绘图形也就确定了，若要修改图形，只有修改程序，这是一种程序控制的静态的自动绘图方式。例如应用 Basic 语言或 C 语言编写绘图程序。二是利用交互式绘图软件系统，把计算机屏幕当作图板，通过鼠标或键盘点击菜单，或直接输入绘图或操作命令，按照人机对话方式生成图形，AutoCAD 绘图软件就属于这种方式。轮廓线法生成的图形重用率低。图 5-1 是使用 QBasic 语言编制的绘图程序的运行结果。

例 5-1 用 QBasic 语言编制的绘图程序 CHE.BAS：

```
SCREEN 1,0
LINE (30,30)-(130,80),1,B
CIRCLE (40,90),10
CIRCLE (120,90),10
END
```

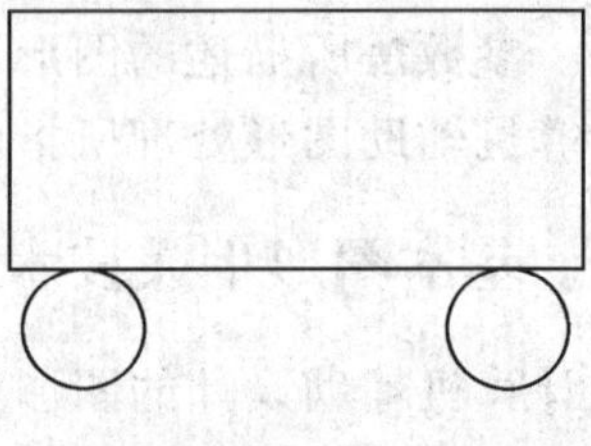

图 5-1 CHE.BAS 运行结果

5.1.3.2 参数化法

参数化法是首先建立图形与尺寸参数的约束关系，每个可变的尺寸参数用待标变量表示，并赋予一个缺省值。绘图时，修改不同的尺寸参数即可得到不同规格的图形。这种方法工作起来简单、可靠、绘图速度快。通常用于通用件、标准件的图库建设或建立企业内部已定型系列化产品的图形库。利用一套几何模型，即可随时调出所需产品型号的图纸，也能进行约束关系不变的改型设计。参数化法也有程序绘图和交互绘图 2 种工作方式。程序绘图需将参数代入程序或在程序运行初期输入其中，例如在 AutoCAD 的平台下，用其内嵌式语言 AutoLISP 语言或 VBA (vasual basic for application)编制的绘图程序；交互绘图则先将赋有缺省值的参数图以图形文件形式存入系统，使用则调入，再以人机对话方式逐一改变参数。

图 5-2 是用 AutoLISP 语言编制的专用机床的部分零件的参数化绘图软件的用户界面。其变量参数(国家标准提供的数据)由用户在软件提示的范围内选择。图 5-3 是用户根据该软件绘制的图形。

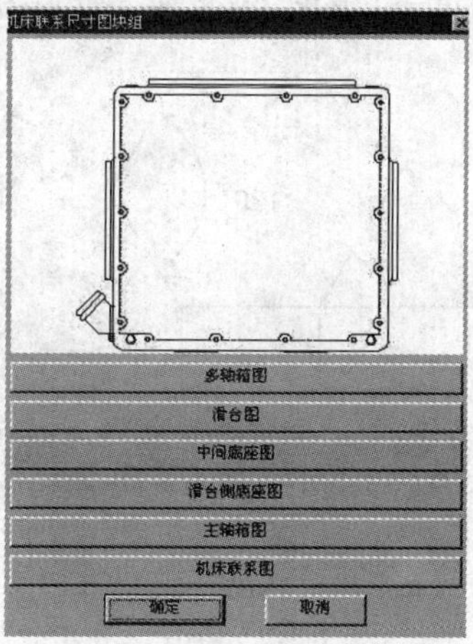

图 5-2 专机设计软件界面

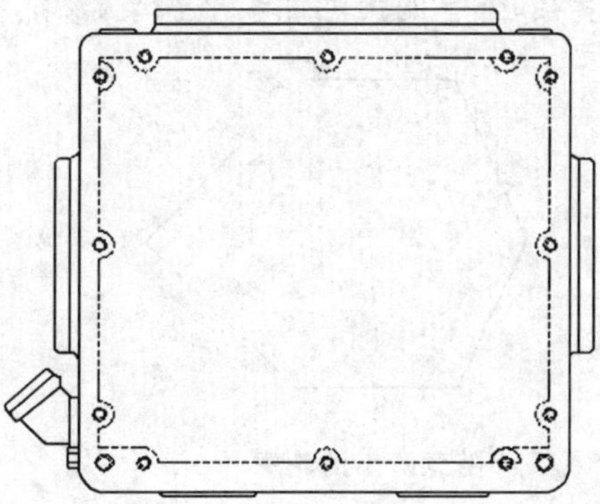

图 5-3 用户选择的主轴箱体

5.1.3.3 图形元素拼合法

图形元素拼合法(简称图元拼合法)类似于一种搭积木的方法。将各种常用的、带有某种特定专业含义的图形元素存储建库，设计绘图时，根据需要调用合适的图形元素加以拼合。图形元素拼合法要以参数化法为基础，每一个图形元素实际上就是一个小参数化图形。如果我们要画轴，则调用画轴的不同的图形元素，即可组成不同类型的轴元素；如果我们要画齿轮，则可从齿轮图库中调出齿轮的基本图元素，即可很快地完成齿轮的图线绘制及主要参数的计算。这种方法可用于新产品的设计和绘制，效率又远远高于轮廓线法。通常，图形元素的定义和建库都是针对某些通用件、标准件和适用于本单位产品形状特征的。图形元素拼合法既可以用交互方式通过屏幕菜单拾取选项加以拼合，也可以通过对话框形式进行参数及图素的选择。如图 5-4 所示，调用不同的图形元素就可以得到不同类型和尺寸的轴件。

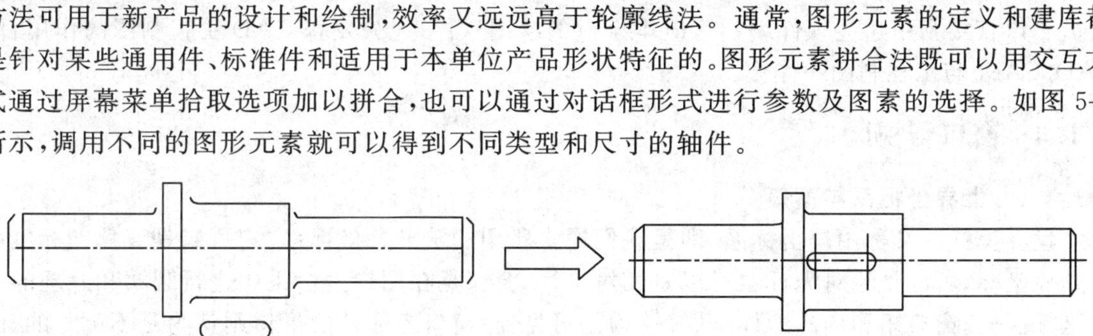

图 5-4 图形元素拼合法示例

5.1.3.4 尺寸驱动法

尺寸驱动法是按设计者的意图，先将草图快速勾画于屏幕之上，然后根据产品结构形状需要，为草图建立尺寸和形位约束，草图受到这种约束的驱动而变得横平竖直起来，尺寸大小也一一对应。这种方法甩掉了繁琐的几何坐标点的提取和计算，保留了图形所需的矢量，尺寸绘图质量好、效率高；它使设计者不再拘泥于一些绘图细节(如某线条是否与另一条相关线平行、垂直，它的端点坐标是什么等等)，而把精力集中在该结构是否能满足功能要求上，因而支持快速的概念设计，怎么构思就怎么画，所想即所见，绘图和设计过程形象、直观。这是一种交互式的变量设计方法。尺寸驱动法是当前图形处理乃至CAD实体建模的研究热点之一，它的原理还可应用于装配设计，建立好装配件间的尺寸约束关系，即可支持产品零部件之间的驱动式一致性修改。图5-5所示为尺寸驱动法作图简单示例。使用尺寸驱动法作图，开始只需画出图形的大概轮廓，精确尺寸和形状由尺寸约束或形位约束控制，如图5-5a大概轮廓。六边形6条边添加相等关系，上下两边添加水平约束，添加一定的尺寸约束，可得图5-5b所示正六边形。

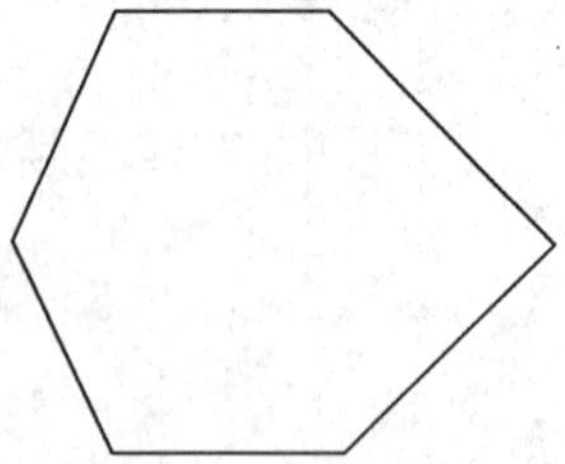

a. 随意画出的轮廓

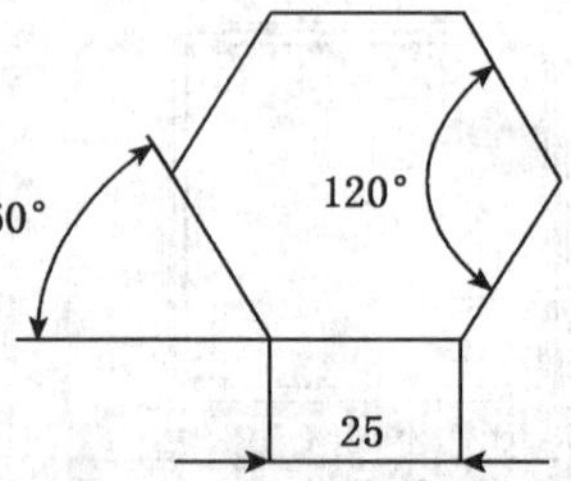

b. 添加一定的尺寸和形位约束所得图形

图5-5 尺寸驱动法绘图

5.1.3.5 三维实体投影法

设计者首先在计算机三维建模环境下建立零件的三维模型，它能直观地、全面地反映设计对象的形状、外观，还能减轻设计者的负担，提高设计质量和效率。通过对三维模型的不断修改，完善，再将三维设计结果以二维图纸形式输出，加上必要的尺寸标注、公差和技术要求。这种过程可以反复进行，直到设计效果最佳。

以上的各种图形生成方法，在实践中均有应用。设计者也可根据设计要求及本企业的情况选择、应用及编制绘图软件。在建立绘图软件时需积极采用有关国际标准和国家标准；扩大图形量，分别建立专业的图形库；提高图形库与CAD工程制图软件的接口技术，满足各种类型CAD工程制图的需要。目前，许多的CAD软件本身就带有供用户使用的二次开发环境，设计人员可以直接利用这些软件编制适应本企业的绘图软件，充分发挥CAD工程制图的作用，使CAD/CAM与工程制图一体化。

5.1.4 窗口与视区

5.1.4.1 世界坐标系与窗口

世界坐标系又称用户坐标系，即是我们通常所用的笛卡儿坐标系。它可以是直角坐标也可以是极坐标，可以是绝对坐标也可以是相对坐标。窗口是在用户坐标系中进行观察和处理的一个坐标区域。窗口矩形内的形体，系统认为是可见的；窗口矩形外的形体则认为是不可见的。图5-6中窗口中曲线为可见部分，而窗口两侧的曲线为不可见部分。窗口可以嵌套，即在第一层窗口中再定义第二层窗口，在第i层窗口中再定义$i+1$层窗口等等。如果需要，还可以定义圆形窗口、多边形窗口等异形窗口。

5.1.4.2 设备坐标系与视区

图5-6所示窗口与视区设备坐标系又称物理坐标系和显示坐标系，它是与具体设备相关的坐标系，和显示器的分辨率有关，图形的输出在设备坐标系下进行。将窗口映射到显示设备上的坐标区域称为视区。显示窗口内图形时，可能占用整个屏幕，也可能在显示屏幕上有一个

方框，要显示的图形只出现在这个方框内。那么，在图形输出设备上(显示屏、绘图仪等)用来复制窗口内容的矩形区域被称为视区，视区也可以嵌套，还可以在同一物理设备上定义多个视区，分别作不同的应用或分别显示不同角度、不同对象的图形。

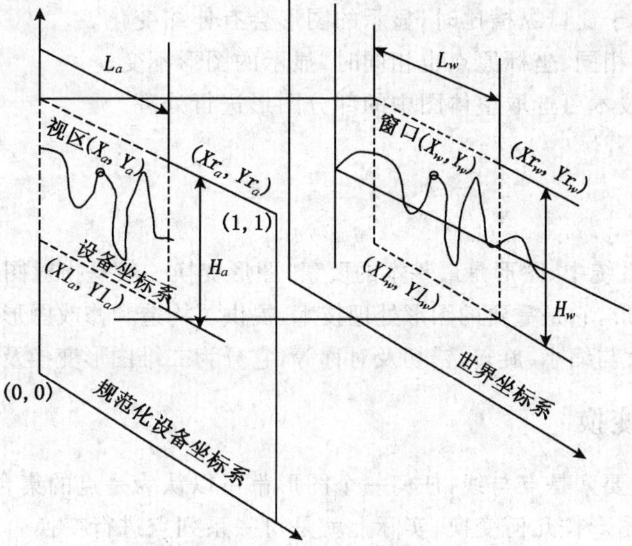

图 5-6　窗口与视区

5.1.4.3　世界坐标系与设备坐标系的转换

我们引入规格化坐标系来帮助转换，规格化坐标系也称假想设备坐标系和标准设备坐标系，其坐标的度量值在 0～1 实数范围的。例如在世界坐标系内有一点(X_w,Y_w)，将其变换为规格化坐标系内的点(X_a,Y_a)。其表达式为：

$$X_a=(X_w-Xl_w)/L_w$$
$$Y_a=(Y_w-Yl_w)/H_w \qquad (5\text{-}3)$$

式中：L_w,H_w 为用户定义的绘图范围；Xl_w,Yl_w 为用户定义的原点坐标。

如果 $Xl_w=0$;$Yl_w=0$，则：$X_n=X_w/L_w$;$Y_n=Y_w/H_w$ 变换为设备坐标系，点坐标为(X_a,Y_a)，假如设备坐标系的分辨率为 800×600，则：

$$X_a=799\times X_n=799\times X_w/L_w, Y_a=599\times Y_n=599\times Y_w/H_w \qquad (5\text{-}4)$$

5.1.4.4　窗口与视区的变换

在多数情况下，窗口与视区无论大小还是单位都不相同，为了把选定的窗口内容在希望的视区上表现出来，即将窗口内某一点(X_w,Y_w)画在视区的指定位置时(X_a,Y_a)，必须进行坐标变换。如图 5-6 所示，按照比例关系可以推导出：

$$\left.\begin{aligned}X_a&=S_x(X_w-Xl_w)+Xl_a\\Y_a&=S_y(Y_w-Yl_w)+Yl_a\end{aligned}\right\} \qquad (5\text{-}5)$$

S_x 和 S_y 分别是视区与窗口的 X 与 Y 方向的长度比值。Xl_w,Yl_w 与 Xl_a,Yl_a 分别是窗口与视区的左下角的坐标值。

假如 Xl_w,Yl_w 与 Xl_a,Yl_a 均为 0，且 $S_x=(Xr_a-Xl_a)/L_w=799/L_w$ 和 $S_y=(Yr_a-Yl_a)/$

$H_w=599/L_w$；由此，我们得出了与式(5-4)相同的公式。读者自己可以推导。

所以我们可以得出以下结论。

视区不变，窗口缩小或放大时，显示的图形会相应放大或缩小。

窗口不变，视区缩小或放大时，显示的图形会相应缩小或放大。

视区纵横比不等于窗口纵横比时，显示的图形会有伸缩变化。

窗口与视区大小相同、坐标原点也相同时，显示的图形不变。

可见，采用窗口技术可选取整体图中的部分图形进行处理。

5.2 图形变换

在CAD/CAM系统中，图形是最基本的要素，图形变换一般是指对图形的几何信息经过几何变换后产生新的图形，它是重要的图形处理技术，提供了构造和修改图形的方法。图形变换技术有图形的平移、放大与缩小、旋转、错切及对称等，它分为二维图形变换及三维图形变换。

5.2.1 二维图形变换

构成图形的基本要素是点与线，任何一个图形都可以认为是点的集合。一条直线是由两点所构成的，所以一个图形作几何变换，实际上就是对一系列点进行变换。

在二维平面内，一个点通常用它的两个坐标 $P(x,y)$ 来表示，写成矩阵形式则为：

$$[x\ y] \text{或} \begin{bmatrix} x \\ y \end{bmatrix}$$

写成齐次坐标形式：

$$[x\ y] \longrightarrow [x\ y\ 1] \text{或} \begin{bmatrix} x \\ y \end{bmatrix} \longrightarrow \begin{bmatrix} x \\ y \\ 1 \end{bmatrix}$$

齐次坐标表示就是用 $n+1$ 维向量表示一个 n 维向量。表示点的矩阵通常被称为点的位置向量，这里我们采用行向量表示一个点。任一平面图形都可以用矩阵表示图形上各点的坐标。

如三角形的3个顶点坐标 $A(x_1,y_1)$，$B(x_2,y_2)$，$C(x_3,y_3)$，用矩阵表示则记为：

$$\begin{bmatrix} x_1 & y_1 \\ x_2 & y_2 \\ x_3 & y_3 \end{bmatrix}$$

写成齐次坐标形式：

$$\begin{bmatrix} x_1 & y_1 & 1 \\ x_2 & y_2 & 1 \\ x_3 & y_3 & 1 \end{bmatrix}$$

在系统中，几何图形是最基本的元素。图形由图形的顶点坐标、顶点之间的拓扑关系以及组成图形的面和线所决定。图形的几何变换，归根结底是点的坐标变换。所以我们把图形的几何变换看作是点的坐标的变换，这样可以使问题简单化。

5.2.1.1 平移变换

如图5-7所示：对于平面上的点 $P(x,y)$，经过平移后到了 $P'(x',y')$，其数学表达式为：

$$x' = x + l$$
$$y' = y + m$$

其中:l 为 X 方向的平移距离;m 为 Y 方向的平移距离。

变换过程:

$$[x' \ y' \ 1]=[x \ y \ 1]\begin{bmatrix}1 & 0 & 0\\0 & 1 & 0\\l & m & 1\end{bmatrix}=[x+l \quad y+m \quad 1]$$

我们把 $\begin{bmatrix}1 & 0 & 0\\0 & 1 & 0\\l & m & 1\end{bmatrix}$ 称为平移变换矩阵,用 $\boldsymbol{T}$ 表示。写成:$\boldsymbol{DJ}'=\boldsymbol{DJ}\times\boldsymbol{T}$

其中:(x,y)为变换前的点坐标,用 $\boldsymbol{DJ}$ 表示;(x',y')为变换后的点坐标,用 $\boldsymbol{DJ}'$ 表示;$\boldsymbol{T}$ 为变换矩阵。对于二维图形,$\boldsymbol{T}$ 是 3×3 阶齐次矩阵。图形变换的主要工作就是求解变换矩阵 $\boldsymbol{T}$。

5.2.1.2 旋转变换

旋转变换是将平面图形绕原点(0,0)顺时针或逆时针方向进行旋转。一般规定:逆时针方向为正,顺时针方向为负,如图 5-8 所示。点 $P(x,y)$绕原点逆时针旋转 θ 角后,得到一新的位置,其点坐标为 $P'(x',y')$,点 $P'(x',y')$的数学表达式为:

$$x'=r\cos(\theta+\alpha)=r(\cos\alpha\cos\theta-\sin\alpha\sin\theta)=x\cos\theta-y\sin\theta$$
$$y'=r\sin(\theta+\alpha)=r(\cos\alpha\sin\theta+\sin\alpha\cos\theta)=x\sin\theta+y\cos\theta$$

变换过程:

$$[x' \quad y' \quad 1]=[x \quad y \quad 1]\begin{bmatrix}\cos\theta & \sin\theta & 0\\-\sin\theta & \cos\theta & 0\\0 & 0 & 1\end{bmatrix}$$

旋转变换矩阵为 $\boldsymbol{T}=\begin{bmatrix}\cos\theta & \sin\theta & 0\\-\sin\theta & \cos\theta & 0\\0 & 0 & 1\end{bmatrix}$

逆时针旋转 θ 角。

5.2.1.3 比例变换

比例变换是使图形放大或缩小的变换。如图 5-9 所示,点 $P'(x',y')$的比例变换的数学表达式为:

$$x'=S_x x$$
$$y'=S_y y$$

S_x、S_y 分别为 X 方向的与 Y 方向的比例因子。

变换过程为:

$$[x' \quad y' \quad 1]=[x \quad y \quad 1]\begin{bmatrix}S_x & 0 & 0\\0 & S_y & 0\\0 & 0 & 1\end{bmatrix}$$

其中比例变换矩阵:

$$\boldsymbol{T}=\begin{bmatrix}S_x & 0 & 0\\0 & S_y & 0\\0 & 0 & 1\end{bmatrix}$$

当 $S_x\neq S_y$ 时,则图形会产生变形,如图 5-9 所示;当 $S_x=S_y$ 时,称为全比例或整体比例变换,图形会放大或缩小,如图 5-10 所示。

其变换矩阵也可写成：

$$T=\begin{bmatrix}1 & 0 & 0\\ 0 & 1 & 0\\ 0 & 0 & S\end{bmatrix}$$

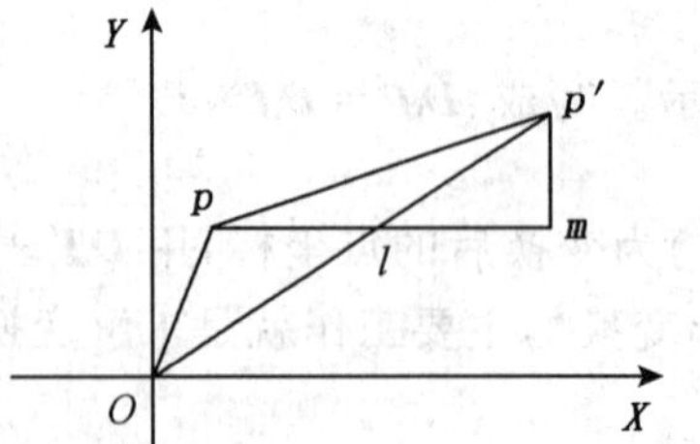

图 5-7 平移变换

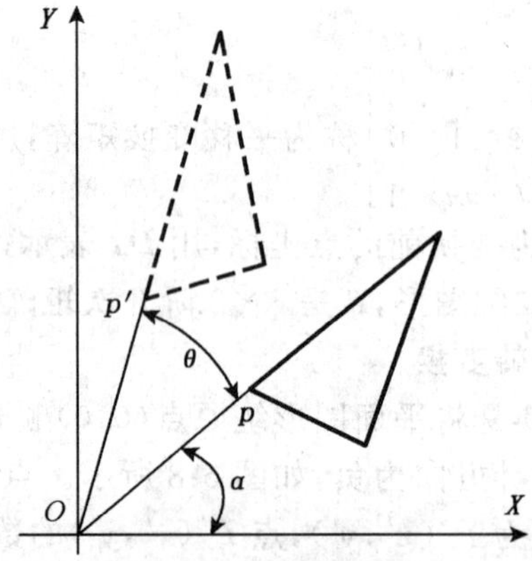

图 5-8 旋转变换

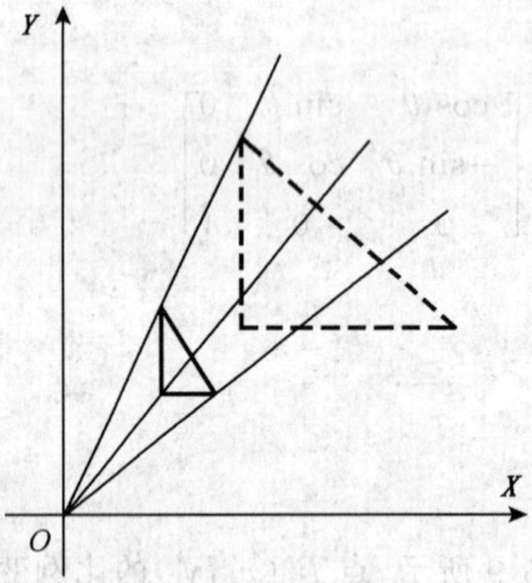

图 5-9 比例变换

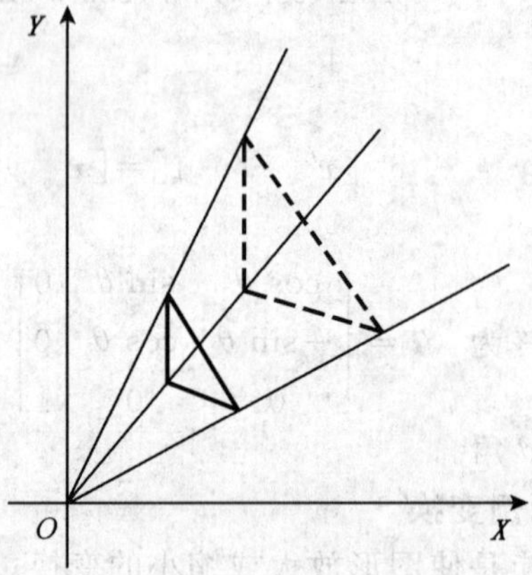

图 5-10 全比例变换

5.2.1.4 对称变换

对称变换后的图形是原图形关于某一轴线或原点的镜像。我们分别讨论几种不同的对称变换。

①以 Y 轴为对称线的对称变换，变换后，图形点集的 X 坐标的值不变，符号相反；Y 坐标值不变。如图 5-11 所示，实线所画为原图形，虚线所画为变换后的图形。其数学表达式为：

$$x'=-x$$
$$y'=y$$

变换过程：

$$[x' \quad y' \quad 1]=[x \quad y \quad 1]\begin{bmatrix}-1 & 0 & 0\\ 0 & 1 & 0\\ 0 & 0 & 1\end{bmatrix}=[-x \quad y \quad 1]$$

变换矩阵为：

$$T=\begin{bmatrix}-1 & 0 & 0\\ 0 & 1 & 0\\ 0 & 0 & 1\end{bmatrix}$$

②以 X 轴为对称线的对称变换，变换后，图形点集的 X 坐标值不变；Y 坐标的值不变，符号相反。见图 5-12 所示，实线所画为原图形，虚线所画为变换后的图形。其数学表达式：

$$x'=x$$
$$y'=-y$$

变换过程：

$$[x' \quad y' \quad 1]=[x \quad y \quad 1]\begin{bmatrix}1 & 0 & 0\\ 0 & -1 & 0\\ 0 & 0 & 1\end{bmatrix}=[x \quad -y \quad 1]$$

变换矩阵为：

$$T=\begin{bmatrix}1 & 0 & 0\\ 0 & -1 & 0\\ 0 & 0 & 1\end{bmatrix}$$

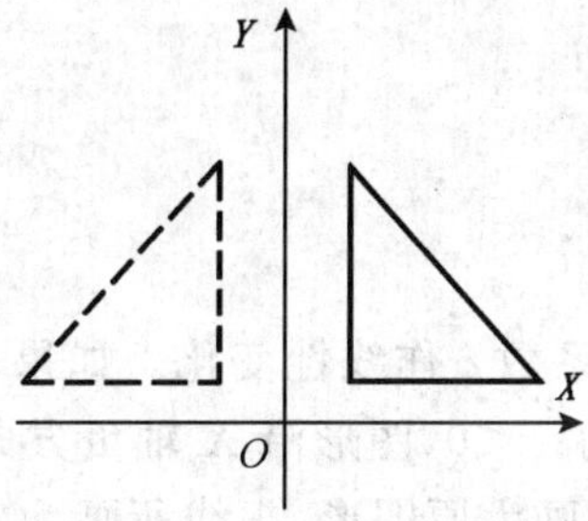

图 5-11 关于 Y 轴的对称

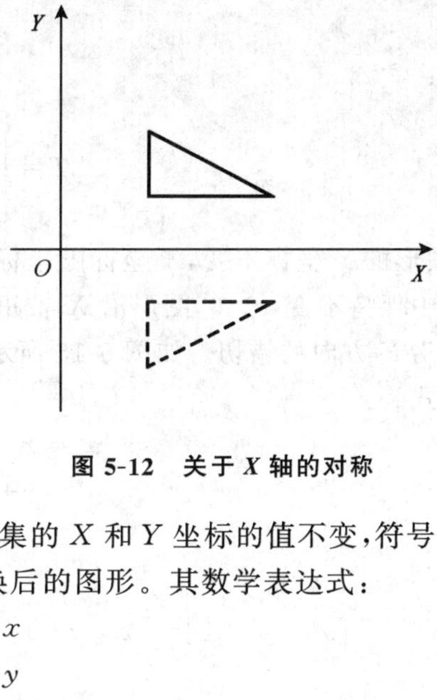

图 5-12 关于 X 轴的对称

③以原点为对称的对称变换，变换后，图形点集的 X 和 Y 坐标的值不变，符号均相反。如图 5-13 所示，实线所画为原图形，虚线所画为变换后的图形。其数学表达式：

$$x'=-x$$
$$y'=-y$$

变换矩阵为：

$$T=\begin{bmatrix}-1 & 0 & 0\\ 0 & -1 & 0\\ 0 & 0 & 1\end{bmatrix}$$

变换过程：

$$[x' \quad y' \quad 1]=[x \quad y \quad 1]\begin{bmatrix}-1 & 0 & 0\\ 0 & -1 & 0\\ 0 & 0 & 1\end{bmatrix}=[-x \quad -y \quad 1]$$

5.2.1.5 错切变换

错切变换是使图形产生一个扭变。例如矩形经错切变换后变成平行四边形。它分为 x 和 y 方向的错切变换。如图 5-14 所示，实线所画为原图形，虚线所画为变换后的图形。

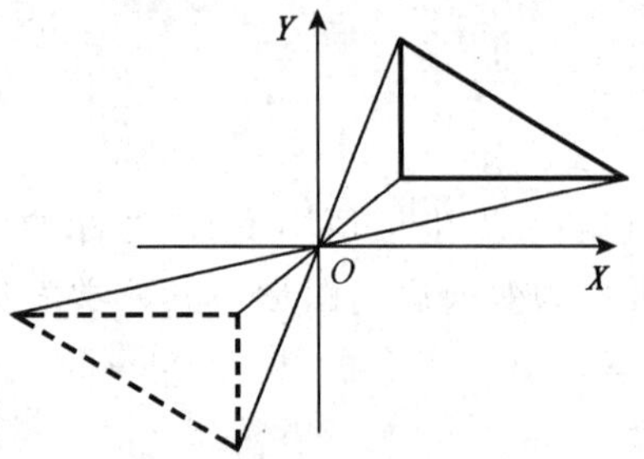

图 5-13 关于原点的对称

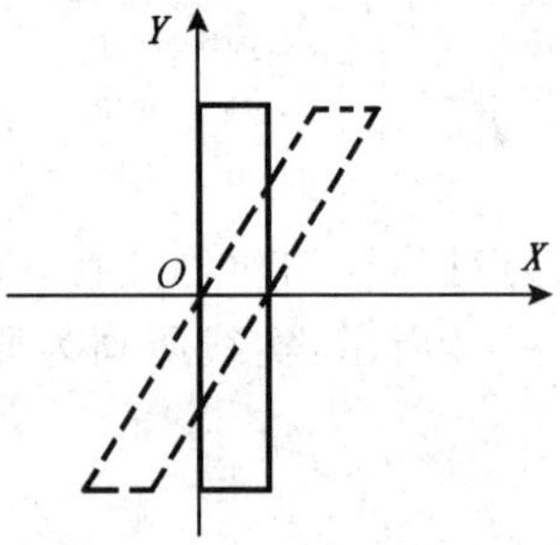

图 5-14 沿 X 方向错切

1)图形沿 X 方向的错切。其数学表达式：

$$x'=x+cy \quad (c\neq 0)$$
$$y'=y$$

变换过程：

$$[x' \quad y' \quad 1]=[x \quad y \quad 1]\begin{bmatrix}1 & 0 & 0\\ c & 1 & 0\\ 0 & 0 & 1\end{bmatrix}=[x+cy \quad y \quad 1]$$

变换矩阵为：

$$\boldsymbol{T}=\begin{bmatrix}1 & 0 & 0\\ c & 1 & 0\\ 0 & 0 & 1\end{bmatrix}$$

此时,图形的 Y 坐标不变,X 坐标随坐标(x y)和系数 c 作线性变化。如果是 X 轴上的点在变换过程中保持不变,$c>0$,图形沿 X 轴正方向错切;$c<0$,图形沿 X 轴负方向做错切。

2)图形沿 Y 方向的错切。如图 5-15 所示,实线所画为原图形,虚线所画为变换后的图形。其数学表达式为：

$$x'=x$$
$$y'=y+bx \quad (b\neq 0)$$

变换过程：

$$[x' \quad y' \quad 1]=[x \quad y \quad 1]\begin{bmatrix}1 & b & 0\\ 0 & 1 & 0\\ 0 & 0 & 1\end{bmatrix}=[x \quad y+bx \quad 1]$$

其变换矩阵为：

$$\boldsymbol{T}=\begin{bmatrix}1 & b & 0\\ 0 & 1 & 0\\ 0 & 0 & 1\end{bmatrix}$$

此时,图形的 X 坐标不变,Y 坐标随坐标(x y)和系数 b 作线性变化。如果是 Y 轴上的点在变换过程中保持不变。$b>0$,图形沿 Y 轴正方向错切;$b<0$,图形沿 Y 轴负方向做错切。

3)图形沿 x 方向和 y 方向同时发生错切。如图 5-16 所示,实线所画为原图形,虚线所画为变换后的图形。其数学表达式为：

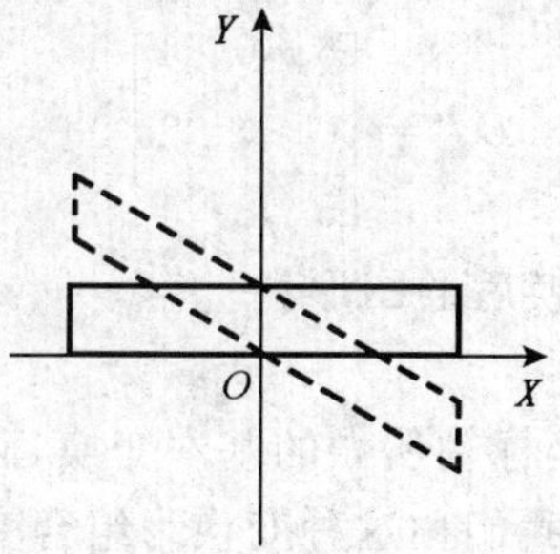

图 5-15 沿 Y 方向错切

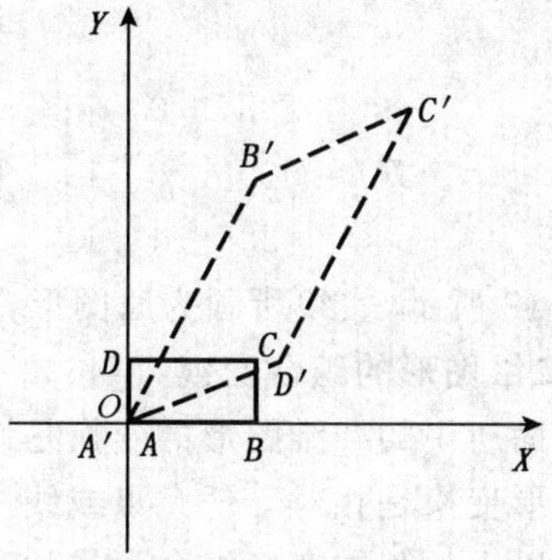

图 5-16 沿 X 及 Y 方向错切

$$\begin{cases} x' = x + cy \\ y' = y + bx \end{cases} \quad (c\neq, b\neq 0)$$

变换过程：

$$[x' \quad y' \quad 1] = [x \quad y \quad 1]\begin{bmatrix}1 & b & 0\\ c & 1 & 0\\ 0 & 0 & 1\end{bmatrix} = [x+cy \quad y+bx \quad 1]$$

其变换矩阵为：

$$\boldsymbol{T} = \begin{bmatrix}1 & b & 0\\ c & 1 & 0\\ 0 & 0 & 1\end{bmatrix}$$

例 5-1 如果 $b=c=2$；图形 $ABCD$ 的各点为：$A(0,0)$，$B(5,0)$，$C(5,3)$，$D(0,3)$，求经错切变换后其各点的坐标值。

$$\boldsymbol{DJ}' = \begin{bmatrix}0 & 0 & 1\\ 5 & 0 & 1\\ 5 & 3 & 1\\ 0 & 3 & 1\end{bmatrix}\begin{bmatrix}1 & 2 & 0\\ 2 & 1 & 0\\ 0 & 0 & 1\end{bmatrix} = \begin{bmatrix}0 & 0 & 1\\ 5 & 10 & 1\\ 11 & 13 & 1\\ 6 & 3 & 1\end{bmatrix} \quad \text{（其图示见图 5-16）}$$

总结：我们把二维图形的基本变换用一个统一的齐次变换矩阵来表示：$\boldsymbol{T} = \left[\begin{array}{cc:c}a & b & p\\ c & d & q\\ \hdashline l & m & s\end{array}\right]$；$\boldsymbol{T}$ 是一个 3×3 的齐次矩阵，由于取值不同，可实现二维图形的不同变换，十字形虚线可将变换矩阵划分为 4 个子矩阵，各个子矩阵在变换中所起的作用不同。例如：$\begin{bmatrix}a & b\\ c & d\end{bmatrix}$将会产生比例和错切变换；$[l \quad m]$将会产生平移变换；$\begin{bmatrix}p\\ q\end{bmatrix}$将会产生透视变换；$S$ 将会产生全比例变换。所以当图形是点、直线及多边形时，我们可以将其看作是一个点集，利用变换矩阵，实现各种变换。

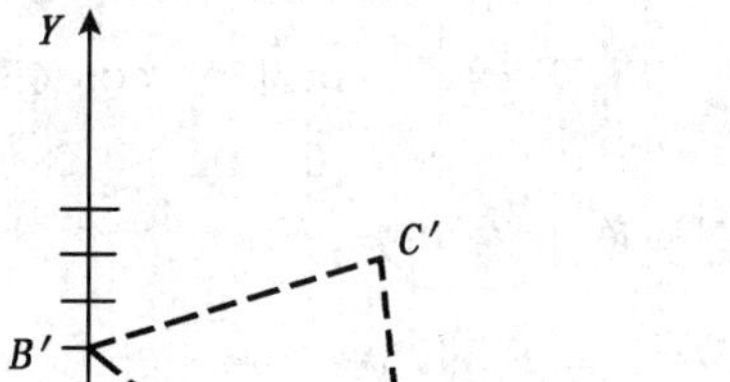

图 5-17 图形放大 1 倍

例 5-2 有一个三角形，其坐标点为 $A(3,0)$，$B(0,3)$，$C(2.5,4)$，求其放大 1 倍的图形。

$$DJ'=DJ\times T$$

$$DJ=\begin{bmatrix}3 & 0 & 1\\0 & 3 & 1\\2.5 & 4 & 1\end{bmatrix}\quad T=\begin{bmatrix}2 & 0 & 0\\0 & 2 & 0\\0 & 0 & 1\end{bmatrix}\quad DJ'=\begin{bmatrix}6 & 0 & 1\\0 & 6 & 1\\5 & 8 & 1\end{bmatrix}$$

如图 5-17 所示，实线所画为原图形，虚线所画为变换后的图形。

5.2.1.6 二维图形的组合变换

我们前面所说的二维图形的变换是以坐标原点或坐标轴所做的基本变换，而实际上，我们常见到的图形变换是相对于任意点或线所进行的变换，我们称这种变换为组合变换，它是通过两种及两种以上的基本变换组合而成的。

组合变换的原理及步骤：首先将任意点平移向坐标原点或任意线平移和旋转与 X 或 Y 轴重合；再将图形作基本变换（旋转、对称、比例、错切等），最后反向移回任意点或将任意线移回原位。

组合变换中，多个变换矩阵之积称为组合变换矩阵。$T=T_1\times T_2\times\cdots\times T_n$

我们以实例来说明组合变换。

例 5-3 求以 45°直线（$y=x$）为对称线的对称变换矩阵。

解：因为基本变换只有对 X 轴或 Y 轴及原点的对称变换，所以这是组合变换。

首先将 45°直线旋转−45°与 X 轴重合，且变换矩阵

$$T_1=\begin{bmatrix}\cos(-45°) & \sin(-45°) & 0\\-\sin(-45°) & \cos(-45°) & 0\\0 & 0 & 1\end{bmatrix}$$

再将图形与 X 轴对称变换，且变换矩阵

$$T_2=\begin{bmatrix}1 & 0 & 0\\0 & -1 & 0\\0 & 0 & 1\end{bmatrix}$$

最后将原 45°直线旋转 45°使其回到原位。

$$T_3=\begin{bmatrix}\cos 45° & \sin 45° & 0\\-\sin 45° & \cos 45° & 0\\0 & 0 & 1\end{bmatrix}$$

其组合变换矩阵 T 为：

$$T=T_1\times T_2\times T_3=$$

$$\begin{bmatrix}\cos(-45°) & \sin(-45°) & 0\\-\sin(-45°) & \cos(-45°) & 0\\0 & 0 & 1\end{bmatrix}\begin{bmatrix}1 & 0 & 0\\0 & -1 & 0\\0 & 0 & 1\end{bmatrix}$$

$$\begin{bmatrix}\cos45° & \sin45° & 0\\-\sin45° & \cos45° & 0\\0 & 0 & 1\end{bmatrix}=\begin{bmatrix}0 & 1 & 0\\1 & 0 & 0\\0 & 0 & 1\end{bmatrix}$$

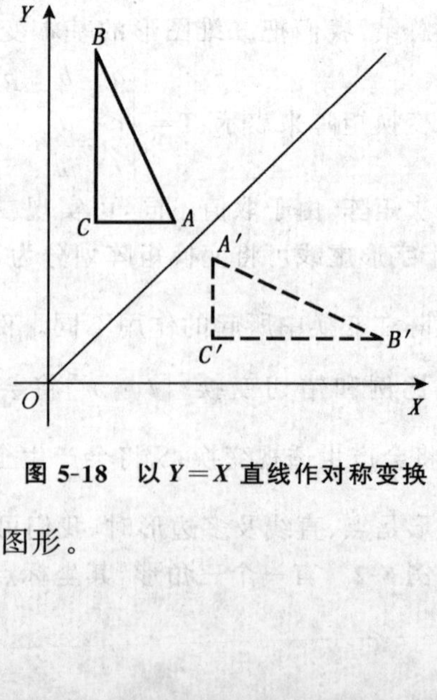

图 5-18 以 $Y=X$ 直线作对称变换

如图 5-18 所示，实线所画为原图形，虚线所画为变换后的图形。

例 5-4　求三角形 P 以点(5,3)为中心逆时针旋转 30°的组合变换矩阵。

解:由此可知,图形相对于(5,3)点作旋转变换,其组合变换矩阵由 3 个矩阵相乘来实现。

首先将点平移(−5,−3)到原点,再旋转 30°,最后再将点反平移(5,3)到原来的位置。

$$\boldsymbol{T}=\boldsymbol{T}_1\times\boldsymbol{T}_2\times\boldsymbol{T}_3=$$

$$\begin{bmatrix}1&0&0\\0&1&0\\-5&-3&1\end{bmatrix}\begin{bmatrix}\cos 30°&\sin 30°&0\\-\sin 30°&\cos 30°&0\\0&0&1\end{bmatrix}\begin{bmatrix}1&0&0\\0&1&0\\5&3&1\end{bmatrix}$$

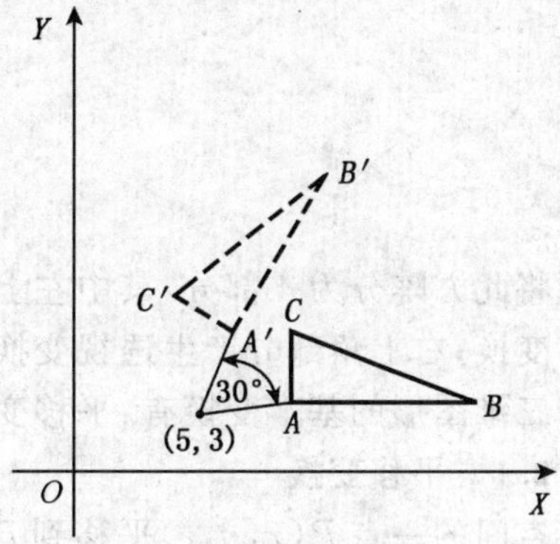

图 5-19　绕任意点旋转

$\boldsymbol{T}$ 称为组合变换矩阵。见图 5-19 所示,实线所画为原图形,虚线所画为变换后的图形。

例 5-5　求某图形相对于直线 $y=x+2$ 对称变换矩阵。

解:该对称变换矩阵由 5 种变换组合而成。首先将该图形沿 Y 轴平移−2,使直线通过原点;再将该直线旋转−45°,使其与 X 轴重合;图形作与 X 轴的对称变换;将直线旋转 45°;最后将图形沿 Y 轴平移+2,使其回到最初的位置。其组合变换矩阵 $\boldsymbol{T}$ 为:

$$\boldsymbol{T}=\begin{bmatrix}1&0&0\\0&1&0\\0&-2&1\end{bmatrix}\begin{bmatrix}\cos(-45°)&\sin(-45°)&0\\-\sin(-45°)&\cos(-45°)&0\\0&0&1\end{bmatrix}\begin{bmatrix}1&0&0\\0&-1&0\\0&0&1\end{bmatrix}$$

$$\begin{bmatrix}\cos 45°&\sin 45°&0\\-\sin 45°&\cos 45°&0\\0&0&1\end{bmatrix}\begin{bmatrix}1&0&0\\0&1&0\\0&2&1\end{bmatrix}=\begin{bmatrix}0&1&0\\1&0&0\\-2&2&1\end{bmatrix}$$

该组合变换的图形变换过程如图 5-20 所示 。

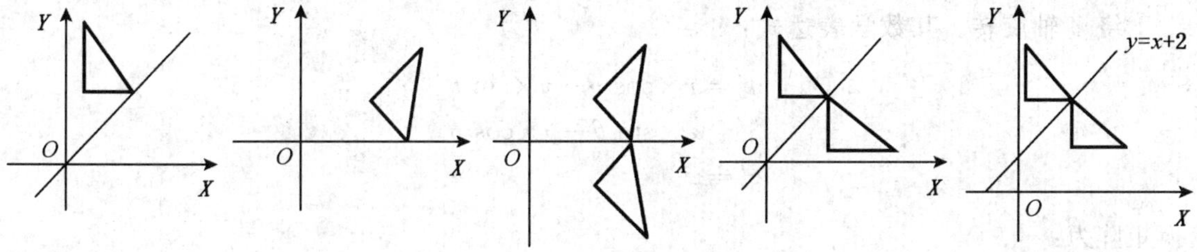

图 5-20　图形相对于直线 $y=x+2$ 对称变换

5.2.2　三维图形变换

三维图形比二维图形多了一个 Z 坐标轴,三维空间的点也可用与二维图形变换类似的方法进行变换。三维空间的点 $P(x,y,z)$,可用齐次坐标表示为$(x,y,z,1)$或(X,Y,Z,H),即有 4 个分量,其变换矩阵是一个 4×4 的方阵。点的变换过程可写为:

$$[x'\quad y'\quad z'\quad 1]=[x\quad y\quad z\quad 1]\times\boldsymbol{T}$$

其中 $\boldsymbol{T}$ 是一个 4×4 阶变换矩阵,即:

$$\begin{bmatrix} a & b & c & p \\ d & e & f & q \\ g & h & i & r \\ l & m & n & s \end{bmatrix}$$

虚线将此方阵分为 4 部分，其中左上角部分产生比例、对称、错切和旋转变换；左下角部分产生平移变换；右上角部分产生透视变换；右下角部分产生全比例变换。

三维图形的基本变换有：平移变换、旋转变换、对称变换、比例变换及错切变换。

5.2.2.1 平移变换

空间的一点 $P(x,y,z)$ 平移到 $P'(x',y',z')$。其中 l,m,n 分别为 X,Y,Z 方向的平移量。其数学表达式为：

$$x'=x+l$$
$$y'=y+m$$
$$z'=z+n$$

与二维平移变换类似，三维平移变换矩阵为：

$$\boldsymbol{T}=\begin{bmatrix} 1 & 0 & 0 & 0 \\ 0 & 1 & 0 & 0 \\ 0 & 0 & 1 & 0 \\ l & m & n & 1 \end{bmatrix}$$

三维平移变换如图 5-21 所示。

5.2.2.2 三维旋转变换

二维变换中，图形绕原点旋转的变换实际上是 XOY 平面图形绕 Z 轴旋转的变换。三维旋转变换应按绕不同轴线旋转分别处理，参见图 5-22 至图 5-24 所示。同样的，θ 旋转角逆时针转动为正，顺时针转动为负。

①绕 Z 轴旋转。其数学表达式：

$$x'=x\times\cos\theta-y\times\sin\theta$$
$$y'=x\times\sin\theta-y\times\cos\theta$$
$$z'=z$$

变换矩阵为：

$$\begin{bmatrix} \cos\theta & \sin\theta & 0 & 0 \\ -\sin\theta & \cos\theta & 0 & 0 \\ 0 & 0 & 1 & 0 \\ 0 & 0 & 0 & 1 \end{bmatrix}$$

②绕 X 轴旋转。其数学表达式：

$$x'=x$$
$$y'=y\times\cos\theta-z\times\sin\theta$$
$$z'=y\times\sin\theta+z\times\cos\theta$$

变换矩阵为：

$$\begin{bmatrix}1 & 0 & 0 & 0\\0 & \cos\theta & \sin\theta & 0\\0 & -\sin\theta & \cos\theta & 0\\0 & 0 & 0 & 1\end{bmatrix}$$

③绕 Y 轴旋转。其数学表达式：

$$x'=x\times\cos\theta+z\times\sin\theta$$
$$y'=y$$
$$z'=-x\times\sin\theta+z\times\cos\theta$$

变换矩阵为：

$$\begin{bmatrix}\cos\theta & 0 & -\sin\theta & 0\\0 & 1 & 0 & 0\\\sin\theta & 0 & \cos\theta & 0\\0 & 0 & 0 & 1\end{bmatrix}$$

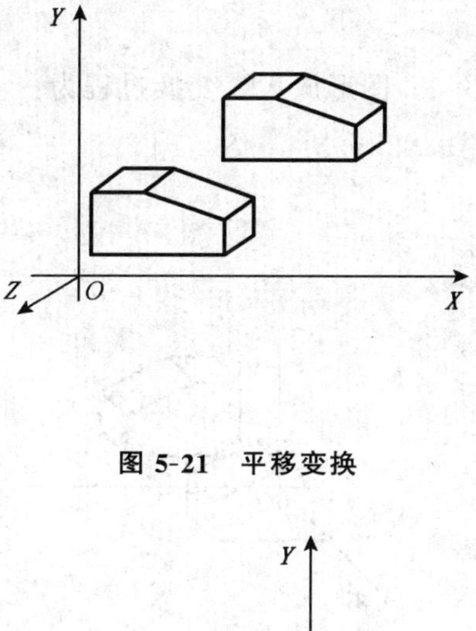

图 5-21　平移变换

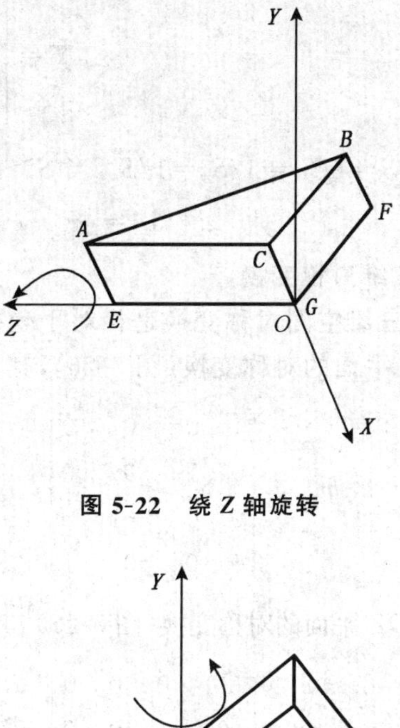

图 5-22　绕 Z 轴旋转

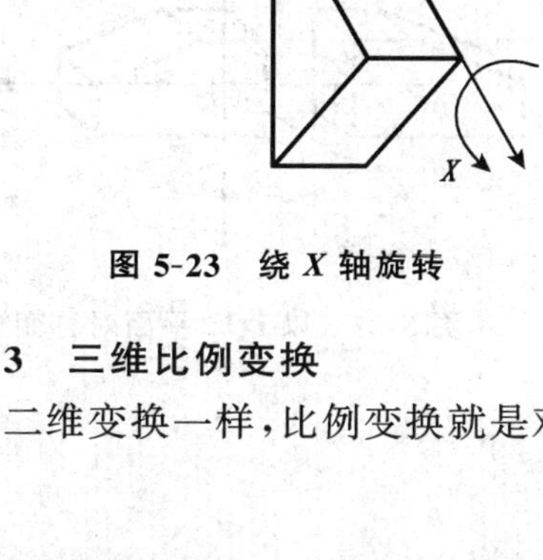

图 5-23　绕 X 轴旋转

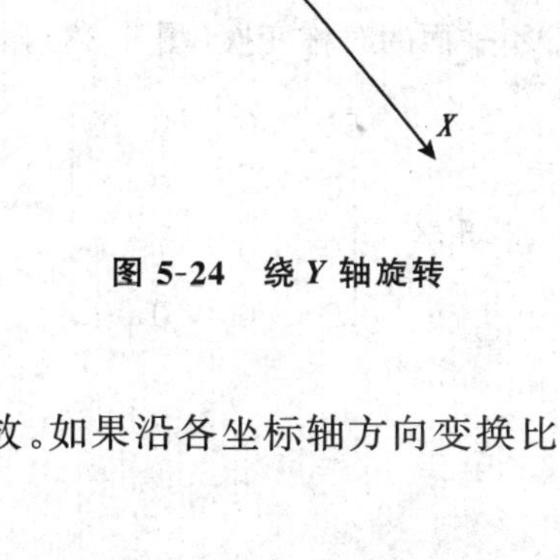

图 5-24　绕 Y 轴旋转

5.2.2.3　三维比例变换

和二维变换一样，比例变换就是对图形进行缩放。如果沿各坐标轴方向变换比例系数分别

为 S_x,S_y,S_z,则图形的各点也将随之变化(图 5-25)。其数学表达式为:

$$x'=S_x\times x$$
$$y'=S_y\times y$$
$$z'=S_z\times z$$

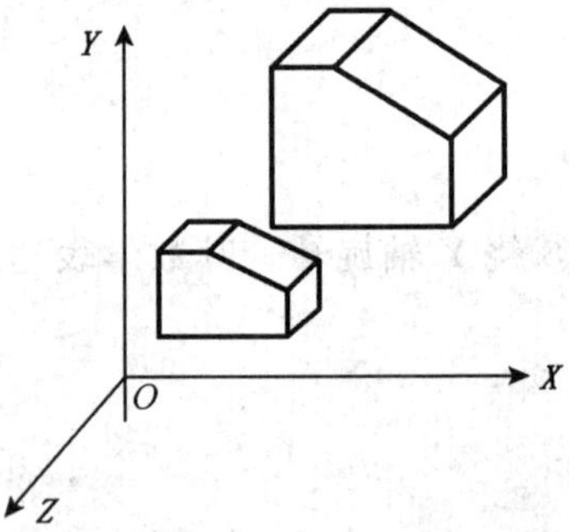

图 5-25 三维比例变换

比例变换齐次矩阵为:

$$\boldsymbol{T}=\begin{bmatrix}S_x & 0 & 0 & 0\\0 & S_y & 0 & 0\\0 & 0 & S_z & 0\\0 & 0 & 0 & 1\end{bmatrix}$$

如果 S_x,S_y,S_z 的数值不同,则图形将会变形;S_x,S_y,S_z 的数值相等,则称之为整体缩放,图形不变形,其变换矩阵也可写成:

$$\boldsymbol{T}=\begin{bmatrix}1 & 0 & 0 & 0\\0 & 1 & 0 & 0\\0 & 0 & 1 & 0\\0 & 0 & 0 & S\end{bmatrix}$$

其中的 $S=1/S_x=1/S_y=1/S_z$,当 $S>1$,图形缩小;$S<1$,图形放大。变换过程为:

$$[x' \quad y' \quad z' \quad 1]=[x \quad y \quad z \quad 1]\times\boldsymbol{T}=[x/S \quad y/S \quad z/S \quad 1]$$

5.2.2.4 三维对称变换

标准的三维空间对称变换是相对于坐标平面进行的。

①XOY 平面的对称变换(图 5-26),其变换矩阵为:

$$\boldsymbol{T}_{XY}=\begin{bmatrix}1 & 0 & 0 & 0\\0 & 1 & 0 & 0\\0 & 0 & -1 & 0\\0 & 0 & 0 & 1\end{bmatrix}$$

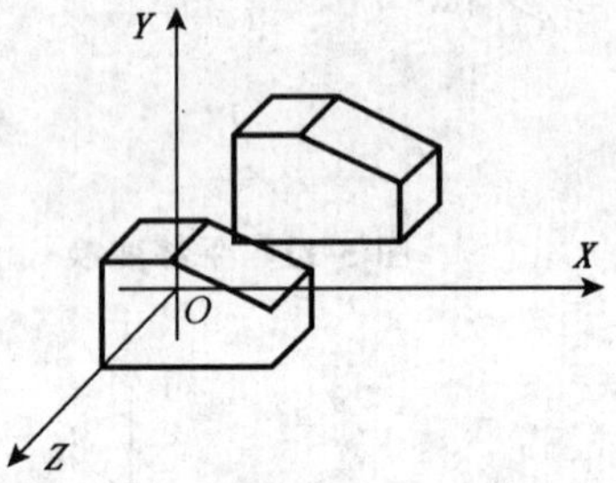

图 5-26 以 XOY 平面对称变换

②对 YOZ 平面的对称变换(图 5-27),其变换矩阵为:

$$\boldsymbol{T}_{YZ}=\begin{bmatrix}-1 & 0 & 0 & 0\\0 & 1 & 0 & 0\\0 & 0 & 1 & 0\\0 & 0 & 0 & 1\end{bmatrix}$$

③对 XOZ 平面的对称变换(图 5-28),其变换矩阵为:

$$\boldsymbol{T}_{XZ}=\begin{bmatrix}1 & 0 & 0 & 0\\0 & -1 & 0 & 0\\0 & 0 & 1 & 0\\0 & 0 & 0 & 1\end{bmatrix}$$

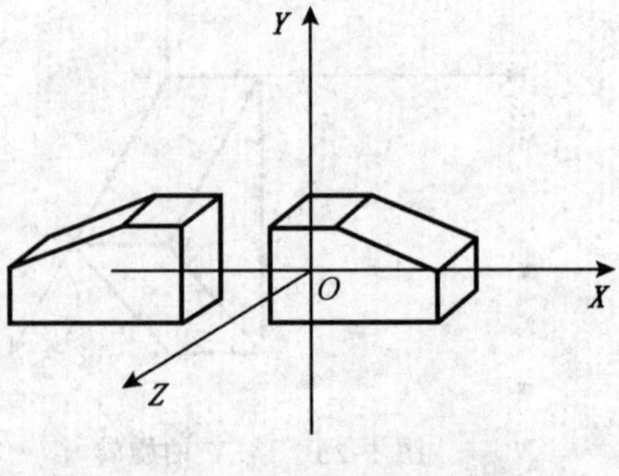

图 5-27 以 YOZ 平面对称变换

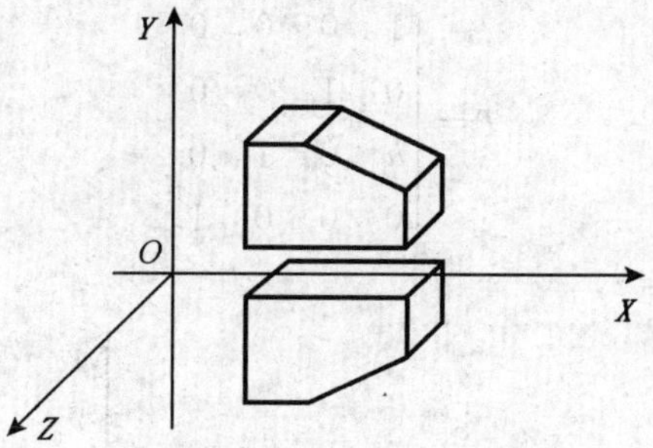

图 5-28 以 *XOZ* 平面对称

5.2.2.5 三维错切变换

与二维类似，指图形沿 X,Y,Z 三个方向的错切变换。其变换矩阵为：

$$T=\begin{bmatrix}1 & b & c & 0\\ d & 1 & f & 0\\ h & i & 1 & 0\\ 0 & 0 & 0 & 1\end{bmatrix}$$

可见，主对角线 4 个元素均为 1，第 4 行和第 4 列其他元素均为 0。错切变换是画斜轴测图的基础，按方向不同，可分别为沿 X,Y 或 Z 方向的变换，也可同时沿不同方向变换，但图形的变形失真，一般用的很少，如图 5-29 所示。我们这里介绍沿 X 方向的错切变换，而沿 Y 或 Z 方向的变换，读者自己推导。

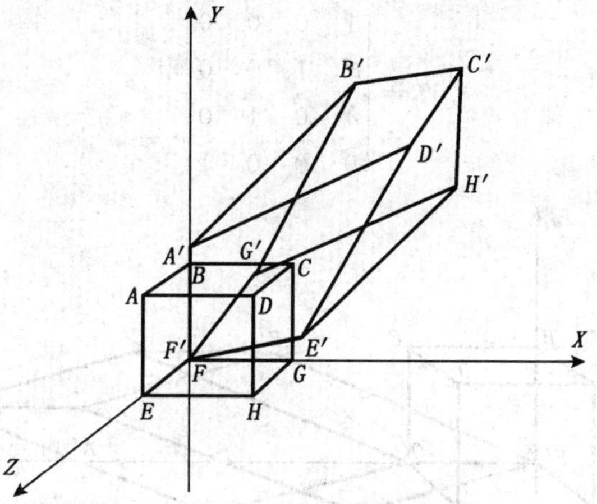

图 5-29 沿 *X*,*Y*,*Z* 3 个方向错切

①沿 X 轴含 Y 向错切(图 5-30)，变换矩阵为：

$$T=\begin{bmatrix}1 & 0 & 0 & 0\\ d & 1 & 0 & 0\\ 0 & 0 & 1 & 0\\ 0 & 0 & 0 & 1\end{bmatrix}$$

即 $x'=x+dy, y'=y, z'=z$，

②沿 X 轴含 Z 向错切(图 5-31)，变换矩阵为：

$$T=\begin{bmatrix}1 & 0 & 0 & 0\\0 & 1 & 0 & 0\\h & 0 & 1 & 0\\0 & 0 & 0 & 1\end{bmatrix}$$

即 $x'=x+hz, y'=y, z'=z$,

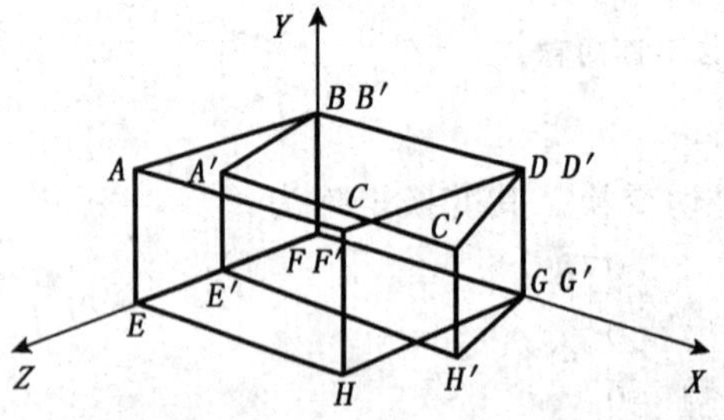

图 5-30 沿 X 轴含 Y 向错切

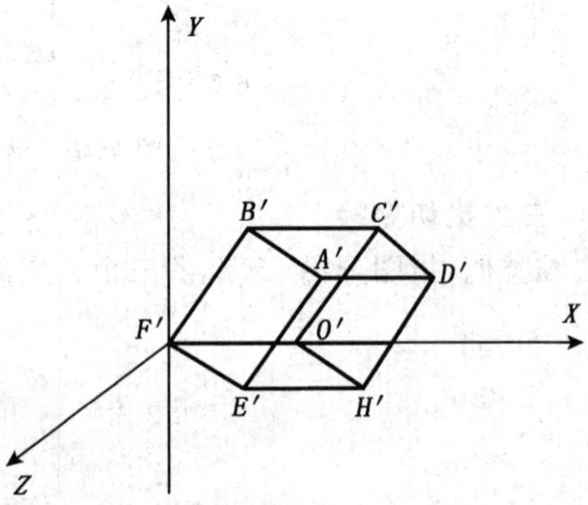

图 5-31 沿 X 轴含 Z 向错切

③沿 X 轴含 Y,Z 向错切(图 5-32),变换矩阵为:

$$T=\begin{bmatrix}1 & 0 & 0 & 0\\d & 1 & 0 & 0\\h & 0 & 1 & 0\\0 & 0 & 0 & 1\end{bmatrix}$$

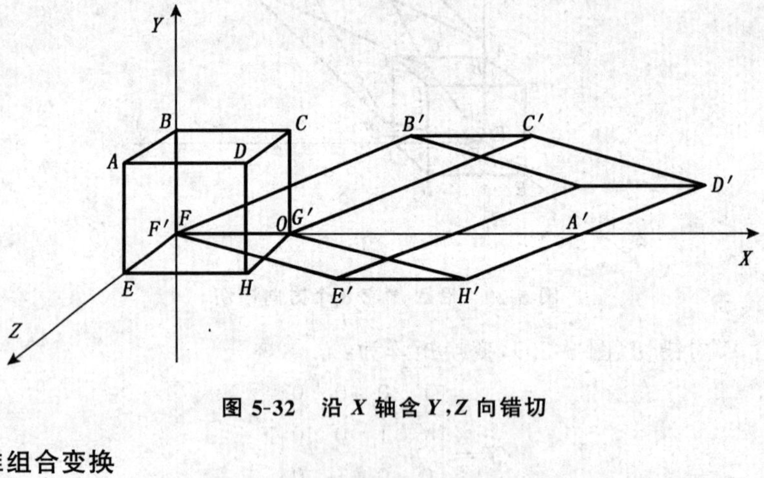

图 5-32 沿 X 轴含 Y,Z 向错切

5.2.2.6 三维组合变换

三维组合变换与二维组合变换原理是相同的,可参考二维组合变换的原理来掌握三维组合变换的方法。我们结合一个实例来说明三维变换的方法。

例 5-6 求绕过原点的任意直线 AB 转动 θ 角的组合矩阵。

已知:AB 在坐标 XOZ 平面投影与 Z 轴的夹角为 β,AB 在坐标 YOZ 平面投影与 Z 轴的夹角为 γ,如图 5-33 所示。

变换步骤：先让 AB 直线旋转 γ 角。使其与某一坐标平面重合，例如先绕 X 轴旋转 γ 角，与 XOZ 平面重合；再将落在 XOZ 平面内的 AB' 直线绕 Y 轴旋转 $-\beta$ 角，使其与 Z 轴重合；再绕 Z 轴旋转 θ 角；最后让直线 AB 旋回原位，即先让其绕 Y 轴旋转 β 角，再让其绕 X 轴旋转 $-\gamma$ 角。组合变换矩阵为：

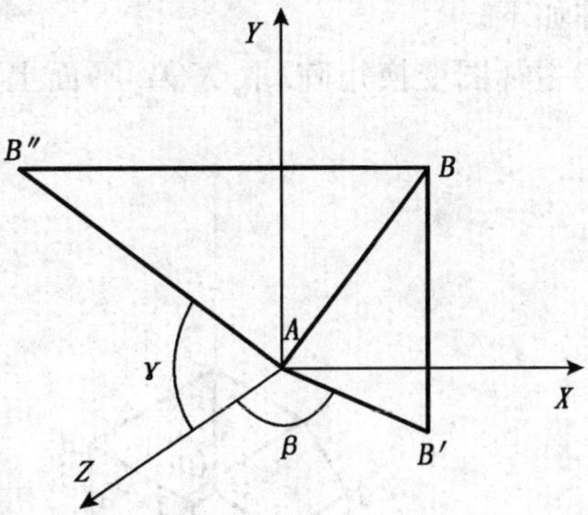

图 5-33 三维组合变换

$$\boldsymbol{T}=\boldsymbol{T}_x(\gamma)\boldsymbol{T}_y(-\beta)\quad \boldsymbol{T}_z(\theta)\quad \boldsymbol{T}_y(\beta)\quad \boldsymbol{T}_x(-\gamma)$$

$$\boldsymbol{T}=$$

$$\begin{bmatrix}1 & 0 & 0 & 0\\ 0 & \cos\gamma & \sin\gamma & 0\\ 0 & -\sin\gamma & \cos\gamma & 0\\ 0 & 0 & 0 & 1\end{bmatrix}\begin{bmatrix}\cos-\beta & 0 & -\sin-\beta & 0\\ 0 & 1 & 0 & 0\\ \sin-\beta & 0 & \cos-\beta & 0\\ 0 & 0 & 0 & 1\end{bmatrix}$$

$$\begin{bmatrix}\cos\theta & \sin\theta & 0 & 0\\ -\sin\theta & \cos\theta & 0 & 0\\ 0 & 0 & 1 & 0\\ 0 & 0 & 0 & 1\end{bmatrix}\begin{bmatrix}\cos\beta & 0 & -\sin\beta & 0\\ 0 & 1 & 0 & 0\\ \sin\beta & 0 & \cos\beta & 0\\ 0 & 0 & 0 & 1\end{bmatrix}\begin{bmatrix}1 & 0 & 0 & 0\\ 0 & \cos-\gamma & \sin-\gamma & 0\\ 0 & -\sin-\gamma & \cos-\gamma & 0\\ 0 & 0 & 0 & 1\end{bmatrix}$$

5.2.3 三维图形的投影变换

把三维坐标表示的几何形体变为二维图形的过程叫投影变换。投影变换在工程制图中是常用的。

根据投影中心与投影平面之间距离的不同，投影可分为平行投影和透视投影，如图 5-34 所示。透视投影的投影中心到投影面之间的距离是有限的，而平行投影的投影中心到投影面之间的距离是无限的。平行投影又分为正平行投影及斜投影，正投影可获得工程上的三视图和正轴侧图，也是使用较为广泛的三维组合变换图。

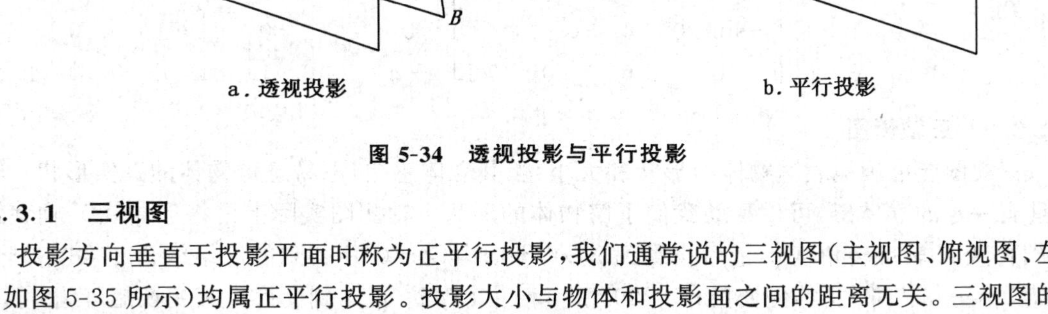

图 5-34 透视投影与平行投影

5.2.3.1 三视图

投影方向垂直于投影平面时称为正平行投影，我们通常说的三视图（主视图、俯视图、左视图，如图 5-35 所示）均属正平行投影。投影大小与物体和投影面之间的距离无关。三视图的变换矩阵如下。

①主视图变换矩阵(取 XOY 平面上的投影为主视图,只需将立体图的 Z 坐标变为零)。

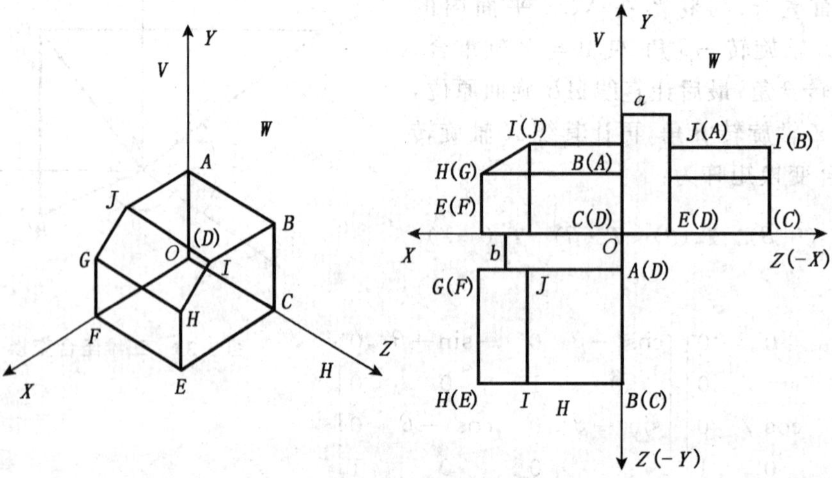

图 5-35 三视图

$$T_V=\begin{bmatrix}1&0&0&0\\0&1&0&0\\0&0&0&0\\0&0&0&1\end{bmatrix}$$

②俯视图变换矩阵(图形向 XOZ 平面上的投影后,再绕 X 轴顺时针旋转 90°,得到一个在 $XO-Y$ 平面内的投影图为俯视图,为了保证与主视图有一定的距离,再沿 $-Y$ 方向移动一距离 b)。

$$T_H=\begin{bmatrix}1&0&0&0\\0&1&0&0\\0&0&1&0\\0&0&0&1\end{bmatrix}\begin{bmatrix}1&0&0&0\\0&\cos(-90°)&\sin(-90°)&0\\0&-\sin(-90°)&\cos(-90°)&0\\0&0&0&1\end{bmatrix}\begin{bmatrix}1&0&0&0\\0&1&0&0\\0&0&1&0\\0&-b&0&1\end{bmatrix}=\begin{bmatrix}1&0&0&0\\0&0&0&0\\0&-1&0&0\\0&-b&0&1\end{bmatrix}$$

③左视图变换矩阵(图形向 YOZ 平面上的投影后,再绕 Y 轴逆时针旋转 90°,得到一个在 $-XOY$ 平面内的投影图为左视图,为了保证与主视图有一定的距离,再沿 $-X$ 方向移动一距离 a)。

$$T_W=\begin{bmatrix}0&0&0&0\\0&1&0&0\\0&0&1&0\\0&0&0&1\end{bmatrix}\begin{bmatrix}\cos 90°&0&\sin 90°&0\\0&1&0&0\\-\sin 90°&0&\cos 90°&0\\0&0&0&1\end{bmatrix}\begin{bmatrix}1&0&0&0\\0&1&0&0\\0&0&1&0\\-a&0&0&1\end{bmatrix}=\begin{bmatrix}0&0&0&0\\0&1&0&0\\-1&0&0&0\\-a&0&0&1\end{bmatrix}$$

5.2.3.2 正轴侧图

三视图能准确地表达物体的形状和大小,但其立体感差,不易想像物体的真实形状。轴侧图具有一定的立体感,可以帮助我们了解物体的形状。轴侧图实际上是将形体绕 Y 轴旋转角度 θ,再绕 X 轴旋转角度 φ,最后投影到 XOY 平面内($Z=0$)所得到的三维组合变换图,其中:$\theta=45°$,$\varphi=-35°16'$,正等侧变换;$\theta=20°42'$,$\varphi=-19°28'$,正二侧变换。其变换矩阵为:

$$T=\begin{bmatrix}\cos\theta & 0 & -\sin\theta & 0\\ 0 & 1 & 0 & 0\\ \sin\theta & 0 & \cos\theta & 0\\ 0 & 0 & 0 & 1\end{bmatrix}\begin{bmatrix}1 & 0 & 0 & 0\\ 0 & \cos\varphi & \sin\varphi & 0\\ 0 & -\sin\varphi & \cos\varphi & 0\\ 0 & 0 & 0 & 1\end{bmatrix}\begin{bmatrix}1 & 0 & 0 & 0\\ 0 & 1 & 0 & 0\\ 0 & 0 & 0 & 0\\ 0 & 0 & 0 & 1\end{bmatrix}=\begin{bmatrix}\cos\theta & \sin\theta\sin\varnothing & 0 & 0\\ 0 & \cos\varphi & 0 & 0\\ \sin\theta & -\cos\theta\sin\varphi & 0 & 0\\ 0 & 0 & 0 & 1\end{bmatrix}$$

正等侧变换矩阵：

$$\begin{bmatrix}0.707 & 0.408 & 0 & 0\\ 0 & 0.816 & 0 & 0\\ 0.707 & -0.408 & 0 & 0\\ 0 & 0 & 0 & 1\end{bmatrix}$$

正二侧变换矩阵：

$$\begin{bmatrix}0.935 & 0.118 & 0 & 0\\ 0 & 0.943 & 0 & 0\\ 0.354 & -0.312 & 0 & 0\\ 0 & 0 & 0 & 1\end{bmatrix}$$

例如图 5-36 所示，原图为左边的图形，如向 *XOY* 平面投影，则其为一矩形，而经过轴侧变换后，我们在 *XOY* 平面上，即可看到其的三维效果。

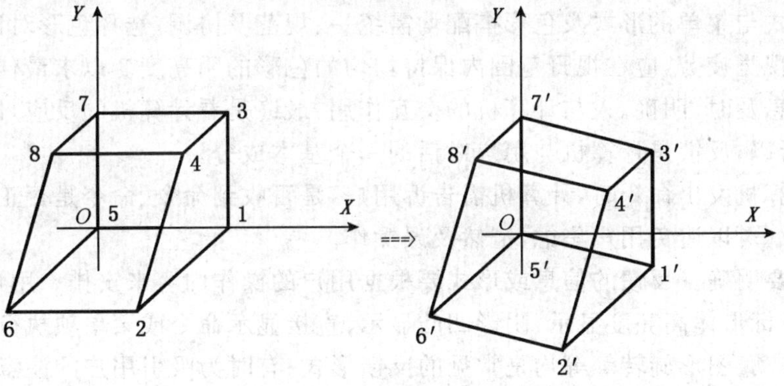

图 5-36 轴侧图的变换图形

5.3 交互式绘图

利用计算机绘图，用户与计算机之间应有一个交流的平台。用户通过这个平台可以输入自己的设计构思、图形、参数等，并允许用户选择、修改、输出结果，此过程即为交互式绘图。该过程的操作是动态的、循环往复的；它可以利用某些交互命令完成；也可以通过子程序包完成；或通过专用语言完成。所以计算机应有一个交互式绘图系统的支撑环境，应提供给用户一个方便有效的接口，或者说用户界面，使用户能与计算机进行信息交流。具体而言，工程技术人员将设计构思输入系统，系统对构思加以描述、整理、输出给技术人员；技术人员进行修改、补充后再输入计算机，系统再进行分析、判断，将结果输出；如此循环往复，直到设计满意，这就是所谓人机交互设计过程。

用户界面就是技术人员与计算机进行信息交互的操作平台。在用户界面上,我们可以很清楚地了解该应用软件的功能,用户不一定精通计算机,但能根据用户界面,并具备一定的专业知识就能操作该软件。例如,机械设计的过程中,用户界面不应含有数据结构等计算机专业概念,而应反映的是技术人员熟悉的术语与参数,这样用户很快就会掌握该设计软件的应用。

一个良好的用户界面有利于该设计软件的推广与应用,易于被用户理解并接受。用户能迅速掌握系统的特点且易于操作使用。所以,对用户界面的设计提出了相应的要求。

用户界面的设计有以下几个方面的要求。

1)有效地利用显示屏幕。显示屏幕的有效利用是图形用户界面设计的一个重要问题。显示屏幕布局合理规范、大方美观。操作时,应简单方便,便于用户理解。图形的用户界面通常把屏幕分为三基本部分:菜单区、用户工作区、显示提示区。三个区域的划分要合理,一般用户工作区要尽可能的大,且位于屏幕的中央,菜单区及显示提示区应尽可能小,且位于屏幕的边上,并可控制其的开与关,对有经验的用户可以减小菜单区,扩大用户工作区。从而使用户界面能适应不同用户的需要。

图符使用正确、充分。易于让用户理解图符所代表的意义。应尽量使用人们已有的经验与方法,符合有关的标准和习惯。

2)模式和语义统一、规范。将所开发系统的交互功能设计成统一的模式和语义,以相同的命令语法和操作步骤工作,显示同样的屏幕状态格式。既不同的输入形式,相同输入要求,结果应一致。

文本的格式与菜单的形式及色彩搭配均需统一、规范及协调。选择色彩对比时以色调对比为主。为减轻视觉疲劳,应在视野范围内保持均匀的色彩的明亮度。以求最佳的视觉效果。

3)反馈信息及时、明确。人与计算机的交互作用,最终是看计算机的反应,即反馈信息是否及时、正确。所以,反馈是计算机与用户对话的一个基本成分。

用户向计算机发出命令时,计算机需告诉用户,是否收到命令、命令是否正确、下一步如何操作,反馈及时,可以避免用户焦虑、茫然及误操作。

反馈信息要明确。反馈的信息或形式要根据用户的操作内容来安排。用户在操作计算机时,菜单项或目标形体高亮度显示、阴影凹凸显示、直接显示命令或菜单项执行结果,如显示输入字符、光标移动、图形旋转等等均是常见的反馈形式;有时为吸引用户的注意力,引导用户操作软件,可以用弹出的文本框上的一个提示或一声警告,给用户以提示。有时不需要吸引用户注意力,只是用一声音响或音乐、鸣叫等声音信号就能告知用户操作失误。当计算机处于某一进程的执行状态中时,在屏幕上改变光标指示器图符,可以用一个钟表的形式,或用动态标尺或刻度盘展示任务进程的百分比,给用户必要的提示,防止久等及误操作。

4)允许用户出错、改错及防错。用户操作出错是常见的,特别是对初次接触该软件的用户,难免会有误操作,计算机要允许用户出错,并告知错误所在,且防止再错,对某些操作还要告知用户如何改错,帮助用户完成纠错过程。例如 AutoCAD2000,它的命令行就有错误提示。

5)必要的提示与帮助信息。必要的提示与帮助有利于用户掌握软件的应用。提示是在操作过程中出现的,即所谓的在线帮助,例如我们要输入某一参数,当光标移至输入位置,会出现提示方框,告知用户在 3～50 中选取,这样防止用户输入 3～50 以外的数字,计算机无法设计,例如,某一图标含义不清楚,我们只要把鼠标的光标落在该图标上,便会出现一提示框告知用户该图标的作用。

帮助信息可以给用户较完整的有关软件的应用资料,包括各命令的功能,技术支持,使用说明等。用户在使用中有不明白的地方,可以打开帮助系统,进行咨询。

6)减少记忆量。用户界面设计时,应易于理解,易于记忆。可以应用一些形象的符号、图案来帮助用户识别与操作。整个系统前后一致、规格统一。只要用户掌握了一个方面或一个模块的交互要求,就能举一反三,推广到系统的其他方面或模块,便于理解和掌握,避免因界面不统一带给用户的陌生感以及由此增加的用户学习工作量和难度。

7)适应不同的用户。用户界面的设计还需考虑不同的用户需求,有面向初学者的,也有面向有经验的。例如,菜单的选择可以通过将光标指向一个选项,然后按下不同的鼠标按钮来实现;也可以通过功能键或热键方式来选择;还可以通过键入命令来选择。另外,帮助功能也可以分成几个层次来设计。初学者可以进行较详细的对话,较有经验的用户则可以减少或去掉提示信息。这使的软件能适应不同熟练程度的用户使用。

用户界面的常见类型和用户界面的设计、交互技术和交互设备在上一章已作了详细介绍,这里不再累述。

5.4 参数化绘图

早期的CAD系统,仅仅实现了用计算机及其外围设备绘制图形,并将图形的结果保存起来,而舍弃了设计过程的重要信息。因此,当需要改变图形中哪怕任一微小的部分,都要擦除重画。所以,在实际的设计过程中大量的设计是在修改已有图形的基础上完成的。而且,这种修改的重复劳动的结果并不能充分反映设计者对产品的本质构思和意图。由于这种绘图系统缺乏变参数设计功能,如果产品稍有变化,就必须重新设计与造型,使产品的设计周期变长、效率降低、费用增加。无法满足产品的快速更新及市场需求。一个机械产品,从设计到定型,其间经历了反复地修改和优化;定型之后,还要针对用户不同的规格要求形成系列产品。这都需要产品的设计图形可以随着某些结构尺寸的修改或规格系列的变化而自动生成。所以就提出了参数化绘制图形。

5.4.1 参数化绘图的基本概念

参数化绘图一般是指设计图形拓扑关系不变,尺寸形状由一组参数进行约束。参数与图形的控制尺寸有一定的对应关系,改变其中的一个参数,将自动改变与它相关的几何尺寸,从而得到不同大小的几何图形。

参数化绘图的优点是它存储了设计的整个过程,设计者只需输入一个草图,给出相应的参变量,计算机就能自动绘出精确的几何图形。对于形状类似的零件,只需修改参数,就可自动生成新的零件,容易形成产品的系列化、规格化。所以参数化绘图是一种简单、高效的绘图方法。

5.4.2 参数化绘图的步骤

参数化绘图的一般步骤是:

5.4.2.1 建立参数化模型

参数化模型有多种,如几何参数模型、力学参数模型等。我们这里只讨论几何参数模型。几何参数模型包括两个主要概念,一是几何关系,既构成图形的具有几何意义的点、线和面及其相应的位置和大小;二是拓扑关系,既为构成图形的几何元素间相互的邻接关系。在建立参数化模型时,首先要搞清楚所绘制的图形的几何关系与拓扑关系,其次根据设计要求,以相对成熟的产品图形为样板,遵循显式的拓扑结构约束。模型一经建立,将相对稳定,以后的应用中一般不再变化。

5.4.2.2 进行参数化标注

在几何模型的基础上，分析其结构特点和控制尺寸，标注变量参数，注意参数标注与工程图标注一致。

5.4.2.3 推导参数表达式

模型中的参数之间并非都是相互独立的，经常会有某些关联关系，工程图中的关键尺寸应作为自变量参数，这些参数可能需用户根据需要自己从键盘上输入或选择；有的参数是随着其他参数的变化而变化的，需将各几何特征点的坐标用变量参数表达出来，这就要设计者找出这种关系，推导出参数表达式。注意参数定义不能出现干涉、过约束的现象。编制程序选择一种计算机高级语言或者以 CAD 软件作二次开发平台，将以上的分析结果编制成计算机程序，以备使用。如 AutoCAD2000 软件中，自带有 Visual LIST 和 VBA 语言，它们都是 AutoCAD 2000 的内嵌式语言，是完全面向对象体系结构的一种编程语言，它们的功能强大，可以说是一个万能开发工具，并可以提供强大的窗体创建功能，使编程者方便的建立良好的用户界面；它们具备完善的数据访问与管理功能，通过 DAO(数据访问对象)，可以对 ACCESS 数据库或者其他外部数据库(FOXPRO、DBASE 等)实现数据管理，并且可以使用 SQL 语句检索数据，与 RDO 远程数据对象结合起来，能够建立客户机/服务器级的数据通讯；它可以创建自己的工具条，扩展了 AutoCAD 集成用户化工具的集成能力，由于它们是依附于 AutoCAD 的，所以其与 AutoCAD 共享内存空间、数据环境。在 AutoCAD2000 中可以构造多个工程，可以把这些工程嵌入到 DWG 文件中，可以将图纸所需要的应用程序与图纸一起传递。而且语言结构简单，代码运行效率高、速度快，即可编大程序也可编小程序，即可利用 AutoCAD 的主界面操作环境，也可创造自己所需的主界面操作环境。应用方便自如，容易学，容易懂，特别适合企业技术人员使用。

压板如图 5-37 所示。参数化绘图首先要进行参数化定义与标注，用户根据需要选择合适的压板类型、参数 b 及绘制方式，即从图 5-37 可知，其余参数都是自动随被选参数 b 而变动的，b 一旦确定，系统会自动绘出压板图形，并可以插在任意指定的位置。

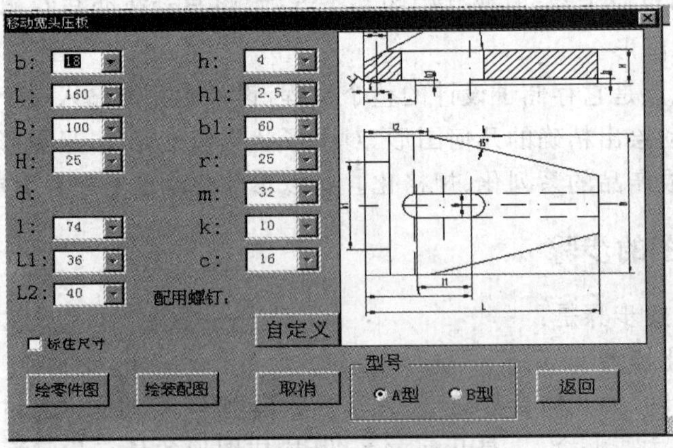

图 5-37 压板参数化绘图界面

又如图 5-38 所示的齿轮，首先按照通常的形状和拓扑约束关系定义几何模型；然后，根据齿轮的设计要求定义尺寸参数；找出 Mn、B、da 和 $D4$ 是关键参数，其余参数或为常量，或可由关键参数推导得出。

参数化绘图方法的应用,可以提高绘图的效率,可以实现自动绘图,用户可根据需要针对常用零部件,建立参数化图库。

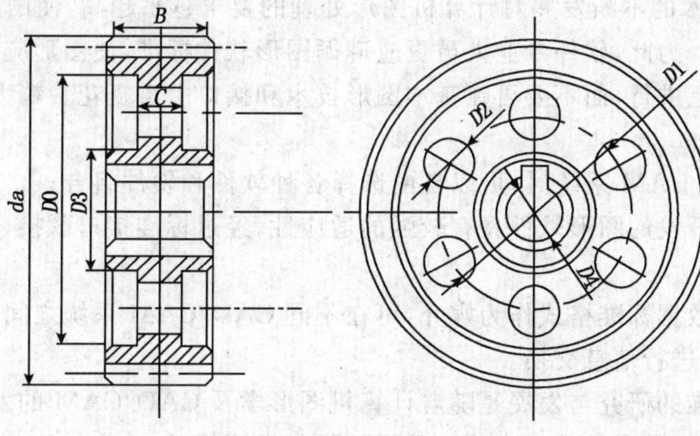

$D1 \approx (D0+D3)/2$; $D2 \approx (0.25 \sim 0.35)(D0-D3)$; $D3=1.6D4$(钢材);

$D3=1.7D4$(铸铁);圆柱齿轮:$D0=da-(10 \sim 14)Mn$; $C \approx (0.2 \sim 0.3)B$

图 5-38 腹板结构齿轮的参数化设计

5.4.3 参数化绘图的实现方法

5.4.3.1 参数化图库的建立方法

用户要建立自己的参数化图库,一般可有以下几种方法。

①在建立模型过程中,直接将参数序列定义其中。

②利用草图器绘制草图,然后再加约束,定义参数。

③对于成熟的、定型的、常用的产品图形,将模型建成参数化图素,使用户操作时就像画点、线等基本图素一样简便。

5.4.3.2 参数取值方式

参数化绘图的关键是参数如何取值,一般的取值方法如下。

①设置缺省尺寸值,对一些常用图形其尺寸如果变化不大,可设置为缺省值,以节省操作时间。

②预先设计建立系列化变量值表,绘图时从表中取值;对一些通用件及标准件,其参数已由国家标准规定,所以可直接建立参数表格,并提示用户输入的可变参数的取值范围。

③由用户实时修改输入,对参数的选择没有一定的限制范围,用户可进入数据库进行某些参数的修改。

参数化绘图是广泛应用的一种绘图方法,各单位建立的标准件图库、定型系列产品大多采用这种方法。但它对设计者也有一定的要求,如良好的用户界面、较完整的数据库,考虑全面的绘图方式等。设计者要求有计算机知识、数学知识及机械制造基础知识。

5.5 图形软件标准

图形软件标准是一组通用的、独立于设备的、由标准化组织发布实施的图形系统软件包,它提供图形描述、应用程序和图形输入输出接口等功能,使应用软件更易于在各系统间实现资源共享,CAD/CAM 系统的集成更易于实现。

5.5.1 图形软件标准的意义

CAD/CAM 技术的不断发展对计算机图形处理的要求越来越高,使图形应用软件的开发难度增大、成本提高。为此,软件专业人员更应遵循图形软件标准,使图形应用软件开发直接在面向应用的高层次上进行,而不要再在基本图形技术和接口上重复花费精力。实现图形软件标准化的意义在于:

①在建立 CAD/CAM 系统时,可以自由选择各种软件和硬件组合;

②按通用标准开发的图形软件具有较强的适应性,经过标准接口联接,可以在各种硬件环境下运行;

③借助公共的数据标准格式作为媒介,可在不同 CAD/CAM 系统之间和系统内部不同功能模块之间,有效地进行信息交换。

图形软件的标准的研究与发展是随着计算机图形学及 CAD/CAM 的发展而发展的,随着图形应用的日益广泛,图形软件标准化的重要性更加显而易见。

5.5.2 图形软件标准

目前已有多种有关图形软件标准,按其功能及在系统中的地位,可分为以下 3 个层次。

1)CAD 系统之间的信息交换标准。属于这一层次的标准有 IGES 初始图形交换规范、STEP 产品模型数据交换标准、DXF 文件等。

IGES 初始图形交换规范 IGES(initial graphics exchange specification)是美国国家标准和技术研究所(NIST)主持,波音公司和通用电气公司参加编制的,后经 ANSI 批准于 1980 年发布的美国国家标准,它建立了用于产品定义的数据表示方法与通信信息结构,作用是在不同的 CAD/CAM 系统间交换产品定义数据。其原理是:通过前处理器把发送系统的内部产品定义文件,翻译成符合 IEGS 规范的"中性格式"文件,再通过后处理器将中性格式文件,翻译成接受系统的内部文件。IGES 定义了文件结构格式、格式语言以及几何、拓扑及非几何产品定义数据在这些格式中的表示方法,其表示方法是可扩展的,并且独立于几何造型方法。

目前 IGES 是应用最广泛的且较成熟的中性数据文件,大多数图形支撑软件都提供读、写 IGES 文件的接口,使不同软件系统之间交换形成为现实。

STEP(standard for the exchange of product model data)是国际标准化组织 ISO 制定的标准。在标准中不但有产品模型本身的几何信息,还有工艺信息和其他信息,所包含的信息较全面、规范,且考虑了 CAD 技术的发展需要。可以说是较完善的标准。

DXF 文件是 AutoCAD 用于将内部的图样信息传递到外部的数据文件,它虽不是由标准化机构制定的标准,但由于其应用广泛,而成为一个中性的数据文件。

2)图形系统标准。属于这个层次的标准有 GKS 图形核心系统、PHIGS 程序员层次交互图形系统等。

GKS 图形核心系统(graphic kernel system)是 1979 年由德国标准化组织(DIN)提出草案,国际标准化组织(ISO)于 1985 年采用作为国际标准。是最早颁布的国际图形标准,也是一个为应用程序服务的基本图形系统,它提供了应用程序和一组图形输入、输出设备之间的功能性接口。功能子程序和图形输入输出装置之间的接口标准。该功能接口包括在各式各样的图形设备上,为交互的或非交互的二维作图所需的全部基本功能,即输出功能、输入功能、控制功能、变换功能、图段功能、元文件功能、询问功能和出错处理功能。这是一个二维图形软件标准。GKS-3D 图形国际标准，作为 GKS 的扩充且两者在实现时并不相互依赖，而设计原则和基本结构上又尽量保持一致。GKS-3D 与 GKS 完全兼容。

PHIGS 程序员层次交互图形系统，PHIGS（programmer's hierarchical interactive graphics system）是美国计算机图形技术委员会于 1986 年推出的，并于 1988 年被接受为国际标准。它是为应用程序员提供的控制图形设备的图形软件系统接口及动态修改和绘制显示图形数据的手段。PHIGS 的图形数据按照层次结构组织，使多层次的应用模块能方便地利用它进行描述。它是为应用高度动态性、交互性三维图形而设计的图形软件工具包。1990 年扩充为 PHIGS-PLUS，其功能强于 GKS 系统。

3）图形子功能程序和图形输入输出装置之间接口标准。属于这一层次的标准有 CGM 计算机图形元文件编码、CGI 计算机图形接口编码和 IGES 初始图形交换规范等。

CGM（computer graphics metafile）是 ISO 正式发布的国际标准。它采用了高效率的图形编码方法，规定了存储图形数据的格式，由一套与设备无关的、用于定义图形的语法和词法元素组成，作为图形数据中性格式，能适用于不同的图形系统和图形设备。

CGI（computer graphics interface）是美国标准协会（ANSI）于 1984 年起草的，后被 ISO 接受为国际标准。它描述了通用的抽象图形设备的软件接口，定义了一个虚拟的设备坐标空间、一组图形命令及其参数格式。CGI 有两种字符编码与二进制编码，提供了 300 多个函数功能，采用 CGI 无论是应用程序还是图形支撑软件均可实现在不同设备配置之间的可移植性。对于具体的图形设备，可配备各自的 CGI 驱动程序来实现操作。

世界各国的标准化组织都非常重视计算机软件的标准化问题。我国的计算机软件标准化的工作近几年发展的相当快。1987—2001 年，我国先后颁布了有关《信息技术词汇》系列标准及《数据处理词汇》系列标准，代号为（GB/T 5271.1～28）、《计算机图形核心系统（GKS）》（GB/T 9544—1988）、《CAD 标准件图形文件》系列标准（GB/T 15049.1～11－1996）、《初始图形交换规范（IGES）》（GB/T 14213－1993）、《CAD 通用技术规范》（GB/T 17304－1998）、《CAD 文件管理》系列标准（GB/T 17825.1～10－1999）、《CAD 电子文件光盘存储、归档与档案管理要求》系列标准（GB/T 17678.1～2－1999）、《电气工程制图规则》（GB/T 18135－2000）等等。标准的制定与执行规范了市场，也推动了计算机软件业的发展与提高。对于我国推广与应用先进的 CAD/CAM 技术，提高系统集成化水平具有非常重要的意义。

习题 5

1. 试述计算机辅助图形处理的含义和作用。
2. 什么是交互式绘图系统？它的组成部分有哪些？
3. 图形软件的类型、功能有哪些？
4. 如何实现计算机绘图？
5. 试述窗口和视区的概念及变换原理。以下叙述中正确的是（　　）。
   A. 窗口大小不变化，当视区增大时，图形放大
   B. 窗口大小不变化，当视区减小时，图形放大
   C. 视区大小不变化，当窗口增大时，图形放大
   D. 窗口大小不变化，当视区增大时，图形不变

6. 利用图形变换矩阵，可以使图形产生（　　）。

A. 比例变化　B. 对称变换　C. 旋转变换　D. 错切变换　E. 平移变换

7. 什么是组合变换？如何实现组合变换？

8. 计算机绘图中如何产生三视图？你能写出其各视图的变换矩阵吗？

9. 已知一四边形 $ABCD$，各顶点坐标为 $A(0,0)$，$B(20,0)$，$C(20,15)$，$D(0,15)$，求其矩阵变换。①要求图形与 X 轴对称。②要求图形放大为原来的 1 倍。（要求写出计算过程及结果并画出变换后的图形）

10. 什么是用户界面？试举例说明。

11. 计算机绘图中有哪些交互技术？各完成什么任务？

12. 分析图形软件标准化的意义。

13. 分析参数化绘图的原理。

14. 已知图形变换矩阵为：$\boldsymbol{T}=\begin{bmatrix}\cos 30^\circ & -\sin 30^\circ & 0\\ \sin 30^\circ & \cos 30^\circ & 0\\ 2 & 3 & 1\end{bmatrix}$，请说出其变换过程。

6 CAD/CAM 建模技术及产品数据模型

6.1 基本概念

6.1.1 机械 CAD/CAM 几何建模的概念

CAD/CAM 系统中的几何模型就是把三维实体的几何形状及其属性用合适的数据结构进行描述和存储，供计算机进行信息转换与处理的数据模型。这种模型包含了三维形体的几何信息、拓扑信息以及其他的属性数据。几何建模实际上就是用计算机及其图形系统来表示和构造形体的几何形状，建立计算机内部模型的过程。

几何建模是 CAD 的第一步，绘制图纸、工艺设计和数控加工程序的编制均有赖于几何模型。几何建模是 CAD 技术中最基础、最核心的关键技术之一。建立起计算机内部模型，然后对该模型进行操作处理，与对物理模型比较具有更加方便、快速、灵活和价廉的特点。存储在数据库中的几何模型，不仅可用于设计、也可用于制造，为实现 CAD/CAM/CAE 集成提供了基础。

6.1.2 三维几何建模在 CAD/CAM 中的应用

1)设计。能随时显示零件的形状，并能利用剖切来检查诸如壁的厚薄、孔是否相交等问题。能进行物体的物理特性计算，如计算体积、面积、重心、惯性矩等。能检查装配中的干涉，能作运动机构模拟等。这样就使设计者能及时发现问题、修改设计，提高设计质量。

2)绘图。产生二维工程图，包括零件图、装配图。此外还能产生各种真实图形及动画等。

3)制造。能利用生成的三维几何模型进行数控自动编程及刀具轨迹的仿真。此外还能进行工艺过程设计。

4)装配。在机器及柔性制造中利用三维几何模型进行装配规划、机器人视觉识别、机构的运动学和动力学分析、渲染处理等，提供了一个较好的产品数据模型，对实现 CAD/CAM 系统的集成、保证产品数据的一致性和完整性提供了技术支持。

6.1.3 几何建模技术的发展

几何建模技术产生于 20 世纪 60 年代。在几何建模技术发展的初始阶段，人们主要采用线框结构构造三维形体，被称之为线框模型(wire-frame model)，它仅包含物体的顶点和棱边的信息。到了 20 世纪 70 年代出现了表面模型，它在线框模型的基础上增加了面的信息，使构造的形体能够进行消隐、生成剖面和着色处理。表面模型后来发展成为曲面模型，能够用于各种曲面的拟合、表示、求交和显示，曲面的各种处理技术至今仍是 CAD/CAM 和计算机图形学领域探索和研究最活跃的分支之一。20 世纪 70 年代末，实体建模(solid model)技术逐渐成熟并实用化。所谓实体建模是通过简单体素的几何变换和并、交、差集合运算生成各种复杂形体的建模技术。实体模型能够包含较完整的形体几何信息和拓扑信息，已成为目前 CAD/CAM 建模的主流技术。

线框模型、曲面模型和实体模型统称为几何模型，即形体的描述和表达是建立在几何信息和拓扑信息的基础上。所谓几何信息一般是指形体在欧氏空间中的形状、位置和大小，而拓扑信息则是形体各分量相互间的连接关系。经过 30 多年的发展，几何建模技术已广泛应用于机械产品的设计、制造、装配和工程分析等机械产品生产中的各个领域。

几何建模技术的发展推动了 CAD/CAM 技术的进步和发展，而随着信息技术的发展和计算机应用领域的不断扩大，对 CAD/CAM 系统要求越来越高，尤其是计算机集成制造(CIM)技术的出现，要求所建的产品信息模型不仅满足产品设计开发的需要，还要便于生产制造、质量检测、售后服务等后续的生产环节的信息集成。由于现有的 CAD 系统大多建立在几何模型的基础上，无明显的功能、工艺和工程信息含义，后续计算机应用系统如 CAPP，CAM，CAE 等系统若从这些信息中提取、识别所需的工艺和工程信息相当困难。为此，20 世纪 80 年代末出现了特征建模技术。特征是在更高层次上表达产品的功能和形状信息，包含了丰富的工程语义。1988 年末 ISO 颁布的 PDES/STEP 标准草案中，将形状、容差和材料特征列为产品信息模型的构成要素，从而使特征造型获得了法定地位。特征建模是面向设计制造全过程的，对于不同的产品设计阶段和应用领域，特征有着不同的定义。例如有功能特征、形状特征、加工特征、精度特征、装配特征等。用这样的特征进行建模更符合产品和工程设计的习惯，更利于系统的集成。因而可以说，特征建模技术的出现和发展是 CAD/CAM 技术发展的一个新的里程碑，是实现 CAD/CAE/CAM 集成的重要手段。

6.2 几何建模技术

6.2.1 机械 CAD/CAM 几何建模技术的基本知识

6.2.1.1 几何元素的定义

几何元素是指在欧氏空间中的位置和大小，有的可以用具体数学表达式来进行定量描述，在实际应用中可以通过某些不等式对其边界范围加以限制。下面介绍几何建模中基本几何元素点、边、面、体等的定义。

1)点。点是 0 维几何元素，分端点、交点、切点和孤立点等。但在形体定义中一般不允许存在孤立点。在自由曲线和曲面的描述中常用 3 种类型的点，即：

①控制点，用来确定曲线和曲面的位置和形状，而相应的曲线和曲面不一定经过的点；

②型值点，用来确定曲线和曲面的位置和形状，而相应的曲线和曲面一定经过的点；

③插值点，为提高曲线和曲面的输出精度，在型值点之间插入一系列的点。

一维空间中的点用一元组(t)表示；二维空间中的点用二元组(x,y)或$\{x(t),y(t)\}$表示；三维空间中的点用三元组$\{x,y,z\}$或$\{x(t),y(t),z(t)\}$表示。N 维空间中的点在齐次坐标系下用 $n+1$ 维表示。点是几何造型中最基本的元素，自由曲线、曲面或其他形体均可用有序的点集表示。用计算机存储、管理、输出形体的实质就是对点集及其连接关系的处理。

2)边。边是 1 维几何元素，是两个邻面(正则形体)或多个邻面(非正则形体)的交界。直线边有其端点(起点和终点)定界；曲线边由一系列型值点或控制点表示，也可用显式、隐式方程表示。

3)面。面是 2 维几何元素，是形体上一个有限、非零的区域，由一个外环和若干个内环界定其范围。一个面可以无内环,但必须有一个且只有一个外环。面有方向性,一般用起外法矢方向作为该面的正向。若一个面的外法矢向外,此面为正向面;反之,为反向面。区分正向面和反向面在面面求交、交线分类、真实感图形显示等方面都很重要。在几何造型中常分平面、二次曲面、双三次参数曲面等形式。

4)环。环是有序、有向边(直线边或曲线边)组成的面的封闭边界。环中的边不能相交,相邻两条边共享一个端点。环有内外之分,确定面的最大外边界的环称之为外环,通常其边按逆时针方向排序。而把确定面中内孔或凸台边界的环称之为内环,其边相对外环排序方向相反,通常按顺时针方向排序。基于这种定义,在面上沿一个环前进,其左侧总是在面内,右侧总是面外。

5)体。体是 3 维几何元素,有封闭的表面围成的空间,也是欧式空间 R^3 中非空、有界的封闭子集,其边界是有限面的并集。为了保证几何造型的可靠性和可加工性,要求形体上任意一点的足够小的邻域在拓扑上应是一个等价的封闭圆,即围绕该点的形体邻域在二维空间中可构成一个单连通域。把满足这个定义的形体称之为正则形体。如图 6-1 所示几个例子均不满足上述要求,故称这类形体为非正则形体。非正则形体的建模技术将线框、表面和实体模型统一起来,可以存取维数不一致的几何元素,并可对维数不一致的几何元素进行求交分类,从而扩大了几何造型的形体覆盖域。基于点、边、面几何元素的正则形体和非正则形体的区别如表 6-1 所示。

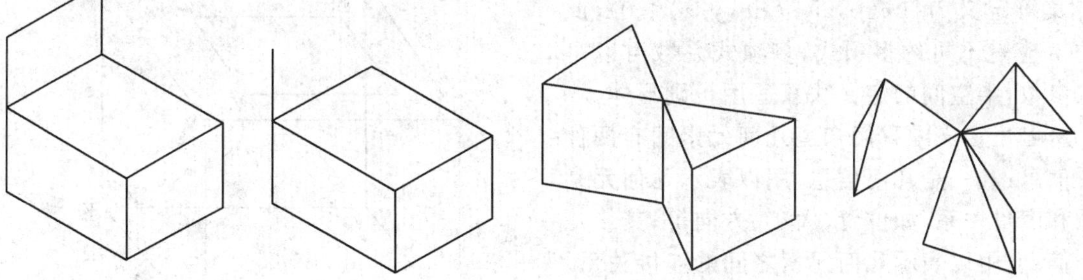

a. 悬面　　b. 悬边　　c. 1条边有2个以上邻面　　d. 点的小邻域不是单联通域

图 6-1　非正则形体

表 6-1　正则形体和非正则形体的区别

几何元素	正则形体	非正则形体
面	形体表面的一部分	可以是形体表面的一部分,也可以是形体内的一部分,也可以与形体相分离
边	只有 2 个邻面	可以有多个邻面、1 个邻面或没有邻面
点	至少和 3 个面(或 3 条边邻接)	可以有多个面(或边)邻接,也可以是聚集体、聚集面、聚集边或孤立点

6)体素。体素是可以用有限个尺寸参数定位和定形的体,常用的 3 种定义形式为:

①可用一些确定的尺寸参数控制其最终位置和形状的一组单元实体,如长方体、圆柱体、圆锥体、圆环体、球体等,图 6-2 所示为基本体素及其定义参数;

②由参数定义的一条(或一组)截面轮廓线沿一条(或一组)空间参数曲线作扫描运动而产生的形体;

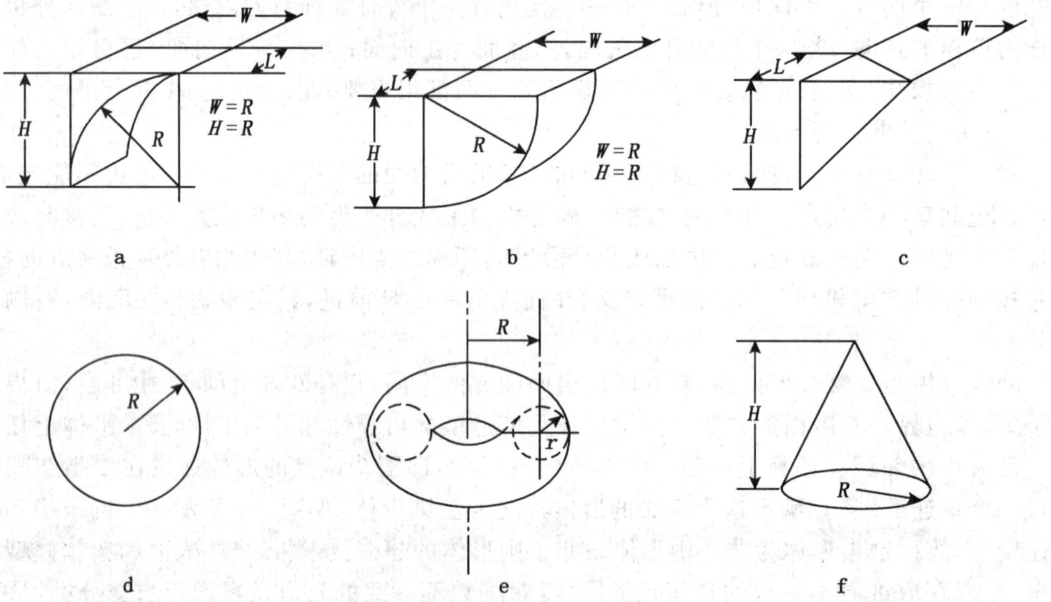

图 6-2 基本体素及其定义参数

③用代数半空间定义的物体，在此半空间中点集可定义为$\{(x,y,z)\mid f(x,y,z)\leqslant 0\}$，此处的 f 应是不可约多项式，多项式系数可以是形状参数，半空间的定义法只适用正则形体。

从上述定义中我们知道几何元素间有两种重要信息：其一是几何信息，用以表示几何元素性质和度量关系，如位置、大小、方向等；其二是拓扑信息，用以表示几何元素之间的连接关系。形体要由几何信息和拓扑信息定义，通常采用六层结构。

7)外壳。外壳是指在观察方向上所能看到的形体的最大外轮廓线，图 6-3 所示线框模型中的点 $V_1V_2V_3V_7V_8V_5V_1$ 定义了该形体的外壳。

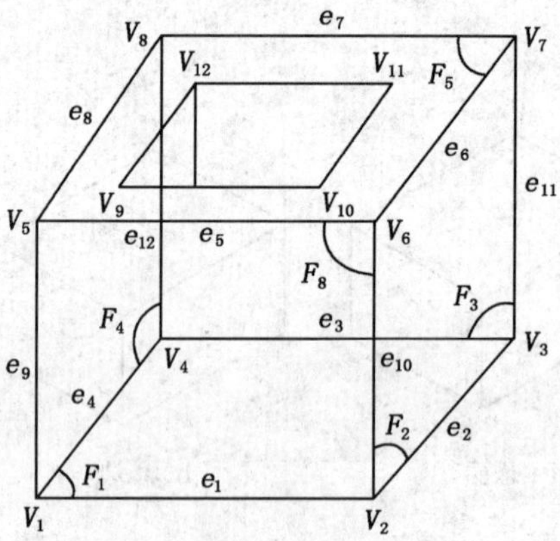

图 6-3 线框模型

6.2.1.2 几何元素间的拓扑信息

拓扑信息是反映三维形体中各几何元素的数量及其相互间连接关系。任一形体是由点、边、环、面、体等各种不同的几何元素构成，这些几何元素间的连接关系是指一个形体由哪些面组成，每个面上有几个环，每个环有哪些边组成，每条边又由哪些顶点定义等。各种几何元素相互间的关系构成了形体的拓扑信息。

如果拓扑信息不同，即使几何信息相同，最终构造的实体可能完全不同。如在一圆周上的 5 个等分点，若用直线顺序连接每个点则形成一正五边形，若用直线隔点连接每个点则形成一正五角星形。

在几何建模中最基本的几何元素是点(V)、边(E)、面(F)，这 3 种几何元素之间可归纳为如图 6-4 所示的 9 种连接关系。

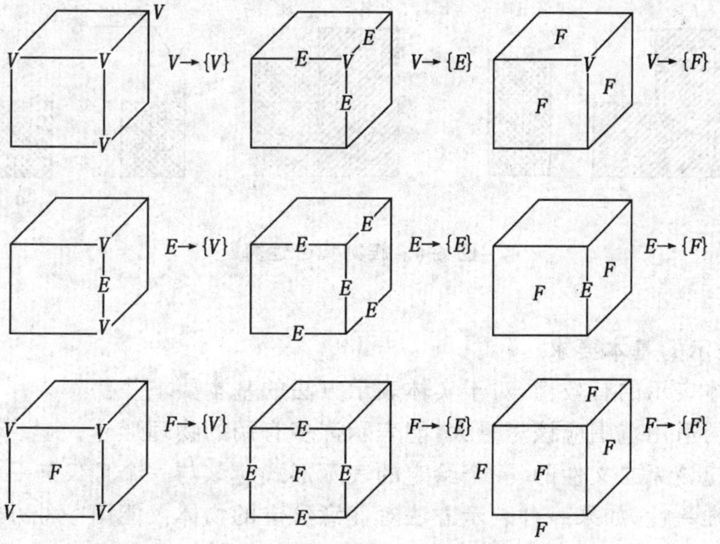

图 6-4 几何元素间的拓扑信息

6.2.1.3 定义形体的层次结构

形体在计算机中用上述几何元素按 6 个层次表示，如图 6-5 所示。

在图 6-3 长方体中打了一个洞，由点 $V_1V_2V_3V_7V_8V_5V_1$ 定义了该形体的外壳，点 $V_5V_6V_7V_8V_5$ 定义了该形体的上顶面，同时该点列也定义了此面的外环，此面上的点 $V_9V_{10}V_{11}V_{12}V_9$ 定义了内环，V_5V_6 是该面外环的一条边，该边有 V_5，V_6 2 个端点，也是该形体的 2 个顶点。定义形体的面既可以是平面，也可以是曲面，边既可以是直线段，也可以是曲线段。

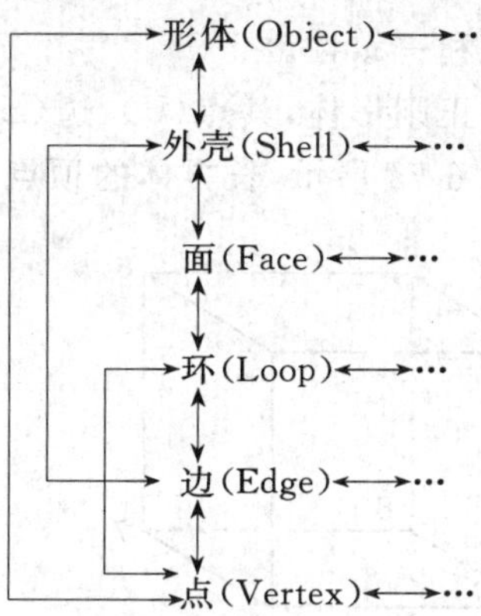

图 6-5 定义形体的层次结构

6.2.1.4 正则集与正则集合运算

众所周知，建立几何模型最直观、最流行的方法之一是布尔集合运算，即并(∪)、交(∩)和差(－)集的运算。对两个实体进行普通的布尔运算产生的结果并不一定是实体，如孤立点、线段、一张表面等点的集合。为了解决此问题，提出了正则集和正则集合运算的理论。数学上正则集定义为：

$$S = kiS$$

式中：k 表示闭包，i 表示内部，S 表示集合。该公式的含义为：如果一集合 S 的内部闭包与原来的集合相等，则称此集合为正则集。

如图 6-6 所示，设二维平面上有物体 A 及 B(图 6-6a)，将它们放到图 6-6b 的位置上。如果以通常的运算规则求 $A \cap B$，则得到图 6-6c 中的结果。按照正则形体的定义，图 6-6c 中的结果不符合正则形体条件，或者说不是二维形体，因为它有一条悬边。去掉这条悬边，所得到图 6-6d 中结果才是一个有效的二维形体。因此，通常的并、交、差运算有可能产生非正则集。为此，定义一套正则化的集合算子并($\cup^*$)，交($\cap^*$)，差($-^*$)，以区别于常规的集合算子并(∪)，交(∩)与差(－)，保证在运算后仍产生正则集，我们把能够产生正则形体的集合运算称正则集合

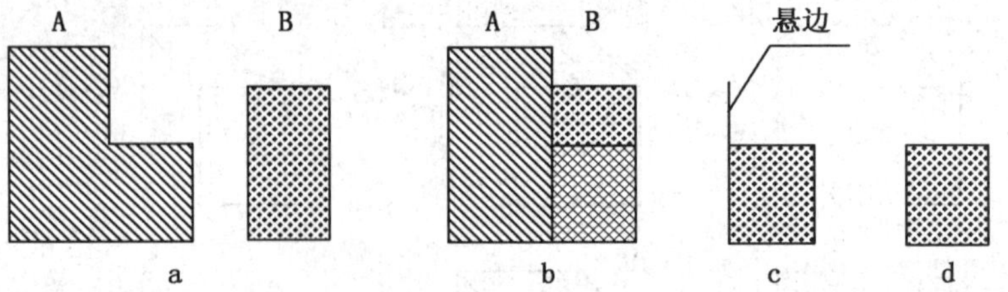

图 6-6 正则集合运算

运算。

6.2.1.5 实体表示的基本要求

为了保证形体表示的有效性,对于实体表示方法的基本要求是:

①表示方法的适用范围应该尽量大,能表示许多有用的物理形体;

②表示方法应该无二义性的,一个给定的表示形式应该与一个且仅与一个实体相对应;

③表示方法惟一性,如果一种表示方法对任意给定的物体仅能用一种方式进行编码,我们就称之为惟一的;

④近似性,我们可以用精确表示方法精确地表示物体,但是,如果在只能画直线的图形系统中,我们只能近似地产生曲线。

6.2.1.6 欧拉公式

除了用正则集和正则集合运算来保证形体的有效性外,还可以运用欧拉公式来检验形体的合法性和一致性。

对于正则形体,其点(V),边(E),面(F)的个数满足欧拉公式:$V-E+F=2$。

如图 6-7a 所示,长方体的顶点 $V=8$,边 $E=12$,面 $F=6$,则 $8-12+6=2$。

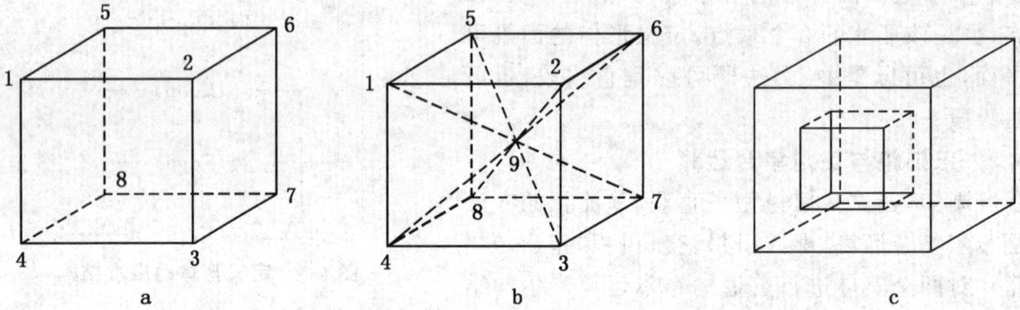

图 6-7 欧拉公式的计算

如果将三维封闭的空间分割成 B 个独立的多面体,则点、边、面、体的个数满足欧拉公式:$V-E+F-B=1$。

如图 6-7b 所示的多面体个数 $B=6$,则 $V-E+F-B=9-20+18-6=1$。

对于有孔洞的形体,相应的欧拉公式为:$V-E+F-L=2(B-G)$。

其中,V,E,F,B 仍为形体的点、边、面、体的个数;G 为穿透形体的孔数;L 为所有面上的内环数。如图 6-7c 所示有:$16-24+11-1=2(1-0)$。

凡满足欧拉公式的形体称之为欧拉形体。显然,欧拉形体满足如下的条件:

①每条边有且仅有 2 个相邻的面,且仅有 2 个端点;

②每个顶点至少是 3 条边的交点。

6.2.2 三维几何建模技术

形体在计算机中常用线框、表面和实体 3 种方法表示模型。

6.2.2.1 线框建模(wire frame modeling)

线框建模是最简单的建模方法。在这种建模系统中,三维实体仅通过顶点和棱边来描述形体的几何形状。如图 6-8 所示,线框模型的数据结构由一个顶点表和一个棱边表组成,棱边表用来表示棱边和顶点的拓扑关系,顶点表用于记录各顶点的坐标值。

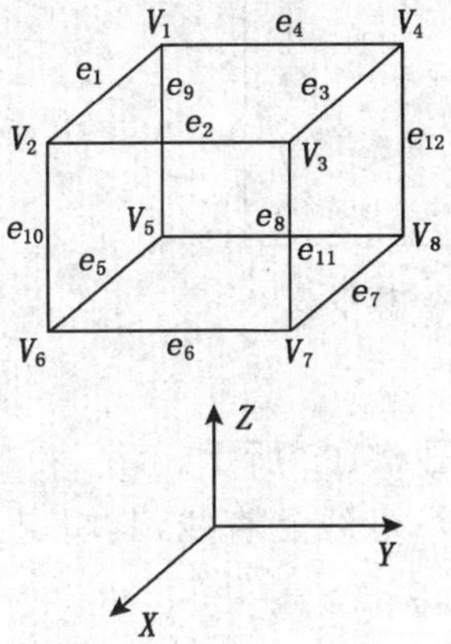

a. 线框建模

顶点	坐标值		
	x	y	z
1	0	0	1
2	1	0	1
3	1	1	1
4	0	1	1
5	0	0	0
6	1	0	0
7	1	1	0
8	0	1	0

b. 顶点表

棱线	顶点号	
1	1	2
2	2	3
3	3	4
4	4	1
5	5	6
6	6	7
7	7	8
8	8	5
9	1	5
10	2	6
11	3	7
12	4	8

c. 棱线表

图 6-8 线框模型的数据结构

这种建模方法数据结构简单,信息量少,占用的内存空间小,对操作的响应速度快。利用线框模型,通过投影变换可以快速地生成三视图,生成任意视点和方向的透视图和轴侧图,并能保证各视图间正确的投影关系。因而,线框建模至今仍被普遍的应用,它作为建模的基础与表面模型和实体模型密切配合,成为 CAD 建模系统中不可缺少的组成部分。

由于线框模型的曲面轮廓随视线方向的变化而改变,并且线框模型给出的不是连续的集合信息(只有顶点和棱边),不能明确定义各顶点与形体之间的关系(点在形体内部、外部或表面上)。因此不能用线框模型处理 CAD/CAM 中的多数问题,如剖切图、消隐图、明暗图、色彩图、物性分析、干涉检测、加工处理等。

6.2.2.2 表面建模(surface modeling)

表面建模是通过对物体各个表面或曲面进行描述的一种三维建模方法。如图 6-9 所示,表面模型的数据结构是在线框模型的基础上增加了面的有关信息和连接指针,除了顶点表和棱边表之外,增加了面表结构。面表包含有构成面边界的棱边序列、面方程系数以及表面是否可见等信息。

相对于线框模型来说,表面模型增加了面、边的拓扑关系,因而可以进行消隐处理、剖面图的生成、渲染、求交计算、数控刀具轨迹的生成、有限元网格划分等工作。但表面模型仍缺少体的信息以及体、面间的拓扑关系,无法区分面的方向,从数据结构也可看出。表面模型起初只能用于多面体结构形体,对于一些曲面形体必须先进行离散化,将之转换为由若干小平面构成的多面体再进行造型处理。随着曲线曲面理论的发展和完善,曲面建模替代了初始的表面建模成功应用到 CAD/CAM 系统。下面给出常见的曲面构造方法。

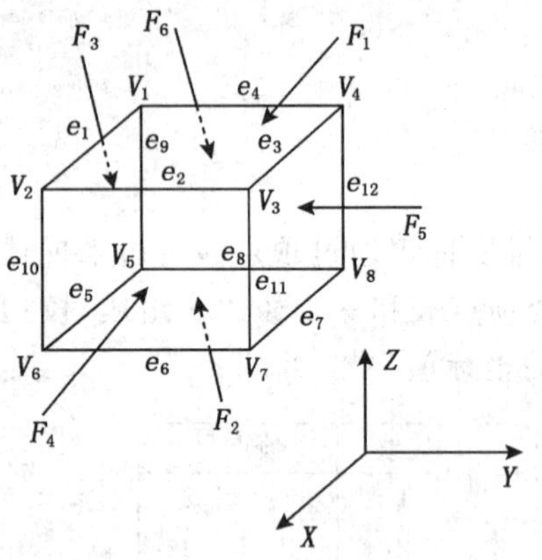

a. 表面建模

顶点	坐标值		
	x	y	z
1	0	0	1
2	1	0	1
3	1	1	1
4	0	1	1
5	0	0	0
6	1	0	0
7	1	1	0
8	0	1	0

b. 顶点表

棱线	顶点号	
1	1	2
2	2	3
3	3	4
4	4	1
5	5	6
6	6	7
7	7	8
8	8	5
9	1	5
10	2	6
11	3	7
12	4	8

c. 棱线表

表面 F	棱线号			
1	1	2	3	4
2	5	6	7	8
3	1	10	5	9
4	2	11	6	10
5	3	12	7	11
6	4	9	8	12

d. 表面表

图 6-9　表面模型的数据结构

1)平面。用三点定义一个平面,常用它做剖切平面,如图 6-10a 所示。

2)直纹面(ruled surface)。导线是两条不同的空间曲线,母线是直线,其端点必须沿着导线移动,如图 6-10b 所示。

3)回转面(surface of revolution)。先产生一平面线框图,在绕一轴线旋转,如图 6-10c 所示。

4)柱状面(tabulated cylinder)。将一平面曲线沿一垂直于该面的方向移动某一距离而生成,如图 6-10d 所示,该曲面具有相同的截面。

5)Bezier 曲面。是一条 Bezier 曲线在空间按另一条 Bezier 曲线运动所形成的轨迹,是一组空间输入点的近似曲面,但并不通过给定点,不具备局部控制功能,如图 6-10e 所示。

6)B 样条曲面。B 样条曲面和 Bezier 曲面一样,也是一组输入点的近似曲面,但可局部控制,如图 6-10f 所示。

7)Coons 曲面。有封闭的边界曲线构成,并通过叠加修正曲线,如图 6-10g 所示。

8)圆角面(fillet surface)。为两个曲面的过渡曲面,性质是 B 样条曲面,如图 6-10h 所示。

9)等距面(offset surface)。形状相同但尺寸不同,如图 6-10i 所示。

6.2.2.3　实体建模(solid modeling)

实体建模不仅描述了实体的全部几何信息,而且定义了所有点、线、面、体的拓扑信息。实体模型和表面模型的区别在于:表面模型所描述的面是孤立的面,没有方向,没有与其他的面或体的关联;而实体模型提供了面和体之间的拓扑关系。

实体模型主要是明确定义了表面的哪一侧存在实体,在表面模型的基础上可用 3 种方法来定义。一是在定义表面的同时,给出实体存在侧的一点 P(图 6-11a);二是直接用表面的外法矢来指明实体存在的一侧(图 6-11b);三是用有向棱边隐含地表示表面的外法矢方向(图 6-11c)。通常在定义表面时,有向棱边所得的方向与表面的外法矢的方向一致,用此方法还可以检查形体的拓扑一致性。如图 6-11d 所示,拓扑合法的形体在相邻两个面的公共边界上,棱边的方向正好相反。实体模型表面外环的棱边方向,一般用右手规则为序。利用实体建模系统可对实体信息进行全面完整的描述,能够实现消隐、剖切、有限元分析、数控加工,对实体着色、光照及纹理处理,外形计算等各种处理和操作。

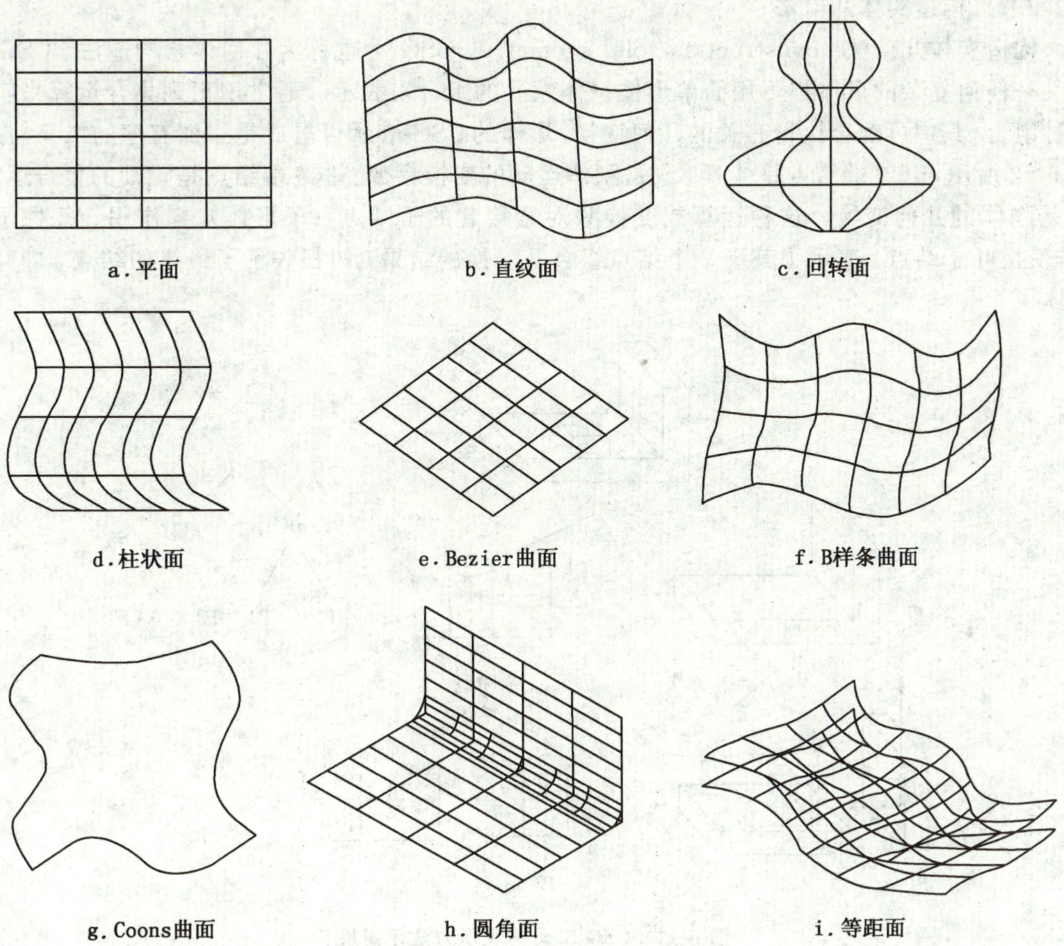

图 6-10 曲面构造方法

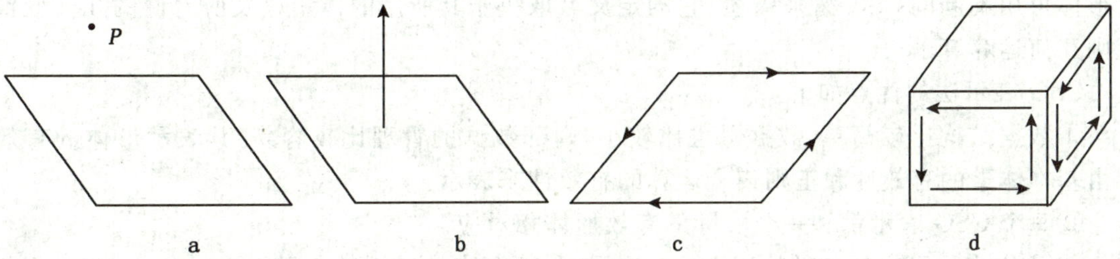

图 6-11 实体模型的定义方法

6.2.3 计算机三维几何建模方法

如何将现实的三维实体在计算机内构造并表示出来，是 CAD 作业时的一项首要任务。三维实体模型在计算机内的表示方法有许多，常用的有基本体素表示法、扫描表示法、边界表示法、构造实体几何表示法、空间单元表示法等，并且正向着多重模式发展。针对不同的表示方式，几何造型系统采用的数据结构也有所不同。下面介绍几种常用的表示方法。

6.2.3.1　构造实体几何法

构造实体几何法（construction solid geometry，CSG），也称为几何体素构造法。CSG 的含义是任何复杂的形体都可用简单形体（体素）的组合来表示。通常用正则集合运算来实现这种组合，其中可配合执行有关的几何变换。形体的 CSG 表示可看成是一棵有序的二叉树，如图 6-12 所示，其终端结点是体素，或是刚体运动的变换参数。非终端结点是正则的集合运算，或是刚体的几何变换，这种运算或变换只对紧接着的子结点（子形体）起作用。每棵子数（非变换叶子结点）表示了其下 2 个结点组合及变换的结果，树根表示了最终的结点，即整个形体。

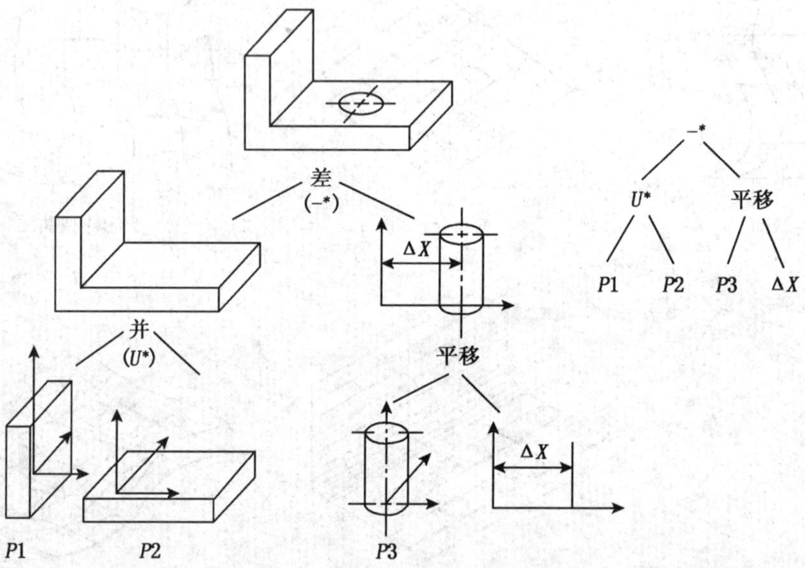

图 6-12　CSG 二叉树表示方法示意图

CSG 树是无二义性的，也就是说一棵 CSG 树表示能够完整地确定一个形体，但一个复杂的形体可用不同的 CSG 树来描述。它的定义域取决于其所用的体素以及所允许的几何变换和正则几何运算算子。

CSG 表示法的优点如下。

①数据结构比较简单，数据量也比较小，内部数据的管理比较容易，其表示形体的有效性则由基本体素的有效性和正则集合运算的有效性来表示。

②每个 CSG 表示都和一个实际的有效形体相对应。

③CSG 表示可方便的转换成 B-rep 表示，从而可支持广泛的应用。

④比较容易修改 CSG 表示形体的形状。

CSG 表示的缺点如下。

①产生和修改形体的操作种类有限，基于集合运算对形体的局部操作不易实现。

②由于形体的边界几何元素（点、线、面）是隐含地表示在 CSG 中，故显示与绘制 CSG 表示的形体需要较长时间。

CSG 树只定义了它所表示形体的构造方法，但不存储表面、棱边、顶点等形体有关边界的信息，也未显示定义三维点集与所表示形体在空间一一对应关系。所以 CSG 树表示又称为形体 隐式模型。CSG树节点数据结构如表6-2所示，每一个节点由操作符、坐标变换矩阵、基本体素指针、左子树、右子树等 5 项组成。除操作符外，其余各项均以指针形式存储，操作符按指针形式取值，当操作符项为叶节点时，其相应的左右子树的指针为 NULL，当为中间节点时，操作符表示正则集合运算方式，其基本体素指针为 NULL。每一个节点坐标变换项存储该节点所表示形体在进行新集合运算前所需坐标变换信息。

表 6-2 树节点数据结构

节点	操作符
	图形变换矩阵
	基本体素
	左子树
	右子树

6.2.3.2 边界表示法

边界表示法(boundary representation，B-rep)是以物体边界为基础定义和描述几何形体的方法，并能给出完整和显示的截面描述。

三维实体总是由有限数量的边界表面围成的封闭空间，其表面可能是平面，也可能是曲面，而每个表面又可由该面的环、边和顶点加以表示。边界表示法就是通过构成实体的面、环、边、顶点的几何数据和拓扑关系数据在计算机中表示实体的。如形体线框的绘制、有限元网格的划分、数控加工轨迹的计算、真实感彩色图形的生成等。其数据结构原理如图 6-13 所示。

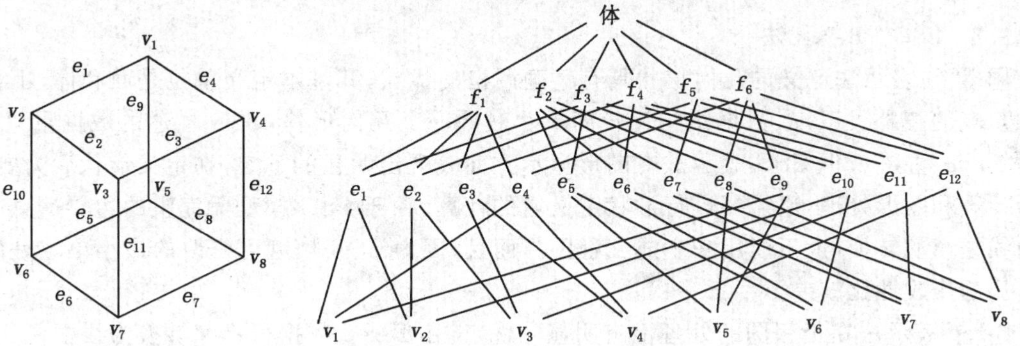

图 6-13 B-rep 数据结构原理图

边界表示法几何数据有：顶点坐标，棱边的直线方程，曲线方程，平面方程，二次曲面方程，雕塑曲面等。其拓扑信息通过 5 层或 6 层拓扑结构来描述，可采用体、面、环、边和顶点来构成。

拓扑意义上的面可以对应几何意义上的平面、圆柱面、直纹面、球面和参数曲面，拓扑意义上的边可以对应直线边、圆弧段、任意平面曲线和空间参数曲线；拓扑意义上的点可对应几何意义上的坐标点、直线的端点、圆弧的端点或空间参数曲线的控制点。

在三维实体边界表示法中最典型的数据结构是翼边结构(图 6-14)，以边为中心存储，棱边的数据结构中包含有 2 个指针，分别指向该边的起点和终点，棱边被看作一个有向线段(从起点指向终点)。当形体为多面体时，其棱边为直线段，由它的起点和终点惟一确定；当形体为曲面体时，其棱边可能为一曲线段，则必须增添一个指针来指向所在曲线边的数据。此外在翼边结构中还设有两个指针，分别指向棱边所邻接的 2 个表面上的环(左环和右环)。由这种边环关系就能确定棱边和相邻面之间的拓扑关系。为了能从棱边出发搜索到它所在的任一闭环上的其他棱边，数据结构中又增设了 4 个指向边的指针，它们分别是左上边、左下边、右上边、右下边。其中右下边表示该棱边在右面环中沿逆时针方向所连接的下一条棱边，而左上边则为棱边在左面环中沿逆时针方向所连接的下一条棱线，右上边和左下边可类推。

边界表示法的最大优点是：允许绝大多数有关几何体结构的运算直接用几何体的面、边、顶点定义的数据结构来实现。这有利于生成和绘制线框图、投影图，有限元网格的划分和几何特性的计算。它的缺点是:数据结构复杂,存储量大、集合运算时间长,对实体的整体描述能力弱。

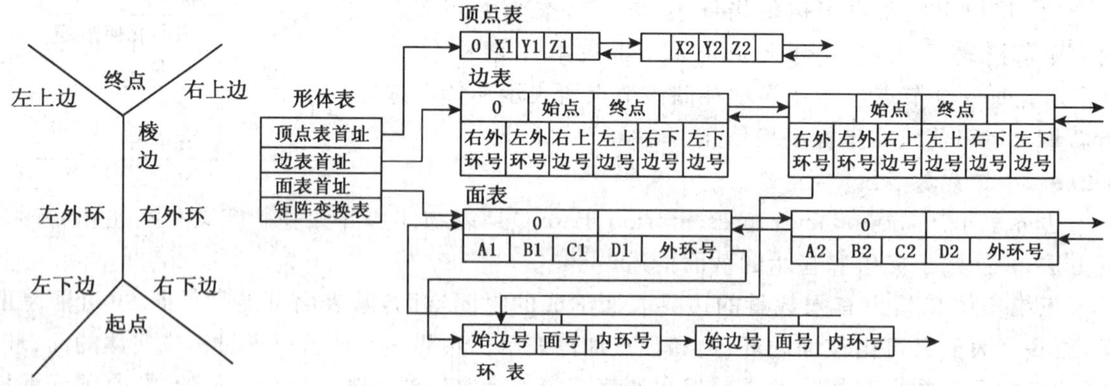

图 6-14 翼边结构及存储示意图

6.2.3.3 CSG+B-rep 法

用 CSG 表示法定义的几何形状具有精确严格的优点,其基本定义单位是面和体,不含面、环、边、点的拓扑关系,故数据结构比较简单。对同一个几何形体,CSG 描述的数据量只有 B-rep 的 1/10 左右。但 CSG 表示法在图形显示方面表现出明显的不足,在定义形状后为要进行解析计算和图形处理,还需要进行形状定义域的计算。由于 CSG 模型无完整的边界信息,故不能向线框模型转换,也不能用来生成工程图。而且,因为 CSG 模型可修改的最小单位是体素,故其局部修改性比较差。

B-rep 表示法在工程图的处理上有明显的优点。由 B-rep 数据可迅速转换为线框模型和表面模型。在用像素操作法和填充法进行浓淡处理时,在质量和显示速度方面也占优势。对于界面描述来说,B-rep 也适于曲面(包括自由曲面)的描述。目前,这种表示用多面体逼近法比较成功,其缺点是数据量大,特别是要求精度很高时,数据量迅速膨胀。

CSG 和 B-rep 两种表示法各有长处和短处,但可以优势互补。现在,很多图形系统采用 CSG+B-rep 的综合表示法进行实体建模。这种方法以 CSG 模型作为外部模型,而 B-rep 模型作为内部模型,按 CSG 表示法输入数据,并将两种数据同时保存,以互为补充,确保几何模型信息的完整与精确。集成制造技术的发展,对几何模型提出了越来越高的要求,现在出现了如下的趋势:将 CSG 模型看作是数学模型,主要用于解决工程中的数值计算问题;而将 B-rep 模型看作为拓扑模型,用于正确描述物体边界上的面、环、边、点的关系。再进一步研究判别函数的定义方法,使形状定义、判别函数定义、边界数据定义三方面建立起统一的几何和拓扑表达式,从而形成一个完整的数学模型。这将使实体建模技术大大前进一步。

6.2.3.4 扫描表示法

扫描表示法(sweeping representation)的基本思想十分简单:将一个点、一段直线或曲线、一个平面多边形或一曲面沿空间一路径运动而生成一个二维或三维形体。它被认为是对某方向具有固定形状剖面的产品进行造型的实用而有效的方法,在许多造型系统中得到应用。扫描法有 2 种基本类型:旋转扫描法和平移扫描法。一般说,只要被移动的图形是可解析表示的,则扫描所得的形体也有相应的解析表示。

1)旋转扫描法。旋转扫描法只限于生成具有旋转对称性的形体。一曲线绕一轴线旋转一周得到一个回转面，一个二维图形旋转扫描的结果一般是三维实体，如图 6-15a 所示。

2)平移扫描法。将一平面图形沿某一路径平移一段距离，可生成一个具有平移对称性的实体。这种方法实际只要画出形体的横截面，并指定该面平移的方向与距离，即可得到所需的形体。图 6-15b 表示出这种绘制实体的方法。

除了以上 2 种基本的扫描表示方法之外，还有一些比较复杂的扫描表示法可用来生成某些复杂的实体，如：将一圆盘的中心沿一曲线移动，移动时保持其法线方向始终与曲线的切线方向一致，可得一弯管；将某一平面图形(如一小圆或小矩形)绕一轴旋转若干周，旋转的同时作为平行于轴的方向(或垂直于轴线的方向)平移，可生成弹簧(或发条)等形体；在平移或旋转一个图形时，对它作线性或非线性比例变换；在旋转扫描时使旋转轴本身的位置或方向变化等等。

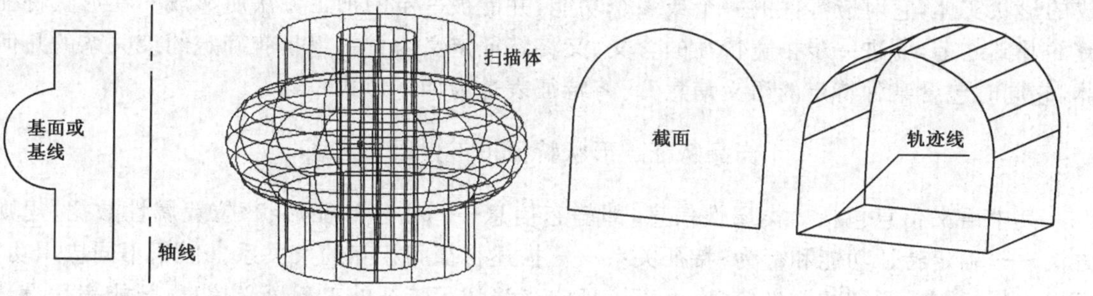

a. 旋转扫描法　　b. 平移扫描法

图 6-15　扫描生成的形体

6.3　特征建模技术

6.3.1　特征造型的概念

自 20 世纪 80 年代以来，人们一直在进行特征造型(feature modeling)技术的研究。这是一种既面向设计过程又面向制造过程的新型造型技术，是几何造型技术的新一代发展，被誉为 CAD/CAE/CAM 发展的新里程碑。特征造型的出现，一方面为设计人员提供了高层次的符合设计思维的人—机交互语言，改变了传统的基于几何拓扑的低层次交互设计方法，使设计人员集中精力处理较高层次的设计问题，使设计更加快速方便，且有助于设计质量的提高。另一方面，由于特征是一个高层次的设计概念，内含大量设计人员的设计意图，这对于设计的修改维护及后续的分析综合等过程有重要的意义，对于提高 CAD 系统的自动化水平，促进 CAD、CAPP、CAM 一体化，有着十分重要的作用。

6.3.1.1　特征的定义

由于特征造型技术是一门新兴的研究和应用领域，因而对于特征本身还缺少一个统一的明确的形式化定义。特征是一种综合概念，它作为“产品开发过程中各种信息的载体”，除了包含零件的几何拓扑信息外，还包含了设计制造等过程所需要的一些非几何信息，如材料信息、尺寸、形状公差信息、热处理及表面粗糙度信息和刀具信息等，因此特征包含丰富的工程语义，它是在更高层次上对几何形体上的凹腔、孔、槽等的集成描述。例如，键槽就是一种典型的特征定义的例子。同任何事物的发展一样，特征造型技术也经历了由表及里，由特殊到一般的发展过程。开始时主要从局部应用去研究特征，因此围绕着特征的定义提出了很多观点，例如以 Dixon 为代表的一些学者从设计自动化入手，将特征与产品设计知识表示和功能要求相连，把特征定义为："具有一定几何形状的实体，与 CIMS 的一个或多个功能相关，可以作为基本单元进行设计和处理"。另外一些学者，如 Wilson 从制造领域入手，将特征与工艺过程设计、NC 自动编程、自动检测相连，把特征定义为："对应一定基本加工操作的几何形状"。由于从不同应用角度研究特征，必然引起特征定义的不统一。根据产品生产过程阶段不同而将特征分为形状特征、制造特征、检验特征、装配特征等；根据描述信息内容不同而将特征分为形状特征、精度特征、材料特征、技术特征等。

国内有些研究院所和大专院校从 20 世纪 80 年代末也开始了特征造型技术的研究。有些单位从设计、制造一体化观点研究，将形状特征定义为："具有一定拓扑关系的一组几何元素构成的形状实体，它对应零件的一个或多个功能，并能被一定的加工方法所形成"。在形状特征研究的基础之上，为进一步拓宽特征的含义，又将特征定义为："一组具有确定约束关系的几何实体，它同时包含某种特定的语义信息"。将特征表达为如下形式：

产品特征＝形状特征＋工程语义信息

其中语义信息包括 3 类属性信息，即静态信息——描述特征形状、位置属性数据；规则和方法——确定特征功能和行为；特征关系——描述特征间相互约束关系。依据不同应用功能，可以为特征赋予不同的语义信息。由于该种定义强调了特征的工程语义信息，既能表达设计人员设计意图，又具有相应的制造加工信息，所以特征造型技术成为 CAD/CAE/CAM 集成的核心技术。

随着特征造型技术的发展，又提出了一系列的概念和方法，如功能特征、结构特征、特征识别、特征映射等。为了能对特征在整个产品开发过程的本质进行系统化、理论化的描述，有人从广义设计空间理论出发，提出了广义设计特征的概念，并对设计过程中的功能特征、原理特征、结构特征和制造特征等进行系统研究，建立了基于广义设计特征的集成产品模型体系。

6.3.1.2 特征的分类与特征间的关系

1)特征的分类。特征的分类与特征的定义一样，也是依赖于相应的应用领域及零件类型。应用领域不同，特征的含义和表达形式也不尽相同，特征的数量也难以估计，因此要对特征作一通用的分类比较困难。但从机械 CAD/CAM 的工作过程和要求来考虑，通常可包括以下几类特征。

①形状特征。是指具有一定工程语义的几何形体，包含了这些形体的几何信息和拓扑信息。形状特征又根据与其他特征的关系或从用户定义与应用的角度作进一步的细分。

在 STEP 标准中将形状特征分为体特征、过渡特征和分布特征 3 种类型。

体特征：主要用于构造零件的主体形状的特征，如凸台、圆柱体、矩形体等。

过渡特征：是表达一个形体的各表面的分离或结合性质的特征，如倒角、圆角、键槽、中心孔、退刀槽、螺纹等。

分布特征：是一组按一定规律在空间的不同位置上复制而成的形状特征，如周向均布孔、齿轮的轮廓等。

从几何形状的角度又可对形状特征分成如下几种类型。

通道(passage)：是指和已存在的形状特征的两端相交的被减体，如图 6-16a 所示。

凹陷(depression)：是指和已存在的形状特征的一端相交的被减体，如图 6-16b 所示。

凸起(protrusion)：是指和已存在的形状特征的一端相交的附加体，如图 6-16c 所示。

形状特征还可以按照其在设计过程中的作用分为基特征、正特征和负特征、主特征和辅助特征。基特征可以表示毛坯初始形状，正特征对应于零件添加的形状如凸台、肋板等，负特征为从零件实体中间减去的形状，如槽、孔等。

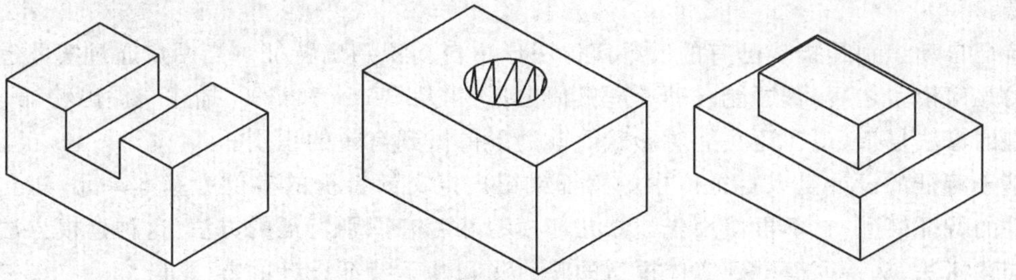

a. 通道　　b. 凹陷　　c. 凸起

图 6-16　形状特征

按照特征的复杂程度可分为简单特征和复合特征。简单特征为独立的形状结构，复合特征为简单特征的组合结构，如周向均布孔、矩形阵列孔、同心孔等。

在 PRO/E 软件中，有拉伸特征、旋转特征、扫描特征、混成特征、孔特征、倒角特征、圆角特征、阵列特征、切割特征、肋特征、抽壳特征、基准工作面、基准工作轴、基准点等辅助特征以及其他一些高级特征。

当然以上的划分并不是绝对的，不同的应用和不同的系统往往有不同的分类和划分方法。

②精度特征。用于描述零件上公称的几何形状允许的变化量，包括尺寸公差、形位公差和表面粗糙度等信息。

③材料特征。用于描述和零件材料及热处理要求相关的信息，如零件的材料型号、性能，热处理要求和方式，表面处理方式和条件，硬度，检验方式等。

④技术特征。用于描述零件的有关性能和技术要求。

⑤装配特征。用于描述零件在装配过程中要使用的信息和装配时的技术要求，如零件的配合关系、装配顺序和方式、装配要求等。

⑥管理特征。用于描述零件的管理信息，如零件名、图号、批量、设计者、日期、未注粗糙度等。

2)特征之间的关系。在特征建模时，CAD 造型系统除了存储基本的特征信息之外，还存储了特征之间的相互关系。特征之间通过约束面和基准面指针建立了特征之间的关联。为描述方便起见，可将特征之间的关联归纳为如下几种联系。

①继承联系。继承联系构成了特征的层次联系，位于上层的叫超类特征，位于下层的叫亚类特征，亚类特征可继承超类特征的属性和方法。

②邻接联系。反映特征之间的相互邻接关系，如阶梯轴中两相邻轴段，其邻接面共享。

③从属联系。描述特征之间依赖、附属关系，如圆柱倒角附属于圆柱面存在。

④参照联系。描述特征类之间参照关系，如精度特征对形状特征的参照、基准关系。

6.3.2　特征造型方法

6.3.2.1　概述

特征概念包含丰富的工程涵义，所以利用特征概念进行设计是实现设计和制造集成的一种行之有效的方法。随着特征造型设计方法的不断发展和创新，人们已相继提出了 3 种特征造型方法，即人工辅助特征识别、特征自动识别及基于特征的设计。人工辅助特征识别方法是先建立产品的几何模型，然后通过用户直接拾取几何图形来定义几何特征，并将特征参数（精度特征、技术特征信息），作为属性添加到特征模型中，它的特征识别和映射由人来完成，自动化程度低。

特征自动识别是指从已有的三维实体图形中自动识别出特征。当用户通过实体造型建立产品的几何模型之后，程序能自动处理几何数据库，从 B-rep 和 CSG 描述中提出特征。特征自动识别的算法复杂，现在还只能对形状简单的形体做到有效的识别。

基于特征的设计是以特征库中的特征或用户定义的特征的实例为基本单元，建立产品或零部件的特征模型，它不再使用先建立几何模型然后来识别特征的方法。这种建模方法现已有特征描述树法、从特征模型到实体模型的映射法和基于特征设计的方法等。

特征描述树法依据零件基本形状特征及其相互关系，通过特征描述树实现从基本形状到复杂形状的转换，是一种从基本表示到二级表示的特征造型方法。特征分为特征类和特征对象。特征类是关于特征型的描述，特征对象是特征类的实例，是关于值的描述。产品零件的各个特征往往不是孤立的，而存在着某些联系。这可用特征关系树来表示。特征关系树是由特征体素及它们之间的联系构成，提供物体总体形状的描述。各特征类之间、各特征对象之间、特征类与特征对象之间存在继承、邻接、从属、引用等多种联系。根据形状特征间的邻接联系与从属联系，可做出零件形状模型的形状特征关系树。该树的根节点是零件实体的形状特征，叶节点是简单形状特征，中间节点是其父节点的形状特征属性。特征映射是按照一定的映射关系将特征信息从原像空间到像空间转换的过程，它可以将设计所得的产品模型表达转换成各工程应用需要的表达形式，实现产品信息的交换与共享。有以下几种转换关系。

直接映射：原像特征与像特征之间一一对应，结构与语义完全一致。

共轭映射：原像特征与像特征互为共轭关系，后者可由前者经过几何推理得到。

投影映射：原像特征经投影变换，提取有用信息得到像特征，后者是前者的一个子集。

组合映射：由一些相关原像特征组合构成像特征。

将基于特征信息的建模和特征映射功能结合起来，可提供良好的产品数据表达和数据转换机制，可促进 CAD/CAE/CAM 集成及并行设计的实现。

6.3.2.2　特征造型系统实现模式

在基于特征的造型系统中，特征是作为基本的设计概念与手段。对于特征有特征的创建与删除、特征内部属性的修改、特征的复制与参数化引用。同一特征可进行在不同应用场合的变换、特征查询、特征的组合与复合、用户自定义特征等操作。

目前特征造型系统的实现，主要采用特征交互定义、特征自动识别、特征自动重构、基于特征的造型等 4 种方式，这也基本反映了特征造型系统的发展过程。

早期的造型系统一般采用特征交互定义，这种方式简单，但在形体设计中仍以低级的几何操作为主，设计效率低，操作繁琐，且特征与几何模型无必然联系，当零部件形状变化时，其特征必须重新经过交互方式定义。

特征自动识别的自动化程度高，但由于特征自动识别是一个复杂的模式匹配过程，对于复杂的零件需要大量的时间，且系统还不能保证识别出那些复杂的特征。

特征自动重构是在几何模型和特征模型之间引入与特定应用无关的元特征，即形状特征。在这种方式下，首先让用户构造出零件的形状特征模型，然后根据不同的应用场合，将形状特征模型解释成更高层的应用特征模型。这种方式由于不再进行复杂的匹配过程，效率较高，且使系统有较好的可扩充性，故被许多系统采用。但由于在构造形状特征模型中，提供用户的是无实际含义的形状特征操作，缺少更高层次的设计概念及操作支持，因而不能很好地支持实际的设计工作。

基于特征的造型系统是目前特征造型系统最高实现方式。在这种方式下，系统采用具有特定应用含义的特征，为用户提供更高层次的符合实际工程设计过程的设计概念和方法。因而使设计效率和设计质量大大提高。此外，在设计过程中还可以方便地进行设计特征的合法性检查、特征相关性检查，并可组织更复杂的特征。

6.3.2.3 基于特征设计的造型方法

在基于特征设计的系统中，特征被定义为一种参数化形状单元。它具有几何、属性、制造知识三方面的信息，可同时满足设计和制造的应用要求。

基于特征设计的造型方法，一方面要建立特征库，另一方面要确定形状定义法则。为了建立特征库，需要对零件进行分类，并对每个零件类抽取一组特征，构成其特征库。用户可按照自己的工艺方案、生产环境和产品对象来设计所需要的特征库。形状定义法则即参数化实体方法，目前已有以下 5 种。

平行扫法则：定义一个二维截面形状，让它沿一个三维直线轨迹扫动，如图 6-17 所示，这样构造出二维半的实体，其侧面可以是曲面和柱面。

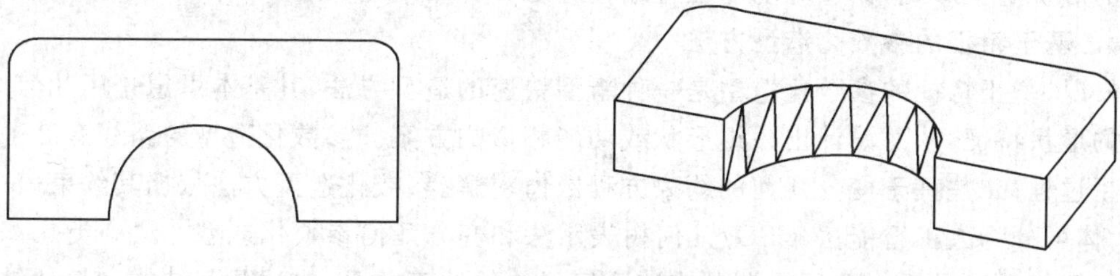

图 6-17 平行扫生成的实体

回转扫法则：将一个 2D 截面绕一个三维轴线旋转，构造出回转体，一般实体造型系统中所用的圆锥、圆柱和球体等体素，就是回转体的一个子集如图 6-18 所示。

箱体法则：将一个 2D 截面沿一封闭的平面（或空间）导线扫描，可构造出各种复杂的箱体的主体部分如图 6-19 所示。

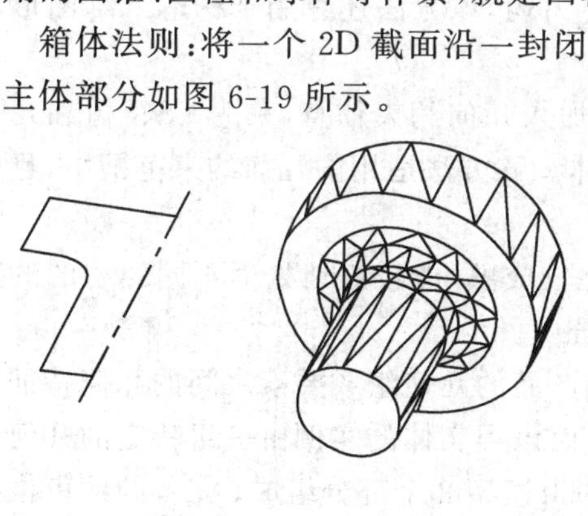

图 6-18 回转扫生成的实体

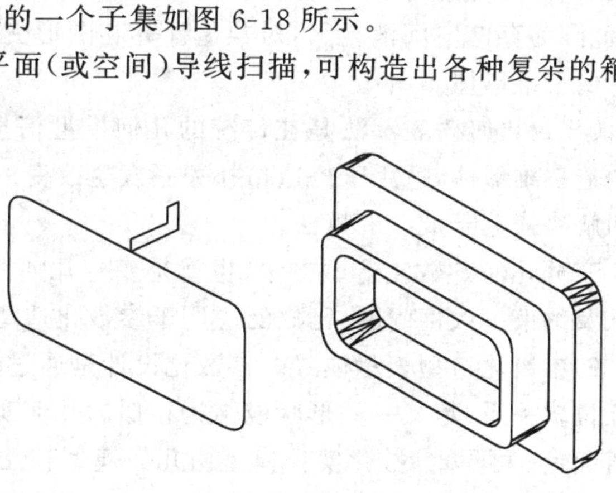

图 6-19 箱体法生成的实体

曲面立体法则：定义一组形状相似而大小逐渐变化的截面，经 B 样条插值处理后构成双三次 B 样条曲面形体。可提供多种灵活的曲线、曲面定义方式，以满足各种复杂曲面壳体、叶片、杆、梁等形体定义的需要。

异形体法则:该法则与曲面立体法则相似,依据一组形状相似而大小逐渐变化的截面进行插值(只作线性插值)处理,生成异形体。可定义各种变截面实体,各种棱锥类杆、梁、肋板等结构,如图 6-20 所示。

图 6-20 异形体法则生成实体

上述 5 种造型方法称为“广义扫造型”。它们定义的每个形体上的每个表面都与某一截面元素和一导线元素有对应关系,从而构成一个表面的三元组(体素号、截面元素号、导线元素号)。这种三元组被称为 CSG 索引,用它可方便地定义每个表面的属性。在 B-rep 模型上的每一个表面记录中都含有 CSG 索引,将 B-rep 模型与 CSG 模型连接在一起。广义扫造型方法具有统一的形状定义形式,其造型功能强且编程容易。

6.3.2.4 基于特征的参数化造型方法

1)概况。基于特征的参数化造型是一种新型快速的造型方法,其基本思想是用几何约束说明产品的形状特征,从而设计出一组形状或功能相似的方案。参数化造型的路线有 2 种:一是记录造型过程;二是基于变分几何的约束方程数值求解。参数化造型方法依据其约束表达模式不同,大体可分为人工智能法、CSG/几何树表示法和变分几何参数化造型方法 3 类。

人工智能方法是用一阶逻辑谓词描述几何形体的约束关系,描述几何结构和拓扑结构,并写入知识库中,利用推理机确定图形元素(点、线、面)的关系进行造型。该方法运用符号化表达式表示各种类型的数据,使系统对语义的表达更为直接。但由于约束一致性处理尚未很好解决,也因为存储空间消耗大,对数值计算和图形交互能力弱,该方法还只用于构造二维图形和简单的三维形体。

CSG/几何树表示法是在传统的几何模型信息上加入几何约束信息,采用 CSG 树和几何树构造三维形体,适用于构造拓扑关系发生改变的形体。该方法适用的几何约束范围小,且问题的解决依赖于成熟的算法。

变分几何参数化造型方法,也就是变分几何法,比较成熟,能较好地处理不同类型的约束关系及约束一致性问题,已广泛应用于参数化造型系统中。

2)参数化造型表示模式。参数化设计是通过说明产品的几何组成要素之间的几何特征及相互位置关系,定义一类形状或结构相似的几何实体,而该类实体的实例由一组特定的几何约束值确定。可见,参数化实体模型由几何模型和几何约束模型 2 个部分组成。完备的约束模型通过尺寸对几何形状的某些控制元素加以约束。可通过几何约束建立尺寸与几何定义变量之间的约束方程组。求解约束方程组可实现产品几何形状的修改与重建。

特征工具系统 FMT2.0 就是这样的一种参数化造型系统。它采用的模型由结构化面连接图(SFAG)、增强型 CSG 树和几何约束图 3 部分组成。三维体素由 2D 图形沿着 2D 轨迹线

“扫”形成，2D 图形通过变分几何方法实现参数化，其过程是先画出 2D 草图，然后定义尺寸及几何约束并指定扫描的类型，最后形成参数化特征体素，参数化的特征体素在一定尺寸和连接关系下进行布尔运算，可得到参数化的产品模型。

6.3.2.5 特征造型技术的应用

目前，国内外大多数特征造型系统的研究都是建立在原有的三维实体造型系统基础上的。这是因为三维实体造型的 CAD 软件已比较完善，具有较强的几何拓扑处理、图形显示及自动网格划分等多项功能，在此基础上可方便地增加一些特征的描述信息，建立特征库，并将几何信息与非几何信息描述在一个统一的模型中，设计时将特征库中预定义的特征实例化，并作为建模的基本单元，实现产品建模。

Cimarron 采用了当今最为流行的参数和变量化特征造型，为用户提供了先进的建模工具。CATIA 系统对基于特征的设计产品，提供了大量的参数化特征体，用户也可以根据自己的产品形状特点和特殊需要，建立用户自己的参数化特征库，而且，由于 CATIA 系统特征体带有工艺参数等非几何信息或应用信息，可实现更高层次的应用。国内的一些软件公司经过多年的努力，在特征造型技术和方法上也取得了重大的突破，相继推出了一些优秀的 CAD 软件，如 CAXA 三维电子图板等。CAXA 三维电子图板采用精确的特征实体造型技术，它完全抛弃了传统的体素合并和交并差的繁琐方式，将设计信息用特征术语来描述，使整个设计过程直观、简单、准确。CAXA 三维电子图板可以方便地建立和管理包括孔、槽、型腔、点、凸台、圆柱体、块、锥体、球体、管子等特征信息，同时提供了拉伸增料与减料、旋转增料与减料、放样增料与减料、导动增料与减料、曲面加厚增料与减料、倒角、过渡、拔模、抽壳、环行阵列、曲面裁减等数十种造型方法生成三维实体模型，而且生成的实体模型具备先进的特征化参数特性：无论造型操作到哪一步，都可以驱动实体模型的尺寸和参数改变模型形状，同时保证模型的几何关系不变。

特征造型技术是正在研究发展中的技术，至今还有很多难题有待进一步的研究。特征的严格数学定义、特征所能胜任的零件复杂程度、特征如何体现零件的功能要求以及功能特征和制造特征的映射等。Dixon 等人认为实体造型技术经历了 20 年的努力，而特征造型技术为支撑下一代智能 CAD 系统也需要 20 年的努力。

CAD 造型技术，可以说各有特点，各有技术优势。随着计算机辅助设计的飞速发展，在传统的几何造型技术得到广泛应用和发展的同时，其他造型技术正在迅速兴起和发展。近几年模具 CAD 造型技术除了实体造型及曲面造型两大发展方向之外，主要还有如下几个发展趋势。

1)CAD 造型技术的新进展——复合造型技术。曲面造型及实体造型各有特点，各有优势，将 2 种造型技术综合而形成的复合造型系统将是今后模具 CAD/CAE/CAM 技术的发展方向。任何一个复杂形体可以认为具有表面特征即曲面特征，又可认为是实体结构即具有实体特征，Delcam 公司的 Power SHAPE 以开放实体的概念来描述曲面结构，为实体造型技术提供了新的内容，找到了曲面与实体的复合之路。Cimarron 支持混合造型，采用当今最为流行的参数和变量化特征造型，融合成熟而强大的曲面造型功能，提供了优秀的布尔运算操作，支持实体间、实体与曲面间、曲面与曲面间的布尔运算等。它使得系列产品的设计、修改等更加方便。CAXA 三维电子图板基于最新的“精确特征造型”技术，结合强大的三维 NURBS 曲面造型，创造了实体、曲面的完美结合。不论习惯于曲面造型还是实体造型，CAXA 三维电子图板都提供了丰富的功能帮助设计人员完成出色的设计。新一代的适合于机械工业的 CAD/CAE/CAM 系统应该是复合造型 CAD/CAE/CAM 系统，从应用的重要性及实际应用的角度来说，应是以曲面为主的复合造型系统。

2)机械CAD技术中的逆向工程——精确造型技术。由概念或图样进行设计的过程,仅仅代表模具CAD/CAE/CAM技术的一个方面。目前我国产品设计有些仍处在类比、仿制为主的阶段,测量实物模型进而生成CAD模型是机械工业中非常重要的应用领域,汽车工业中以主模型为依据进而进行CAD建模,然后进行工艺设计及模具设计更是必由之路。故逆向工程是机械CAD技术另一个重要的研究方向之一。严格意义上的逆向工程系统以CopyCAD、Surfacer为代表。逆向工程是通过三坐标测量的点云数据进行CAD模型的还原过程,传统的做法一般是生成曲面模型,这是多年来逆向工程的主要思路。一般而言,对于汽车覆盖件等复杂零件一般需要数周甚至数月,非常繁琐。CopyCAD开创性地提出了局部逆向的概念,大大简化了逆向工程的操作过程,使逆向时间大大缩短,成为行业关注的发展方向。其主要过程是根据点云直接生成STL的实体模型。这样可以节约大量的时间。

3)采用特征造型技术,实现系统的集成。基于特征的设计,从设计角度看,它扩大了建模体素的集合,给用户带来很大的方便性,同时也为产品的设计实现高效率、标准化、系列化提供了条件。从加工角度看,由于特征对应着一定的加工方法,所以工艺过程设计也比较容易进行,简化了CAPP决策逻辑,尤其是面向对象技术的应用,将特征与加工方法封装设计完成后,CAPP、CAM可直接将特征设计的结果作为输入,自动生成工艺过程和NC加工程序,实现了具有统一数据库、统一界面的集成CAD/CAPP/CAM系统。

习题6

1. 几何建模中的几何元素有哪些?
2. 什么是几何造型技术?
3. 分别叙述线框建模、曲面建模和实体建模技术的方法和特点。
4. 简述曲面的构造方法。
5. 计算机三维几何建模方法有哪几种方法?
6. 何为扫描表示法、边界表示法?
7. 以回转体和板块零件为例,说明特征造型的基本思路和特征分类。
8. 分别叙述基于特征设计的造型方法与参数化造型法的原理和方法。

7 计算机辅助工程分析技术

7.1 计算机辅助工程分析概述

机械产品设计过程的一个重要环节是分析、计算，包括对产品几何模型的分析、计算，通过应力变形进行结构分析，对设计方案进行分析、评价等。传统的分析方法一般比较粗略，尤其是结构分析对象的力学模型往往经过了较大的简化，有时引入了难以令人置信的假设，致使有些分析结果不甚可靠。因此，这种传统的分析方法只能用来定性地比较不同方案的好坏。此外，由于计算是用简单的工具进行手工计算，过程繁琐冗长，所以只能对产品的关键零、部件进行分析，其余部分仍是凭设计者的经验，用类比法进行结构设计。由于分析不够准确，为了保证安全可靠，往往在设计时采用较大的安全系数，结果使结构尺寸和重量加大，不能很好地发挥材料的潜力，性能也难以提高。尤其设计过程是一反复试探、反复计算的过程，但分析工作量的浩繁和计算工具的落后，致使重复分析的次数不可能多，因此，只能做出一个可行的设计，而不能做定量的评价。长期以来，工程设计人员力图找到一种科学的合乎逻辑的途径，使得设计出的产品既能保证性能要求，又在追求的某些目标方面达到尽可能理想的程度。

近 40 多年来，由于计算机的应用以及测试手段的不断改进和完善，机械设计已由静态、线性分析向动态、非线性过渡；由经验类比设计向最优化设计过渡；由人工计算向自动计算、由近似计算向精确计算过渡，以适应产品向高效、高速、高精度、低成本等现代化要求发展的需要。为了加快新产品的设计制造速度，缩短研制周期，提高产品性能，保证产品质量，常常要求尽力做到一次成功。因此，在设计阶段，就应该对产品的静、动态特性进行深入分析，以便找出薄弱环节，采取相应措施，获得满意结果。正是在这种前提下，将计算机引入工程分析领域，这是机械设计中的一场巨大变革。

利用计算机辅助工程分析的关键是在三维实体建模的基础上，从产品的方案设计阶段开始，按照实际使用的条件进行仿真和结构分析；按照性能要求进行设计和综合评价，以便从多个设计方案中选择最佳方案。因此，计算机辅助工程分析通常包括有限元法、优化设计、仿真技术、试验模态分析等方面。目前市场上比较成功的大型 CAD/CAM 集成系统中都含有工程分析模块。计算机辅助工程分析已成为 CAD/CAM 中不可缺少的重要环节。

7.2 有限元法分析技术

1960 年，美国 Clogh 教授首次提出有限元法(the finite element method)。从此，有限元法正式作为一种数值分析方法出现在工程技术领域。在过去的四十多年中，有限元法在计算机的应用日益普及和数值分析在工程中的作用日益增长的情况下，已经历了从蓬勃发展到日趋成熟的过程。现在，有限元法不仅已成为结构分析中必不可少的工具，而且广泛应用于磁场强度，热传导，流场，压力场，非线性材料的弹.塑性蠕变分析等研究领域。

有限元法的基本思想是：先把一个原来是连续的物体剖分(离散)成有限个单元，且它们相互连接在有限个节点上(图 7-1)，承受等效的节点载荷，并根据平衡条件来进行分析，然后根据变形协调条件把这些单元重新组合起来，成为一个组合体，再综合求解。由于单元的个数是有限的，节点数目也是有限的，所以称为有限元法。力学分析方法可分为解析法和数值法两大类。解析法是应用数学分析工具，求解含少量未知数的简单数学模型的一种传统的计算方法，只对某些简单问题才能得出闭合形式的解，适用于普通机械零件的常规设计计算。对于复杂的结构问题，惟一的途径是应用数值法求出问题的近似解。数值法又可分为有限差分法和有限元法 2 类。有限差分法是先对连续体的力学问题建立基本微分方程，然后对该方程采用近似的数值解法，这种近似方法是数学上的近似。而有限元法是先将连续体剖分为由有限个单元组成的离散化模型，然后对该模型求出数值解。它的解决问题的途径是物理模型的近似，而在数学上则不做近似处理。有限差分法对有规则的几何特性和均匀的材料特性问题，收敛性比较好，程序设计简单。有限元法物理概念清晰，通用性与灵活性兼备，能灵活妥善处理各种复杂问题。

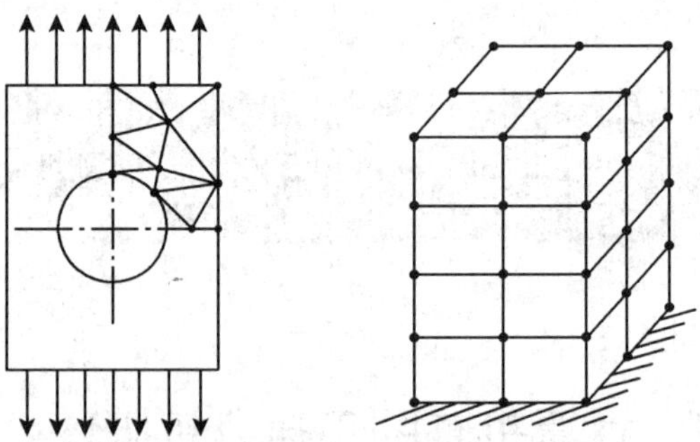

a. 单元剖分示例1　　b. 单元剖分示例2

图 7-1　弹性体结构的单元剖分

在采用有限元法对结构进行分析计算时，依据分析对象的不同，采用单元类型也不同。常见的单元类型有：杆单元(图 7-2a)、梁单元(图 7-2b,c)、板单元(图 7-2d,e)、轴对称单元(图 7-2f,g)、薄板弯曲单元(图 7-2h,i)、板壳单元(图 7-2j)、多面体单元(图 7-2k,l)等。图 7-2 仅示例了常见单元类型的一个节点位移分量，其余节点类似。图 7-1a,b 所示的平面弹性板和机床空心立柱，就可以把它们剖分成三角形板单元或六面体单元进行有限元法的分析。

机械零部件的几何形状一般是较复杂的。从力学的角度来分析，可将所研究的对象区分为平面问题(平面应力问题及平面应变问题)、轴对称问题和空间问题等。本书将以平面问题为例说明有限元法的基本原理。

7.2.1　弹性力学的基本知识

7.2.1.1　常用符号

i,j,k —三角形单元顶点的结点编号；

x_i,y_i,x_j,y_j,x_k,y_k—结点 i,j,k 的 x 向和 y 向坐标；

u_i,v_i,u_j,v_j,u_k,v_k—结点 i,j,k 的 x 向和 y 向位移分量；

f_i,g_i,f_j,g_j,f_k,g_k—结点 i,j,k 上作用的 x 向和 y 向结点力分量；

$\varepsilon_x,\varepsilon_y$—$x$ 向和 y 向的应变；

γ_{xy}—xy 平面的剪切应变；

σ_x,σ_y—x 向和 y 向的正应力；

τ_{xy}—xy 平面的剪切应力；

E—材料的弹性模量；

μ—材料的波松比；

h—板厚。

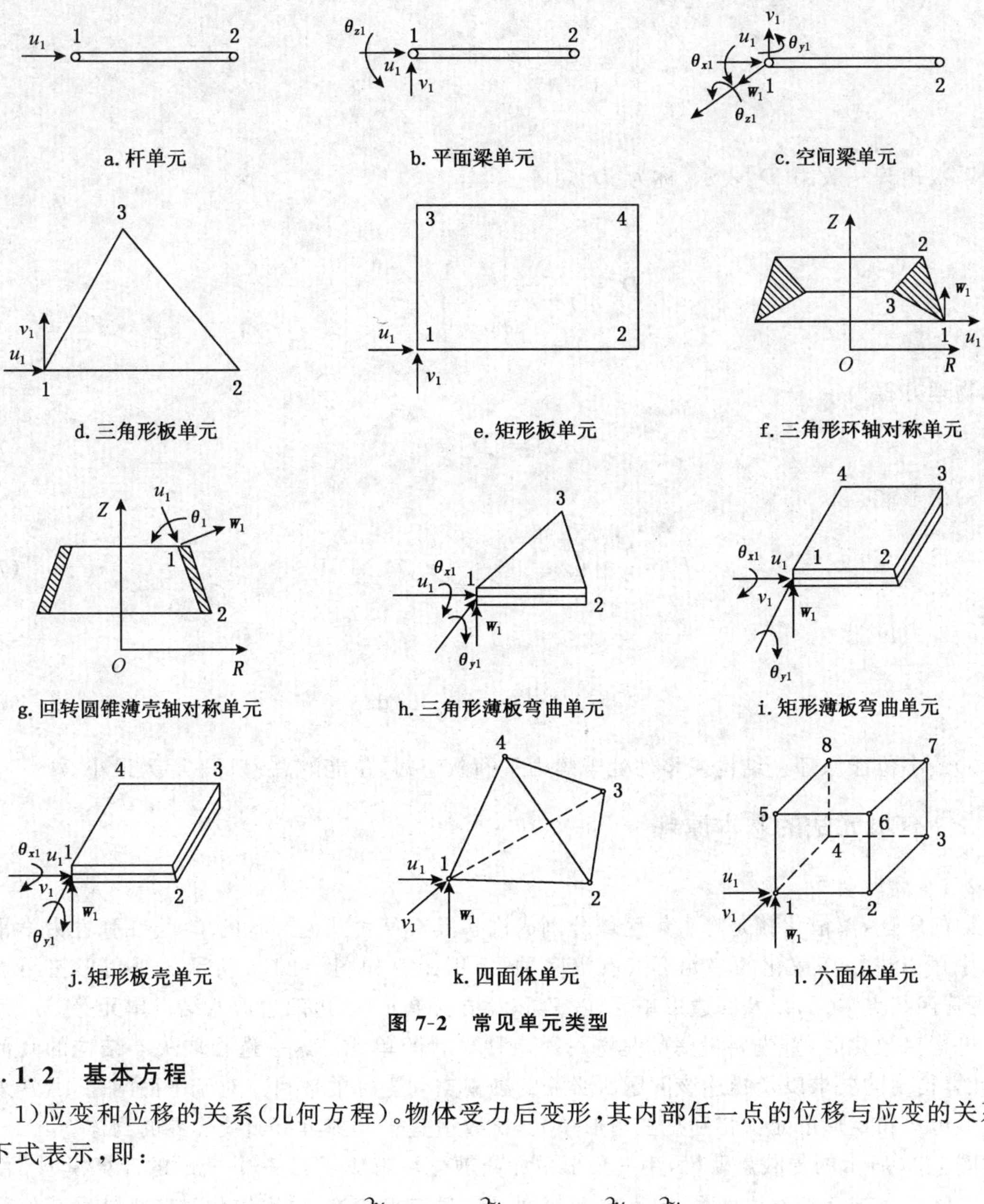

a. 杆单元　b. 平面梁单元　c. 空间梁单元

d. 三角形板单元　e. 矩形板单元　f. 三角形环轴对称单元

g. 回转圆锥薄壳轴对称单元　h. 三角形薄板弯曲单元　i. 矩形薄板弯曲单元

j. 矩形板壳单元　k. 四面体单元　l. 六面体单元

图 7-2　常见单元类型

7.2.1.2　基本方程

1)应变和位移的关系(几何方程)。物体受力后变形,其内部任一点的位移与应变的关系可用下式表示,即:

$$\varepsilon_x=\frac{\partial u}{\partial x};\quad \varepsilon_y=\frac{\partial v}{\partial y};\quad \gamma_{xy}=\frac{\partial u}{\partial y}+\frac{\partial v}{\partial x} \tag{7-1}$$

写成阵列形式,即:

$$\{\varepsilon\}=\begin{Bmatrix}\varepsilon_x\\ \varepsilon_y\\ \gamma_{xy}\end{Bmatrix}$$

2)应力和应变的关系(物理方程)。用虎克定律表示,则:

$$\begin{Bmatrix}\sigma_x\\ \sigma_y\\ \tau_{xy}\end{Bmatrix}=\frac{E}{1-\mu^2}\begin{bmatrix}1 & \mu & 0\\ \mu & 1 & 0\\ 0 & 0 & \frac{1-\mu}{2}\end{bmatrix}\begin{Bmatrix}\varepsilon_x\\ \varepsilon_y\\ \gamma_{xy}\end{Bmatrix} \tag{7-2}$$

其中系数矩阵一般用[$\boldsymbol{D}$]表示，称为[$\boldsymbol{D}$]矩阵

$$[\boldsymbol{D}]=\frac{E}{1-\mu^2}\begin{bmatrix}1 & \mu & 0\\ \mu & 1 & 0\\ 0 & 0 & \frac{1-\mu}{2}\end{bmatrix}$$

所以物理方程为：

$$\{\sigma\}=[\boldsymbol{D}]\{\varepsilon\} \tag{7-3}$$

3)变形能。

$$U=\frac{h}{2}\iint(\sigma_x\varepsilon_x+\sigma_y\varepsilon_y+\tau_{xy}\gamma_{xy})\mathrm{d}x\mathrm{d}y \tag{7-4}$$

4)外力位能。

$$V=-h\iint(u_f+v_g)\mathrm{d}x\mathrm{d}y \tag{7-5}$$

5)最小位能原理。结构或零件处于静力平衡状态时，位能的总和$U+V$为最小。

7.2.2 有限元法的基本原理

7.2.2.1 离散化

如前所述，离散化就是将求解区域分割成许多具有某种几何形状的单元。在弹性力学平面问题中用以进行离散化的单元形式有很多种，常用的有如图 7-2d，e 所示的三角形三结点单元、矩阵四结点单元，以及四边形单元、三角形六结点单元、曲边四边形八结点单元等。

进行离散化时，首先要考虑的是选用哪一种形状的单元。这一选择取决于结构的几何形状、计算精度的要求以及描述该问题所必需的独立空间坐标的数目。对于平面问题，通常采用三角形单元和矩形单元。特别是三角形单元，比较适宜于模拟具有曲线边界的物体。

图 7-3a 所示的受载悬臂梁，用三角形单元离散化后就成了图 7-3b 所示的计算模型。由于单元之间仅在结点处发生联系，单元之间的力只通过结点传递，故离散化时应将外载荷移置到结点上。移置时应遵循静力等效原则。因此，分布载荷便要转换成作用于若干结点上的力，若有集中力则最好将作用点取为结点。

划分单元时，应注意下列几点。

1)单元各边的比例不能相差太大。计算实践表明，单元各边比例相差过大，将严重影响计算精度，故应尽量使单元接近等边三角形，实在做不到的话，也要注意避免单元中出现钝角。

2)单元划分的大小要兼顾计算精度、计算机速度及容量方面的因素。一般来说，单元越小，网格越密，计算结果越精确。但是单元越多，要求计算机容量也就越大，计算时间和费用随之增加。所以，应在保证必要计算精度的前提下使单元数目尽量取少些。

3)单元的疏密安排需根据计算者的实践经验做出判断。一般来说，在应力梯度变化大的部

位和重要部位，单元应取小些，网格分得密些；反之，在应力变化平缓的部位和不重要的部位，单元可取大些，网格也就稀些。例如研究齿轮轮齿的弯曲应力，由于在齿根部位应力非常集中，故应划得密些。

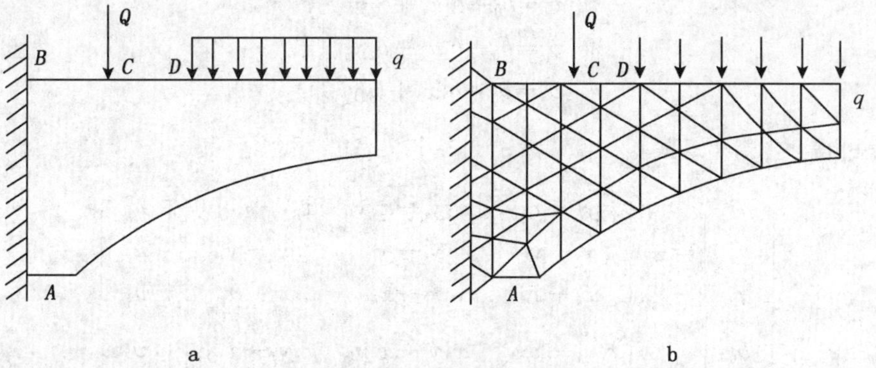

图 7-3　悬臂梁实例

4)在计算对象的厚度或弹性系数有突变的情况下，应把突变线作为单元的边界线。

5)任一单元的结点必须同时也是相邻单元的结点，而不能是相邻单元边上的内点。

单元划分完毕之后，要将全部单元及全部结点按一定顺序编号，单元号及结点号均不能错漏、重复。

每个单元所受的载荷均应按静力等效的原则转移到结点上，并在位移受约束的结点上根据实际情况设置约束条件。

总之，把连续体离散化，是综合运用的过程，在这个过程中，要决定单元的形状、大小(网格的疏密)、数目、单元的排列以及约束的设置等。其总的要求是使原来的物体尽可能精确地得到模拟，这个过程的正确与否，关系到最后计算精度的高低，应当引起足够的重视。

7.2.2.2　单元分析

如图 7-3 所示的连续体悬臂梁，在受载之后，各点的位移变化情况很难用一个简单的函数来描述。将连续体离散成细小的单元后，则在每个小单元的范围内，内部各点的位移变化情况就可近似地用简单的位移函数来描绘了。

若节点位移已知，那么任何部位的位移就可由位移函数来确定，随之可求出应变和应力的分布。因此单元分析的第一步是确定单元的位移函数。

1)单元位移函数。从离散体系中任取一个单元，如图 7-4 所示，3 个结点按逆时针顺序编号为 i, j, k，结点坐标分别为 (x_i, y_i)，(x_j, y_j)，(x_k, y_k)。显然，此单元共有 6 个自由度，故单元内各点的位移可用下列具有 6 个待定系数的多项式来近似：

$$\left.\begin{aligned} u(x,y)&=a_0+a_1x+a_2y \\ v(x,y)&=b_0+b_1x+b_2y \end{aligned}\right\} \tag{7-6}$$

将顶点的坐标代入上式可得：

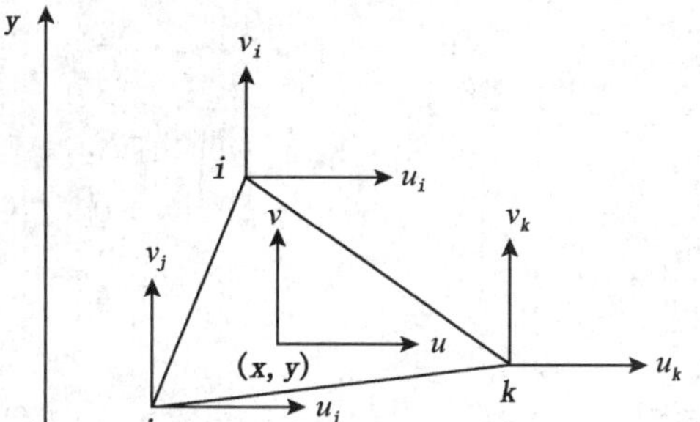

图 7-4　三角形单元

$$\left.\begin{aligned}u_i&=a_0+a_1x_i+a_2y_i\\u_j&=a_0+a_1x_j+a_2y_j\\u_k&=a_0+a_1x_k+a_2y_k\\v_i&=b_0+b_1x_i+b_2y_i\\v_j&=b_0+b_1x_j+b_2y_j\\v_k&=b_0+b_1x_k+b_2y_k\end{aligned}\right\}\tag{7-7}$$

解上述方程可得：

$$\begin{bmatrix}a_0\\a_1\\a_2\end{bmatrix}=\frac{1}{\Delta}\begin{bmatrix}x_jy_k-x_ky_j & x_ky_i-x_iy_k & x_iy_j-x_jy_i\\y_j-y_k & y_k-y_i & y_i-y_j\\x_k-x_j & x_i-x_k & x_j-x_i\end{bmatrix}\begin{bmatrix}u_i\\u_j\\u_k\end{bmatrix}\tag{7-8}$$

$$\begin{bmatrix}b_0\\b_1\\b_2\end{bmatrix}=\frac{1}{\Delta}\begin{bmatrix}x_jy_k-x_ky_j & x_ky_i-x_iy_k & x_iy_j-x_jy_i\\y_j-y_k & y_k-y_i & y_i-y_j\\x_k-x_j & x_i-x_k & x_j-x_i\end{bmatrix}\begin{bmatrix}v_i\\v_j\\v_k\end{bmatrix}\tag{7-9}$$

其中：

$$\Delta=\begin{vmatrix}1 & x_i & y_i\\1 & x_j & y_j\\1 & x_k & y_k\end{vmatrix}=(x_j-x_i)(y_k-y_i)-(x_k-x_i)(y_j-y_i)$$

Δ 的物理意义为三角形单元面积的 2 倍。为了使三角形单元面积不为负值，要求 i,j,k 是应按逆时针顺序排列。

将式(7-8)代入式(7-6)，经整理可写成：

$$\left.\begin{aligned}u&=N_iu_i+N_ju_j+N_ku_k\\v&=N_iv_i+N_jv_j+N_kv_k\end{aligned}\right\}\tag{7-10}$$

式中 N_i,N_j,N_k 反映了三角形单元的几何特征，由三角形单元的形状和所求点的坐标(x,y)来决定，故称为形状函数。

将上式写成矩阵的形式，并用列阵$\{f\}$表示，则：

$$\{f\}=\begin{Bmatrix}u\\v\end{Bmatrix}=\begin{bmatrix}N_i & 0 & N_j & 0 & N_k & 0\\0 & N_i & 0 & N_j & 0 & N_k\end{bmatrix}\begin{Bmatrix}u_i\\v_i\\u_j\\v_j\\u_k\\v_k\end{Bmatrix}\tag{7-11}$$

或写成：

$$\{f\}=[\boldsymbol{N}]\{\delta\}^e$$

这就是由单元结点位移$\{\delta\}^e$求单元内部各点位移的转换式，由形状函数组成的$[\boldsymbol{N}]$是其转换矩阵。由于三角形三结点单元的形状函数 N_i,N_j,N_k 是坐标的线性函数，故结点位移 u,v 也是坐标的线性函数。

2)单元应变。在由单元结点位移求得单元内各点位移之后,就可利用几何方程来求各点相应的应变。由式(7-1),式(7-6)及式(7-8)可得:

$$\left.\begin{aligned}\varepsilon_x&=\frac{\partial u}{\partial x}=a_1=\frac{y_i-y_k}{\Delta}u_i+\frac{y_k-y_i}{\Delta}u_j+\frac{y_i-y_j}{\Delta}u_k\\ \varepsilon_y&=\frac{\partial v}{\partial x}=b_2=\frac{x_k-x_j}{\Delta}v_i+\frac{x_i-x_k}{\Delta}v_j+\frac{x_j-x_i}{\Delta}v_k\\ \gamma_{xy}&=\frac{\partial u}{\partial y}+\frac{\partial v}{\partial x}=a_2+b_1=\frac{x_k-x_j}{\Delta}u_i+\frac{x_i-x_k}{\Delta}u_j+\frac{x_j-x_i}{\Delta}u_k+\\ &\quad\frac{y_i-y_k}{\Delta}v_i+\frac{y_k-y_i}{\Delta}v_j+\frac{y_i-y_j}{\Delta}v_k\end{aligned}\right\}\tag{7-12}$$

将其表示成矩阵形式:

$$\{\varepsilon\}=[\boldsymbol{B}]\{\delta\}^e\tag{7-13}$$

式中:

$$\{\varepsilon\}=\begin{Bmatrix}\varepsilon_x\\ \varepsilon_x\\ \gamma_{xy}\end{Bmatrix},\quad \{\delta\}^e=\begin{Bmatrix}u_i\\ v_i\\ u_j\\ v_j\\ u_k\\ v_k\end{Bmatrix}$$

$$[\boldsymbol{B}]=\frac{1}{\Delta}\begin{bmatrix}y_j-y_k & 0 & y_k-y_i & 0 & y_i-y_j & 0\\ 0 & x_k-x_j & 0 & x_i-x_k & 0 & x_j-x_i\\ x_k-x_j & y_j-y_k & x_i-x_k & y_k-y_i & x_j-x_i & y_i-y_j\end{bmatrix}$$

$[\boldsymbol{B}]$称为几何矩阵,它的每项元素仅与单元的 3 个结点的坐标有关,故都是常数。因此,由式(7-13)可知,单元内各点的应变也都是常数,这是采用线性位移模式的必然结果,所以三结点三角形单元又称为常应变三角形单元。

3)单元应力。根据弹性力学中的物理方程,可由应变求得单元内的应力分量:

$$\{\sigma\}=\begin{Bmatrix}\sigma_x\\ \sigma_x\\ \tau_{xy}\end{Bmatrix}=\frac{E}{1-\mu^2}\begin{bmatrix}1 & \mu & 0\\ \mu & 1 & 0\\ 0 & 0 & \frac{1-\mu}{2}\end{bmatrix}\begin{Bmatrix}\varepsilon_x\\ \varepsilon_x\\ \gamma_{xy}\end{Bmatrix}\tag{7-14}$$

或简写成:

$$\{\sigma\}=[\boldsymbol{D}]\{\varepsilon\}$$

将式(7-13)代入上式可得:

$$\{\sigma\}=[\boldsymbol{D}][\boldsymbol{B}]\{\delta\}^e\tag{7-15}$$

4)应变能。在前面基本方程中有一变形能的表达式(7-4),由于假定三结点三角形单元中位移分布是线性的,因此应变和应力在单元中是不变的。应变能公式中被积分函数也是常数,它乘以单元的面积 S 就可求得单元的应变能。据此应变能公式就可改成:

$$U=S\cdot\frac{h}{2}\cdot(\varepsilon_x\sigma_x+\varepsilon_y\sigma_y+\gamma_{xy}\tau_{xy})=\frac{hS}{2}[\varepsilon_x\quad\varepsilon_y\quad\gamma_{xy}]\begin{Bmatrix}\sigma_x\\ \sigma_x\\ \tau_{xy}\end{Bmatrix}=$$

$$\frac{hS}{2}[\varepsilon_x \quad \varepsilon_y \quad \gamma_{xy}][\boldsymbol{D}]\{\varepsilon\}=\frac{hS}{2}\{\delta\}^{eT}[\boldsymbol{B}]^T[\boldsymbol{D}][\boldsymbol{B}]\{\delta\}^e \tag{7-16}$$

设：

$$[\boldsymbol{K}]^e=hS[\boldsymbol{B}]^T[\boldsymbol{D}][\boldsymbol{B}]$$

则：

$$U=\frac{1}{2}\{\delta\}^{eT}[\boldsymbol{K}]^e\{\delta\}^e \tag{7-17}$$

5)外力。单元顶点 i,j,k 上作用的集中载荷用 $\{\boldsymbol{F}\}^e$ 表示。即：

$$\{\boldsymbol{F}\}^e=\begin{Bmatrix} f_i \\ g_i \\ f_j \\ g_j \\ f_k \\ g_k \end{Bmatrix}$$

外力的位能：

$$V=-(u_i f_i+v_i g_i+u_j f_j+v_j g_j+u_k f_k+v_k g_k)=-\{\delta\}^{eT}\{F\}^e \tag{7-18}$$

6)单元平衡方程式。由式(7-17)，式(7-18)可写出总位能公式：

$$I=U+V=\frac{1}{2}\{\delta\}^{eT}[\boldsymbol{K}]^e\{\delta\}^e-\{\delta\}^{eT}\{\boldsymbol{F}\}^e \tag{7-19}$$

根据最小位能原理，系统在外力作用下达到平衡时，结点位移使总位能达到最小值。为了求其最小值可解下列联立方程组：

$$\begin{aligned} &\frac{\partial I}{\partial u_i}=0, \quad \frac{\partial I}{\partial v_i}=0, \quad \frac{\partial I}{\partial u_j}=0, \quad \frac{\partial I}{\partial v_j}=0, \\ &\frac{\partial I}{\partial u_k}=0, \quad \frac{\partial I}{\partial v_k}=0 \end{aligned} \tag{7-20}$$

实际上由偏微分式(7-20)，可导出：

$$[\boldsymbol{K}]^e\{\delta\}^e=\{\boldsymbol{F}\}^e \tag{7-21}$$

这就是单元平衡方程式。其中的 $[\boldsymbol{K}]^e$ 是由单元的形状(顶点坐标)和材料特性(E,μ)所决定，称为单元刚度矩阵。三结点三角形单元的 $[\boldsymbol{K}]^e$ 是一个 6×6 阶的矩阵，它与单元的位置无关，即不随单元或坐标轴的平移而改变。

$$[\boldsymbol{K}]^e=\left[\begin{array}{cc:cc:cc} k_{11} & k_{12} & k_{13} & k_{14} & k_{15} & k_{16} \\ k_{21} & k_{22} & k_{23} & k_{24} & k_{25} & k_{26} \\ \hdashline k_{31} & k_{32} & k_{33} & k_{34} & k_{35} & k_{36} \\ k_{41} & k_{42} & k_{43} & k_{44} & k_{45} & k_{46} \\ \hdashline k_{51} & k_{52} & k_{53} & k_{54} & k_{55} & k_{56} \\ k_{61} & k_{62} & k_{63} & k_{64} & k_{65} & k_{66} \end{array}\right]=\begin{bmatrix} [k_{ii}] & [k_{ij}] & [k_{ik}] \\ [k_{ji}] & [k_{jj}] & [k_{jk}] \\ [k_{ki}] & [k_{kj}] & [k_{kk}] \end{bmatrix} \tag{7-22}$$

矩阵 $[\boldsymbol{K}]^e$ 中的每一个元素都是一个刚度系数，它的物理意义是单位结点位移分量所引起的结点力分量。例如 k_{16} 表示只有 k 结点上垂直方向有单位位移，而其他结点位移分量均为零时，在 i 结点上所引起的水平结点力。又如 k_{61} 表示只有在 i 结点的水平方向上有单位位移，而其他结点位移均为零时，在 k 结点上所引起的垂直结点力。

式中$[k_{ii}]$,$[k_{ij}]$…为分块矩阵,如$[k_{ij}]$表示 j 结点产生单位位移时在 i 结点上引起的结点力。对单元刚度矩阵按结点进行分块将便于建立整体矩阵。

7.2.2.3 整体分析

前面从图 7-3 的悬臂梁离散化结构中取出一个单元,作了单元分析,得到了式(7-21)。它确定了该三角形单元的结点力与结点位移的关系。接着需要将全部单元组合成整体结构,进行整体分析。

为了便于理解,现以图 7-5 所示的简单结构为例来进行分析。它是单位厚度的正方形弹性体,弹性模量 $E=3\times10^{11}$ N/m²,波松比 $\mu=0.3$,水平均布载荷的合力 $P=3\times10^{8}$ N,约束情况如图 7-5 所示。图 7-5b 为离散化后的示意图。单元和结点编号已标在图上。约束条件为:在结点 1 有水平和垂直支杆,结点 4 有水平支杆。原有均布载荷 P 已经移置到节点 2 和 5 上。按照单元分析中所得到的式(7-16),可分别求出 4 个单元刚度矩阵$[\boldsymbol{K}]^e$。

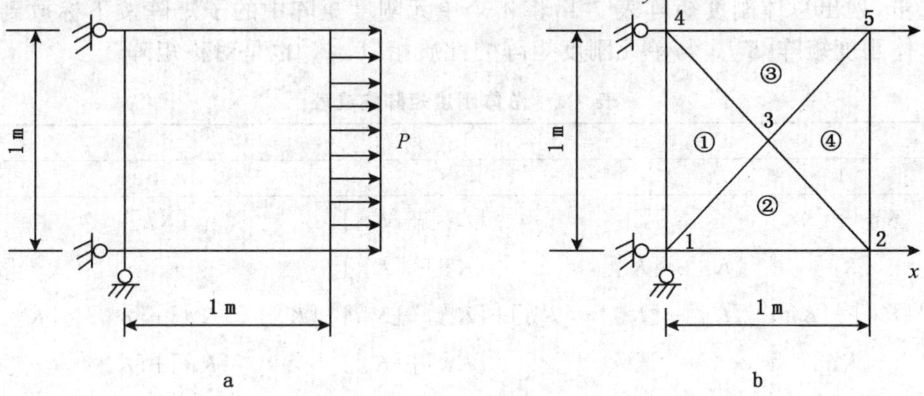

图 7-5 正方形弹性体

现在对图 7-5b 的整体结构进行分析。由于它包含有 5 个结点,即有 10 个结点位移分量和 10 个结点力分量,它们之间的关系应为$\{\boldsymbol{F}\}=[\boldsymbol{K}]\{\delta\}$。

写成分块矩阵为:

$$\begin{Bmatrix}\{F_1\}\\\{F_2\}\\\{F_3\}\\\{F_4\}\\\{F_5\}\end{Bmatrix}=\begin{bmatrix}[K_{11}] & [K_{12}] & [K_{13}] & [K_{14}] & [K_{15}]\\ [K_{21}] & [K_{22}] & [K_{23}] & [K_{24}] & [K_{25}]\\ [K_{31}] & [K_{32}] & [K_{33}] & [K_{34}] & [K_{35}]\\ [K_{41}] & [K_{42}] & [K_{43}] & [K_{44}] & [K_{45}]\\ [K_{51}] & [K_{52}] & [K_{53}] & [K_{54}] & [K_{55}]\end{bmatrix}\begin{Bmatrix}\{\delta_1\}\\\{\delta_2\}\\\{\delta_3\}\\\{\delta_4\}\\\{\delta_5\}\end{Bmatrix} \tag{7-23}$$

其中$[\boldsymbol{K}]$称作整体刚度矩阵,它的子矩阵$[K_{ij}]$是二行二列矩阵;子矩阵$\{F_i\}$和$\{\delta_i\}$都是二阶列矩阵。

整体刚度矩阵$[\boldsymbol{K}]$是按刚度集成法形成的。下面说明刚度集成法的物理概念。

如前所述,刚度矩阵中的元素是刚度系数,即由单位结点位移引起的结点力。例如式(7-23)中子矩阵$[\boldsymbol{K}_{32}]$是 2×2 阶矩阵,共有 4 个元素:

$$[\boldsymbol{K}_{32}]=\begin{bmatrix}K_{32}^a & K_{32}^c\\ K_{32}^b & K_{32}^d\end{bmatrix}=\begin{bmatrix}a & c\\ b & d\end{bmatrix}$$

其中 a 和 b 是结点 2 产生单位水平位移时在结点 3 引起的 2 个结点力分量，c 和 d 是结点 2 产生单位垂直位移时在结点 3 引起的 2 个结点力分量。

由图 7-5b 可知，与结点 2 和结点 3 相关的单元共有两个，即单元②和④。当结点 2 发生单位位移时，相关单元②和④同时在结点 3 处引起结点力，将相关单元在结点 3 的结点力相加，就得出整体结构在结点 3 的结点力。由此可见，整体刚度系数是相关单元的刚度系数的集成。整体刚度矩阵中的子矩阵是相关单元的相应子矩阵的集成。

其次，需利用刚度集成法形成总体刚度矩阵。其方法如下：

第一步，按照式(7-21)形成单元刚度矩阵，如图 7-5b 中的单元④的单刚矩阵为：

$$[\boldsymbol{K}]^{④}=\begin{bmatrix}[K_{22}^{④}] & [K_{25}^{④}] & [K_{23}^{④}]\\ [K_{52}^{④}] & [K_{55}^{④}] & [K_{53}^{④}]\\ [K_{32}^{④}] & [K_{35}^{④}] & [K_{33}^{④}]\end{bmatrix}$$

第二步，列出总体刚度矩阵表 7-1，将 4 个单元刚度矩阵中的子矩阵按下标放到表格中，便得到总体刚度矩阵$[\boldsymbol{K}]$。与单元刚度矩阵的性质相似，$[\boldsymbol{K}]$也是对称矩阵。

表 7-1 总体刚度矩阵集成表

行	列				
	1	2	3	4	5
1	$[K_{11}^{①}]+[K_{11}^{②}]$	$[K_{12}^{②}]$	$[K_{13}^{①}]+[K_{13}^{②}]$	$[K_{14}^{①}]$	
2	$[K_{21}^{②}]$	$[K_{22}^{②}]+[K_{22}^{④}]$	$[K_{23}^{②}]+[K_{23}^{④}]$		$[K_{25}^{④}]$
3	$[K_{31}^{①}]+[K_{31}^{②}]$	$[K_{32}^{②}]+[K_{32}^{④}]$	$[K_{33}^{①}]+[K_{33}^{②}]+[K_{33}^{③}]+[K_{33}^{④}]$	$[K_{34}^{①}]+[K_{34}^{③}]$	$[K_{35}^{③}]+[K_{35}^{④}]$
4	$[K_{41}^{①}]$		$[K_{43}^{①}]+[K_{43}^{③}]$	$[K_{44}^{①}]+[K_{44}^{③}]$	$[K_{45}^{③}]$
5		$[K_{52}^{④}]$	$[K_{53}^{③}]+[K_{53}^{④}]$	$[K_{54}^{③}]$	$[K_{55}^{③}]+[K_{55}^{④}]$

总体结构中的结点力$\{F\}$（见式(7-23)），是根据结点平衡条件确定的。任一结点都将由于其相关单元中的结点位移而产生结点力。所以总体结构中的结点力应等于该点的给定载荷。因此，在有外载荷作用的结点处，结点力等于已知载荷；在有支杆的结点处，结点力等于支杆反力；在既无外载荷又无支杆的位置，结点力等于零。式(7-23)中的结点力$\{F\}$可以按照上述原则确定。但是对于有约束条件的结点处，由于支杆反力是未知数，故仍不能解出$\{\delta\}$。所以必须对约束条件进行处理。

由于在支杆处的结点上位移为零，故可将式(7-23)中的相应各行划去而不予考虑。此时对$[\boldsymbol{K}]$矩阵还应划去相应的各列。经过这样处理，式(7-23)便成为可获得惟一解的多元一次联立方程组了。

对于图 7-5b 所示问题，经过上述处理后，式(7-23)中各项为：

$$\{\delta\}=\begin{Bmatrix}u_2\\ v_2\\ u_3\\ v_3\\ v_4\\ u_5\\ v_5\end{Bmatrix}\qquad \{F\}=\begin{Bmatrix}1.5\times10^{8}\\ 0\\ 0\\ 0\\ 0\\ 1.5\times10^{8}\\ 0\end{Bmatrix}$$

[$\boldsymbol{K}$]是 7 行 7 列的矩阵，此时式(7-23)为包含有 7 个未知量{δ}的线性方程组。

7.2.2.4 解方程组并求位移和应力

有限单元法(位移法)的解题过程是以结点位移作为基本未知量，求得各结点位移，就可根据几何方程和物理方程求出应变和应力，其关键在于求解结点位移的线性代数方程组。解方程组通常采用消元法或迭代法，其求解原理请参阅有关书籍。

现仍以图 7-5 所示的简单结构为例进一步介绍有限单元法的基本原理。

先列出计算模型的全部信息，包括结点坐标和单元连接信息(表 7-2 和表 7-3)，其物理常数及载荷见前。

表 7-2 结点坐标

坐标值	节点号				
	1	2	3	4	5
x	0	1	0.5	0	1
y	0	0	0.5	1	1

表 7-3 单元连接信息

节点号	单元号			
	①	②	③	④
i	1	1	3	2
j	3	2	5	5
k	4	3	4	3

其次，按式(7-16)求各单元的刚度矩阵，仅以单元④为例：$\Delta=0.5, h=1$,

$$[\boldsymbol{B}]=\frac{1}{0.5}\begin{bmatrix}0.5 & 0 & 0.5 & 0 & -1 & 0\\ 0 & -0.5 & 0 & 0.5 & 0 & 0\\ -0.5 & 0.5 & 0.5 & 0.5 & 0 & -1\end{bmatrix}$$

$$[\boldsymbol{D}]=\frac{3\times10^{11}}{1-0.3^2}\begin{bmatrix}1 & 0.3 & 0\\ 0.3 & 1 & 0\\ 0 & 0 & 0.35\end{bmatrix}$$

将以上数值代入单元④的单元刚度矩阵，得：

$$[\boldsymbol{K}]^{④}=\begin{bmatrix}[K_{22}^{④}] & [K_{25}^{④}] & [K_{23}^{④}]\\ [K_{52}^{④}] & [K_{55}^{④}] & [K_{53}^{④}]\\ [K_{32}^{④}] & [K_{35}^{④}] & [K_{33}^{④}]\end{bmatrix}=$$

$$3.2967\times10^{11}\begin{bmatrix}0.3375 & & \text{对} & & & \\ -0.1625 & 0.3375 & & & & \\ 0.1625 & 0.0125 & 0.3375 & & & \\ -0.0125 & -0.1625 & 0.1625 & 0.3375 & & \text{称}\\ -0.5 & 0.15 & -0.5 & -0.15 & 1 & \\ 0.175 & -0.175 & -0.175 & -0.175 & 0 & 0.35\end{bmatrix}$$

其他单元的刚度矩阵[$\boldsymbol{K}$]^{①}，[$\boldsymbol{K}$]^{②}，[$\boldsymbol{K}$]^{③}可用相同的方法求出，然后将所有的单元刚度矩阵按子矩阵的下标放进总体刚度矩阵的集成表内：

$$[\boldsymbol{K}]=3.296\,7\times10^{11}\begin{bmatrix}
0.675 & & & & \text{对} & & & & & \\
0.325 & 0.675 & & & & & & & & \\
-0.162\,5 & 0.012\,5 & 0.675 & & & & & & & \\
-0.012\,5 & 0.162\,5 & -0.325 & 0.675 & & & & & & \\
-0.675 & -0.325 & -0.675 & 0.325 & 2.7 & & & & & \\
-0.325 & -0.675 & 0.325 & -0.675 & 0 & 2.7 & & & & \text{称} \\
0.162\,5 & -0.012\,5 & 0 & 0 & -0.675 & 0.325 & 0.675 & & & \\
0.012\,5 & -0.162\,5 & 0 & 0 & 0.325 & -0.675 & -0.325 & 0.675 & & \\
0 & 0 & 0.162\,5 & 0.012\,5 & -0.675 & -0.325 & -0.162\,5 & -0.012\,5 & 0.675 & \\
0 & 0 & -0.012\,5 & -0.162\,5 & -0.325 & -0.675 & 0.012\,5 & 0.162\,5 & 0.325 & 0.675
\end{bmatrix}$$

根据约束条件:$u_1=0$, $v_1=0$, $u_4=0$,将$[\boldsymbol{K}]$中的 1,2,7 行和列的元素划去后,代入式(7-23)可得:

$$3.296\,7\times10^{11}\begin{bmatrix}
0.675 & & & \text{对} & & & \\
-0.325 & 0.675 & & & & & \\
-0.675 & 0.325 & 2.7 & & & & \\
0.325 & -0.675 & 0 & 2.7 & & & \text{称} \\
0 & 0 & 0.325 & -0.675 & 0.675 & & \\
0.162\,5 & 0.012\,5 & -0.675 & -0.325 & -0.012\,5 & 0.675 & \\
-0.012\,5 & -0.162\,5 & -0.325 & -0.675 & 0.162\,5 & 0.325 & 0.675
\end{bmatrix}\begin{Bmatrix} u_2 \\ v_2 \\ u_3 \\ v_3 \\ v_4 \\ u_5 \\ v_5 \end{Bmatrix}=\begin{Bmatrix} 1.5\times10^8 \\ 0 \\ 0 \\ 0 \\ 0 \\ 1.5\times10^8 \\ 0 \end{Bmatrix}$$

解此线性方程组,可得到全部节点位移:

$$[\delta]=\begin{Bmatrix} u_1 \\ v_1 \\ u_2 \\ v_2 \\ u_3 \\ v_3 \\ u_4 \\ v_4 \\ u_5 \\ v_5 \end{Bmatrix}=\begin{Bmatrix} 0 \\ 0 \\ 0.001 \\ 0 \\ 0.000\,5 \\ -0.000\,15 \\ 0 \\ -0.000\,3 \\ 0.001 \\ -0.000\,3 \end{Bmatrix}\text{m}$$

将节点位移值代入式(7-15),可求得各单元的应力分量。计算结果所有单元的应力相等。

$$[\sigma]=\begin{Bmatrix} \sigma_x \\ \sigma_y \\ \tau_{xy} \end{Bmatrix}=\begin{Bmatrix} 3\times10^8 \\ 0 \\ 0 \end{Bmatrix}\text{N/m}^2$$

以上结合实例介绍了有限单元法的基本原理。在实际应用时,随着单元和结点的增加,方程组的阶数很高,只有应用计算机才有可能求解。也就是说,必须将全部计算过程编制成相应的程序，使用时只要按程序要求输入计算对象的全部原始数据和信息，就可在较短的时间内获得满意的结果。

7.2.3 有限元法的基本求解过程

从上例可以看出，问题最后归结为：在满足边界条件的情况下，求解基本方程。在实际求解时，先求出某些未知量，再由它们求得其他未知量。根据未知量求出的先后顺序，有3种基本解法。

1）位移法。以节点位移为基本未知量。

2）力法。以节点力为基本未知量。

3）混合法。取一部分节点位移和一部分节点力为基本未知量。

上例采用的是位移法，可归纳出如下具体步骤（图7-6）：

1）单元剖分。把连续弹性体分割成许多个有限大小的单元，并为单元和节点编号。

2）单元特征分析。以节点位移$\{\delta\}^e$为基本未知量，设选一个单元位移函数，然后：

①用节点位移表示单元位移，$\{f\}=[N]\{\delta\}^e$；

②通过几何方程用节点位移表示单元应变，$\{\varepsilon\}=[B]\{\delta\}^e$；

③通过物理方程用节点位移表示单元应力，$\{\sigma\}=[D][B]\{\delta\}^e$；

④根据最小位能原理，用节点位移表示节点力，$\{F\}^e=[K]^e\{\delta\}^e$，得出单元刚度矩阵。

3）总体结构合成。

①分析整理各单元刚度矩阵，通过节点的平衡方程形成节点载荷列阵，合成总体刚度矩阵，建立以节点位移为未知量、以总体刚度矩阵为系数的线性代数方程$[K]\{\delta\}=\{F\}$；

②对线性代数方程组进行边界条件处理，求解节点位移。进而由$\{\sigma\}=[D][B]\{\delta\}$可求得单元应力。

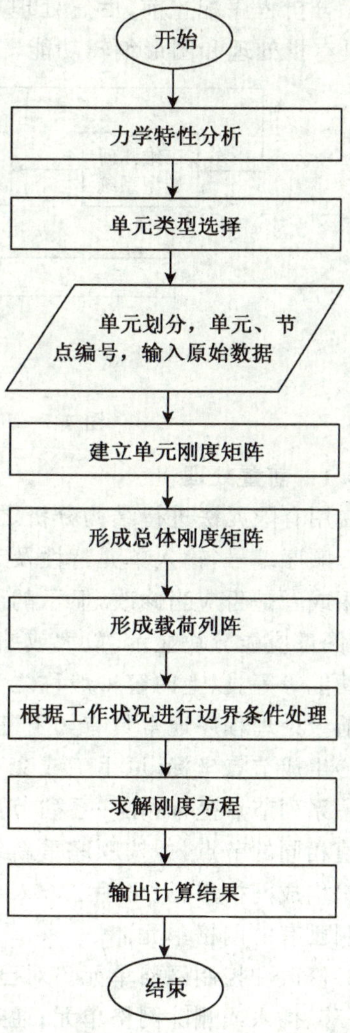

图 7-6 有限元分析的基本求解过程

7.2.4 有限元分析的前置处理和后置处理

用有限元法进行结构分析时，需要输入大量的数据，如单元数、单元的几何特性、节点数、节点编号、节点的位置坐标等。这些数据如果采用人工输入，工作量大、繁琐枯燥且易于出错。当结构经过有限元分析后，亦会输出大量数据，如静态受力分析计算后各节点的位移量及固有频率计算之后的振型等。对这些输出数据的观察和分析也是一项细致而难度较大的工作。因此，要求有限元计算程序应具备前置处理和后置处理的功能。目前，各种交互式、半自动式的前、后置处理程序被广泛应用，大大提高了工作效率，方便了有限元分析工作。有限元分析的前、后置处理大致可分为两种类型。一种是将几何建模系统与有限元分析系统有机结合(图 7-7),在建模系统中将有限元分析的前、后置处理作为线框建模、表面建模、实体建模的应用层。即把几何模型的几何参数和拓扑关系等数据进行加工,自动剖分成有限元的网格,然后输入有限元分析需要的其他数据,生成有限元分析程序所需的数据网格文件。另一种是单独为某一个有限元分析程序配置前、后置处理功能程序,并把二者集成为一套完整的有限元分析系统,它同时具有批处理和图形编辑功能。

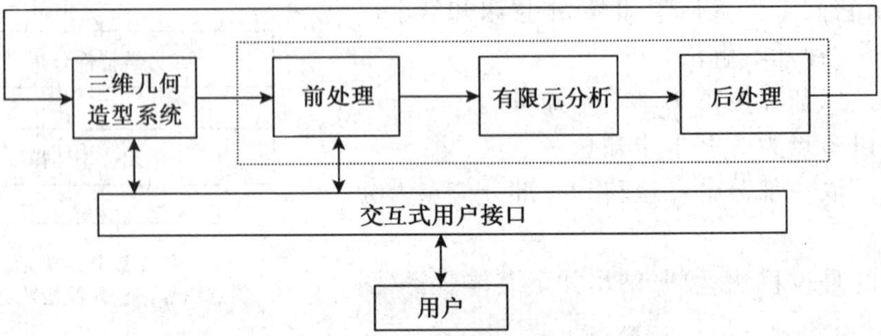

图 7-7 几何建模系统与有限元分析系统的结合

7.2.4.1 前置处理

在用有限元法进行结构分析之前,要按所使用的单元类型对结构进行剖分,根据要求对节点进行顺序编号,输入单元特性及节点坐标,生成网格图像并在显示器上显示。为了决定它是否适用或者是否应当修改,显示的图像应带有节点和单元标号以及边界条件等信息,为了便于观察,图像应能分块显示、放大或缩小。对于三维结构的网格图像需要具备能使图像做三维旋转的功能等等。以上内容一般称之为前置处置,为实现这些要求而编制的程序称为前置处理程序。前置处理程序通常具有如下基本功能。

1)生成节点坐标。可手工或交互输入节点坐标,绕任意轴旋转生成或沿任意矢量方向平移生成一系列节点坐标;在一系列节点之间生成有序节点坐标;生成典型面、体的节点坐标;合并坐标值相同的节点,并按顺序重新编号。

2)生成网格单元。可手工输入单元描述及其特性,可重复进行平移复制、旋转复制、对称平面复制已有的网格单元体。

3)修改和控制网格单元。对已剖分的单元体进行局部网格密度调整,如重心平移、预置节点、平移、插入或删除网格单元;通过定位网格方向及指定节点编号来优化处理时间;合并剖分后的单元体以及单元体拼合。

4)引入边界条件。根据具体结构引入边界条件,约束一系列节点的总体位移和转角。

5)单元物理、几何属性编辑。定义材料特性,对弹性模量、波松比、惯性矩、质量密度以及厚度等物理、几何参数进行修改、插入或删除。

6)单元分布载荷编辑。可定义、修改、插入或删除节点的载荷、约束、质量、温度等信息。

前置处理程序提供不同的显示方式让用户检查和控制剖分的网格。图 7-8 所示半圆管剖分为 36 个纵向长条。若以图 7-8a 所示显示,则不能看清结构形状及单元划分情况。如果将图像绕不同的轴旋转若干角度,如图 7-8b 所示,则其单元划分情况就一目了然了。图 7-9a 为根据输入的单元和节点数据自动生成和显示的网格图。如果输入数据时若干个节点的坐标值输错,就会产生如图 7-9b 所示的网格图。可见,前置处理生成的网格图,是检查输入正确与否的有效手段。当有限元分析系统以几何建模系统为基础时,有限元网格可以自动生成,不需要人工输入节点坐标值，这就从根本上避免了上述错误的发生。

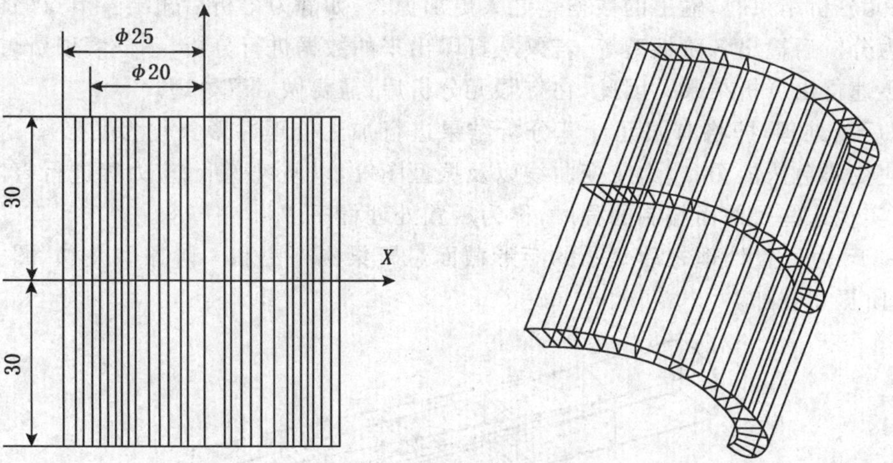

a b

图 7-8 半圆管的有限元网格

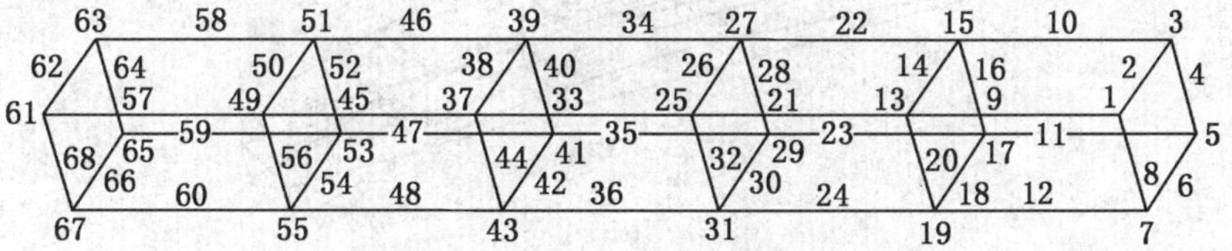

a. 输入正确数据的有限元网格图

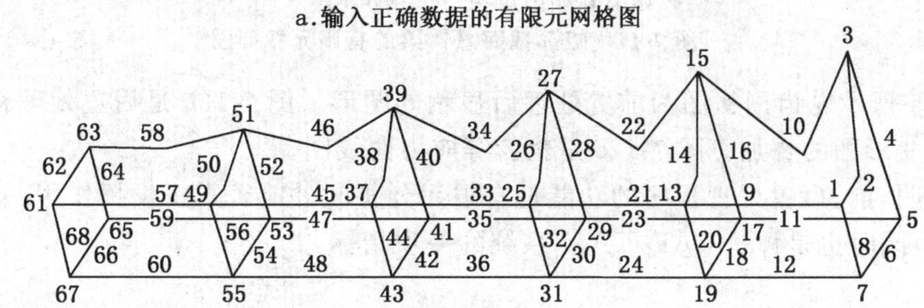

b. 输入数据有误的有限元网格图

图 7-9 矩形截面梁的有限元网格图

有限元分析的精度取决于网格划分的密度。原则上讲，网格划分得越密、每个单元越小，则分析精度越高。但划分过细则使计算量太大，占用过多的计算机容量和计算时间，经济性差。

网格划分的密度应取决于结构承载情况和几何特点。实际上，结构在承载后，其应力分布往往不均匀，最高应力区总是集中在具有某种几何特点的小区域内。因此，利用前置处理程序，采用有限元网格的局部加密办法比较好。图 7-10 所示的结构，孔洞周围属应力集中区，因此，加密网格。

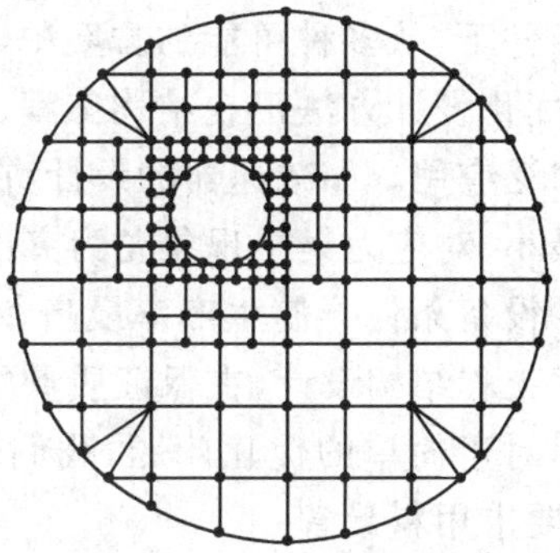

图 7-10 网格局部加密

7.2.4.2 后置处理

有限元分析结束时，输出的数据量之大更加惊人。如静力分析后输出各节点的位移量和应力值；动力分析后输出各阶振型等。若仅从打印出来的数据进行分析，不但繁琐费时，而且不直观，不能迅速得出分析结果。因此，在有限元分析后，需要做后置处理。

所谓后置处理，即将有限元计算分析结果进行加工处理并形象化为变形图、应力等值线图、应力应变彩色浓淡图、应力应变曲线以及振型图等，以便对变形、应力等进行直观分析和研究。为了实现这些目的而编制的程序，称为后置处理程序。

图 7-11a 为后置处理之后显示的矩形截面悬臂梁网格图和一阶振型叠加，图 7-11b 为网格图与二阶振型叠加。

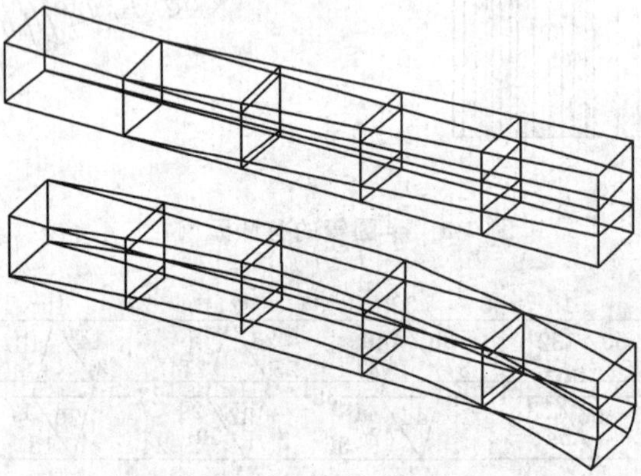

a. 一阶振型叠加网格图；b. 二阶振型叠加网格图

图 7-11 矩形截面悬臂梁的有限元振型图

图 7-12a 所示轮齿网格图为前置处理后显示的图形。图 7-12b 是后置处理程序显示输出的网格图和变形图的叠加。图 7-12c 是轮齿等应力曲线图。

实践表明，前、后置处理程序的功能是有限元分析软件能否真正发挥作用、得到推广应用的关键问题，同时也是评价 CAD/CAM 系统的一项指标。

7.3 优化设计

优化设计是在计算机广泛应用的基础上发展起来的一项设计技术，所谓优化设计是在一定条件下，从多种可能的方案中，寻求最适当（最优）的设计方案，保证产品具有优良性能。目前，优化设计方法已在结构工程、农业工程、化学工程、航空、航天、航海、造船等工程领域得到了广泛应用。如减速器的设计，在满足性能的要求下使重量最轻；使精密仪器的精度最高或误差最小；对应力集中现象尤为突出的结构，使应力集中系数最小；机械加工工艺过程设计，在限定的设备条件下使生产率最高；对于要求再现运动轨迹的机构设计，使机构的轨迹误差最小；土木工程结构设计，在保证质量的前提下使成本最低等。

对于简单的优化问题，我们早已接触过，且完全能解决，如欲制一圆形带盖容器，容积一定，要求用料最省：

$$S=\pi DH+\frac{\pi}{4}D^2\times 2 \tag{7-24}$$

$$V=\frac{\pi}{4}D^2\times H=\text{常数} \tag{7-25}$$

式中：D－直径；H－高度，在这里 V＝常数，就是我们确定方案时应满足的要求，即定义中的“在一定条件下”，用料 S 最小就是我们所追求的目标。

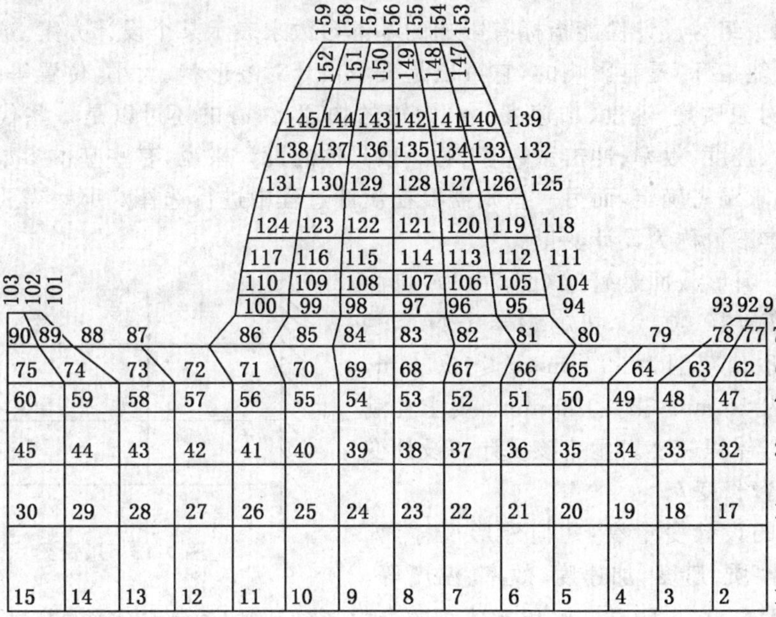

a.前置处理网格图

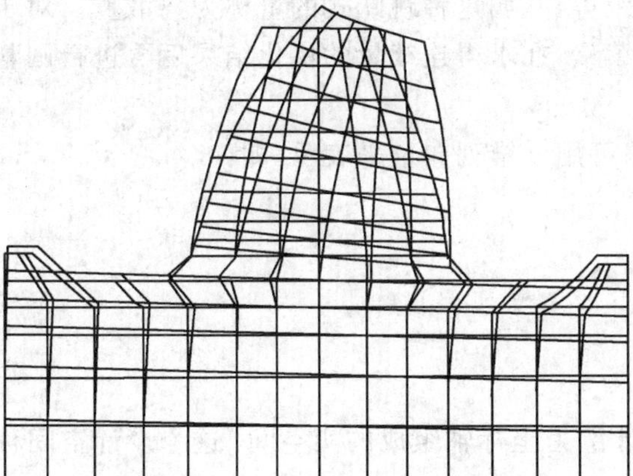

b.后置处理变形叠加图

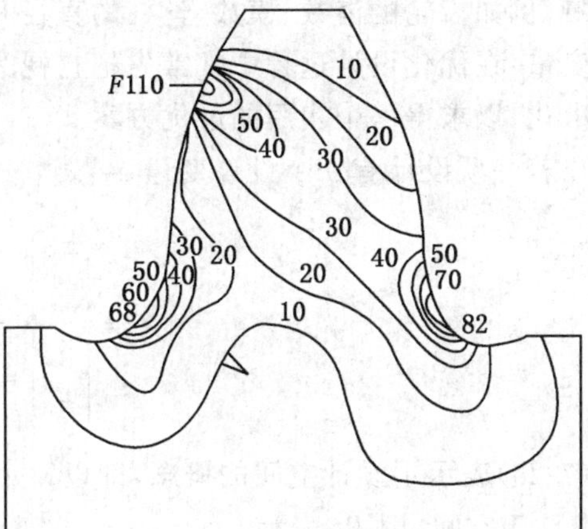

c.后置处理等应力曲线图

图 7-12　齿轮轮齿有限元分析的前、后置处理图

无数实践证明，采用优化设计方法，能极大地提高科研、生产的设计质量，缩短设计周期，节约人力、物力，具有显著的经济效益。尤其在市场竞争日趋激烈的今天，优化设计作为一种先进的现代设计方法，已成为CAD/CAM技术的一个重要组成部分。

7.3.1 优化设计的基本概念和术语

优化设计要解决的关键问题：一是建立优化设计数学模型，即确定优化设计问题的设计变量、目标函数和约束条件；二是选择适当的优化方法对优化设计的数学模型进行求解。

7.3.1.1 设计变量

设计中，可以用一组对设计性能指标有影响的基本参数来表示某个设计方案。这些参数的改变对设计质量（性能指标）是有影响的，它可以是表示设计对象形状、大小、位置等的几何量；也可以是表示设计对象质量、速度、加速度、力、力矩的物理量；有的还可以是一些代表工作性能的导出量，如应力、挠度、效率、冲击系数等。对一项具体的设计来说，有些基本参数可以根据工艺、安装和使用要求预先确定，而另一些则需要在设计过程中进行选择。那些需要在设计过程中进行选择的基本参数称为设计变量。

例 7-1 设计一圆形截面悬臂梁（图 7-13），自由端作用有集中载荷 $P=10\ 000$ N，扭矩 $M=10$ Nm，悬臂伸出长度的允许取值范围为 50 mm$\leqslant l \leqslant$150 mm，直径的允许值范围为 20 mm$\leqslant d \leqslant$100 mm。要求在满足强度、刚度条件下，体积最小。显然该设计的设计变量是棒料直径 d，悬臂长度 l。

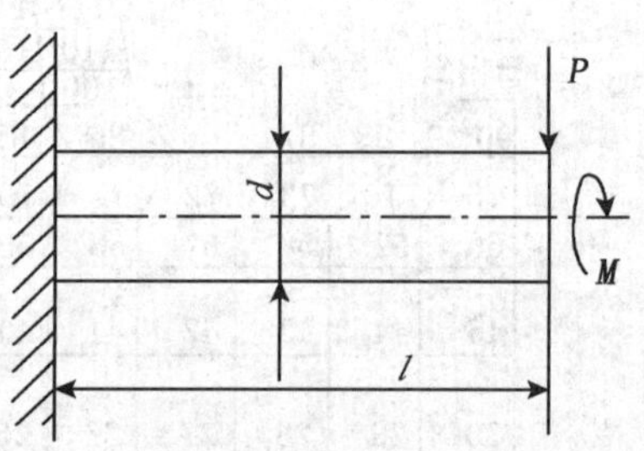

图 7-13 悬臂梁

机械设计常用的设计变量有：几何外形尺寸（如长、宽、高等）、材料性质、速度、加速度、效率、温度等。作为设计变量的基本参数，一般是一些相互独立的参数，它们的取值都是实数。根据设计要求，大多数设计变量是有界连续变量，称为连续量。但在某些情况下，有的设计变量取值是跳跃式的量，例如齿轮的齿数、模数，丝杠的直径和螺距等，凡属这种跳跃式的量称为离散量。对于离散变量，在优化设计过程中常常先把它视为连续量，在求得连续量的优化结果后再进行圆整或标准化，以求得一个实用的最优方案。

若一项设计有 n 个设计变量 $x_1, x_2, \cdots, x_n$，可用 n 维列向量来表示，即：

$$\boldsymbol{X}=\begin{Bmatrix} x_1 \\ x_2 \\ \vdots \\ x_n \end{Bmatrix}=(x_1 \quad x_2 \quad \cdots \quad x_n)^T \tag{7-26}$$

式(7-26)表示了设计空间的概念，即以 n 个设计量为坐标轴组成的实空间。这个设计空间称为 n 维欧氏空间，用 R^n 表示。

当 $n=2$ 时，如例 7-1 中悬臂梁，则有：

$$\boldsymbol{X}=\begin{Bmatrix} x_1 \\ x_2 \end{Bmatrix}=\begin{Bmatrix} d \\ l \end{Bmatrix}$$

此时，设计空间是以 x_1, x_2 为坐标轴的平面，平面上任一点的坐标对应着一个二维设计变量。$\boldsymbol{X}=(x_1 \quad x_2)^T$ 代表了一个设计方案。

对于有 n 个设计变量 $x_1, x_2, \cdots, x_n$ 的优化设计问题。n 个设计变量组成的空间称为超越空间。所有设计方案均包含于该设计空间，表示为：

$$X \in R^n \tag{7-27}$$

设计变量应当相互独立，即 n 个设计变量 $x_1, x_2, \cdots, x_n$ 中的任何一个都不是其余 $n-1$ 个的函数，否则，会给求解带来困难。如渐开线标准直齿圆柱齿轮传动中，若齿数和模数是设计变量，则齿轮传动的中心距就不能作为设计变量，因为中心距是齿数和模数的函数。

7.3.1.2 目标函数

优化设计是要在一定条件下从多种可能的方案中寻求最适当、最满意的一组设计参数。这里的"最适当"是针对某一特定目标而言的。根据特定目标建立起来的、以设计变量为自变量的、可计算的函数称为目标函数，它是评价设计方案好坏的标准。

优化设计的过程实际上是寻求目标函数最小值或最大值的过程。因为求目标函数的最大值可转换为求负的最小值，故目标函数统一描述为：

$$\min f(X) = f(x_1, x_2, \cdots, x_n) \tag{7-28}$$

目标函数与设计变量之间的关系可以用几何图形表示。例如当 $n=1$ 时，目标函数是二维平面上的一条曲线（图 7-14a）；当 $n=2$ 时，目标函数是三维空间的一个曲面（图 7-14b）。曲面上具有相同目标函数值的点构成的曲线称为等值线。在等值线 a 上的所有的点，其目标函数值均为 15，在等值线 c 上的各点（设计点），目标函数值均为 25。将其投射到设计空间是一簇近似的共心椭圆，他们共同的中心点就是最优点（图 7-14b 中的 P 点）。形象地说，优化设计就是近似地求出这些共心椭圆的中心。若有 n 个设计变量时，目标函数是 $n+1$ 维空间中的超曲面，难于用平面图形表示。

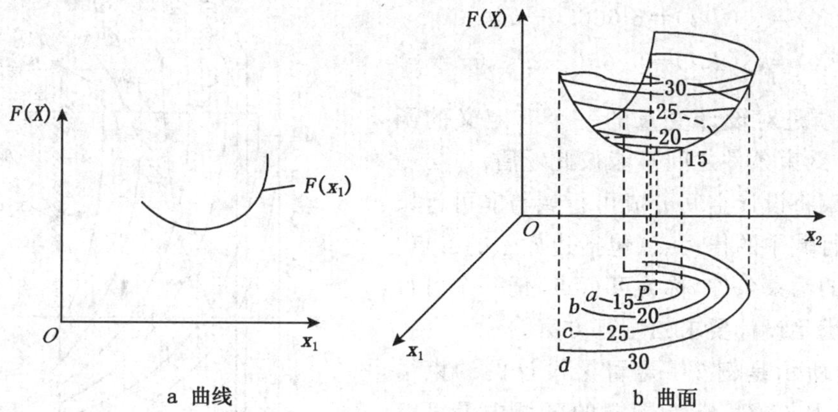

a 曲线　　　　b 曲面

图 7-14 目标函数与设计变量之间的关系及等值线

例 7-1 中悬臂梁优化设计的目标函数可表示为：

$$\min f(X) = f(d, l) = \frac{\pi}{4} d^2 l$$

7.3.1.3 约束条件

约束条件是指设计过程中必须满足的一些附加的设计条件，这些附加的设计条件都是对设计变量取值的限制，如零件要满足强度、刚度条件，要满足使用要求等。约束条件一般表示为设计变量的不等式约束函数和等式约束函数形式：

$$g_j(X) = g_j(x_1, x_2, \cdots, x_n) \leqslant 0$$

或

$$g_j(X) = g_j(x_1, x_2, \cdots, x_n) \leqslant 0 \quad (j=1,2,\cdots,m) \tag{7-29}$$

$$h_k(X)=h_k(x_1,x_2,\cdots,x_n)=0 \qquad (k=1,2,\cdots,l<n)$$

式中 m,l 分别表示不等式约束条件和等式约束条件数目。

约束条件可以分为边界约束和性能约束两种。

1)边界约束。又称区域约束，它直接限定设计变量的取值范围，如例 7-1 中悬臂梁设计，可得边界约束条件为：

$$g_1(X)=g_1(d,l)=20-d\leqslant 0$$
$$g_2(X)=g_2(d,l)=d-100\leqslant 0$$
$$g_3(X)=g_3(d,l)=50-l\leqslant 0$$
$$g_4(X)=g_4(d,l)=l-150\leqslant 0$$

2)性能约束。又称性态约束，它是由某些必须满足的设计性能或指标而推导出的约束条件。如零件的工作应力、应变的限制；对振动频率、振幅的限制；对传动效率、温升、噪声、输出扭矩波动最大值等的限制；对运动学参数中的位移、速度、转速、加速度的限制等。对于这类约束条件，一般总可以根据设计规范中的设计公式或通过物理学和力学的基本分析导出的约束函数来表示。如例 7-1 中，若已知悬臂梁材料的许用弯曲应力$[\sigma_w]=100$ MPa，许用剪切应力$[\tau]=75$ MPa，杨氏弹性模量悬 $E=7.03\times10^4$ MPa，悬臂梁的许用挠度$[f]=0.1$ mm，则根据悬臂梁的弯曲强度条件、扭转强度条件、刚度条件可导出性能约束条件为：

$$g_5(X)=g_5(d,l)=1\,000l-d^3\leqslant 0$$
$$g_6(X)=g_6(d,l)=6\,666.6-d^3\leqslant 0$$
$$g_7(X)=g_7(d,l)=9.65l^3-d^4\leqslant 0$$

约束条件必须是对设计变量的一个有定义的函数，并且各个约束条件之间不能彼此矛盾。

设计约束将设计空间分成可行域与非可行域两部分。可行域中的任一点(包括边界上的各点)都满足所有的约束条件，称为可行点。任一个可行点都是表示满足设计要求的可行方案。

图 7-15 所示是例 7-1 悬臂梁设计的约束情况。图中 A,B,C,D,E,A 围成的区域内是可行域，在这一区域内任一点都能满足约束条件，其中点 A 是在满足设计性能前提下体积最小的方案，也就是该项设计的最优方案。

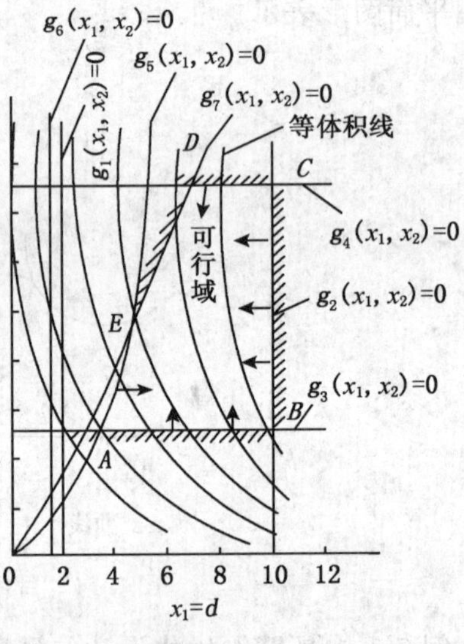

图 7-15　悬臂深优化设计可行域

7.3.1.4　数值迭代计算方法

数值迭代是计算机常用的计算方法，也是优化设计的基本数值分析方法。它用某个固定公式代入初值后反复进行计算，每次计算后，将计算结果代回公式，使之逐步逼近理论上的精确解，当满足精度要求时，得出与理论解近似的计算结果。

例 7-2　求 $x^3-x-1=0$ 的根。

解　将上式改写为：

$$x=(x+1)^{1/3} \tag{7-30}$$

设初值 $x_0=2$,代入式(7-30)右端,得:

$$x_1=(x_0+1)^{1/3}=1.442\ 25$$

计算结果说明,x_0 不满足式(7-30)。再将 x_1 代入式(7-30)右端,得:

$$x_2=(x_1+1)^{1/3}=1.346\ 68$$

再取 x_2 作为近似值,重复上述步骤。这种循环往复、逐步校正的过程就称为迭代过程。本例的迭代公式为:

$$x_{(k+1)}=(x_k+1)^{1/3} \qquad k=0,1,2,\cdots$$

表 7-4 记录了各步迭代的结果。从表中可以看出,若精确到小数点后 6 位,x_7 与 x_8 已完全相同。这时可以认为 x_7 就是式(7-30)的近似解,即:

$$x^*=1.324\ 718$$

表 7-4 迭代结果

k	x^*	k	x^*
0	1.442 249	5	1.324 746
1	1.346 676	6	1.324 723
2	1.328 875	7	1.324 718
3	1.325 507	8	1.324 718
4	1.324 867		

用数值迭代法进行优化设计的基本思想是,在设计空间内选定一个初始设计点 X^0,从这一点出发,按照某种优化方法所规定的原则,确定适当的方向 d^0 和步长 α_k 进行搜索,获得一个使目标函数值有所下降的新的修改设计点 X^1,然后以 X^1 点作为新的起始点,重述上述过程。这样依次迭代,可得 $X^1,X^2,X^3,\cdots,X^{k-1},X^k,X^{k+1},\cdots$设计点,最后求出满足设计精度要求的、逼近理论最优点的近似最优点 X^*。

迭代过程的一般迭代格式为:

$$X^{k+1}=X^k+\alpha_k d^k \qquad (k=0,1,2,\cdots) \tag{7-31}$$

式中:X^k 表示第 k 步迭代点,即优化过程中所得的第 k 次设计点;d^k 表示从第 k 次设计点出发的搜索方向;α_k 表示从第 k 次设计点出发,沿方向 d^k 搜索的步长;X^{k+1}表示从第 k 次设计点出发,以 α_k 步长、沿 d^k 方向进行搜索所得的第 $k+1$ 次设计点,也就是第 $k+1$ 步迭代点。

迭代过程中搜索方向与步长的选择随所采用的优化方法而不同。各设计点是通过重复的、同样的运算步骤取得的,因而易于在计算机上实现。

7.3.2 优化设计的数学模型

优化设计的数学模型是对工程实际问题的特征或本质的抽象,是反映各主要因素之间内在联系的一种数学形态,优化设计的数学模型在形式上要求规范化,以便于计算机的求解。建立数学模型是进行优化设计首要的、关键的任务。

7.3.2.1 数学模型描述

若某一设计中有 n 个设计变量:$X=(x_1\quad x_2\quad \cdots\quad x_n)^T$,要求满足:$g_j(X)\leqslant 0(j=1,2,\cdots,$

m)，$h_k(X)=0(k=1,2,\cdots,l)$，即 $m+l$ 个约束，求目标函数 $f(X)=f(x_1,x_2,\cdots,x_n)$ 最小化，则数学模型的规范化描述形式为：

$$\left.\begin{aligned} &\min f(X) \quad X=(x_1\ x_2\cdots\ x_n)^T \quad X\in R^n \\ &s\ t. \quad g_j(X)\leqslant 0 \quad i=1,2,\cdots,m \\ &\qquad h_k(X)=0 \quad k=1,2,\cdots,l \end{aligned}\right\} \tag{7-32}$$

当式(7-32)中的目标函数 $f(X)$，约束条件 $g_j(X)$ 和 $h_k(X)$ 都是设计变量的线性函数时，称该优化设计问题称为线性规划问题；如果 $f(X)$，$g_j(X)$ 和 $h_k(X)$ 中有一个或多个是设计变量的非线性函数，则称为非线性规划问题。由于机械设计中的强度、刚度、运动学和动力学性能等这样一些指标均表现为设计变量的复杂函数关系，所以，绝大多数机械优化设计问题的数学模型都属于非线性规划问题。

根据前述分析，例 7-1 的优化设计问题可建立如下数学模型。

$$\begin{aligned} &\min f(X)=\frac{\pi}{4}d^2 l \quad X=(d\ l)^T \quad X\in R^2 \\ &s\ t. \quad g_1(X)=20-x_1\leqslant 0 \\ &\qquad g_2(X)=x_1-100\leqslant 0 \\ &\qquad g_3(X)=50-x_2\leqslant 0 \\ &\qquad g_4(X)=x_2-150\leqslant 0 \\ &\qquad g_5(X)=1\ 000x_2-x_1^3\leqslant 0 \\ &\qquad g_6(X)=6\ 666.6-x_1^3\leqslant 0 \\ &\qquad g_7(X)=9.65x_2^3-x_1^4\leqslant 0 \end{aligned}$$

可见，这是一个二维的约束非线性规划问题。选用适当的优化方法可求得优化结果：$d=x_1=36.84$ mm，$l=x_2=50$ mm，目标函数即用料 $f(X)=53\ 296.507$ mm^3。

7.3.2.2 建立数学模型的一般过程

数学模型的正确与合理性直接影响设计的质量，建立数学模型甚至比求解更为复杂。建立数学模型的一般过程为：

1)分析设计问题，初步建立数学模型。即使是同一设计对象，如果设计目标和设计条件不同，数学模型也会不同。因此，要首先弄清问题的本质，明确要达到的目标和可能的条件，选用或建立适当的数学、物理、力学模型来描述问题。建立数学模型有 3 种途径。

①抽象理论数学模型。在深入分析的基础上，抽象出反映工程实际的数学关系式。这是多数优化问题建模遵循的方法。

②拟合近似数学模型。在难以找到理论模型的情况下，将问题的各种属性参数拟合出近似的数学模型。

③提炼数值仿真模型。

2)抓住主要矛盾，确定设计变量。理论上讲，设计变量越多，设计自由度就越大，越容易得到理想的结果。实际上，随着设计变量的增多，问题也随之复杂，给求解带来很大困难，甚至导致优化设计失败。因此，应抓住主要矛盾、关键环节，重点突破，适当忽略次要因素，合理简化。一般情况下，限制优化设计变量的个数有利于设计问题数学模型的简化。通常参照以往的设计经验和实际要求，尽可能地将那些对目标函数影响不大的参数取为常量。

3)根据工程实际,提出约束条件。约束条件是对设计变量的限制,这种限制必须要根据工程实际情况来制定,以便使设计方案切实可行。约束条件的数目多,则可行的设计方案数目就减少,优化设计的难度增加。理论上讲,利用一个等式约束,可以消去一个设计变量,从而降低问题的阶次,但工程上往往很难做到约束函数是一定值常量,为了达到效果,总是千方百计使其接近一常量,反而使问题过于复杂化。另外某些优化方法不支持等式约束。因此,实际上利用等式约束需很慎重,尤其结构优化设计尽量少采用等式约束。

4)对照设计实例,修正数学模型。数学模型的建立不是一蹴而就的。初步建立模型之后,应与设计问题加以对照,并对函数值域、数学精确度和设计性质等方面进行分析,若不能正确、精确地描述设计问题,则需用逐步逼近的方法对模型加以修正。因此,需要经过多次反复。

5)正确求解计算,估价方法误差。如果数学模型的数学表达式比较复杂,无法求出精确的解,则需采用近似的数值计算方法,此时应对该方法的误差情况有清醒的估计和评价。

6)进行结果分析,审查模型灵敏性。数学模型求解后,还应进行灵敏性分析,也就是在优化结果的最优点处,稍稍改变某些条件,检查目标函数和约束条件的变化程度。若变化大,则说明灵敏性高,就需要重新修正数学模型。因为工程实际中设计变量的取值不可能与理论计算结果完全一致,灵敏性高,可能对最优值产生很大影响,造成设计的实际效果比理论分析差很多。

7.3.3 常用优化方法

优化设计方法的种类很多,根据讨论问题的不同方面,有不同的分类方法。如根据是否存在约束条件,可分为有约束优化方法和无约束优化方法;根据目标函数和约束条件的性质,可分为线性规划和非线性规划;根据优化目标的多少,可分为单目标优化和多目标优化等。图7-16所示为按有约束和无约束优化分类的常用优化方法。

7.3.3.1 一维搜索法

一维搜索法是优化方法中最基本、最常用的方法。所谓搜索,就是一步一步的查寻,直至函数的近似极值点处。其基本原理是区间消去法原则,即把搜索区间$[a,b]$分成3段或2段,通过判断舍弃非极小段,从而使区间逐步缩小,直至满足精度要求为止。取最后区间中的某点作为近似极小点。对于已知极小点搜索区间的实际问题,可直接调用0.618法(黄金分割法)、分数法或二次插值法求解。其中0.618法步骤简单,不用导数,适用于低维优化或函数不可求导数或求导数有困难的情况,对连续或非连续函数均能获得较好效果,实际应用范围较广,但效率偏低。二次插值法易于计算极小点,搜索效率较高,适用于多维优化或函数连续可求导数的情况,但程序复杂。

7.3.3.2 坐标轮换法

坐标轮换法又称降维法。其基本思想是将一个多维的无约束问题转化为一系列一维优化问题来解决。基本步骤是,从一个初始点出发,选择其中一个变量沿其坐标轴方向进行一维搜索,而将其他变量固定。当沿该方向找到极小点之后,再从这个新的点出发,对第二个变量采用相同的办法进行一维搜索。如此轮换,直到满足精度要求为止。若首次迭代即出现目标函数值不下降,则应取相反方向搜索。该方法不用求导数,编程简单,适用于维数小于10或目标函数无导数、不易求导数的情况。但搜索效率低,可靠性较差。

7.3.3.3 单纯形法

单纯形法的基本思想是,在n维设计空间中,取$n+1$个点,$X_0,X_1,\cdots,X_n$,构成初始单纯形,求出各顶点所对应的函数值,并按大小顺序排列。去除函数值最大点X_H,求出其余各点的

中心 X_{n+1}，在 X_H 与 X_{n+1} 的连线上求出反射点及其对应的函数值，再利用"压缩"、"扩张"等方式寻求函数值较小的新点，用以取代函数值最大的点而构成新的单纯形。如此反复，直到满足精度要求为止。

7.3.3.4　鲍威尔法(Powell)

鲍威尔法是一种共轭方向法。其基本思想是仅利用迭代点的目标函数值构造共轭方向，不必要对目标函数做求导数计算。该法收敛速度快，适用于维数较高的目标函数，但编程较复杂。

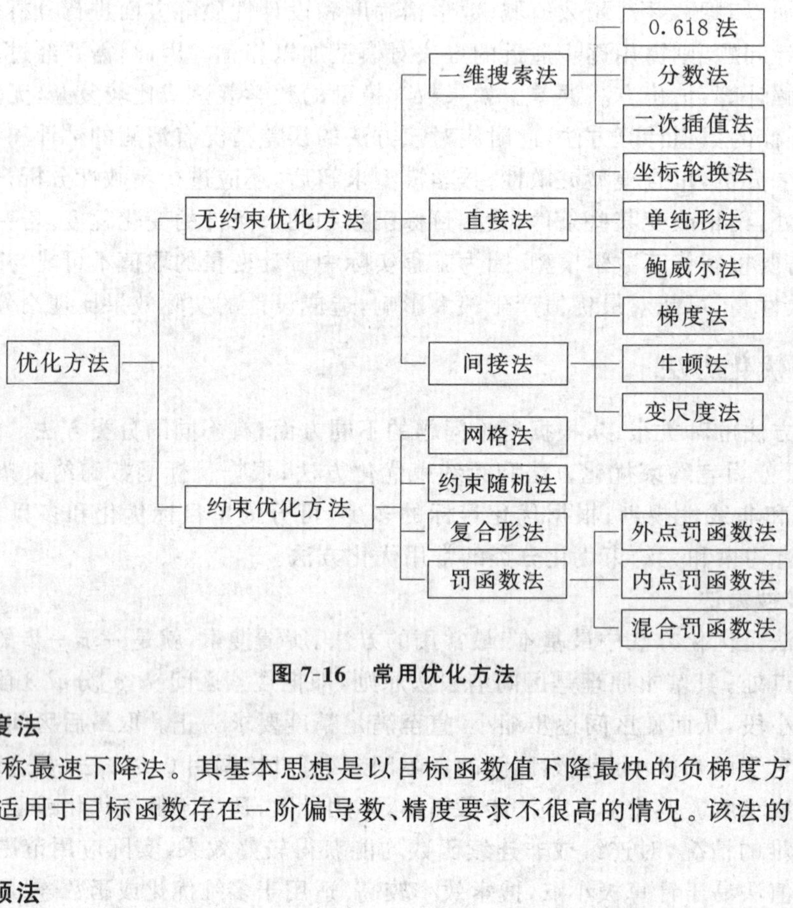

图 7-16　常用优化方法

7.3.3.5　梯度法

梯度法又称最速下降法。其基本思想是以目标函数值下降最快的负梯度方向作为搜索方向求极小值。适用于目标函数存在一阶偏导数、精度要求不很高的情况。该法的缺点是收敛速度缓慢。

7.3.3.6　牛顿法

牛顿法的基本思想是首先把目标函数近似表示为泰勒展开式，并取到二次项。然后，不断地用二次函数的极值点近似逼近原函数的极值点，直到满足精度要求为止。该法在一定条件下收敛速度快，但计算量大，可靠性较差。

7.3.3.7　变尺度法

变尺度法又称拟牛顿法。其基本思想是，设法构造一个对称矩阵 H_k 来代替目标函数的二阶偏导数矩阵的逆矩阵 G_k^{-1}，并在迭代过程中使 H_k 逐渐逼近 G_k^{-1}，从而减少计算量，又仍保持牛顿法收敛快的优点，是求解高维数($n=10\sim50$)无约束问题的最有效算法。

7.3.3.8　网格法

网格法的基本思想是在设计变量的界限区内作网格，逐一计算网格点上的约束函数和目标函数值，舍去不满足约束条件的网格点，对满足约束条件的网格点比较目标函数值的大小，从中求出目标函数值为最小的网格点，这个点就是所要求最优解的近似解。该法算法简单，对目标函数无特殊要求，但对于多维问题计算量大，通常适用于具有离散变量($n\leqslant 8$)的小型的约束优化设计问题。

7.3.3.9 复合形法

复合形法是一种直接在约束优化问题的可行域内寻求约束最优解的直接解法。其基本思想是先在可行域内产生一个顶点数大于 $n+1$ 的初始复合形，然后对各顶点函数值进行比较，判断目标函数值的下降方向，不断地舍弃最差点而代之以满足约束条件且使目标函数下降的新点。如此重复，使复合形不断向最优点移动和收缩，直到满足精度要求为止。该法不需计算目标函数的一阶导数(梯度)及二阶导数矩阵，计算量少，简单易行，较为实用。但不适用于变量个数较多($n>15$)和有等式约束的优化设计问题。

7.3.3.10 罚函数法

罚函数法又称序列无约束极小化方法。是一种将约束优化问题转化为一系列无约束优化问题的间接解法。其基本思想是将约束优化问题中的目标函数加上反映全部约束函数的对应项(惩罚项或障碍项)，构成一个无约束的新目标函数，即罚函数。根据新函数构造方法不同，又可分为以下几种方法。

①内点罚函数法。罚函数定义在可行域内部，在可行域内部逐渐逼近原问题最优解。该法要求初始点在可行域内，且迭代过程中任一迭代点总是可行的。但不适用于等式约束。

②外点罚函数法。罚函数可以定义在可行域的外部，在可行域的外部逐渐逼近原约束优化问题最优解。该法允许初始点不在可行域内，也可用于等式约束。但迭代过程中的点是不可行的，只有迭代过程完成才收敛于最优解。

③混合罚函数法。是一种综合内点、外点罚函数法优点的方法。其基本思想是不等式约束条件用内点罚函数处理，等式约束条件用外点罚函数处理，从而构造出混合函数。该法可任选初始点，适用于具有等式和不等式约束的优化设计问题。但在一维搜索上耗时较多。

实际工程设计所涉及的因素十分复杂，形式多种多样，如何针对具体问题选择适用而有效的优化方法是很重要的，一般应考虑以下因素。

(a)优化设计问题的规模，即设计变量数目和约束条件数目的多少。

(b)目标函数和约束函数的非线性程度、函数的连续性、等式约束和不等式约束以及函数值计算的复杂程度。

(c)优化方法的收敛速度、计算效率、稳定性、可靠性，以及解的精确性。

(d)是否有现成程序，程序使用的环境要求、通用性、简便性、执行效率、可靠程度等。

目前，优化设计软件已成为比较成熟的软件产品。在 CAD/CAM 中应尽可能选用现成的优化方法软件，以节省人力、机时，尽快得到优化设计结果，满足 CAD/CAM 的需要。

7.3.4 优化设计的一般过程

从设计方法来看，机械优化设计和传统的机械设计方法有本质的差别。图 7-17 所示为机械优化设计过程，一般将其分为以下几个阶段。

7.3.4.1 根据机械产品的设计要求，确定优化范围

针对不同的机械产品，归纳设计经验，参照已积累的资料和数据，分析产品性能和要求，确定优化设计的范围和规模。因为产品的局部优化(如零部件)与整机优化(如整个产品)无论从数学模型还是优化方法上都相差甚远。

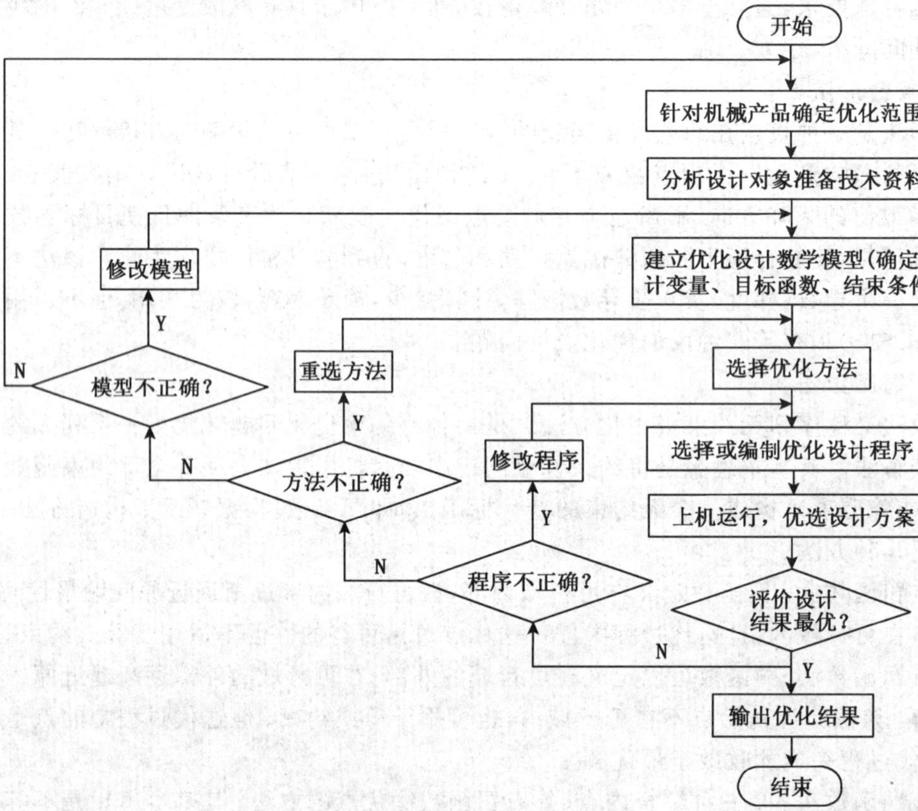

图 7-17　机械优化设计过程

7.3.4.2　分析优化对象，准备各种技术资料

进一步分析优化范围内的具体设计对象，重新审核传统的设计方法和计算公式能否准确描述设计对象的客观性质与规律，是否需进一步改进完善。必要的话，应研究手工计算时忽略的各种因素和简化过的数学模型，分析它们对设计对象的影响程度，重新决定取舍，并为建立优化设计数学模型准备好各种所需的数表、曲线等技术资料，进行相关的数学处理，如统计分析、曲线拟合等，为下一步的工作打下基础。

7.3.4.3　建立合理而实用的优化设计数学模型

数学模型描述工程问题的本质，反映所要求的设计内容。它是一种完全舍弃事物的外在形象和物理内容，但包含该事物性能、参数关系、破坏形式、结构几何要求等本质内容的抽象模型。建立合理、有效、实用的数学模型是实现优化设计的根本保证。有关数学模型建立的过程和要注意的问题已在前面专门论述。

7.3.4.4　选择合适的优化方法

各种优化方法都有其特点和适用范围，选取的方法应适合设计对象的数学模型，解题成功率高，易于达到规定的精度要求，占用机时少，人工准备工作量小，即满足可靠性和有效性好的选取条件。

7.3.4.5　选用或编制优化设计程序

根据所选择的优化方法选用或编制优化程序。准备好程序运行时需要输入的数据，并在输入时严格遵守格式要求、认真检查核对。

7.3.4.6 计算机求解，优选设计方案

7.3.4.7 分析评价优化结果

这是一项非常重要、不容忽视的工作。采用优化设计这种现代化的设计方法，目的就是要提高设计质量，使设计达到最优，若不认真分析评价优化结果，则使得整个工作失去意义，前功尽弃。在分析评价之后，或许需要重新选择设计方案，甚至需要重新修正数学模型，以便产生最终有效的优化结果。

7.4 计算机仿真技术

一种新产品的开发总要经历设计、分析、计算、修改的反复过程。即使这样，也不能完全保证设计的产品达到预期的要求。通常还需制造样机，进行试验，检测产品性能指标，确定设计方案的优劣。如果发现问题，则要修改设计方案或参数，重新制造样机，重新试验，致使新产品的开发耗资大、周期长。有的产品的性能试验是十分危险的；有的产品根本无法实施样机试验，如航天飞机、人造地球卫星。因此，迫切需要有一种方法和技术改变上述状况。仿真理论和技术正是为此应运而生的。

7.4.1 仿真的基本概念

仿真(simulation)，意指通过对模拟系统的实验去研究一个存在或设计中的系统。仿真的关键是建立从实际系统抽象出来的仿真模型。

7.4.1.1 仿真的类型

仿真是在模型上进行反复试验研究的过程。因为模型有物理模型与数学模型，故仿真也有物理仿真与数学仿真。

1)物理仿真。物理模型与实际系统之间具有相似的物理属性，所以，物理仿真能观测到难以用数学来描述的系统特性，但要花费较大的代价。一般来说，物理模型多采用已试制出的样机或与实际近似等效的模型，如用相同直径、材质的试件做棒料强度试验。

根据仿真模型中物理模型占据的比例又分为半物理仿真和全物理仿真。半物理仿真的模型有一部分是数学模型，另一部分是已研制出来的产品部件或子系统，从而对产品整体性能和实际部件或子系统进行功能测试。全物理仿真的模型则全部是实物模型。

2)数学仿真。数学仿真又称计算机仿真，即建立系统(或过程)的可以计算的数学模型(仿真模型)，并据此编制成仿真程序放入计算机进行仿真试验，掌握实际系统(或过程)在各种内外因素变化下性能的变化规律。仿真模型的建立反映了系统模型和计算机之间的关系是以数学方程式的相似性为基础的。与物理仿真相比，数学仿真系统的通用性强，可作为各种不同物理本质的实际系统的模型，故其应用范围广，是目前研究的重点。

一般来讲，计算机仿真比半物理、全物理仿真在时间、费用、方便性方面有明显优点。而半物理仿真、全物理仿真具有较高的可信度，但费用昂贵且准备周期长。半物理仿真和全物理仿真由于有实物纳入仿真回路，因而又称为实时仿真。

仿真类型的选取策略是按工程阶段分级选取。在产品的分析设计阶段，采用计算机仿真，边设计、边仿真、边修改，结合有限元分析和优化设计等现代设计方法，使设计在理论上尽量达到最优。进入研制阶段，为提高仿真可信度和实时性，将部分已试制成品(部件等)纳入仿真模型。此时，采用半物埋仿真。到了系统研制阶段，说明前两级仿真均证明设计满足要求，这一级

只能采用全物理仿真才能最终说明问题，除非这种全物理仿真是不可实现的。上述计算机仿真与物理仿真的关系可表示成图 7-18 所示的形式。

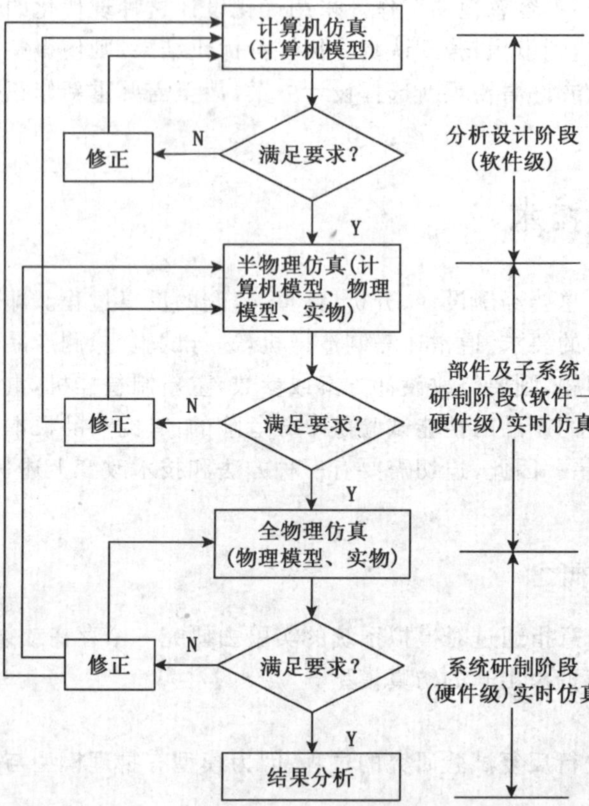

图 7-18　计算机仿真与物理仿真的关系

7.4.1.2　计算机仿真的发展和意义

数字计算机仿真的主要工具是数字计算机和仿真软件。只要事先编好一套仿真程序存入计算机，使用时输入必要的数据就能进行系统仿真了，比模拟计算机仿真步骤简单、容易，计算精度也高，而且不同的仿真软件能用于不同类型系统的仿真，适应面广。因此，数字计算机逐步取代了模拟计算机，而成为主要的仿真工具，数字仿真技术也得到了飞速发展，广泛用于连续系统和离散系统的仿真。

计算机仿真的应用主要有两类。

1)系统分析和设计。例如柔性制造系统的仿真，在设计阶段，通过模型仿真来研究系统在不同物理配置情况下和不同运行策略控制下的特性，从而预先对系统进行分析、评价，以获得较好的配置和较优的控制策略；系统建成后，通过仿真，可以模拟系统在不同作业计划输入下的运行情况，用以择优实施作业计划，提高系统的运行效率。

2)制成训练用的仿真器。例如飞行模拟器、船舶操纵训练器、汽车驾驶模拟器等。这些仿真器既可以保证人的安全，也可以节省能源，缩短训练周期。

计算机仿真的广泛应用具有十分重要的意义，主要体现在以下几点。

1)替代许多难以或无法实施的实验。例如地震灾害程度、地球气候变化、人口发展与控制、战争爆发与进程等。采用计算机仿真可以在抽象的仿真模型上进行反复的实验，从而替代这种无法实际运作的实验。

2)解决一般方法难以求解的大型系统问题。例如计算机集成制造系统、核电站的控制与运行、化工生产过程管理等,由于系统庞大复杂,采用理论分析或数学求解的方法进行研究常常显得无能为力。通过计算机仿真,却可以运行仿真模型,用实验方法来加以研究。

3)降低投资风险、节省研究开发费用。计算机仿真研究实际系统的设计、规划,预测系统建成后的运行效果,从而增加决策的科学性,减少失误;并在系统的设计制造过程中提供随时修正设计的依据,以免建成后改动或重建的巨大浪费。这样就可以降低投资风险,节省人力和物力。

4)避免实际实验对生命、财产的危害。例如电力调度、汽车驾驶等技术培训,如果从开始就在真实系统上加以实施,则相当危险。然而,计算机仿真却可以较好地达到目的,避免对人员、财产的危害。

5)缩短实验时间、不受时空限制。许多系统的实际实验需要耗时几十小时,甚至数月、数年,还有场地条件要求。而计算机仿真则不受客观时空限制,既可以缩短实验时间,还可以多次重复进行。

7.4.2 计算机仿真的一般过程

计算机仿真的基本方法是将实际系统抽象描述为数学模型,再转化成计算机求解的仿真模型,然后编制程序,上机运行,进行仿真实验并显示结果。其一般过程如图 7-19 所示。

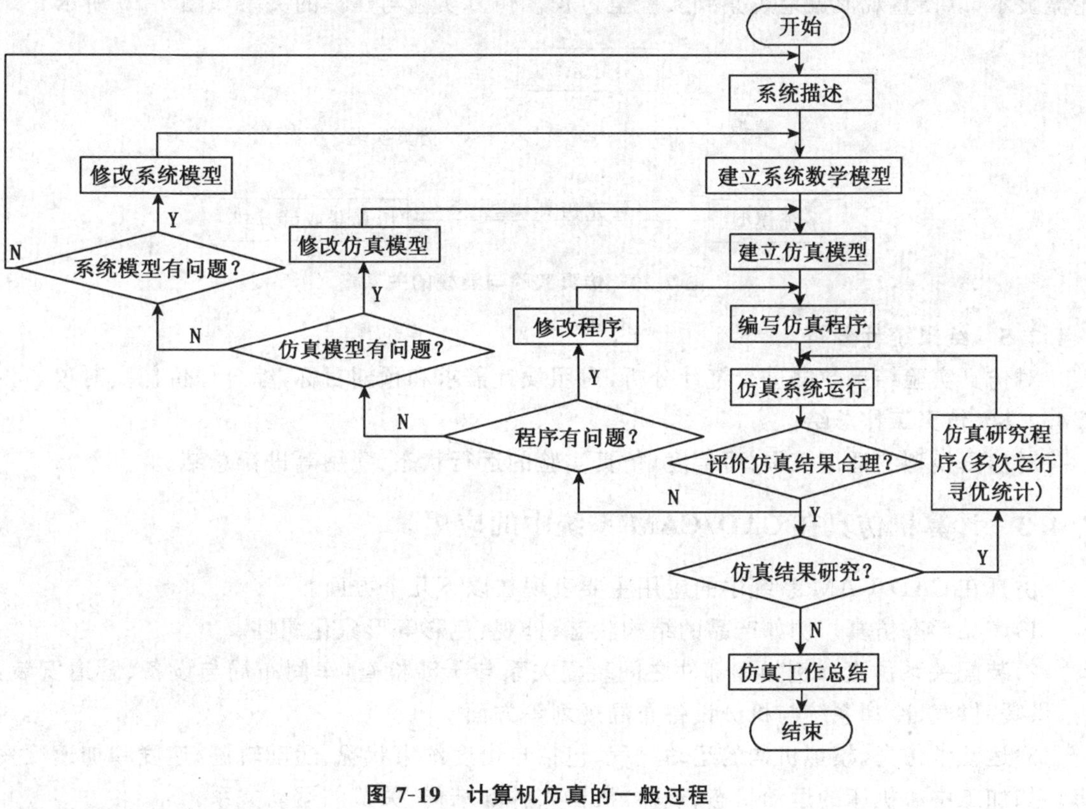

图 7-19 计算机仿真的一般过程

7.4.2.1 建立数学模型

系统的数学模型是系统本身固有特性以及在外界作用下动态响应的数学描述形态。它有多种表达形式,如连续系统的微分方程,离散系统的差分方程,复杂系统的传递函数以及机械制造系统中对各种离散事件的系统分析模型等。要注意的是,仿真所需建立的数学模型应与优化设计等其他设计方法中建立的数学模型相协调。某种情况下，二者是统一的，即使不统一，也不应相互矛盾、相互违背。

7.4.2.2 建立仿真模型

在建立数学模型的基础上，设计一种求解数学模型的算法，即选择仿真方法，建立仿真模型。如果仿真模型与假设条件偏离系统模型，或者仿真方法选择不当，则将降低仿真结果的价值和可信度。一般而言，仿真模型对实际系统描述得越细致，仿真结果就越真实可信，但同时，仿真实验输入的数据集就越大，仿真建模的复杂度和仿真时间都会增加。因此，需要在可信度、真实度与复杂度之间认真加以权衡。

7.4.2.3 编制仿真程序

根据仿真模型，画出仿真流程图，再使用通用高级语言或专用仿真语言编制计算机程序。目前，世界上已发表过数百种各有侧重的仿真语言。常用的有 SIMULA，SLAM，SIMSCRIPT，CSMP，Q－GERT，GASP，GPSS，CSL 等，与通用高级语言相比，具有仿真程序编制简单、仿真效率高、仿真过程数据处理能力强等特点。

7.4.2.4 进行仿真实验

选择并输入仿真所需要的全部数据，在计算机上运行仿真程序，进行仿真实验，以获得实验数据，并动态显示仿真结果。通常是以时间为序，按时间间隔计算出每个状态结果，在屏幕上轮流显示，以便直观形象地观察到实验全过程。仿真实验与建模的关系如图 7-20 所示。

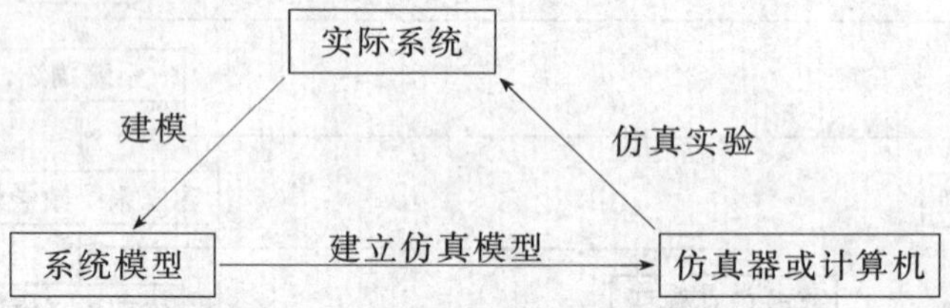

图 7-20 仿真实验与建模的关系

7.4.2.5 结果统计分析

对仿真实验结果数据进行统计分析，对照设计需求和预期目标，综合评价仿真对象。

7.4.2.6 仿真工作总结

对仿真模型的适用范围、可信度，仿真实验的运行状态、费用等进行总结。

7.4.3 计算机仿真在 CAD/CAM 系统中的应用

仿真在 CAD/CAM 系统中的应用主要表现在以下几个方面。

1)产品形态仿真。例如产品的结构状态、外观、色彩等形象化属性。

2)装配关系仿真。例如零部件之间装配关系与干涉检查，车间布局与设备、管道安装，电力、供暖、供气、冷却系统与机械设备布局规划等方面。

3)运动学仿真。模拟机构的运动过程，包括自由度约束状况、运动轨迹、速度和加速度变化等。如加工中心机床的运动状态、规律，机器人各部结构、关节的运动关系。

4)动力学仿真。分析计算机械系统在质量特性和力学特性作用下系统的运动和力的动态特性。例如模拟机床工作过程中的振动和稳定性情况，机械产品在受到冲击载荷后的动态性能。

5)零件工艺过程几何仿真。根据工艺路线的安排，模拟零件从毛坯到成品的加工过程，检验工艺路线的合理性、可行性、正确性。

6)切削过程仿真。例如数控加工自动编程后的刀具运动轨迹模拟,刀具与夹具、机床的碰撞干涉检查,切削过程中刀具磨损、切屑形成,工件被加工表面的产生等。

7)生产过程仿真。例如FMS仿真,模拟工件在系统中的流动过程,展示从上料、装夹、加工、换位、再加工直到最后下料、成品放入立体仓库的全部过程。其中包括机床运行过程中的负荷情况、工作时间、等待时间;刀具负荷率、使用状况、刀库容量;运输设备的运行状况,找出系统的薄弱环节或瓶颈工位,采取必要措施进行系统调整,再模拟仿真修改后的生产过程运行状况。

目前,市场上已有商品化仿真软件系统,如许多CAE软件系统都含有运动学分析与仿真功能模块,ADAMS作为动力学分析仿真系统也在许多领域发挥了作用。这些相对成熟的系统为广大用户的仿真需求提供了先进的技术手段和高水平的仿真平台,用户可以根据自己的要求选择适宜的商品化软件。随着计算机技术、CAD/CAM技术的不断发展,仿真技术将会得到进一步的广泛应用,在生产、科研、开发领域发挥出越来越大的作用。

习题7

1. 计算机辅助工程分析的作用有哪些?
2. 试述有限元法的基本原理。
3. 总结归纳有限元法的解题步骤。
4. 为什么要进行有限元分析的前置处理?前置处理有哪些功能?
5. 有限元分析后置处理的主要任务是什么?
6. 何谓优化设计?它的关键工作是什么?
7. 分析设计变量、目标函数、约束条件之间的关系。
8. 何谓设计空间?
9. 总结建立数学模型的一般过程。
10. 选择优化方法要考虑哪些因素?
11. 归纳优化设计的一般过程。
12. 何谓仿真?它在工程中起什么作用?
13. 何谓物理仿真和数学仿真?二者存在什么关系?
14. 举例说明计算机仿真的意义。
15. 分析计算机仿真的过程。
16. 举例说明仿真在CAD/CAM系统中的应用。

8 计算机辅助数控加工

8.1 计算机辅助数控加工的内容

8.1.1 数控机床概述

数控机床是柔性制造系统(FMS)和计算机集成制造系统(CIMS)中最主要的组成部分，数控编程是应用数控机床进行零件加工的必要前提。20 世纪 80 年代以后，随着 CNC 机床功能的不断扩大及数控系统性能的不断提高，数控机床在航空、航天、造船、汽车、模具等各个机械制造领域得到了普遍应用，并越来越普及。

8.1.1.1 数控机床及数控系统

1)数字控制(numerical control)。数字控制是用数字化信号对机床的运动及其加工过程进行控制的一种方法，简称为数控(NC)。

2)数控机床(NC machine)。就是采用了数控技术的机床，或装备了数控系统的机床。

3)数控系统(NC system)。数控系统能自动阅读输入载体上事先给定的程序，并将其译码，从而使机床运动并加工零件。

4)计算机数控系统(computerized numerical control system)。是一种数控系统，由装有数控系统程序的专用计算机、输入输出设备、可编程序控制器(PLC)、存储器、主轴驱动及送给驱动装置等部分组成，又称为 CNC 系统。

5)开放式 CNC 系统(open CNC system)。系统应保证使开发的应用软件能在不同的软硬件平台上运行，且能与其他应用软件系统协调工作。开放式 CNC 系统具有以下特点：系统结构简单、用户操作命令接近自然语言、适用于人机对话编程、容易与计算机网络系统互联、容易与 CAD/CAM 系统集成。

8.1.1.2 数控加工及数控编程

1)数控加工(NC machining)。根据零件图样及工艺要求等原始条件编制零件数控加工程序(简称数控程序)，输入数控系统，控制刀具与工件的相对运动，从而完成零件的加工。

2)数控程序(NC program)。输入 NC 或 CNC 机床，执行确定的加工任务的一系列指令，称为数控程序或零件加工程序。

3)数控编程(NC programming)。生成用数控机床进行零件加工的数控程序的过程，称为数控编程。

8.1.1.3 数控机床的坐标系统

数控机床的坐标系统，包括坐标系、坐标原点和运动方向。ISO/DP841 及我国 JB 3051～82 标准对数控机床的坐标系统做了若干规定：机床的直线运动采用笛卡儿坐标系，其坐标命名为 X,Y,Z，使用右手坐标系，即右手的大拇指和中指互相垂直时，则拇指的方向为 X 坐标轴的正方向，食指为 Y 坐标轴的正方向，中指为 Z 向；绕坐标轴 X,Y,Z 中心旋转的运动分别

称为 A,B,C 轴,A,B,C 的正方向按右手螺旋定律确定,即当右手握紧坐标轴时,拇指指向$+X$,$+Y$,$+Z$ 轴正向时,则其余四指方向分别为$+A$,$+B$,$+C$ 轴的旋转方向。

1)坐标轴。与机床主轴平行的坐标轴为 Z 轴。Z 轴的正方向定义为从工件到刀具夹持的方向。对于铣床、镗床和攻螺纹机床来说,动刀具的轴称为主轴。而车床、磨床等则以转动工件的轴称为主轴。如果机床上有几个主轴,则选其中一个与工件装夹基面垂直的轴为主轴。当机床没有主轴时,则选垂直于工件装夹面的轴为主轴(如刨床)。

X 轴是平行与工件装夹面的水平轴。对于工件旋转的机床(如车床、磨床等),取平行于横向滑座的方向(工件的径向)为 X 轴的正方向,因此安装在横刀架上的刀具离开工件旋转轴方向为 X 正方向。对子刀具旋转的机床(例如铣床、镇床),当 Z 轴为水平时,沿刀具主轴向工件的方向看,向右方向为 X 轴的正方向;当 Z 轴为垂直时,对单立柱机床,面对刀具主轴向立柱看,向右方向为 X 轴正方向。

Y 轴按右手法则确定其正方向。

为了编程的方便,不论数控机床的具体结构是工件固定不动刀具运动,还是刀具固定不动工件运动,确定坐标系时,一律按照刀具相对于工件运动的情况。当实际上是刀具固定不动工件运动时,工件(相对于刀具)运动的直角坐标相应为 X',Y',Z'。但由于二者是相对运动,尽管实际上是工件运动,仍以刀具相对运动 X,Y,Z 进行编程,结果是一样的。除了 X,Y,Z 主要方向的直线运动外,还有其他与之平行的直线运动,可分别命名为 U,V,W 坐标轴,称为第二坐标系。

2)绝对坐标与增量坐标。运动轨迹的坐标点以固定的坐标原点计量,称作绝对坐标。见图 8-1a 所示,A,B 点的坐标以固定点(坐标原点)计量,其坐标值为:$XA=30$,$YA=40$,$XB=90$,$YB=95$。运动轨迹的终点坐标值,以其起点计量的坐标称作增量坐标系(或相对坐标系),常用代码表中的第二坐标系 U,V,W 表示。U,V,W 分别与 X,Y,Z 平行且同向。图 8-1b 中 B 点是以起点 A 为原点建立的 U,V 坐标系来计量的,终点 B 的增量坐标为:$UB=60$,$VB=55$。

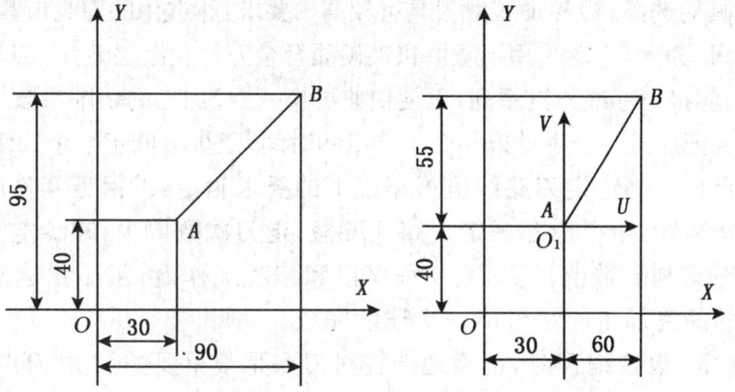

a.绝对坐标系　　b.增量坐标系

图 8-1　绝对坐标与增量坐标

8.1.2　数控加工的特点

数控机床与其他机床相比,最重要特点是当加工对象改变时,一般不需要对机床设备进行调整,只需要更换一个新的控制介质(如穿孔纸带、穿孔卡、磁带等)就可以自动地加工出新的零件来。控制介质上以规定的格式记录了为达到零件图样要求的形状和尺寸,机床所必需的运动及辅助功能的代码和数据。将这个控制介质输入给机床的数控装置或计算机,经必要的信息处理之后产生相应的操作指令，控制机床运动，从而完成零件的自动化加工过程。数控加工具有加工精度高、生产效率高、生产准备时间短等优点。

8.1.3 数控编程的内容和步骤

数控加工程序的编制，一般要经过工艺方案分析、工序设计、运动轨迹的坐标值计算、编写程序单、制备控制介质及程序校核与首件试切等主要步骤。

8.1.3.1 工艺方案分析

在分析零件图、生产批量、现有数控设备条件的基础上，首先拟订工艺方案，分析加工对象是否适合于数控加工、毛坯的选择、工序的划分以及选用合适的数控机床。通常那些形状比较复杂、中小批量(特别是重复批量)、精度一致性要求高以及在普通机床上加工需要复杂的专用夹具的零件，才是数控加工最合适的加工对象。由于数控加工程序是预先编制的，刀具相对于工件的位置已经确定，因此，对同一批量的毛坯余量和质量应有一定的要求。现代数控机床具有刚性大、精度高、工序集中、柔性自动化程度高等特点，有可能在同一台数控机床上完成多种工艺方法和由粗到精的加工过程。因此，应尽可能完成一次装夹、工序集中的方法，这样可以缩短工艺路线、减少加工设备、缩短生产周期、减少中间贮存和运输环节，以及提高加工的位置精度等。

8.1.3.2 工序设计

在工序及机床确定以后，还要进行工序的详细设计，包括工件的定位与夹紧、工步划分、刀具选择、切削用量的确定、走刀路线以及工艺文件的编制等内容。

1)数控加工的工步划分。除普通工艺原则(如先粗后精、先面后孔、先主后次)外，还应尽量“少换刀”。即在一次换刀中，某把刀具应尽可能完成该零件上所有相同表面、相同孔径的加工，所以，用于加工中心机床的加工程序往往是按刀具划分程序块的。

2)数控加工刀具的选择。数控加工对刀具有较高的要求，所选用的刀具应具有高的刚性和高的耐用度，并易换、易调。为此，广泛采用不重磨机夹硬质合金刀片及涂层刀片。刀具结构与尺寸(包括刀片、刀柄、接长杆)应符合标准刀具系列，以便快速更换。数控加工的切削参数尽可能取高一些。刀具的耐用度尽可能保证加工一个零件或一个工作班的时间，至少不低于半个工作班。

3)走刀路线。合理地确定走刀路线应根据以下的要求确定：①保证零件的加工精度及表面粗糙度；②选取最佳路线，主要应考虑走刀路线要短，走刀次数要少，减少空行程，提高生产率，并保证安全可靠；③有利于数值计算，减少程序段和编程工作量；④尽量避免轮廓法向切入等要求；⑤零件轮廓的最终加工应尽可能一次连续完成。

4)对刀点的选择。数控编程时，正确地选择对刀点是很重要的。“对刀点”就是在数控加工时，刀具相对工件运动的起点，其程序也是从这一点开始执行，对刀点也称为“程序原点”。编程时，应首先选择对刀点。

在工艺处理时必须正确确定切削用量，应根据数控机床使用说明书、金属切削原理中的方法并结合实践经验加以确定。

在上述工序设计的基础上，进行工序卡的编制，有时还包括刀具卡、走刀路线示意图等工艺文件。工序卡一般包括工步与走刀的序号、加工部位与尺寸、刀号与补偿号、刀具型式与规格、主轴转速、进给量以及工时等内容。工序卡是编制加工程序的工艺依据。

8.1.3.3 运动轨迹的坐标值计算

首先建立零件坐标系，作为各坐标尺寸的基准。然后根据零件图的几何尺寸及已确定的粗、精加工的走刀路线,计算运动轨迹的程序坐标值,作为数控系统的输入数据。计算的复杂程度与零件的复杂程度有关,例如,对非圆曲线(如渐开线、阿基米德螺旋线等),需要用直线段或圆弧段逼近,在满足加工精度的情况下,计算出曲线各节点的坐标值。对于自由曲线、自由曲面、组合曲面的计算更为复杂。

坐标值计算主要包括基点、节点及辅助计算三部分。

1)基点计算。零件轮廓一般是由直线、圆弧及曲线等几何元素组成,所以要计算相邻两个几何元素的交点或切点(即基点)的坐标值。相应的还要计算工序间尺寸和大余量多次走刀的坐标值。对于圆形刀具(如铣刀),有时还要计算刀具中心运动轨迹的基点坐标值作为编程数据。

2)节点计算。由于数控系统一般只具备直线插补和圆弧插补功能,所以对非圆曲线还要计算该曲线本身用直线段逼近或圆弧段逼近相邻线段的交点或切点(节点)坐标值。节点数的多少取决于逼近线段的类型、曲线的性质及允许的逼近误差。列表曲线和空间曲面的编程计算则更为复杂,要涉及一些复杂的数学处理问题和立体型面的多坐标计算问题。

3)辅助计算。辅助计算包括刀具的切入与退出路线的坐标值计算、脉冲数的计算与圆整及坐标系的换算等。

8.1.3.4 数控编程中误差处理

数控编程中误差处理亦是一重要问题。数控编程误差由 3 部分组成。

1)逼近误差。即用近似的方法逼近零件轮廓时产生的误差,又称一次逼近误差。它出现在用直线段或圆弧段直接逼近零件轮廓的情况及由样条函数拟合曲线及曲面时,此时亦称拟合误差。因所拟合零件的原始形状是未知的,因此拟合误差往往难以确定。

2)插补误差。用样条函数拟合零件轮廓后,进行加工时,必须用直线或圆弧段作二次逼近,此时产生的误差亦称插补误差。其误差根据零件的加工精度要求确定。

3)圆整误差。即编程中由于数据处理、脉冲当量转换、小数圆整时产生的误差。对这些误差的处理要注意,否则会产生较大的累积误差,从而导致编程误差增大,应采用合理的圆整化方法。

8.1.3.5 加工程序单的编写

根据上述已确定的工序卡和所计算的运动轨迹坐标值,用数控机床规定的指令代码与程序格式逐段编写加工程序单。还应附上机床调整卡供操作者调整机床用。

8.1.3.6 控制介质的制备

将程序单上的内容记录在控制介质上,作为数控机床的输入信息。控制介质有穿孔带和磁带等。穿孔带由于是机械的固定代码孔,不易受环境(如磁场、粉尘)的影响,便于长期保存和多次重复使用,故至今仍有使用。

8.1.3.7 程序校核与试切

上述所编程序和穿孔带必须经过校核和试切,确认无误后才能进行正式加工。

8.2 计算机辅助数控加工的程序编制

8.2.1 数控编程的标准与代码

在数控编程中所使的输入代码、坐标位移指令、坐标系统命名、加工指令、辅助指令、主运动和进给速度指令、刀具指令及程序格式等都已制定了一系列的标准。但是,各生产厂家使用的代码、指令等不完全相同,必须遵照使用的具体的机床编程手册中的规定编程。

8.2.1.1 穿孔纸带及代码

穿孔纸带是数控机床上应用的一种输入介质。在纸带上利用穿孔的方式记录着零件加工程序的指令。国际上及我国广泛使用 8 单位的穿孔纸带。穿孔纸带的编码国际上采用 ISO 或 EIA 标准,两种代码的纸带现格按照 EIA RS-227 标准制定。我国 JB 3050-82 与其等效,标准穿孔带规格见图 8-2。

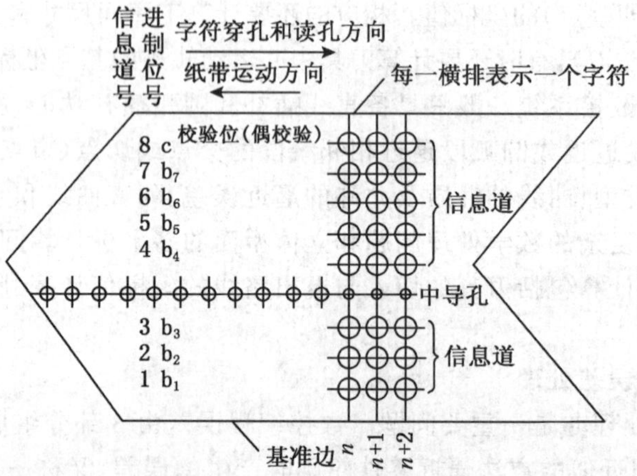

图 8-2 标准穿孔带规格

由代码表及纸带规格可知,纸带的每行(排)共有 9 列孔,其中一列小孔称为定位孔或同步孔,用来产生读带的同步控制信息。其余 8 列大孔组合来表示数字、字母或符号。有孔表示为"1",无孔表示为"0"。在 ISO 标准中,代码由 7 位二进制数和一位偶校验位组成。每个代码孔的个数之和必须为偶数,即为偶校验,其中第 8 列孔用来补偶。当某个代码的孔数为奇数时,就在该代码行的第 8 列上穿一孔,使其总数为偶数。EIA 标准中,所有的代码的孔数必须为奇数,第 5 列孔用来补奇。数控机床的输入系统中有奇偶校验电路。当输入的代码一旦违反 ISO 或 EIA 标准规定的奇、偶数时,控制系统即会发出错信息,并命令停机。

ISO 标准代码为 7 位编码,而 EIA 为 6 位编码(不包括奇偶校验位),因而 ISO 代码数比 EIA 多 1 倍。

8.2.1.2 数控编程的指令代码

在数控编程中,使用 G 指令代码,M 指令代码及 F,S,T 指令描述加工工艺过程和数控系统的运动特征、数控机床的启停、切削液开关等辅助功能以及进给速度、主轴转速等。

国际上广泛采用 ISO-1057-1975E 标准,原国家机械工业部制定的 JB 3208—83 与其等效。其代码见表 8-1 及表 8-2。

数控程序由一系列程序段和程序块构成。每一程序段用于描述准备功能、刀具坐标位置、工艺参数和辅助功能等。国际标准化组织(ISO)对数控机床的坐标轴和运动方向、数控程序的编码字符和程序段格式、准备功能和辅助功能等制定了若干标准和规范。但由于新型数控系统和数控机床的不断出现,许多先进的数控系统中的很多功能实际上超出了目前国际上通用的标准,其指令格式也更加灵活,不受 ISO 标准的约束。此外,即使是同一功能,不同厂商的数控系统采用的指令格式也有一定的差异。尽管如此,基本的编码字符、准备功能和辅助功能代码,对于绝大多数数控系统来说均是相同的,且符合 ISO 标准。下面主要介绍常用数控编程指令及其格式。

表 8-1　准备功能“G”指令

代码 (1)	功能保持到被取消或被同样字母表示的程序指令所代替 (2)	功能仅在所出现的程序段有作用 (3)	功能 (4)	代码 (1)	功能保持到被取消或被同样字母表示的程序指令所代替 (2)	功能 (4)
G00	A		点定位	G50	#(d)	刀具偏置 0/－
G01	A		直线插补	G51	#(d)	刀具偏置＋/0
G02	A		顺时针方向圆弧插补	G52	#(d)	刀具偏置－/0
G03	A		逆时针方向圆弧插补	G53	f	直线偏移，注销
G04		*	暂停	G54	f	直线偏移 *X*
G05	#	#	不指定	G55	f	直线偏移 *Y*
G06	A		抛物线插补	G57	f	直线偏移 *Z*
G07	#	#	不指定	G57	f	直线偏移 *XY*
G08		*	加速	G58	f	直线偏移 *XZ*
G09		*	减速	G59	f	直线偏移 *YZ*
G10～G1	#	#	不指定	G70	h	准确定位 1(精)
G17	C		*XY* 平面选择	G71	h	准确定位(粗)
G18	C		*ZX* 平面选择	G72	h	快速定位(粗)
G19	C		*YZ* 平面选择	G73		攻螺纹
G20～G32	#	#	不指定	G74～G77	#	不指定
G33	a		螺纹切削，等螺距	G78	#(d)	刀具偏置，内角
G34	a		螺纹切削，增螺距	G79	#(d)	刀具偏置，外角
G35	a		螺纹切削，减螺距	G70～G79	#	不指定
G37～G39	#	#	永不指定	G80	e	固定循环注销
G40	d		刀具补偿及偏置注销	G81-G89	e	固定循环
G41	d		刀具补偿—左	G90	j	绝对尺寸
G42	d		刀具补偿—右	G91	j	增量尺寸
G43	#(d)	#	刀具偏置—正	G92		预置寄存
G44	#(d)	#	刀具偏置—负	G93	k	时间倒数，进给率
G45	#(d)	#	刀具偏置＋/＋	G94	k	每分钟进给
G46	#(d)	#	刀具偏置＋/－	G95	k	主轴每转进给
G47	#(d)	#	刀具偏置－/－	G97	I	恒线速度
G48	#(d)	#	刀具偏置－/＋	G97	I	每分钟转数(主轴)
G49	#(d)	#	刀具偏置 0/＋	G98～G99	#	不指定

注：1. # 号表示如选作特殊用途，必须在程序格式说明中说明。

2. 如在直线切削控制中没有刀具补偿，则 G43 到 G52 可指定作其他用途。

3. 在表中左栏括号中的字母(d)表示可以被同栏中没有括号的字母 d 所注销或代替，亦可被有括号的字母(d)所注销或代替。

表 8-2 辅助功能“M”指令

代码 (1)	功能开始时间：与程序段指令运动同时开始 (2)	功能开始时间：在程序段指令运动完成后开始 (3)	功能保质到补注销或被适当程序指令代替 (4)	功能仅在所出现的程序段内有作用 (5)	功能 (7)	代码 (1)	功能开始时间：与程序段指令运动同时开始 (2)	功能开始时间：在程序段指令运动完成后开始 (3)	功能 (7)
M00		*		*	程序停止	M37	*		进给范围 1
M01		*		*	计划停止	M37	*		进给范围 2
M02		*		*	程序结束	M38	*		主轴速度范围 1
M03	*		*		主轴顺时针方向	M39	*		主轴速度范围 2
M04	*		*		主轴逆时针方向	M40～M45	#	#	如有需要作为齿轮换挡，此外不指定
M05		*	*		主轴停止	M47	#	#	不指定
M07	#	#	*	*	换刀	M48		*	注销 M49
M07	*		*		2 号冷却液开	M49	*		进给率修正旁路
M08	*		*		1 号冷却液开	M50	*		3 号冷却液开
M09		*	*		冷却液关	M51	*		4 号冷却液开
M10	#	#	*		夹紧	M52～M54	#	#	不指定
M11	#	#	*		松开	M55	*		刀具直线位移，位置 1
M12	#	#	#	*	不指定	M57	*		刀具直线位移，位置 2
M13	*		*		主轴顺时针，切削液开	M57～M59	#	#	不指定
M14	*		*		主轴逆时针，切削液开	M70		*	更换工作
M15	*			*	正运动	M71	*		工件直线位移，位置 1
M17	*			*	负运动	M72	*		工件直线位移，位置 2
M17～M18	#	#	#	#	不指定	M73～M70	#	#	不指定
M19		*	*		主轴定向停	M71	*		工件角度位移，位置 1
M20～M29	#	#	#	#	永不指定	M72	*		工件角度位移，位置 2
M30		*		*	纸带结束	M73～M89	#	#	不指定
M31	#	#		*	互锁旁路	M90～M99	#	#	永不指定
M32～M35	#	#	#	#	不指定				

注：1. # 号表示如选作特殊用途，必须在程序说明中说明。

2. M90～M99 可指定为特殊用途。

8.2.1.3 程序段的一般格式

程序段中各指令的格式：N35 G01 X26.8 Y32. Z15.428 F152。

其中N35为程序段号，现代CNC系统中很多都不要求程序段号，即程序段号可有可无；G代码为准备功能，G01表示直线插补，一般可以用G1代替，即可以省略前导0；X,Y,Z为刀具运动的终点坐标位置，现代CNC系统一般都对坐标值的小数点有严格的要求；F为进给速度代码，F152.表示进给速度为152 mm/min，其小数点与X,Y,Z的小数点同样重要。

在一个程序段中，可能出现的编码字符还有S(主轴转速)，T(刀具号码)，M(辅助功能)，I,J,K,A,B,C,D,H,R等。

8.2.1.4 常用的编程指令

1)准备功能指令。准备功能指令由字符G和其后的1～3位数字组成，常用的从G00～G99，很多现代CNC系统的准备功能已扩大至G150。准备功能的主要作用是指定机床的运动方式，为数控系统的插补运算做准备。

2)辅助功能指令。辅助功能指令亦称“M”指令，由字母M和其后的两位数字组成，从M00～M99共100种。这类指令主要是用于机床加工操作时的辅助工艺性指令。

编程指令的详细解释请参考有关资料。

8.2.2 手工编程

手工编程也称人工编程。手工编程的主要步骤和内容如下。

①根据零件图对零件进行工艺分析，在分析的基础上确定加工路线和工艺参数；

②根据零件的几何形状和尺寸，计算数控机床运动所需数据；

③根据计算结果及确定的加工路线，按规定的格式和代码编写零件加工程序单；

④按程序单在穿孔机或卡片机上穿孔、制成控制介质。

8.2.2.1 数控车床的程序编制

1)数控车床加工的工艺问题。数控车床能完成端面、内外圆、倒角、锥面、球面及成形面、螺纹等的车削加工，主切削运动是工件的旋转，工件的成形则由刀具在ZX平面内的插补运动完成。

数控车削加工与普通车削加工的工艺和刀具选择没有本质的区别。与普通车削加工不同的是，要保证车削加工精度，特别是锥面和成形表面的精度，需要准确测量车刀刀尖刀刃圆弧半径，并采用刀尖半径补偿。

①数控车床坐标系，数控车床以径向为X轴，纵向为Z轴。从主轴箱指向尾架方向为$+Z$方向，而从尾架指向主轴箱方向为$-Z$方向，从主轴轴心线指向操作者方向为$+X$方向。

②数控车削加工的程序原点，一般取工件装夹端面(定位面)的中心位置为程序原点，工件坐标系的坐标方向与车床坐标系一致。一般来说，数控车床的参考点(车削加工中心的换刀点)在Z坐标和X坐标的极限行程处，与机床原点一致。某些情况下，程序原点也可以取在工件轴心线上的其他位置，要根据工件的实际情况进行确定。

③X和Z坐标指令在按绝对坐标编程时使用代码X和Z，按增量坐标编程时使用代码U和W。切削圆弧时，使用I和K表示圆心相对于圆弧起点的坐标值，I对应X轴，K对应Z轴。在一个零件的程序中或一个程序段中，可以按绝对坐标编程或增量坐标编程，也可用绝对坐标与增量坐标混合编程。

由于车削加工图纸上的径向尺寸及测量的径向尺寸使用的是直径值，因此在数控车削加工的程序中输入的X及U坐标值也是“直径值”，即按绝对坐标编程时，X为直径值，按增量坐标编程时，U为径向实际位移值的2倍，并附上方向符号(正向省略)。

2)数控车削加工及编程举例。

例 8-1 某轴的零件图如图 8-3 所示,需进行精车加工。选用具有直线及圆弧插补功能的数控车床加工该零件,编制精加工程序。

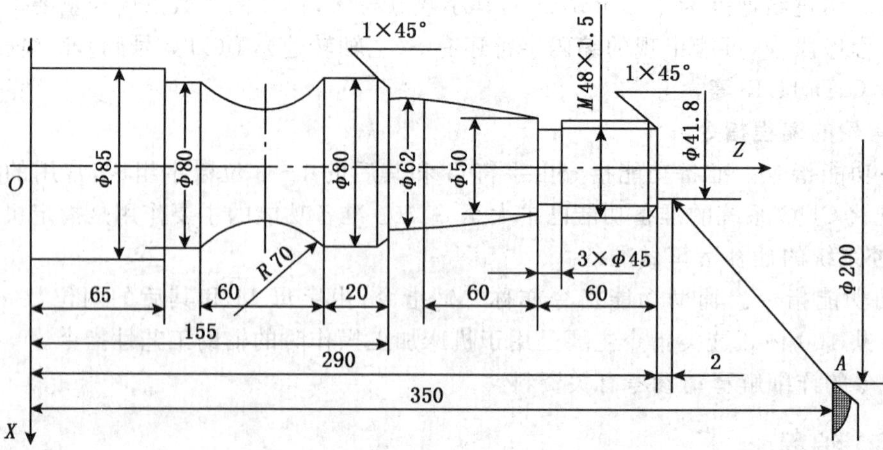

图 8-3 零件图

①工艺路线。

(a)倒角,车削螺纹的实际外圆 φ47.8 mm,切削锥度部分,车削 φ62 mm 外圆,倒角,车削 φ80 mm 外圆,切削圆弧部分,车削 φ80 mm 外圆;

(b)切槽;

(c)车螺纹。

②选择刀具及画出刀具布置图。根据加工要求,用 3 把刀具。Ⅰ号刀车外圆,Ⅱ号刀切槽,Ⅲ号刀车螺纹。刀具布置如图 8-4 所示。采用对刀仪对刀,螺纹刀尖相对Ⅰ号刀尖在 Z 向偏置15 mm。

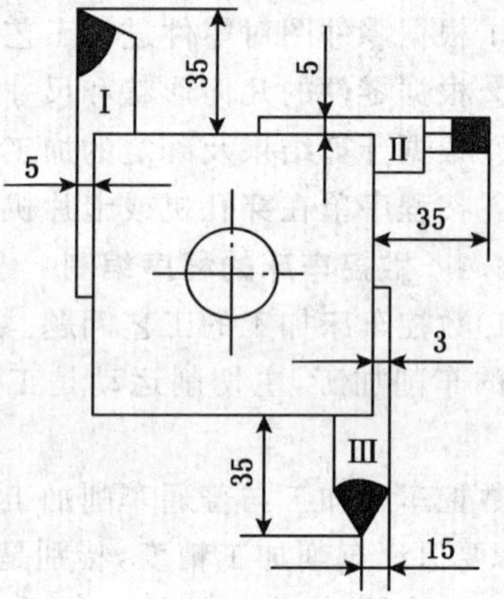

图 8-4 刀具布置图

编程之前,应正确地选择换刀点,以便在换刀过程中,刀具与工件、机床和夹具不会碰撞。本例中,换刀点为 *A*。

③确定切削用量。车外圆,主轴转速为 S630,进给速度为 F150;切槽时,主轴转速为 S315,进给速度为 F10;切削螺纹时,主轴转速为 S200,进给速度为 F150。

④编写程序。确定 *O* 为工件坐标系的原点,并将 *A* 点(换刀点)作为程序的起点。该零件的加工程序及程序说明如下:

O0004	/＊程序号
N10 G92 X200. Z350.	/＊建立工件坐标系
N20 G00 X41.8 Z292 S630 M03 T1 M08	/＊刀具快速接近工件,启动主轴,开冷却液
N30 G01 X47.8 Z289. F150.	/＊倒角
N40 UO W-59.	/＊车 φ47.8 mm 外圆,增量坐标编程
N50 X50. WO	/＊退刀,绝对坐标与增量坐标混合编程
N60 X62. W-60.	/＊车锥度,绝对坐标与增量坐标混合编程

```
N70 UO Z155                       /＊车φ62 mm外圆,绝对坐标与增量坐标混合编程
N80 X78. WO                       /＊退刀,绝对坐标与增量坐标混合编程
N90 X80. W-1.                     /＊倒角,绝对坐标与增量坐标混合编程
N100 UO W-19.                     /＊车φ80 mm外圆,绝对坐标与增量坐标混合编程
N110 G02 UO W-60. I63. 25 K-30    /＊车圆弧,I,K表示圆心相对于圆弧起点的坐标
N120 G01 UO Z65.                  /＊车φ80 mm外圆
N130 X90. WO                      /＊退刀
N140 G00 X200. Z350. M05 M09      /＊快速退回到起始点,主轴停止,冷却液关
N150 X51. Z230. S315 M03 T2 M08   /＊换Ⅱ刀具,快速接近工件,启动主轴,开冷却液
N160 G01 X45. WO F10.             /＊切槽
N170 G04 U50                      /＊延时50 ms,G04为延时指令
N180 G00 X51.                     /＊退刀
N190 X200. Z350. M05 M09          /＊快速退回到起始点,主轴停止,冷却液关
N200 G00 X52. Z296. S200 M03      /＊换Ⅲ刀具,快速接近工件,启动主轴,开冷却液
T3 M08
N210 G76 X47. 2 Z231. 5 F150.     /＊G67车螺纹,切至深度0.3=(47.8-47.2)/2
N220 I -60 KO                     /＊车螺纹,切至深度0.6=0.3+0.6/2
N230 I -50                        /＊车螺纹,切至深度0.85=0.6+0.5/2
N240 I -30                        /＊车螺纹,切至深度1.0=0.85+0.3/2
N250 G00 X200. Z350. M02          /＊快速退回到起始点,程序结束
```

8.2.2.2 数控钻床的程序编制

例 8-2 零件如图 8-5 所示,该零件要求在数控钻镗床上钻孔和攻螺纹。

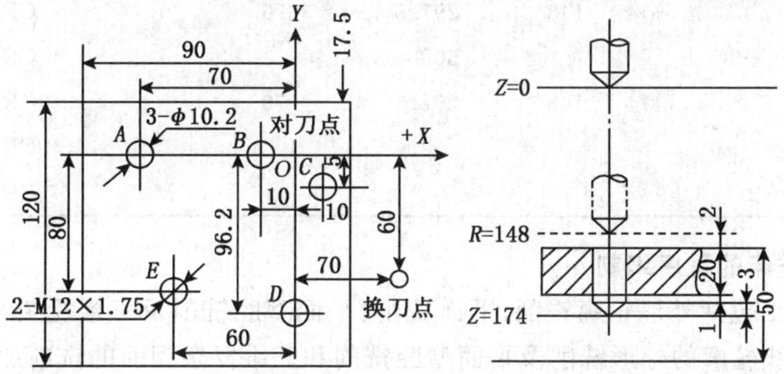

图 8-5 钻孔零件图

①工艺路线。工件安装和对刀后,刀具便从对刀点(程序原点)开始按孔 A— B— C— D— E—"换刀点"换刀—D(攻螺纹)—E(攻螺纹)的顺序进行加工。

②计算孔位坐标。为了求出各孔位坐标,可以根据工件的坐标原点,按照绝对坐标系统换算各孔位尺寸的坐标值:A(−70,0),B(−10,0),C(+10,−5),D(0,−96.2),E(−60,−80)。

③确定轴向尺寸和切削用量。

主轴转速:钻孔 880 r/min,攻螺纹 170 r/min;进给速度:钻孔 0.125 mm/r=110 mm/min,空行程时为 660 mm/min,攻螺纹 1.75 mm/r。

④编制程序。

根据上面换算的结果和选定的数据,按照加工路线顺序编制的程序单如表8-3所示。从程序单可以看出,对机床从开始启动到零件加工完毕、程序结束的每一动作都做了明确规定,必

须严格按所使用机床控制系统规定的信息输入格式，填写程序单中每一个符号、字母和数字，否则数控系统就不能正常工作，机床也无法加工出合格的零件。

表 8-3 点位加工程序单

序号 N	准备功能 G	坐标				进给速度 F/(mm·min⁻¹)	主轴转速 S/(r·min⁻¹)	辅助功能 M	程序段结束 CR/ER	备注
		X	*Y*	*Z*	*R*					
001	G81	−70				600			CR	走到孔 A
002				174	148	110	880		CR	钻孔 φ10.2
003	G81	−10				600			CR	走到孔 B
004				174	148	110	880		CR	钻孔 φ10.2
005	G81	+10	−5			600			CR	走到孔 C
006				174	148	110	880		CR	钻孔 φ10.2
007	G81		−96.2			600			CR	走到孔 D
008				174	148	110	880		CR	钻孔 φ10.2
009	G81	−60	−80			600			CR	走到孔 E
010				174	148	110	880		CR	钻孔 φ10.2
011		+70	−60			600			CR	走到换刀点
012									CR	换刀
013	G84		−96.2			600			CR	走到孔 D
014				174	148	297.5	170		CR	攻螺纹 M12
015	G81	−60	−80			600			CR	走到孔 E
016				174	148	297.5	170		CR	攻螺纹 M12
017	G80	0	0						CR	回对刀点
018								M02	ER	程序完

8.2.2.3 数控铣床的程序编制

铣床数控加工包括外形轮廓铣削、平面铣削、平面型腔铣削及三维复杂型面的铣削加工，其中具有复杂曲线轮廓的外形铣削及平面型腔铣削和三维复杂型面的铣削加工必须采用计算机辅助数控加工编程，其他可采用手工编程。

1)铣削数控加工中的工艺问题。

①工件坐标系的确定及程序原点的设置。工件坐标系采用与机床运动坐标系一致的坐标方向，工件坐标系的原点(即程序原点)要选择便于测量或对刀的基准位置，同时要便于编程计算。

②安全高度。对于铣削加工，起刀点和退刀点必须离开加工零件上表面一个安全高度，保证刀具停在安全面时不与加工零件和夹具发生碰撞。在安全高度位置时刀具中心(或刀尖)所在的平面也称为安全面。

③进刀/退刀方式。对于铣削加工，刀具切入工件的方式，不仅影响加工质量，同时直接关系到加工的安全，对于二维轮廓加工，一般要求从侧向进刀或沿切线方向进刀，尽量避免垂直进刀。退刀方式也应从侧向或切向退刀。刀具从安全面高度下降到切削高度时，应离开工件毛坯边缘一个距离，应大于刀具的半径。不能直接贴着加工零件理论轮廓直接下刀，以免发生危险。下刀运动过程不要用快速(G00)运动，而要用(G01)直线插补运动。

对于型腔的粗铣加工，一般应先钻一个工艺孔至型腔底面(留一定精加工余量)，以便所使用的立铣刀能从工艺孔进刀进行型腔粗加工。型腔粗加工方式一般为从中心向四周扩展。

④刀具半径补偿。二维轮廓加工，一般均采用刀具半径补偿。在刀具半径补偿有效之前，刀具应远离零件轮廓适当的距离，且应与选定好的切入点和进刀方式协调，保证刀具半径补偿的有效。

⑤刀具半径确定。对于铣削加工，精加工刀具半径选择的主要依据是零件加工轮廓和加工轮廓四处的最小曲车半径或圆弧半径，刀具半径应小于该最小曲率半径。另外还要考虑刀具尺寸与零件尺寸的协调问题，即不要用一把很大的刀具加工一个很小的零件。对于粗加工，如果加工轮廓个别地方圆弧半径很小，可以考虑采用较大的刀具进行粗加工，但必须避免加工中的干涉。

2)数控加工及编程。

例 8-3 毛坯为 120 mm×60 mm×10 mm 板材，5 mm 深的外轮廓已粗加工过，周边留 2 mm余量，要求加工出如下图所示的外轮廓及 φ 20 mm 的孔。工件材料为铝，见图 8-6。

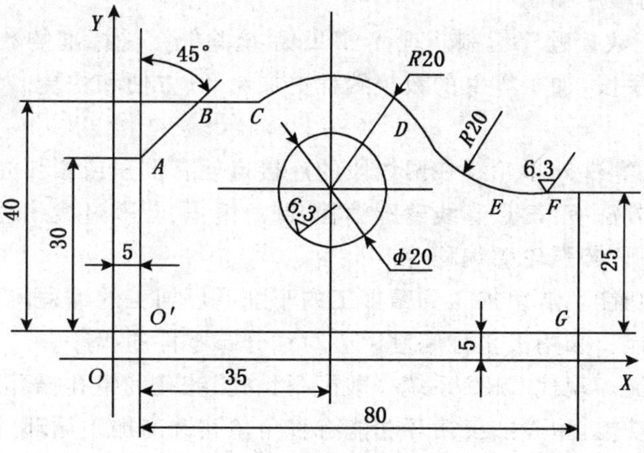

图 8-6 铣削零件

①确定工艺方案及加工路线：钻孔 φ 20 mm→按 $O'ABCDEFG$ 线路铣削轮廓。选用经济型数控铣床，华中 I 型(XZK 7532 型)数控铣钻床。现采用 φ 20 mm 的钻头，钻削 φ 20 mm 孔；φ 4 mm 的平底立铣刀用于轮廓的铣削，并把该刀具的直径输入刀具参数表中。

②确定工件坐标系和对刀点：在 XOY 平面内确定以 O 点为工件原点，Z 方向以工件表面为工件原点，建立工件坐标系，如图 8-6 所示。采用手动对刀方法把 O 点作为对刀点。

程序清单：

加工 φ 20 mm 孔程序(手工安装好 φ 20 mm 钻头)

```
%7528
G54 G91 M03;相对坐标编程
G00 X40 Y30;在 XOY 平面内加工
G98 G81 X40 Y30 Z-5 R15 F120;钻孔循环
G00 X5 Y5 Z50
M05
M02
```

铣轮廓程序(手工安装好 φ 4 mm 立铣刀)

```
%7529
G54  G90  G41  G00  X-20  Y-10  Z-5  D01
G01  X5  Y-10  F150
G01  Y35
G91  G01  X10  Y10
G01  X11.8  Y0
G02  X30.5  Y-5  R20
G03  X17.3  Y-10  R20
G01  X10.4  Y0
G01  X0  Y-25
G01  X-100  Y0
G90  G40  G00  X0  Y0  Z100
M05
M02
```

8.2.2.4 加工中心的程序编制

1)现代CNC系统数控程序编制。现代CNC系统除能接受标准的数控程序以外,一般都提供一些高级的编程手段,加工零件的数控编程更加灵活、方便和快捷。常用的高级编程方法如下。

①轮廓描述功能。零件外形轮廓在两线段的连接点处有倒角或圆弧光滑连接,其连接尺寸的计算。常用的描述方法有:三点直线轮廓编程、倒角编程、圆弧过渡编程、直线/圆弧编程、圆弧/直线轮廓编程、圆弧/圆弧轮廓编程等。

②车削加工循环功能。从粗加工到精加工的车削循环加工的编程能力。

③极坐标编程功能。采用极坐标编制中心对称分布零件的程序。

④孔加工循环功能。现代CNC系统一般配备钻孔、铰孔和镗孔循环编程功能。

⑤型腔加工循环功能。型腔加工循环功能有直角型腔铣削加工循环、键槽型腔铣削加工循环、圆形型腔铣削加工循环。

⑥子程序功能。现代CNC系统一般都提供调用子程序功能。

⑦宏程序功能。宏程序的使用使数控加手工编程更加灵活,宏程序通过子程序中的变量(称为全局变量)来改变刀具路径和刀具位置。

⑧镜像编程。镜像编程也称轴对称编程,是将数控加工刀具轨迹沿某坐标轴作镜像变换而成,加工坐标轴对称的零件的刀具轨迹。

⑨旋转与缩放编程。

值得指出的是,这些高级编程方法不是标准的,不同的数控系统提供的轮廓描述功能和方法都可能不同。限于篇幅,具体编程方法见参考文献[2]。

2)计算机辅助程序编制。

例8-4 滚珠丝杠回珠槽的CNC加工。组合机床机械滑台1HJ50内循环滚珠丝杠副中的反向器,如图8-7所示,其回珠槽为S形的空间曲面,它的形位精度、尺寸精度直接影响滚珠的循环和滚珠丝杠副运动的灵活性及运动精度。在MCV-1 250加工中心上加工该曲面,回珠槽的外形曲线为光滑空间曲线。为得到光滑曲线,必须计算外形曲线上足够多点的坐标。因此,必须建立回珠槽的数学模型。

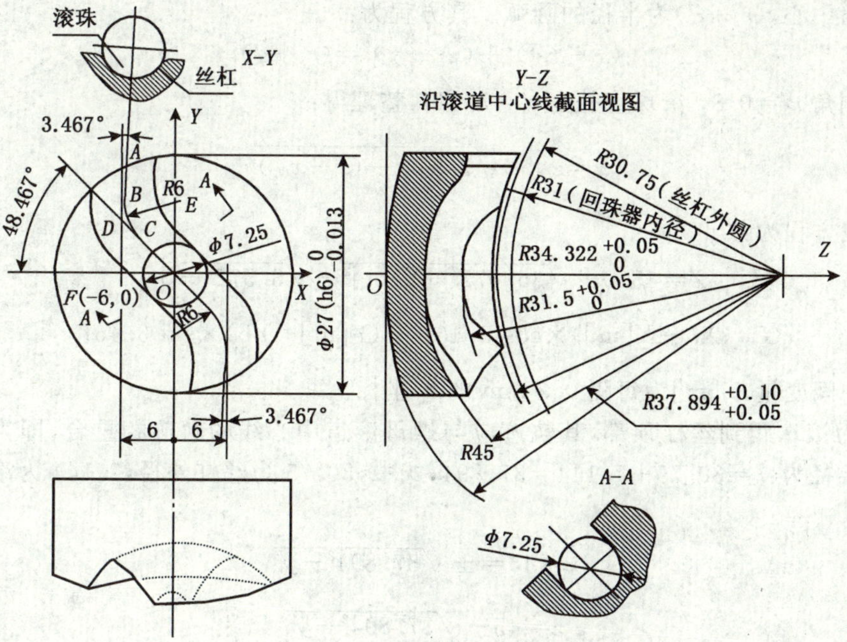

图 8-7 滚珠丝杠反向器

①回珠槽数学模型的建立。为了保证装配后滚珠槽入口处及出口处和螺纹弧形槽平滑过渡，必须设计出滚珠回珠槽中心线在平行于螺母轴线平面和垂直于螺母轴线平面的轨迹的数学模型。由于回珠槽的空间曲面呈对称性，为简便起见只需对其轨迹的一半建立数学模型。

(a)X-Y 平面内的数学模型：AB 段为过点 $F(-6,0)$，且与 X 轴夹角为：$90°-3.467°=86.533°$的直线上的一段，其方程为：$y=\tan 86.533°\times(x+6)$，整理得：

$$x=y/\tan 86.533°-6 \tag{8-1}$$

BC 段为以 E 为圆心，半径为 $R=6$ 的圆弧，其方程为：$(x-x_E)^2+(y-y_E)^2=36$，整理得：

$$x-x_E=\pm\sqrt{36-(y-y_E)^2}$$

据实际情况取：

$$x-x_E=-\sqrt{36-(y-y_E)^2} \tag{8-2}$$

CO 段为过原点$(0,0)$，且与 X 轴的夹角为：$(180°-48.467°)=131.533°$的直线，其方程为：$y=\tan 131.533°\times x$，整理得：

$$x=y/\tan 131.533° \tag{8-3}$$

(b)Y-Z 平面内的数学模型：由于 AB 段可看做是螺母滚动的延续，因此，该段回珠槽轨迹就应与螺母滚道中心线的轨迹重合，即为圆，其圆心为$(0,45)$，半径为：$r=31.5+7.144/2$。式中，31.5 为在丝杠沟内钢球中心与丝杠中心距离，7.144 为滚珠直径，其方程为：$y^2+(z-45)^2=35.072^2$，整理得：

$$z=45-\sqrt{35.072^2-y^2} \tag{8-4}$$

另有在 XOY 面上，BC 段为滚珠沿丝杠表面拐弯爬坡，可以近似地看成在其段的法向切

面内以 O_3 为中心，(r_3+d)为半径的圆弧。其方程为：

$$(x-x_{O_3})^2+(z-z_{O_3})^2=(r_3+d)^2$$

其中，丝杠倒角 $r_3=0.8$，滚珠直径为 $d=7.144$，整理得：

$$z=z_{O_3}-\sqrt{7.944^2-(x-x_{O_3})^2} \tag{8-5}$$

其 ab 段方程为：

$$Z=45.0-\sqrt{35.072^2-Y[\mathrm{m}]^2}-\sqrt{3.572^2-G^2} \tag{8-6}$$

$$G=(Xb+X[\mathrm{m}])\times\cos 3.467°-(Y[\mathrm{m}]-Y\mathrm{b})\times\sin 3.467°$$

式中：G 为中间变量，$Y[\mathrm{m}]$为每隔 0.2 mm 的 Y 坐标。

CO 段为滚珠爬到丝杠顶部，其轨迹应与螺母滚道中心线的轨迹相重合，即为圆，其圆心为(0,45)，半径为：$r=30.75+7.144=37.894$，式中，30.75 为丝杠外径，7.144 为滚珠直径。故方程为：

$$z-45=\pm\sqrt{37.894^2-y^2}$$

取：

$$z=45-\sqrt{37.894^2-y^2} \tag{8-7}$$

解方程(8-1)和(8-3)可求得两条斜线的交点：

$$\begin{cases}Xd=6\times\tan 86.533°\div(\tan 131.533°-\tan 86.533°)\\ Yd=Xd\times\tan 131.533°\end{cases}$$

由图中各点的几何关系，可得 E 点坐标为：

$$\begin{cases}Xe=Xd+de\times\cos 19.033°=Xd+6\times\cos 19.033°/\sin 67.5°\\ Ye=Yd+de\times\sin 19.033°=Yd+6\times\sin 19.033°/\sin 67.5°\end{cases}$$

B 点坐标：

$$\begin{cases}Xb=Xe-6\times\cos 3°28'=Xe-6\times\cos 3.467°\\ Yb=Ye+6\times\sin 3°28'=Ye+6\times\sin 3.467°\end{cases}$$

C 点坐标：

$$\begin{cases}Xc=Ye-6\times\sin 48°28'=Xe-6\times\sin 48.467°\\ Yc=Ye-6\times\cos 48°28'=Ye-6\times\cos 48.467°\end{cases}$$

将 Yb 代入式(8-4)，求得 $Zb=11.055\ 399$

将 Yb 代入式(8-7)，求得 $Zc=7.737\ 17$

由于 B,C 两点满足式(8-5)，故有：

$$Z_b=Z_{O_3}-\sqrt{7.944^2-(X_b-X_{O_3})^2} \tag{8-8}$$

$$Z_c=Z_{O_3}-\sqrt{7.944^2-(X_c-X_{O_3})^2} \tag{8-9}$$

式(8-8)，式(8-9) 联立求得：$\begin{cases}X_{O_3}=2.408\ 028\\ Z_{O_3}=12.110\ 185\end{cases}$

所以(8-5)式变为

$$z=12.110\,185-\sqrt{7.944^2-(x-2.408\,028)^2} \tag{8-10}$$

②用C语言编程计算任意多点坐标，自动生成加工程序。

依据前面推导出的数学模型，用C语言编程(其流程图框略)，依次计算Y方向相距$m=0.2$的诸点(x,z)，然后将其对应坐标、数控加工预处理部分及后置处理部分组合在一起，自动形成后缀为.DNC的文件存入磁盘中，此文件通过接口文件DNC.EXE通讯，由微机传入三轴联动的MCV-1 250加工中心自动生成数控代码，供数控加工用。

③C语言程序。

```
#include <stdio.h>
#include <math.h>
void main()
  {
  int m,n,k,i,j;      /* 定义变量 */
  FILE *fp;
  float a,b,c,d,e,Xe,Ye,Xb,Yb,Xd,Yd,Xc,Yc,Xo3,Yo3;
  float X[400],Y[400],Z[400],T;
  a=3.141 592 6/180;      /* 中间变量计算 */
  b=tan(86.533 3*a);
  c=tan(131.533 3*a);
  d=cos(3.466 7*a);
  e=sin(3.4667*a);
  Xd=6.0*b/(c-b);       /* d,e,b,c,O3点坐标计算 */
  Yd=Xd*c;
  Xe=Xd+6.0*cos(19.033 3*a)/sin(67.5*a);
  Ye=Yd+6.0*sin(19.033 3*a)/sin(67.5*a);
  Xb=Xe-6.0*d;Yb=Ye+6.0*e;
  Xc=Xe-6.0*sin(48.466 7*a);
  Yc=Ye-6.0*cos(48.466 7*a);
  Xo3=Xb+sqrt(4.372*4.372-1.55*1.55)*d;
  Yo3=Yb-sqrt(4.372*4.372-1.55*1.55)*e;
  printf("Xd=%f,Yd=%f/n",Xd,Yd);      /* 输出各点坐标进行分析 */
  printf("Xe=%f,Ye=%f/n",Xe,Ye);
  printf("Xb=%f,Yb=%f/n",Xb,Yb);
  printf("Xc=%f,Yc=%f/n",Xc,Yc);
  printf("Xo3=%f,Yo3=%f/n",Xo3,Yo3);
  printf("d=%f,e=%f/n",d,e);
  Y[1]=17.0;
  T=Y[1]/0.2;
  printf("T=%f/n",T);
  printf("Enter a number n:");
  scanf("%d",&n);      /* 输入S轨迹上半段数量 */
  for(m=1;m<=n;m++)
```

```
    {if(Y[m]>Yb){X[m]=Y[m]/b-6.0;
       Z[m]=45.0-sqrt(35.072*35.072-Y[m]*Y[m]);}   /*计算AB段诸点X,Z坐标
    if(Y[m]>Yc&&Y[m]<=Yb){X[m]=Xe-sqrt(36.0-(Y[m]-Ye)*(Y[m]-Ye));
      Z[m]=12.158296-sqrt(7.944*7.944-(X[m]-2.401433)*(X[m]-2.401433));}
                                                   /*计算BC段诸点X,Z坐标
    if(Y[m]>0&&Y[m]<=Yc)
      {X[m]=Y[m]/c;
      Z[m]=45.0-sqrt(37.894*37.894-Y[m]*Y[m]);}     /*计算CO段诸点X,Z坐标
      Y[m+1]=Y[m]-0.2;}
  for (k=n+1;k<=2*n;k++)
    {X[k]=-X[2*n-k];
    Y[k]=-Y[2*n-k];
    Z[k]=Z[2*n-k];}     /* 计算S形轨迹下半段X,Z坐标
  for(i=1;i<=2*(n-1);i++)
     printf("X[%d]=%.3f,Y[%d]=%.1f,Z[%d]=%.3f/n",i,X[i],i,Y[i],i,Z[i]);
                                            /* 输出S轨迹诸点X,Y,Z坐标进行分析
  fp=fopen("hzqnc.ncd","w");    /* 创建数控代码文件 */
  fprintf(fp,"%/n");    /* 写入予处理数控代码 */
  fprintf(fp,"G40 G49 G80/n");
  fprintf(fp,"G91 G28 Z0/n");
  fprintf(fp,"G90 G00 G54 X0 Y0/n");
  fprintf(fp,"G00 G43 Z22.0 H11/n");
  fprintf(fp,"M3 S1000/n");
  fprintf(fp,"G01 X-4.960 Y17.2 F200/n");
  fprintf(fp,"G01 Z14.34 F200/n");
  for(i=1;i<=2*(n-1);i++)
  fprintf(fp,"x%.3f y%.1f z%.3f/n",X[i],Y[i],Z[i]);
                                   /* 写入S形轨迹数控代码 */
  fprintf(fp,"G90 G00 Z22.0/n");    /* 写入后置处理数控代码 */
  fprintf(fp,"G91 G28 Z0/n");
  fprintf(fp,"G40 G49 G80/n");
  fprintf(fp,"M5/n");
  fprintf(fp,"M30/n");
  fprintf(fp,"%/n");
 fclose(fp);    /* 关闭数控代码文件 */
 }
```

④数控加工程序→

```
%
G40 G49 G80
G91 G28 Z0
G90 G00 G54 X0 Y0
G00 G43 Z22.0 H11
M3 S1000
G01 X-4.960 Y17.2 F200
```

```
G01 Z14.34 F200
x-4.970 y17.0 z14.324
x-4.982 y16.8 z14.214
⋮
x4.982 y-16.8 z14.214
G90 G00 Z22.0
G91 G28 Z0
G40 G49 G80
M5
M30
%
```

8.2.3 APT自动编程语言

8.2.3.1 自动编程的基本概念

自动编程就是用“语言程序”的方法实现自动编程。

所谓“语言程序”，就是用专用的语言和符号来描述零件图样上的几何形状及刀具相对零件运动的轨迹、顺序和其他工艺参数等，这个程序称为零件的源程序。零件源程序编好后，输入给计算机。为了使计算机能够识别和处理由相应的数控语言编写的零件源程序，事先必须将编好的一套编译程序存放在计算机内，这个程序通常称为“数控程序系统”或“数控软件”。

“数控软件”分两步对零件源程序进行处理：

第一步是计算刀具中心相对于零件运动的轨迹，由于这部分处理不涉及具体数控机床的指令形式和辅助功能，因此具有通用性。

第二步是针对具体数控机床的功能产生控制指令的后置处理程序，后置处理程序是不通用的。由此可见，经过数控程序系统处理后输出的程序才是控制数控机床的零件加工程序。整个数控自动编程的过程，见图 8-8。

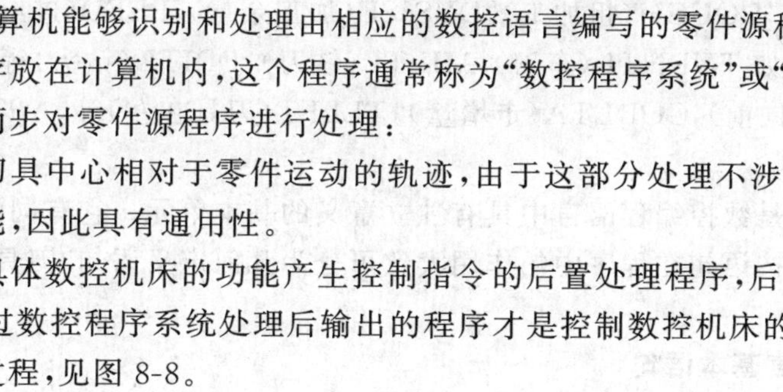

图 8-8 数控自动编程过程

8.2.3.2 APT自动编程语言简介

APT(automatically programmed tools)是 20 世纪 50 年代中期由美国麻省理工学院研究开发的数控自动编程系统。目前使用的 APT 系统有 APT Ⅱ，APT Ⅲ，APT Ⅳ。其中 APT Ⅱ 适用于曲线自动编程，APT Ⅲ 适用于 3～5 坐标立体曲面自动编程，APT Ⅳ 适用于自由曲面自动编程。由于 APT 系统语言词汇丰富，定义的几何类型多，并配有多种后置处理程序，通用性好，因此在世界范围内获得广泛应用。机械工业部 1982 年发布的数控机床自动编程语言标准(JB3112-82)采用了 APT 的词汇语法；1985 年国际标准化组织 ISO 公布的数控机床自动编程语言(ISO4342-1985)也是以 APT 语言为基础的。

APT 自动编程语言主要由主信息处理程序和后置处理程序两大部分组成。主信息处理程序完成刀具运动中心轨迹的计算，获得刀位数据。后置处理程序将刀位数据变成针对某一特定数控机床的加工程序。

8.2.3.3 APT 语言的基本组成

APT 语言由基本符号、词汇和语句组成。

1)基本符号。数控语言中的基本符号是语言中不能再分的成分。语言中的其他成分均由基本符号组成。常用的基本符号有字母、数字、标点符号、算术运算符号等。其中字母是指 26 个大写英文字母(A～Z)，数字是 10 个阿拉伯数字(0～9)，标点符号是用来分隔语句的词汇和其他成分。APT 自动编程语言中常用到的标点符号和算术符号有"," "/" "*" "**" "↑" "+" "−" "$" ":" "[]" "=" ";" "."。

2)词汇。词汇是 APT 语言所规定的具有特定意义的单词。每一个词汇由 6 个以下字母组成，编程人员不得把它们当作其他符号使用。APT 语言中，有 300 多个词汇，按其作用大致可分为：几何元素词汇，如 POINT(点)，LINE(线)，PLANE(平面)等；几何关系和位置状况词汇，如 PARLEL(平行)，PERPTO(垂直)，TANTOC 相切)等；与计算有关和函数类词汇，如 SINF (正弦)，COSF(余弦)，EXPF(指数)，SQRTF(平方根)等；加工工艺词汇，如 BORE(镜孔)，CHAM(倒角)，ROUGH(粗加工)，DVSJSE(加工余量)，FEED(进给量)，TOLER(容差)等；刀具名称词汇，如 TURNTL(车刀)，MILTL(铣刀)，DRITL(钻头)等；与刀具运动有关的词汇，如 GOFWD(向前)，GODLTA(走增量)，TLLFT(刀具在左)等。APT 主要词汇英汉对照表，请参考相关资料。

3)语句。语句是数控编程语言中具有独立意义的基本单元。它有词汇、数值、标识符号等按语法规则组成。按语句在程序中的作用大致可分为几何定义语句、刀具运动语句、工艺数据语句等几类。

8.2.3.4 APT 语言基本语句

1)几何定义语句。几何定义语句是为了描述零件的几何图形而设置的。零件在图上是以各种几何元素来表示的，在零件加工时，刀具是沿着这些几何元素运动，因此要描述刀具运动轨迹，首先必须描述构成零件形状的各几何元素。一个几何元素往往可以用各种方式来定义，所以在编写零件源程序时，应根据图纸情况，选择最方便的定义方式来描述。APT 语言可以定义 17 种几何元素，其中主要有点、直线、平面、圆、椭圆、双曲线、圆柱、圆锥、球、二次曲面、自由曲面等。几何定义语句的一般形式为：标识符＝APT 几何元素/定义方式，标识符由程编人员自己确定，由 1～6 个字母和数字组成，规定用字母开头，不允许用 APT 词汇作标识符，例如圆的定义语句：C1＝CIRCLE/10,60,12.5。

其中 C1 为标识符，CIRCLE 为几何元素类型，10,60,12.5 分别为圆心的坐标值和半径值。

2)刀具运动语句。刀具运动语句是用来描述加工过程中刀具运动的轨迹。为了定义刀具在空间的位置和运动，引进了 3 个控制面的概念，如图 8-9 所示。

①控制面的概念。零件表面(PS)：零件面是刀具在加工运动过程中，刀具端点运动形成的表面。它是控制切削深度的表面。导向面(DS)：导向面是加工运动中，刀具与零件接触的第二个表面，是引导刀具运动的面，由此可以确定刀具与零件表面之间的位置关系。检查面(CS)，检查面是刀具运动终止位置的限定面，刀具在到达检查面之前，一直保持与零件面和导向面所

给定的关系，在到达检查面后，可以重新给出新的运动语句。

②确定刀具的运动。描述刀具与零件表面关系的词汇有 TLONPS 和 TLOFPS 分别表示刀具中心正好位于零件面上和不位于零件面，如图 8-9a 所示。导向面关系的词汇有 TLLPT（刀具在左），TLRGT（刀具在右），TLON（刀具在上）之分。所谓左右是沿着运动方向向前看，刀具在导向面的左边还是右边，如图 8-9b 所示。描述刀具与检查面关系的词汇有 TO（走到），ON（走上），PAST（走过）等，如图 8-9c 所示。

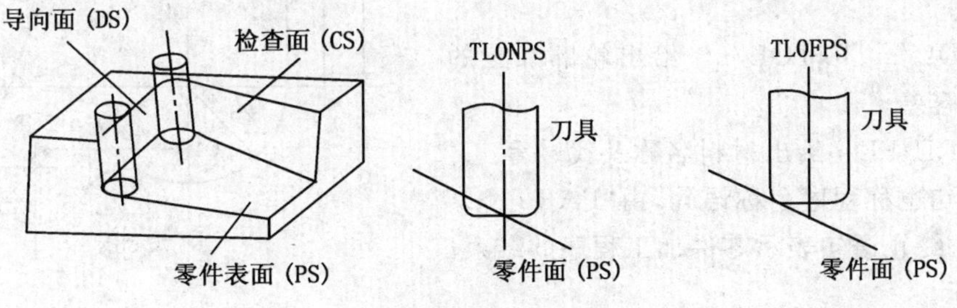

a. 刀具与零件面的关系

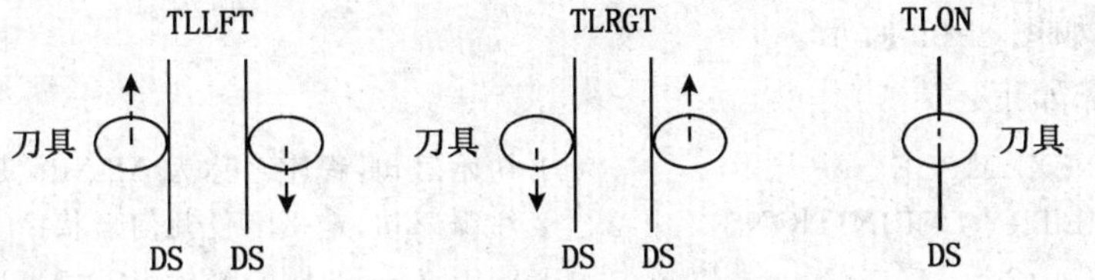

b. 零件与导向面的关系

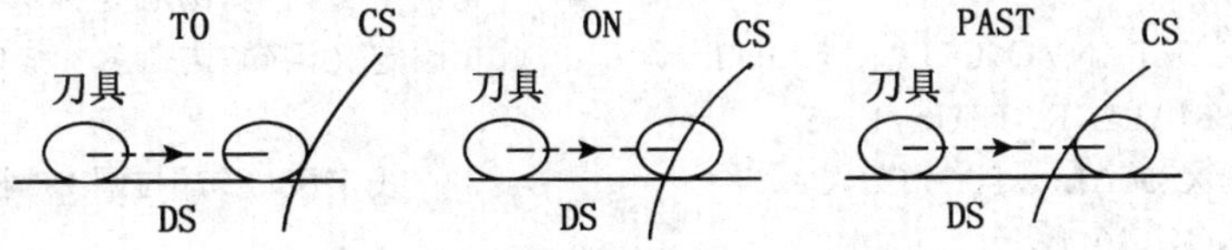

c. 刀具与检查面的关系

图 8-9 刀具与零件面、导向面、检查面的关系

描述运动方向的语句是指当前运动方向相对于上一个已终止的运动方向而言的。例如，GOLFT（向左），GORGT（向右），GOFWD（向前），GOBACK（向后）等，如图 8-10 所示。

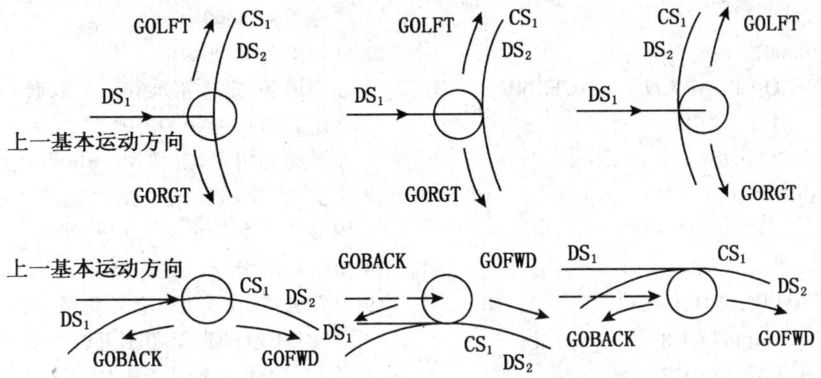

图 8-10 刀具运动方向的描述

3)工艺数据语句、初始语句和终止语句。工艺数据及一些控制功能也是自动编程中必须给定的,例如:

SPINDL/n,CLW　表示了机床主轴转数及旋转方向。

CUTTER/d,r　给出了铣刀直径和刀尖圆角半径。

OUTTOL/r　INTOL/r　给出轮廓加工的外容差和内容差。

MATERL/FE　给出材料名称及代号等。

初始语句也称程序名称语句,由“PARTNO”和名称组成。终止语句表示零件加工程序的结束,用FINI表示。

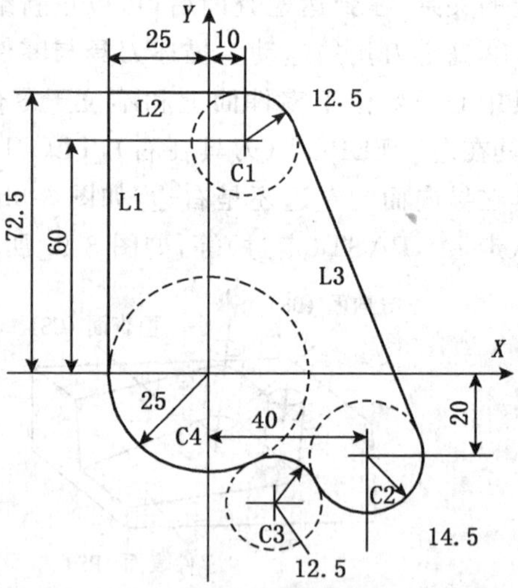

图 8-11　铣削零件图

例 8-5　利用APT数控自动编程语言编写铣削零件的源程序,如图8-11所示。

程序及程序解释如下:

PARTNo/ADAPT EXAMPLE	1 初始语句,程序名称为ADAPT EXAMAPLE;
$ $PART GEOMETRY DEFINITIONS	2 注释语句,定义零件几何形状;
C1=CIRCLE/10,60,12.5	3 圆定义语句,圆心坐标(10,60),半径12.5;
C2=CIRCLE/40,-20,14.5	4 圆定义语句,圆心坐标(40,-20),半径14.5;
C4=CIRCLE/0,0,25	5 圆定义语句,圆心坐标(0,0),半径25;
C3=CIRCLE/TANTO,OUT,C4,OUT, C2,YSMALL,RADIUS,12.5	6 圆定义语句,与圆C2和C4外切,半径12.5;
L1=LINE/XSMALL,TANTO,C4, ATANGL,90	7 直线定义语句,与圆C4相切,并与X轴成90°角;
L2=LINE/-25,72.5,10,72.5	8 直线定义语句,过点(-25,72.5)和(10,72.5);
L3=LINE/RIGHT,TANTO,C2, RIGHT,TANTO,C1	9 直线定义语句,右面与圆C2和C1相切;
$ $DEFINE CUTTER AND TOLERANCES	10 注释语句,定义刀具和公差;
CUTTER/15	11 指定刀具形状和尺寸,铣刀直径为15;
INTOL/0.005	12 内容差为0.005;
OUTTOL/0.001	13 外容差为0.001;
$ $DEFINE DATUM AND MACHINING	14 注释语句,定义基准和工艺数据;
FROM/0,0,30	15 指定起刀点为(0,0,30);
GODLTA/-50,0,0	16 刀具运动指令,走增量(-50,0,0)
PSIS/(PLANE/0,0,1,-2)	17 平面定义语句,用平面方程$ax+by+cz-d=0$中的4个系数定义XY平面;
GO/PAST,L2	18 初始运动指令,走过L2;
TLIFT,GORGT/L2,TANTO,C1	19 刀具置左,向有沿L2运动直至切于圆C1;
GOFWD/C1,TANTO,L3	20 沿圆C1运动直至切于直线L3;
GOFWD/L3,TANTO,C2	21 沿L3运动直至切于圆C2;
GOFWD/C2,TANTO,C3	22 继续沿圆C2运动直至切于圆C3;
GOFWD/C3,TANTO,C4	23 沿圆C3运动直至切于圆C4;

GOFWD/C4	24 沿圆 C4 运动；
GOFWD/L1,PAST,L2	25 沿直线 L1 运动直至超过直线 L2；
GODLTA/0,0,32	26 刀具运动指令，走增量(0,0,32)；
GOTO/0,0,30	27 刀具运动指令，法向走至(0,0,30)；
CLPRIT	28 打印刀位数据；
NOPOST	29 无后置处理；
FINI	30 结束语句

8.2.4 数控交互式图形自动编程

APT 语言式自动编程系统功能强大，可以处理复杂形状零件的编程，但编程人员必须在 APT 源程序中用语言的形式去描述本来十分直观的零件几何图形信息和加工过程，直观性较差。有时源程序非常冗长而繁琐，编程过程中容易出错，也不便于进行阶段性检查。

交互式图形自动编程系统采用图形输入方式，通过激活屏幕上的相应菜单，利用系统提供的图形生成和编辑功能，将零件的几何图形绘制到计算机上，完成零件造型。同时以人机交互方式指定要加工的零件部位，加工方式和加工方向，输入相应的加工工艺参数，通过软件系统的处理自动生成刀具路径文件(在有些软件系统中，先生成标准的 APT 零件源程序文件)，并动态显示刀具运动的加工轨迹，最终生成适合指定数控系统的数控加工程序。并通过通信接口，把数控加工程序输给机床数控系统完成加工。这种编程系统具有交互性好，直观性强，运行速度快，便于修改和检查，使用方便，容易掌握等特点。

由于该方法不需要编制零件加工的源程序，用户界面友好，使用方便、直观、易学易掌握。而且现代的数控图形编程大都是与 CAD 集成的。CAD 生成的信息可直接传送给编程系统，实现 CAD/CAM 集成，它是 CIMS 系统的重要组成部分。因此交互式图形自动编程软件已成为国内外流行的 CAD/CAM 软件所普遍采用的数控编程方法。

8.2.4.1 图形编程的步骤图形编程的步骤如下

①在屏幕上画出(或调出)零件图。零件图形也可由 CAD 系统输送到编程系统中。

②指出对刀点。用光标指点或用命令输入该点的坐标值。

③确定走刀路线。按走刀顺序，用光标指出所要加工的部位。计算机重新排序，并显示出走刀路线。

④设置刀偏值及方向。通过人机对话方式，输入刀偏值及方向，计算机计算刀具中心运动轨迹，并显示出来。

⑤输入各种辅助功能 M 指令和 F,S,T 等指令。

⑥加工过程仿真及走刀轨迹编辑修改。对加工过程进行仿真，检查走刀路线是否合理，有否碰撞干涉情况，进一步编辑、优化处理得到的走刀轨迹。

⑦得到零件加工程序。上述步骤完成后，调用后置处理命令，可得到零件加工程序。

8.2.4.2 数控图形编程系统软件

图形编程系统一般由绘图、显示、定义几何实体、编辑修改、加工、测量、输出绘图及输出打印等功能模块组成。

8.2.4.3 数控图形编程系统软件举例

1)Mastercarn 软件。Mastercarn 软件就是一种典型的交互式图形 CAD/CAM 软件。它的 CAM 功能可以处理以下几种类型的数控编程：轮廓加工(contour)、切槽(带岛)加工、钻孔类加工(drill)、曲面加工(surface)、多轴加工、实体加工(solid)等。

2)数控加工举例。

例 8-6 ①零件造型。在 Mastercam 软件中,首先进行零件的 CAD 造型,见图 8-12 所示。然后,就可以进入 CAM 数控编程处理。

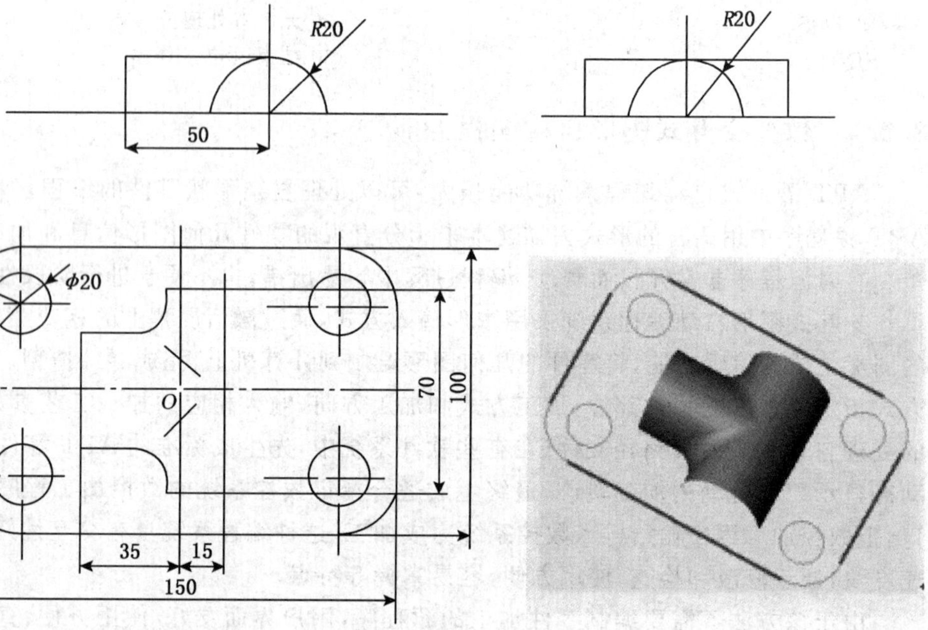

图 8-12 零件及造型

②前处理生成刀具路径。选择刀具路径和外形铣削命令,系统要求给出零件的加工部位。在选取要加工的部位时,需要定义外形。外形是把一系列相连接的几何图形形成一个切削加工的工件轮廓。选择外形第一个图素的位置决定外形的开始位置和串联方向。串联方向也就是外形加工的方向。串联方向开始于一个图素较接近位置的端点,指向另一个端点。自动生成刀具路径,刀具路径文件 *.NCI。

在选取了加工部位后,系统将自动弹出"外形铣削"视窗。在"刀具参数"视窗中,包含的内容如下:刀具数据包括刀具号码、刀座号码、刀具名称、刀具直径、刀角半径、刀具半径补偿和长度补偿。可以从刀具库中调出相应刀具,系统提供的刀具类型有平头刀、球头刀、鼻型刀、中心钻、钻头、牙攻、面铣刀和镗孔刀等。

切削参数包括进给率、进刀速率、退刀速率、主轴转速和冷却液设置。输出的数控加工程序数据包括程序编号、起始行号和行号增量等。

在"外形铣削参数"视窗中,可设置的参数包括加工深度、工件表面、进给进刀位置、参考高度和安全高度。刀具从安全高度快速下降到进给下刀位置,然后以进刀速率下降到加工深度;在切削结束时,刀具以退刀速率上升到进给进刀位置,再快速回到参考高度或安全高度。

刀具运动的补偿形式分为:电脑、控制器、两者、两者反向和关。电脑补偿是输出的刀具编程路径偏移一刀具半径值,根据运动方向分为左刀补和右刀补。控制器补偿是输出的刀具编程路径不偏移,由软件产生一个 G41(左补)或 G42(右补)指令,数控系统在执行这个指令时产生刀具偏移。

对于电脑补偿或控制器补偿,要选择补偿方向,有左补偿和右补偿 2 种设置。

校刀位置有刀尖和球心2种设置。

对于电脑补偿，有一个在转角处刀具走圆弧的设定，作用是减少刀具路径长度，特别适合于小角度尖角轮廓图形。

当加工参数设定好后，进行后置处理自动生成数控加工程序。生成的数控加工程序摘录如下：

```
%
O0000
(PROGRAM NAME - MASTERCAM---31)
(DATE=DD-MM-YY - 12-08-03 TIME=HH:MM - 08:17)
(TOOL - 1 DIA. OFF. - 41 LEN. - 1 DIA. - 5.)
N100G20
N102G0G40G49G80G90
/N104G91G28Z0.
/N106G28X0. Y0.
/N108G92X0. Y0. Z0.
N110T1M6
N112G0G90X-53.625Y30.S2500M3
… …
N2354X.4999Y-.0087Z-10.0138
N2356G0Z-.0138
N2358M5
N2360G91G28Z0.
N2362M30
%
```

8.3 数控加工过程的计算机仿真

8.3.1 概述

NC程序的编制过程和工艺过程的设计相似，都具有经验性和动态性，在程序编制过程中有可能发生错误。为此，必须认真检查和校对NC程序的正确性，还要进行首件试切加工。这种试切过程往往要冒一定的风险，稍有不慎，就会发生事故，损坏刀具，甚至撞坏机床。

现在可以利用计算机仿真模拟系统，从软件上实现零件的试切过程，将NG程序的执行过程在计算机屏幕上显示出来。在动态模拟时，刀具可以实时地在屏幕上移动，刀具与工件接触之处，工件的形状就会按刀具移动的轨迹发生相应的变化。由于加工过程中刀具的移动及工件形状的变化采用位移增量法，每隔30 ms左右就显示一次，因此对观察者来说，他在屏幕上看到的是连续的、逼真的加工过程。利用这种视觉检验装置，就可以很容易发现刀具和工件之间的碰撞及其他错误的程序指令。

8.3.2 数控加工过程仿真系统的功能

1)检查NC程序中的各种编制错误。包括程序结构检查、语法检查和词法检查。系统可通过数据库中提供的NC机床规定的NC代码，对所编的NC程序进行识别，检查NC程序结构的完整性，并根据一定的语法规则进行检查，最后根据G代码和M代码的规定进行词法检查。如果发现错误,则应提示指明错误的类型及发生的位置,并能自动报警,进行修改。

2)动态模拟加工的全过程。利用 CAD 的图形软件,对零件、刀具、夹具及部分加工机床进行图形描述,按照 NC 程序进行动态模拟,按实际加工过程在计算机屏幕上显示出来。检查因 NC 程序的编制错误而导致加工过程中的过切、欠切现象以及刀具与夹具的碰撞、刀具与工件的干涉等错误。在 CAD/CAM 系统中,仿真模拟是动态的。因为仿真模拟是由 NC 程序驱动的,如果在仿真模拟过程中发现产品设计或工艺设计有问题,可以返回 CAD 或返回 CAPP 系统,对产品设计或工艺过程进行修改,并生成新的 NC 程序,再进行仿真模拟加工。所以,利用仿真模拟可以实现产品的动态设计。

3)对给定的工艺极限值进行监控检测。工艺极限值监控的目的是为了防止机床、刀具、夹具的超载。这是对模拟系统的一项集成化要求。当一些重要的工艺值超过极限值时,模拟系统应马上停止运行,并记录下错误信息的内容及位置,以便修改程序。

4)提供各种形式的过程数据报告。

8.3.3 数控加工过程的仿真验证方法

1)刀具轨迹验证。刀具轨迹验证的方法很多,最简单最常用的方法是刀具轨迹的显示验证,即将刀位数据刀心坐标与刀轴矢量构线图显示出来,判断刀具轨迹是否连续,检查刀位计算是否正确;其次是将刀位数据连同被加工表面的线架图一起显示出来,来判断刀具轨迹的正确性,走刀路线、进退刀方式是否合理,见图 8-13。

2)截面法验证。采用各种截面法验证,如纵截面法、横截面法双曲截面法等,将指定刀位点上的刀具截面图与被加工表面及其约束面的截面图一起显示在屏幕上,这样便可以根直观地判断所选择的刀具是否合理,检查刀具与约束面是否发生干涉与碰撞,加工过程中是否存在过切;为了能够定量地给出验证结果,可以采用数值验证(也称距离验证)。

3)加工过程的动态仿真验证。如 Ugll,CAD/CAM 系统中的 Vericut 仿真验证和 MasterCAM 系统的 N-See 仿真验证,即把加工过程中的零件实体模型、刀具实体、切削加工过程及加工结果,采用不同的颜色一起动态显示出来,模拟零件的实际加工过程,不仅可以观察加工过程,而且可以检验干涉与过切,如图 8-14 所示。

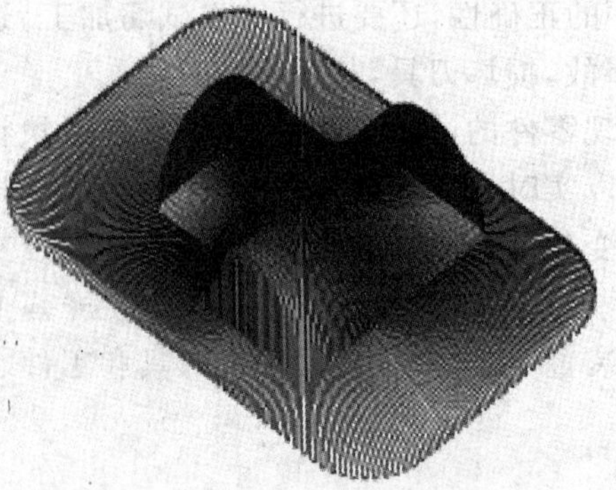

图 8-13 刀具轨迹验证

图 8-14 动态仿真验证

N-See 动态仿真的输入信息除了 NC 刀具轨迹和刀具形状以外,还要求定义零件的毛坯,即进行几何体定义(geometry definition)。

N-See 动态仿真的原理采用的是逆向快速原型制造(rapid prototype manufacturing，简称RPM)技术。

习题 8

1. 在数控机床上加工零件的主要步骤是什么？

2. 试述人工编程与自动编程的区别。

3. APT 语言系统有哪几种主要语句？

4. NC 程序编制的主要内容。

5. 计算机辅助 NC 程序编制有哪两个重要组成部分？

6. NC 程序系统的工作分为几个阶段？各有何功能？

7. 为什么要进行 NC 程序检验？

8. 编写图示零件的数控加工程序。

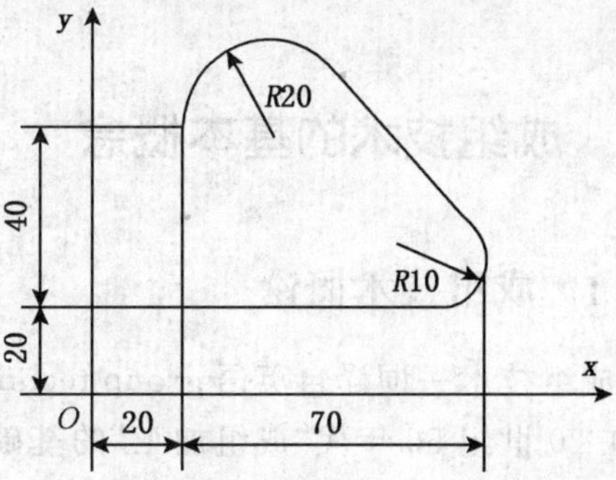

习题 8 图

9 成组技术基础

9.1 成组技术的基本概念

9.1.1 成组技术概论

成组技术一词译自英语 group technology 简称 GT。成组技术是适用产品多样化时代的要求，在 20 世纪 50 年代“成组加工”的基础上迅速发展起来的一项综合性的现代工程技术，是改变传统的多品种、中小批量生产落后面貌的一项战略性技术。

社会对于产品的需求是多种多样的。有些产品结构复杂，有些简单；有些产品技术要求高，比较精密，有些就不那么精密；有些产品社会需求量大，有些则需求量小。根据零件的年产纲领和零件本身的特性(轻重、大小、结构复杂程度、精密程度等)，可以将零件的生产划分为单件生产、成批生产、大量生产 3 种类型。传统的机械制造工艺学理论认为不同的生产类型有不同的工艺特征，应当采用不同的生产方式和生产手段，才能获得良好的经济效益。例如，在大批大量生产中，应该采用高效的专用设备、工艺装备，流水线式的平面布置，甚至采用自动线；而在中小批或单件生产中，则宜采用通用的设备、工艺装备，机群式的平面布置，按产品或部件组成封闭车间等。在这种传统工艺理论的束缚下，多品种小批量生产长时期一直处于低效率、长周期、高成本的落后状态。尽管由于加工设备、工具和加工方法等方面的改进，使小批量生产的生产水平也有某些提高，然而始终未能产生重大的突破。

无论国内还是国外，小批量生产均占大多数。国际生产工程研究协会(CIRP)1972 年前曾对美国、欧洲和日本各工业部门的生产类型进行过调查统计，其结果是：单件生产的零件品种数约占生产零件品种总数的 35%；小批量生产的零件品种数约占 50%；大批量生产(指 1 万件至几万件)约占 10%；而大量生产(指 10 万件至几十万件)只占 5%左右。从产值分布上来看，单件、小批量生产所占的比重约 60%，而大批、大量生产的产值为 40%。

长时期以来，多品种、小批量生产始终保持着传统的生产方式。生产中普遍地采用通用设备和通用的工艺装备。它们可以适用加工对象的变化，但加工效率极低。由于零件种类繁多，且经常变换，而每种零件的工艺路线又各不相同，结果在生产中工件在各机床之间错综复杂的往返穿梭，大大延长了工件的运输路线，使计划、调度工作变的复杂。工件常常由于等待调度、机床、更换工装而长时期的在车间内堆放。

据国外统计，在小批量生产中，如果把工件在车间中停留的总时间作为 100%，那么工件真正在机床上的时间仅占其中的 5%；而运输和等待所消耗的时间则占 95%，如图 9-1 所示。在这 5%工件在机床上的时间中，实际加工时间(切削、磨削等机动时间)又只占 30%；而其余的 70%则消耗在装卸、定位、测量和换刀等辅助操作上。也就是说，工件在车间内停留的总时间中，真正在机床上进行加工的时间只占 1.5%；辅助时间占 3.5%；而 95%的绝大部分时间都消耗在运输和等待上。

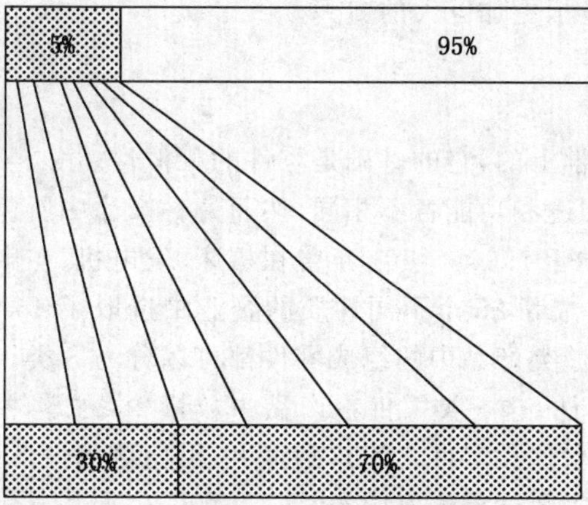

图 9-1 小批量生产中工件在车间内时间消耗的分配

从以上的分析可以看出，传统的多品种、小批量生产必然存在着生产周期长、生产效率低、在制品储备多、生产成本高、管理工作复杂以及经常不能按期交货等一系列的问题，并且长时期不能解决。

要缩短小批量生产的生产周期，从工件在车间时间消耗的分配上分析，可以采用以下 3 种方法。

1)采用先进刀具和合理的切削参数，提高切削效率。但这仅在 1.5%的时间内起作用，对于提高整个小批量生产水平方面，并不起很大的作用。

2)改进工艺装备和实现单机自动化，减少加工过程中的工件装卸、定位、测量、换刀等辅助时间。但是这只能缩短占工件在车间内停留总时间的 3.5%的那部分时间。对于提高小批量生产总的生产水平，作用也不会太大。而且对传统方式的小批量生产，还要从经济效果方面考虑，这样做是否合理。

3)减少工件的运输和等待时间。工件在车间内消耗在工序之间的运输和等待的时间占总时间的 95%，努力减少这一部分时间，对于多品种、小批量生产的生产水平，无疑是潜力最大和效果最为显著的方面。

为了实现上述目标，多年来人们曾在技术和管理等多方面进行了许多研究工作，但大都收效不大。而在不少企业的实施过程中获得卓著成效，并被世界各国公认为对改进多品种、小批量生产的落后面貌具有战略意义的，则是成组技术。成组技术为不断提高多品种、小批量生产的生产水平开辟了一条正确和有效的途径。在实施成组技术的基础上，使多品种、小批量生产有可能采用先进的生产方式、制造技术和管理方法，进而实现生产过程的自动化，收到大批量生产的效益。

多品种、小批量生产的自动化不同于传统的大批量生产的自动化。这种自动化的制造系统必须能够适应加工对象在一定范围内的变化，因而应该是柔性自动化。成组技术与数控技术的发展与结合，提供了发展柔性自动化的可能性，除了已实现单台数控机床(NC)、计算机数控机床(CNC)和加工中心机床上的自动化加工外，又出现了实现整个工艺过程自动化的柔性制造系统(flexible manufacturing system，FMS)。FMS 充分利用计算机技术和数控技术的灵活特点，既具有高度的自动化水平，有能适应多品种、小批量生产的需要，是机械制造技术的一个新的重要发展。柔性制造系统只有在成组技术的基础上建立，才能给生产上带来应有的技术经济效益。另一方面，通过建立柔性制造系统，将使成组技术在更高的水平上实施，因而在提高多品种、小批量生产的水平方面能够显示更加巨大的威力。

9.1.2 零件的相似性

成组技术是建立在零件统计学上的,它的基础是零件的相似性。

不同的机械类产品,尽管其用途和功能各不相同,然而每种产品中所包含的零件类型存在着一定的规律。德国阿亨工业大学于1960—1961年曾在机床、发电机、矿山机械、轧钢设备、仪器仪表、纺织机械、水力机械和军械等26个不同性质的企业中选取了45 000种零件,进行分析、研究。结果表明,任何一种机械类产品中的组成零件都可以分为3类。

第1类(A类)复杂件或特殊件:这一类零件在产品中数量少,占零件总数的5%~10%,但结构复杂,产值高。不同产品中,这类零件之间差别很大,因而再用性低。例如机床床身、主轴箱、溜板、飞机和发电机中的一些大件等均属此类。

第2类(B类)相似件:这一类零件在产品中的种数多、数量大,约占零件总数的70%,其特点是相似程度高,多为中等复杂程度零件。例如各种轴、套、端盖、支座、盖板、齿轮等。

第3类(C类)简单件或标准件:这类零件结构简单,再用性高,多为低值件,一般由专业化工厂组织大批量生产。例如:螺钉、螺母、垫圈等。

上述结果说明,尽管各种机械产品的功能、结构各不相同,但是,各种产品的组成零件却有一定的出现规律。同时还说明,在各种机械产品的组成零件中,占大多数(70%左右)的是相似件。在这一大类中,虽然每一种类型的零件之间(如一种轴与另一种轴、一种齿轮与另一种齿轮等)并不相同而它们在功能结构和加工工艺方面却存在着大量的相似特征。成组技术的任务和目标就是充分利用多品种、小批量生产中加工对象的这些特征,采取适当的组织和技术措施,大幅度提高多品种、小批量生产的生产水平。

那么什么是成组技术呢?因为成组技术一直处于不断地发展和成熟过程中,所以,到目前为止,成组技术还没有统一的、严格的定义。成组技术一般这样定义:将许多各不相同,但又具有相似信息的事物,按照一定的准则分类成组,使若干种事物能够采用统一的解决方法,以达到节省精力、时间和费用之目的。长久以来,人们从经验中认识到,把相似的事物集中起来加以处理,可以减少重复性劳动和提高效率。这一类的例子几乎在各种工作和生活领域到处可见。所以,成组技术并不是一种全新的概念。然而,在具体的工作中自觉地建立和应用这一概念,并使之科学化、系统化和形成一整套具有完整体系而又行之有效的技术,则是近几十年来新的发展。

成组技术的普遍原理可以用于各种工作领域。凡是存在着相似性的地方,都可以应用成组技术。我们主要讲成组技术在机械制造领域的应用。在机械制造企业的生产系统范围内研究成组技术时,成组技术可定义为:将企业生产的多种产品、部件和零件,按照一定的相似性准则分类编组,并以这些组为基础组织生产的各个环节,从而实现产品设计、制造工艺和生产管理的合理化。这个概念可以用图9-2表示。

在多品种、小批量生产的机械制造企业中,在品种众多的零件之间,存在着大量的相似性,这是个客观事实。只有利用这种相似性,才能把本来看起来各不相同,杂乱无章的多种生产对象组织起来,科学地形成若干个零件组(族),并在此基础上,采取适当措施,提高生产水平。

什么是零件的相似性?所谓零件的相似性是指零件所具有的各种特征的相似。每种零件都具有多种特征。正是这些特征的组合,才构成区别于其他零件的一个零件品种。然而,许多零件的某些特征又可能相似或相同,这些相似或相同,就构成了零件之间的相似性。在零件诸多的特征中，我们主要考虑在结构、材料和工艺这 3 方面特征。这 3 方面的特征就决定着零件之间在结构、材料和工艺上的相似性。如图 9-3 所示。零件的结构、材料相似性与工艺相似性之间密切相关。结构相似性和材料相似性决定着工艺相似性。例如，零件的基本形状、形状要素、精度要求和材料，常常决定应采用的加工方法和机床类型，零件的最大外廓尺寸则决定着应采用的机床规格等。

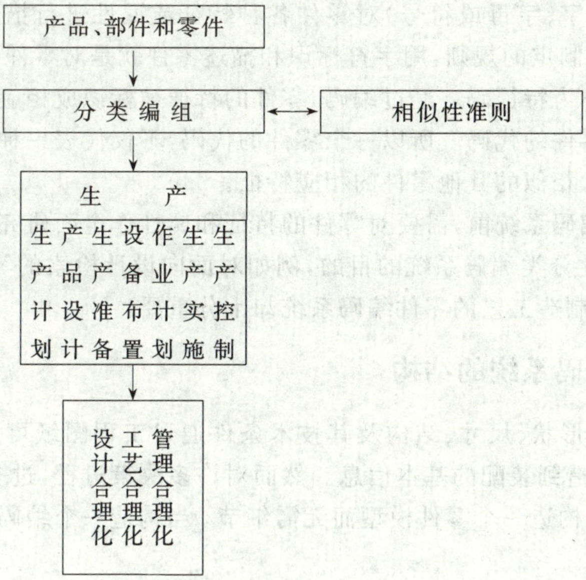

图 9-2　机械制造成组技术的概念

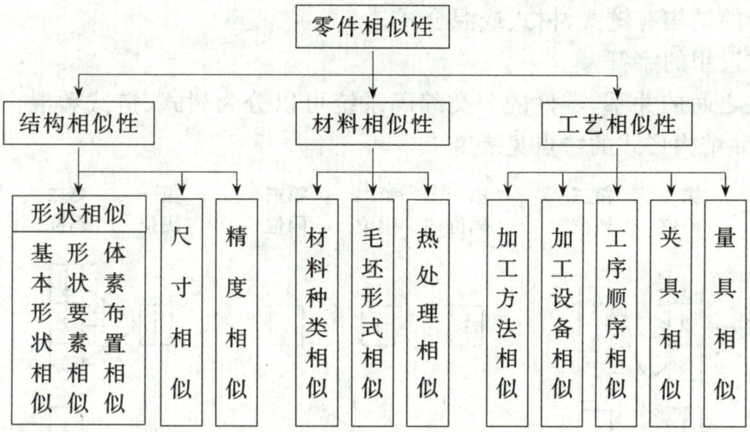

图 9-3　零件的相似性

零件的相似性是零件分组的依据。从企业生产的需要出发，可侧重按照零件某些方面的相似性分类成组。将零件分类成组的方法通常有 3 种：目测法、生产流程分析法和零件分类编码法。

依靠人的经验，用目测的方法识别零件的相似性，在一定的条件下虽然也能获得良好的分类效果，然而，在大多数的情况下则希望用更科学和更严格的方法来确定零件的相似性程度。在实施成组技术中广泛采用的零件分类编码系统，便是达到这一目的的有效手段之一。它不但在成组技术而且在计算机辅助工艺过程设计和柔性制造系统的研究中，已经成为必不可少的工具。

9.2 零件的分类编码和分类编码系统

零件分类编码是对零件相似性进行识别的一个手段，也是成组技术的基本方法。零件分类编码系统是用字符(数字、字母或符号)对零件各种特征或属性进行描述、识别的一套特定规则。根据分类编码系统制定的规则，用字符标识和描述零件就是对零件进行编码。代表零件特征或属性的每一字符称为特征码。经过编码，零件的特征被标识成相应的特征码，这些特征码的有序组合便产生了零件的代码。所以一个零件的代码，不仅代表一种零件的某些特征，同时也代表若干种与之非常相似的其他零件的相应特征。

在构造零件分类编码系统前，需要对零件的特征和属性作全面研究。编码系统选择哪些有关的特征取决于建立此分类编码系统的目的，例如对面向设计检索的零件编码系统零件的公差并不重要，但对面向制造工艺的零件编码系统却十分重要。

9.2.1 零件分类编码系统的结构

通常，零件的几何形状、尺寸、结构及其技术条件通过工程图纸可以详细、完整地表达清楚，同时也提供了从制造到装配的基本信息。然而对许多决策过程，过多的信息反而使决策困难。零件的编码却可以构造一个零件模型而无需细节。当构造一个编码系统时，下述因素需要优先考虑。

①零件的大类，如回转体、非回转体、箱体等。

②编码内容应表示的详细程度。

③编码系统的结构有链式、树式或混合式。

④每一码位选用的字符。

根据各码位之间的关系，零件的分类编码系统可以分为树式、链式和混合式3种结构，如图9-4所示。3种结构形式的特点见表9-1。

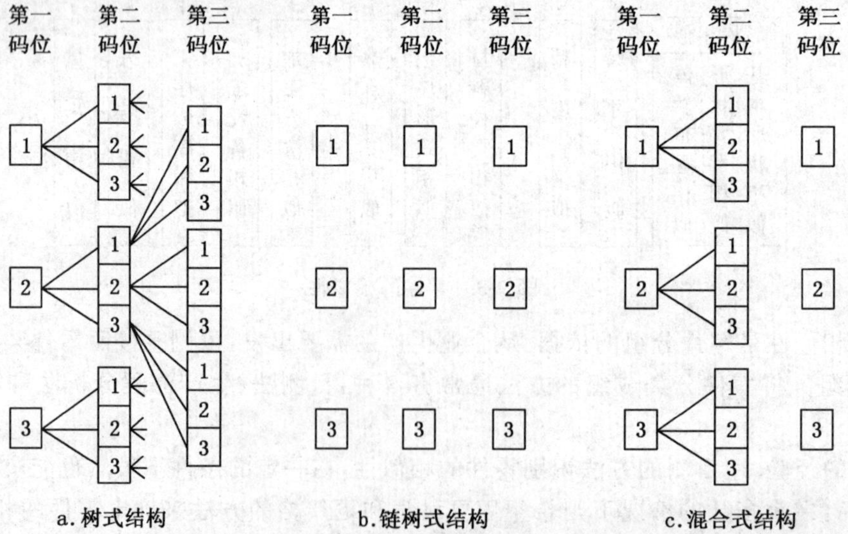

图9-4 码位之间的结构形式

表 9-1 3种结构形式特点比较

结构形式	码位关系	信息容量	特 点
树式	隶属	大	识别、使用不方便，适用于零件设计检索
链式	并列	小	识别、使用方便，适用于零件特征分类
混合式	隶属、并列	中	介于两者之间

9.2.1.1 树式结构

码位之间是递阶隶属关系，即除第1码位内的特征码外，其后各码位特征含义都要根据前1位码确定，因此形成树状分枝。树状结构在码位数相同时能包含大量的分类环节，但结构复杂，编码和识别代码均不方便。设树式结构的码位数量为 N_1，每个码位内的特征项数为 M，则树式结构信息容量为 C_s，

$$C_s=\sum_{k=1}^{N_1}M^k。$$

9.2.1.2 链式结构

各码位的特征或属性具有独立含义，与前位码或后位码无关。链式结构在相同的码位数时，所包含的特征信息量即分类环节总数比树式结构少，但结构简单，编码和识别代码比较方便。设分类编码系统中链式结构的码位数量为 N_2 每个码位内的特征项数为 M，则链式结构分类环节总数，即信息容量为 C_l，

$$C_l=MN_2。$$

9.2.1.3 混合式结构

系统中部分码位为链式、部分为树式，故称混合式结构，它利用了链式结构和树式结构两者的优点。现有的编码系统大部分为混合式结构。混合式结构的分类环节总数 C_h 为 C_s 与 C_l 之和：

$$C_h=\sum_{k=1}^{N_1}M^k+MN_2。$$

每1码位中的特征项数与选用的字符有关，表9-2中列出各类字符所能容纳的最多项数。由于十进制简单并为人们所熟悉，所以分类系统中大都采用十进制。

表 9-2 各类字符所能容纳的最多项数

字符形式	项数	代 码
二进制	2	(0,1)
八进制	8	(0,1,2,…,7)
十进制	10	(0,1,2,…,9)
十六进制	16	(0,1,2,…,9,A,B,…,F)
字母	26	(A,B,C,D,…,Z,Y,Z)

例 9.1 有一分类编码系统，其结构为混合式，码位共9位，前3位为树式结构，后6位为链式结构，均用十进制表示各特征项，求此编码系统所包含的信息容量。

解：此编码系统为混合式结构，故其信息容量：

$$C_h=\sum_{k=1}^{N_1}M^k+MN_2$$

树式结构部分 $N_1=3$ $M=10$

链式结构部分 $N_2=6$ $M=10$

故 $C_h=10^1+10^2+10^3+10\times6=10+100+1000+60=1\ 170$

此分类编码系统包含的分类环节总数，即所含信息容量为 1 170。

9.2.2 零件分类编码系统

由于零件分类编码系统是实施成组技术的重要工具，世界上很多国家都非常重视这方面的研究和发展工作，针对不同的需要，研制和发展了各种各样的零件分类编码系统：有用于机械加工零件的、也有用于铸件和锻件的分类编码系统；有用于机械零件设计或加工的单一功能的分类编码系统、也有用于零件设计、工艺和管理的多功能的零件分类编码系统；有公开的分类编码系统、也有不公开（有专利）的分类编码系统。目前大多数系统主要用于设计、检索和零件标准化以及零件的统计分析。

当今世界上有 3 100 余种 GT 分类编码系统，但其中开发较早比较典型、同时影响也较大的是德国的奥匹茨系统。以后各国开发的零件分类编码系统大都吸取了其中的优点。本章仅简单介绍奥匹茨系统和我国制定的 JLBM-1 零件分类编码系统。

9.2.2.1 德国奥匹茨(Opitz)零件分类编码系统

奥匹茨零件分类编码系统是 20 世纪 60 年代由德国阿亨工业大学机床与生产工程实验室在奥匹茨教授主持并指导下，得到德国机床制造商协会的支持，所制定的通用零件分类编码系统（又称 VDW 系统）。

奥匹茨零件分类编码系统由 9 位十进制数字代码组成，前 5 位（1～5 码位）称主码，用数字 0～9 分别表示零件的特征。此编码系统的总体结构如图 9-5 所示。

奥匹茨系统的第 1 位码表示零件的类别，根据零件的总体形状和尺寸比例，将一切零件分为回转体和非回转体两大类。回转体零件指主要外表面由回转面构成的零件（包括数个绕不同的平行轴线的回转面构成的零件）。除回转体零件外一切零件均属于非回转体零件（也称不规则零件）。回转体零件按不同长度直径比分为盘、短轴、长轴等，如图 9-6 所示。此外，对轴心线偏异的回转体零件如曲轴等，非圆型材制成的无偏心零件，如六方螺钉、螺母等，都列入带偏异的回转体零件类中。按长径比（L/D）的不同分为短形偏异回转件和长形偏异回转件两类。

非回转体零件按不同长度、宽度和高度的尺寸比分为板、条（长条）、块（方块）等，其分类可参考图 9-7。

第 1 码位中的 5 和 9 代表特殊的回转体和非回转体零件，对不能归属于 0～4 以及 6～8 的零件均可归于此两类中。这两类零件如何编码，系统没有规定，留给用户根据自己零件特点自行决定其特征码含义。

图 9-8 是第 1 码位是 0，1 和 2 时，它们相应的前 5 个码位的含义，奥匹茨系统的辅助码对于所有类型的零件均采用图 9-9 的码位值规定。另外，一个完整的零件分类编码系统除一套码位代码的详细表格外，为了便于使用和保证在使用中的一致性，还要对代码的含义作定义和解释，使用户对零件进行编码时方便可行。因篇幅所限，其他码位的编码规定和编码术语的定义说明请参考有关文献。

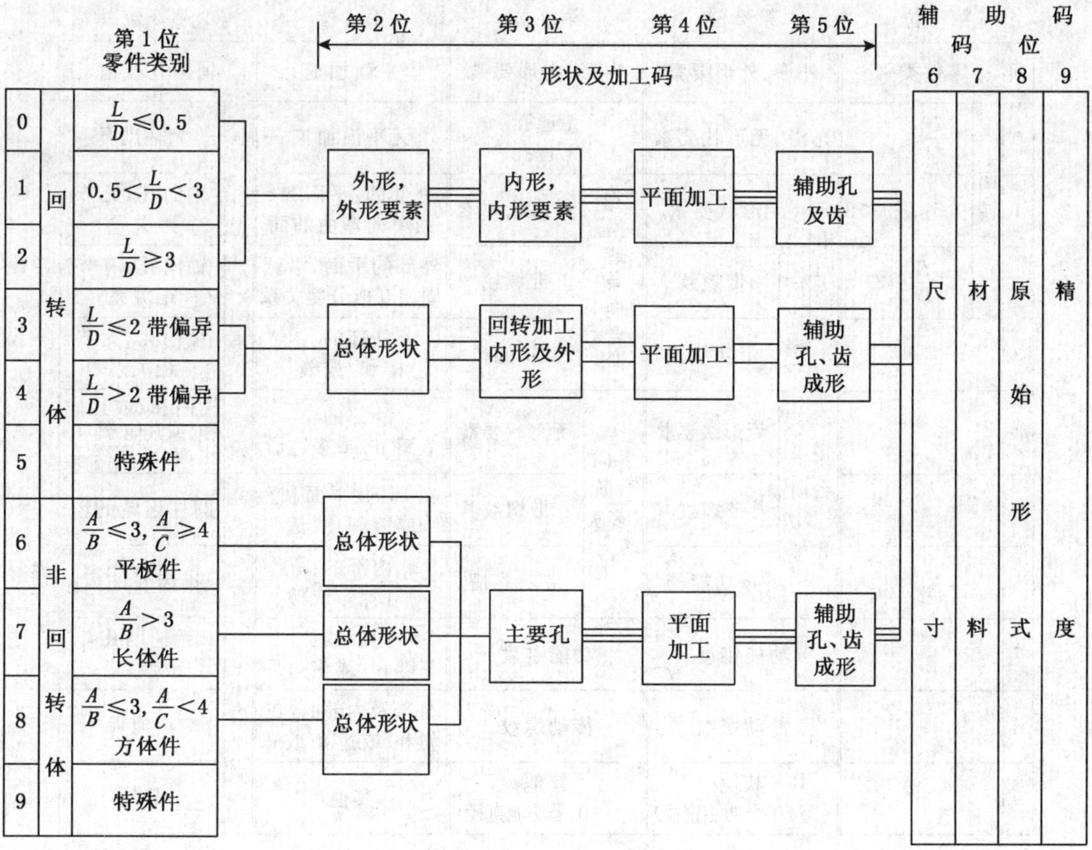

图 9-5　奥匹茨零件分类编码系统的总体结构

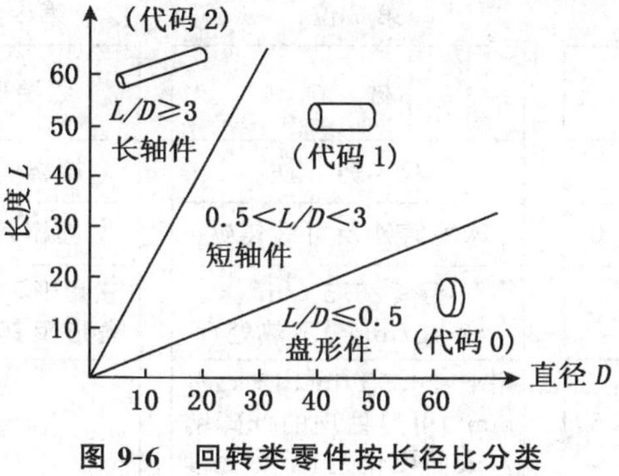

图 9-6　回转类零件按长径比分类

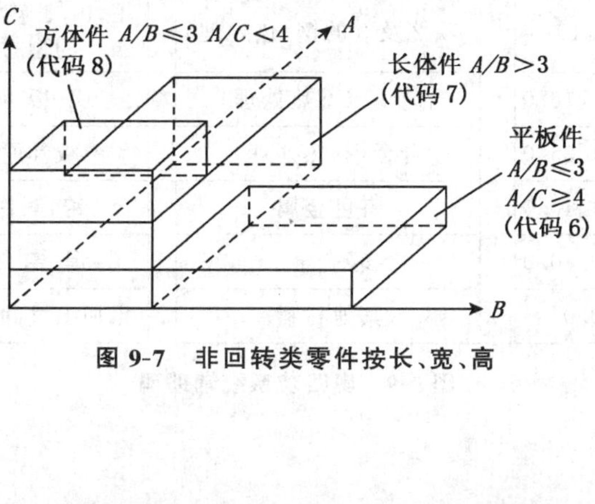

图 9-7　非回转类零件按长、宽、高

项	第1位 零件类别		第2位 外形、外形要素		第3位 内形,内形要素		第4位 平面加工	第5位 辅助孔及齿	
0	回转件	$\frac{L}{D}\leqslant 0.5$	光滑、无形状要素		无通孔 无盲孔		无平面加工	无齿	无辅助孔
1		$0.5<\frac{L}{D}<3$	单向台阶或光滑	无形状要素	光滑或单向台阶	无形状要素	外部的:平面和/或单向弯曲的面		轴向孔,无节距关系
2		$\frac{L}{D}\geqslant 3$		带螺纹		带螺纹	外部的平面,沿圆周相互成分度关系		轴向孔,有节距关系
3				带功能槽		带功能槽	外部的: 槽和/或缝		径向孔,无节距关系
4			多向台阶(多次增大)	无形状要素	多向台阶(多次增大)	无形状要素	外部的: 花键和/或多边形		轴向和/或径向和/或其他方向的孔,有节距关系
5				带螺纹		带螺纹	外部的:平面和/或缝和/或槽	有齿	圆柱齿轮的齿
6				带功能槽		带功能槽	内部的: 平面和/或槽		锥齿轮的齿
7			功能锥度		功能锥度		内部的: 花键和/或多边形		无辅助孔,成形,齿
8			传动螺纹		传动螺纹		外部及内部的:花键和/或缝和/或槽		其他齿
9			其他 (>10 个功能直径)		其他 (>10 个功能直径)		其他		其他

图 9-8　奥匹茨系统第 0,1,2 类零件形状码

项	第6位 直径"D"或边长"A" mm	in	第7位 材料	第8位 原始形式	第9位 精度所在形状码位
0	⩽20	⩽0.8	灰铸铁	圆棒,黑色	没有指定精度
1	>20⩽50	>0.8⩽2.0	球墨铸铁及可锻铸铁	圆棒,拉光	2
2	>50⩽100	>2.0⩽4.0	钢⩽26.5 t/in^2 (42 kg/mm^2)不热处理	三角形,方形,六角形及其他棒料	3
3	>100⩽160	>4.0⩽6.5	钢>26.5 t/in^2(42 kg/mm^2)可热处理的低碳钢及表面硬化钢,不热处理	管子	4
4	>160⩽250	>6.5⩽10.0	项 2 及 3 的钢,热处理	L,U,T 型之类的型材	5
5	>250⩽400	>10.0⩽16.0	合金钢(不热处理)	薄板料	2 及 3
6	>400⩽600	>16.0⩽25.0	合金钢(热处理)	中板及厚板	2 及 4
7	>600⩽1 000	>25.0⩽40.0	有色金属	铸,锻件	2 及 5
8	>1 000⩽2 000	>40.0⩽80.0	轻合金	焊接件	3 及 4
9	>2 000	>80.0	其他材料	粗加工过的零件	(2+3+4+5)

图 9-9　奥匹茨系统辅助码

例 9.2 对图 9-10 中的端盖和盖板用奥匹茨分类编码系统进行编码，写出该零件的代码，并解释。

解：根据零件图，参考有关文献，按奥匹茨分类编码系统的编码规则进行编码，其结果如右。

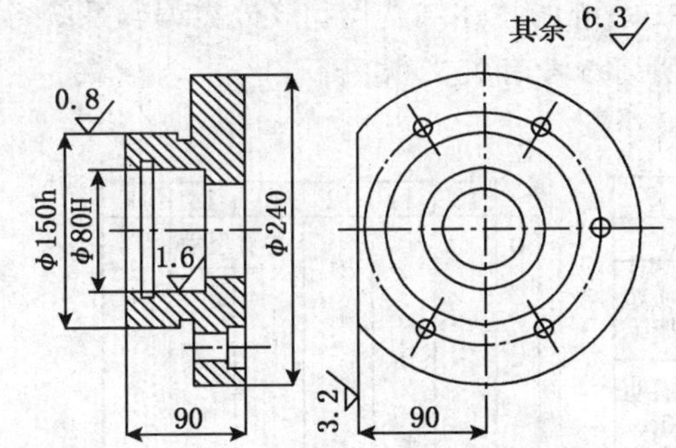

码位	代码	解释
一	0	回转体 $L/D\leqslant 0.5$
二	1	一端台阶，无形状要素
三	3	内孔单向台阶，带功能槽
四	1	外部的平面加工
五	2	轴向孔，有节距关系，无齿
六	4	直径 240，在 160～250 之间
七	2	钢($42\ kg/mm^2$)不热处理
八	7	铸造毛坯
九	5	第 2，3 码位有高精度要求

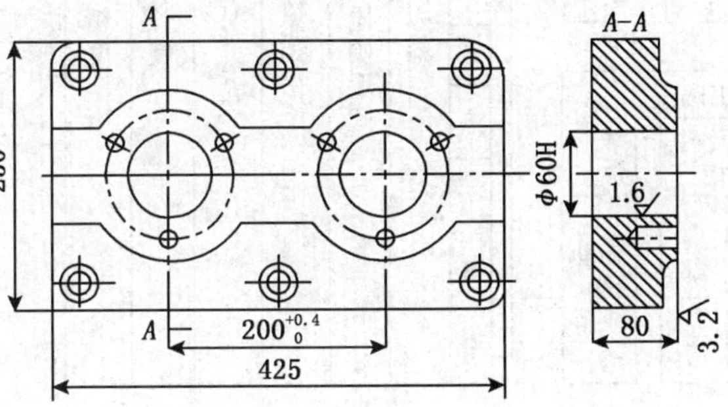

码位	代码	解释
一	6	平板件 $A/B\leqslant 3$，$A/C\geqslant 4$
二	5	具有铸造小偏异的直角形
三	4	有两个平行的主孔
四	4	有相对平面加工
五	3	无齿，在一个方向钻无节距关系孔
六	6	长度尺寸在 400～600 之间
七	1	球墨铸铁
八	7	铸造毛坯
九	2	第 3 码位有高精度要求

图 9-10 奥匹茨系统编码举例

9.2.2.2 JLBM-1 分类编码系统

JLBM-1 系统是我国机械工业部门为在机械制造中推行成组技术而开发的一种零件分类编码系统。这一系统经过先后 4 次的修订于 1984 年正式作为我国原机械工业部的技术指导资料。该编码系统力求能满足机械行业中各种不同产品零件的分类之用，是一个适用于机械制造厂在设计、工艺、制造和生产管理部门应用成组技术的多用途分类编码系统。制定该系统的基本原则如下。

1)JLBM-1 系统是作为机械加工工厂在推行成组技术进行零件分类编码时的一种指导性技术文件。各企业既可以采用 JLBM-1 系统，也可以参照 JLBM-1 系统制定出适合于本企业情况的专用编码系统。

2)该系统主要是针对中等和中等以上规模的多品种中小批量生产的机械加工企业(车间)。

3)考虑了各机械工业的共性内容，力求简单明白，有规律性，便于各机械加工企业、部门在使用时理解和记忆，在编制零件编码系统时，减少从头开始的过程，从而少走弯路，有利于全国各机械行业零件分类编码系统的制定与使用。

4)采用主、辅分段的混合式结构，用 15 个码位表示，每个码位包含 10 个特征项。由名称矩阵、形状与加工和辅助部分组成。它提供了零件的功能、几何形状、形状要素、尺寸、材料、毛坯、热处理、精度和一部分加工信息。该系统第 1,2 位码构成一个功能名称矩阵,反映了零件的功能和主要形状,列入名称类别的零件都是各行企具有共性的常用零件,便于通过名称作设计检索和分类。但是,企业或工厂在应用本系统前,必须对本企业的零件名称作标准化处理,并有明确的解释。第 3～9 位码表示零件的主要几何形状和加工特征。第 10～15 位码为辅助码,表示零件的材料、毛坯、尺寸和精度等。图 9-11 是 JLBM-1 系统的总体结构图。该分类编码系统各码位代码的详细分类表和使用系统时术语的定义说明请参考有关文献。

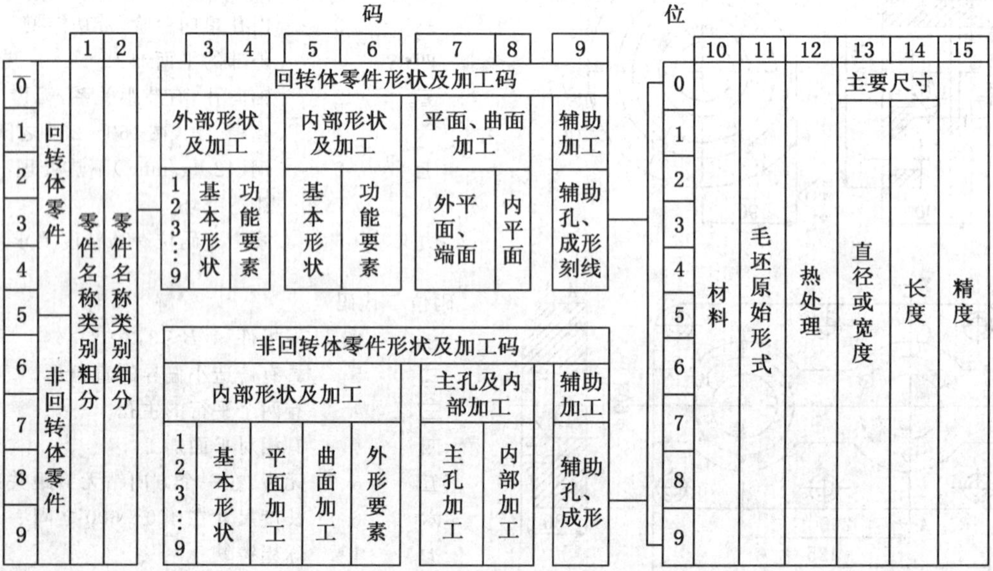

图 9-11 JLBM-1 分类编码系统的总体结构

9.2.3 零件的编码

在选定或重新设计了零件分类编码系统以后,就可以对所研究的零件进行编码。零件编码有人工编码、计算机辅助编码和计算机自动编码 3 种方法。

人工编码:即由人根据零件分类编码系统的编码规则,对照零件图,编出零件的代码。这种方法编码的速度较低,它与编码系统本身的结构、零件图的复杂程度和编码人员的技术水平有关。人工编码的出错率较高,因为在编码过程中受到人的主观判断因素影响较大。据统计,出错率为 10%～30%。

计算机辅助编码:需要一套计算机辅助编码的软件,有些分类编码系统配有这种软件。传统的分类编码系统一般配的是人—机对话型的零件编码程序。编码时,编码人员只需逐一回答计算机所提出的一系列逻辑问题,计算机便能自动地编出零件的代码。计算机所提问题的数目与所选定的零件分类编码系统和零件的复杂程度有关。对于一个中等复杂程度的零件,计算机要提 10～20 个问题,而对于一个简单的零件,计算机至少也要提 7 个问题。

计算机自动编码:计算机自动编码系统是直接输入零件的图形,由计算机自动地进行图像识别,并依照编码规则自动生成代码,存于代码库中。近来美国一些院校开展了这方面的科研工作。普托(Purdue)大学研制出一种计算机两维零件自动分类编码系统,其效率高达 181 件/h。分类编码的对象主要是挤压成型件、钣金件及火焰切割件等。该系统为了直接根据图像进行分类编码,先在计算机中存储一些零件原型(标准图形),系统的任务就是把零件横截面与原型轮廓进行比较，从而把零件分类编码；比较是借助于傅里叶描述符来进行的。但开始自动编码时，计算机外部设备电视摄像机对零件图纸扫描后，图形传送到计算机，由软件跟踪横截面轮廓，计算出该图形的傅里叶描述符，并据此算出其与各原型轮廓之间的最小差距值，此值愈小，两轮廓外形越相似，由此比较判别零件与何种原型相似，从而定出该零件的类别及形状码(第1码位)。在形状码决定后，系统选择相应的测量程序来测量零件的有关尺寸，以定出零件余下的码位。普托大学研究了仅有一个视图的简单回转体零件(包括内部结构)的自动编码分类系统，其发展是进行三维零件的自动编码分类的研究工作。由于目前计算机图像识别技术这一课题没有得到满意的解决，所以利用图像识别的零件自动编码分类系统尚未在工业上得到广泛应用。

9.3 零件的分组方法

成组技术的基本原理乃是充分认识和利用生产活动中有关事物客观存在着的相似性以提高生产的效益。由此，将零件集合从相似性的原理出发，按一定的目的分类成组是实施成组技术的基本手段。

“组”一般可理解为具有某些共同属性的事物集合.成组技术在研究零件分类时，有时也采用“零件族”的概念。零件族是具有某些共同属性的零件集合，可以认为，零件族和零件组在这里具有相同的含义。采用不同的相似性标准，可将零件划分为具有不同属性的零件组。例如，根据成组技术在企业生产活动中的不同方面的应用，制定相应的分类成组的相似性标准，可将零件分成不同的零件组，如表9-3所示。

表9-3 各种零件组的划分及其应用

序号	零件组	应用
1	设计组	零件图检索，设计合理化及标准化，CAD等
2	工艺组	检索工艺资料，编制成组工艺，工艺合理化及标准化
3	调整组	建立成组工序，同组零件均有相同工艺装备和调整方法
4	数控组	简化数控编程工作，将程序相似的零件并为一组
5	管理组	成组生产管理，合理安排作业计划，建立管理信息系统
6	同期投产组	同一计划期内不同产品的相似零件按成组要求集中投产

在企业中推行成组技术时，分组工作需要经常进行，以适应不断变化的生产情况。因此研究简便、有效、快速的分组方法是实施成组技术的关键问题。目前应用的零件分类成组方法主要有：目测法、生产流程分析法和分类编码法。

9.3.1 目测法

目测法是由人直接观测零件图或实际零件以及零件的制造过程，并依靠人的经验和判断，对零件进行分类编组。这种方法十分简单，在生产零件品种不多的情况下，可取得成功。但当零件种数比较多时，由于受人的观测和判断能力的限制，往往难以获得满意的结果。据国外资料报道，当零件种数大于200时，要取得完全成功是比较困难的。

9.3.2 生产流程分析法

生产流程分析法(production flow analysis，PFA)是英国的伯贝奇(J. L. Burbidge)教授首先提出的，并在成组技术的实践中获得成功的应用。生产流程分析法是研究工厂生产活动中物料流程客观规律的一种统计分析方法。它着重分析生产工厂中从原材料到产品的物料流程，研究最佳的物料流程系统。由此，生产流程分析可应用于工厂规划、设计和物料科学管理等方面。生产流程分析一般可以包括3个主要步骤：工厂流程分析、车间流程分析和生产单元流程分析。

1）工厂流程分析。工厂流程分析是对全厂的物料流进行统计分析，以正确地组成和区划各个生产车间和管理部门，使工厂全生产过程有合理的物料流程。通过工厂流程分析可决定各车间的生产任务和设备。

2）车间流程分析。车间流程分析是对本车间生产的全部零件的工艺过程进行统计分析，按工艺过程将零件划分为零件组，同时也求出与各零件组相对应的一组设备（机床组）。因此，车间生产流程分析有助于正确的规划车间的组成和简化车间的物料流程。车间生产流程分析的原始资料是车间的生产零件明细表、零件工艺规程卡片及设备明细表等工艺技术资料。在已知零件工艺过程的基础上，通过相同或相似的工艺路线将零件聚集在一起成组。因此，是划分工艺组、调整组、数控组、管理组和同期投产组的好方法。按照生产流程分析法，可在零件分组的基础上形成理论上的按成组生产组织布置设备的成组生产单元。在零件品种数较多、工艺过程较复杂的情况下，采用生产流程分析法的零件分类工作是十分繁杂的，需要建立一种科学的工作步骤和具体的分析方法，这在用计算机代替人工处理时也是十分需要的，它为分析提供了逻辑判断模式，是计算机程序设计的算法基础。目前，作为车间生产流程分析的算法很多，如：核心机床法、顺序分枝法、聚类分析法及分枝——聚类法等，它们的算法复杂程度和取得的效果不尽相同。

3）生产单元流程分析。生产单元流程分析是以单元内生产零件为对象，通过进一步对工艺过程的分析，可以寻求单元最合理的设备平面布置。对单元内生产零件的加工工艺过程分析，还可以把加工族细分为具有某些工艺特征的零件小组，这将有助于成组工艺过程、成组工艺调整方案和成组夹具等方面的设计工作。

可以看出，生产流程分析的三个步骤分析范围和目的是各不相同的，但它们是彼此紧密联系的。一般前一步骤是后一步骤的必要前提。应用生产流程分析将零件分类，一般包括工厂的和车间的生产流程分析这两个步骤，而关键的一步是车间生产流程分析。通过车间生产流程分析不仅能将零件分类形成加工族，同时也能决定出其相对应的加工设备（机床）组，因此它常用于成组生产单元的设计。

9.3.3 分类编码法

分类编码系统只是将零件集合中某些特征或属性作为分组的标准，但实际分组时的困难是相似零件具有相同特征时，如何制定各特征相似性的尺度。如以零件全部编码相同作依据进行分组，其结果可能是零件组数极多，而分入每组内的零件种类极少。因为要求零件编码完全相同，即组内零件不是相似而几何完全相同了。在实际生产中出现编码完全相同的零件，其概率也很小。另一方面，这种相似性的尺度也不能太宽，否则可能造成同一组内零件种数太多，而零件间差异太大，无法达到某种应用目的。因此可见，相似性尺度的制定，要考虑应用的目标，即分何种组或族、用于何种环境以及实际分组后的结果。目前常用特征码位法和码域法用以确定分组的相似性尺度。

9.3.3.1 特征码位法

实际生产中，根据分组的应用目的，通常只要求零件全部编码中只有若干特征码属性相似即可。例如用 Opitz 系统将轴类零件划分工艺组时，考虑到第 1,2,6,7 四位代码最重要。即以此四位码作为分组的尺度。图 9-12 所示为待分组的轴类零件及其编码。由图可见 6 种零件可分为 2 组。第 1 组其特征码位为{2613}，第 2 组其特征码位为{2313}。因此零件号 1,3,4,6 为一组，而零件号 2,5 为另一组。第 1 组内虽然零件号 1,3,4 的第 2 位码是 4，但能加工 6 时肯定能加工 4，因为 6 的工艺过程包含了 4。也许有人怀疑该类零件分为两组的必要性，这是因为第 1 组零件皆为双向阶梯外圆柱面小轴，而第 2 组零件为单向阶梯为圆柱面短轴，前者需要调头加工外圆，后者无需调头。如果分组的目的不同，例如将零件分成管理组时，也许就是一个组了。

零件号	零件简图	OPITZ 系统分类代码								
		1	2	3	4	5	6	7	8	9
1	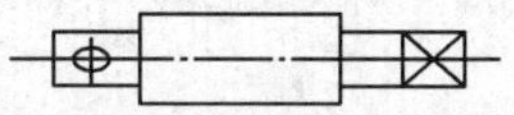	2	4	0	2	3	1	3	7	1
2	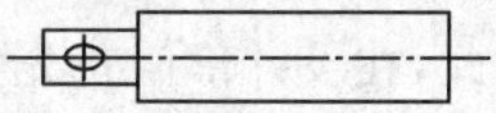	2	1	0	0	3	1	3	0	1
3	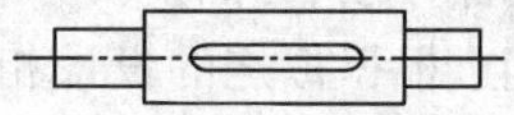	2	4	0	3	0	1	3	7	1
4	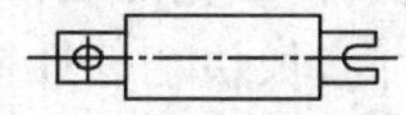	2	4	0	3	3	1	3	7	1
5	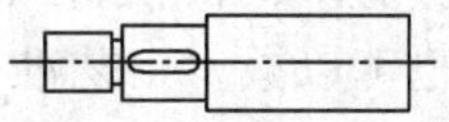	2	3	0	5	0	1	3	0	1
6	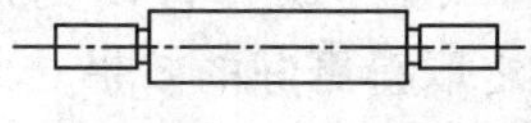	2	6	0	0	0	1	3	0	1

图 9-12 待分组的小轴类零件及其编码

特征码位法分组，因仅用部分代码作分组依据，只考虑主要问题而忽略次要问题，因此是一种较粗放的分组方法。究竟取哪几个码位作为分类尺码，经常凭人的主观经验决定取舍，这些问题是此种分组方法的主要缺点。

9.3.3.2 码域法

用码域法分组即指适当放宽每一码位相似特征的范围，实际上是对特征码位法的改进。因其有利于计算机处理，所以现在应用较广。

分类编码系统从数学角度看是 1 个二维矩阵，因此，按码域法制定的分组相似性尺码是一个分组用的相似性特征矩阵。图 9-13 是 Opitz 分类编码系统为适应某种分组需要而制定的分组特征矩阵码域。图中所示矩阵，每列代表分类代码的码位，每行代表分类编码的特征，矩阵涂成黑色元素的集合就是码域。此码域的决定可以经过调查研究或作统计分析得出，也可以结合专家的经验给出。以此特征矩

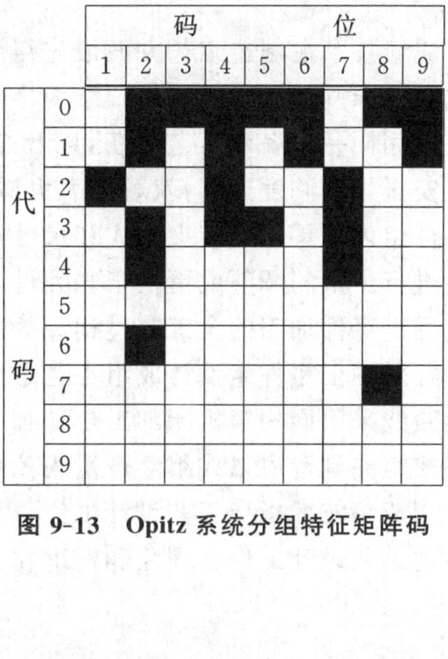

图 9-13 Opitz 系统分组特征矩阵码

阵码域为标准，与每个零件的编码相比较，可以确定符合此特征矩阵码域的零件组。以上的工作均可编一计算机程序用计算机辅助完成。

不论是特征码位法还是码域法，均在一定程度上受到人的经验和主观因素的影响，缺乏足够的科学依据，但使用时较方便。

9.4 成组技术的应用和经济效益

目前，发展了的成组技术是应用系统工程学的观点，把中小批生产中的设计、制造和管理等方面作为一个生产系统整体，统一协调生产活动的各方面，全面实施成组技术，以取得最优的综合经济效益。以下将从产品设计、制造及生产管理等方面简述成组技术的应用及其经济效果。

9.4.1 成组技术在产品设计中的应用

产品设计图纸是后续生产活动的重要依据。因此，在设计部门首先实施成组技术有着重要的意义。用成组技术指导产品设计代替传统的设计方法，可以使设计合理化，扩大和深化设计标准化工作。在深刻认识零件结构和功能的基础上，根据拟定的设计相似性标准可将设计零件分类成组形成设计组，针对设计组可以制定不同程度的标准化的设计规范，以备设计检索。由于有关设计信息最大程度地重复使用，这就节约了时间，加快了设计速度。据统计，当设计一种新产品时，往往有 3/4 以上的零件设计可参考借鉴或直接引用原有的产品图纸，从而减少新设计的零件，这不仅可免除设计人员的重复性劳动，也可以减少工艺准备工作和降低制造费用。

应特别指出的是，由于用成组技术指导设计，赋予各类零件以更大的相似性，这就为在制造管理方面实施成组技术奠定了良好的基础，使之取得更好的效果。此外，由于新产品具有继承性，使多年来累积并经过考验的有关设计和制造的经验再次应用，这有利于保证产品质量的稳定。

以成组技术指导的设计合理化和标准化工作将为实现计算机辅助设计(CAD)奠定良好的基础。

9.4.2 成组技术在制造工艺中的应用

成组技术在制造工艺方面最先得到广泛应用。开始是用于成组工序，即把加工方法、装夹方式和机床调整相近的零件归结为零件组，设计出适应于全组零件加工的成组工序。成组工序允许采用同一设备和工艺装备，以及相同或相近的机床调整加工全组零件，这样，只要能按零件组安排生产调度计划，就可以大大减少由于零件品种更换所需要的机床调整时间。此外，由于零件组内诸零件的装夹方式和尺寸相近，可设计出应用于成组工序的公用夹具—成组夹具。只要进行少量的调整或更换某些元件，成组夹具就可适应于全组零件的工序装夹。成组技术亦可应用于零件加工的全工艺过程。为此，应将零件按工艺过程相似性分类以形成加工零件组，然后针对加工零件组设计成组工艺过程。成组工艺过程是成组工序的集合，能保证按标准化的工艺路线采用同一组机床加工全部加工零件组的诸零件。应指出，设计成组工艺过程、成组工序和成组夹具皆应以成组年产量为依据，因此，成组加工允许采用先进的生产工艺技术。

用成组技术指导工艺设计工作，以代替孤立地针对一个零件进行工艺设计的传统方法，可以实现工艺设计工作合理化和标准化，这不仅大大缩短工艺准备工作的时间和费用，而且也有利于提高工厂生产技术水平。此外，制定的成组工艺设计指导文件资料，可备工艺员检索使用，这有助于提高新工艺员的工作质量和效率。

以成组技术指导的工艺设计合理化和标准化为基础，可以进一步实现计算机辅助工艺过程设计和计算机辅助成组夹具设计。

9.4.3 成组技术在生产组织管理中的应用

如前所述，为取得综合的经济效益，应在生产相同中全面实施成组技术，即形成成组生产系统。工厂生产组织管理机构是生产的规划、指挥和控制的机构，工厂实施成组技术，若不按照成组技术的基本原理更新工作方法和调整机构，就很难设想各部门能协调一致，以期达到既定的目标。

成组加工要求将零件按工艺相似性分类形成加工组，加工同一加工组有其相应的一组机床设备。因此，很自然，成组生产系统要求按模块化原理组织生产，即采用成组生产单元的生产组织形式。在一个生产单元内有一组工人操作一组设备，生产一个或若干个相近的加工组，在此生产单元内可完成诸零件全部或部分的生产任务。因此可以认为，成组生产单元是以加工组为加工对象的产品专业化或工艺专业化（如热处理、磨削成组生产单元等）的生产基层单位。在生产单元内，一般仅加工划分于本单元的加工组，其零件品种为数不是很多的，这样可以大大简化生产管理工作，并利于实行生产责任制。此外，由于简化了物料和信息的流程，便于采用现代化管理手段，提高管理效率。所以成组生产单元是实施成组技术的一种有效的生产组织和劳动组织。

实施成组技术要求更新生产管理工作方式和内容。例如，生产管理部门在计划安排上应设法把相似零件集中在一起，并在生产调度中保证实现成组加工。若仍采用一般工业上常用的控制成品率和零件库存量的方式组织生产，则达不到减少库存量、加速资金周转和缩短生产周期的目标，即不能获得实施成组技术所期望达到的效果。据报道，采用成组生产单元组织生产可减少在制品数量约60％，缩短生产周期40％～70％。

现代化工厂为了管理和控制生产过程需要收集、分析和处理大量信息，并使信息迅速流通和反馈到有关工作机构和部门。借助于计算机以及支持它的管理应用软件，可提高工厂生产管理的水平和效率。可以认为成组技术是计算机辅助管理系统技术基础之一。这是因为运用成组技术基本原理将大量信息分类成组，并使之规格化、标准化，这将有助于建立结构合理的生产系统公用数据库，可大量压缩信息的储存量；由于不再是分别针对一个工程问题和任务设计程序，可使程序设计优化。此外，由于采用编码系统，则可借助于计算机使信息得以迅速检索、分析和处理。所以，随着成组技术推广实施和计算机的广泛应用，必将加速多品种、中小批生产中计算机辅助管理系统的建立。

综上所述，成组技术的核心是充分利用生产活动中有关事物的相似性。从更广泛的意义来说，它的应用可概括为以下3种主要方式。

1)事务的集中处理。把具有一定相似性和重复性的事务集中起来进行处理，由此可避免总是频繁地由一种事务转换到与之无联系或很少联系的另一种事务时所必需花费的时间。要求摈弃“单打一”的工作方式。

2)事务的标准化、规范化。把具有一定相似性和重复性的事务汇集起来并使之标准化、规范化，这样可以有时间来集中精力解决在各种事务中属于个性的问题，从而可避免重复性的劳动。要求对具有相似性的一组事务提出统一的最优解决方案。

3)信息的重复使用。把具有一定相似性和重复性的有关事物的信息进行合理化处理,使之更有效地存储和重复使用这些信息。要求摈弃“一切从头开始”的工作方式。

9.4.4 成组技术的技术经济效益

在多品种、中小批量生产企业中,实施成组技术所能获得的技术经济效益是多方面的。图9-14定性地说明了实施成组技术在产品设计、生产准备、加工和管理等领域内得到的综合技术经济效益。

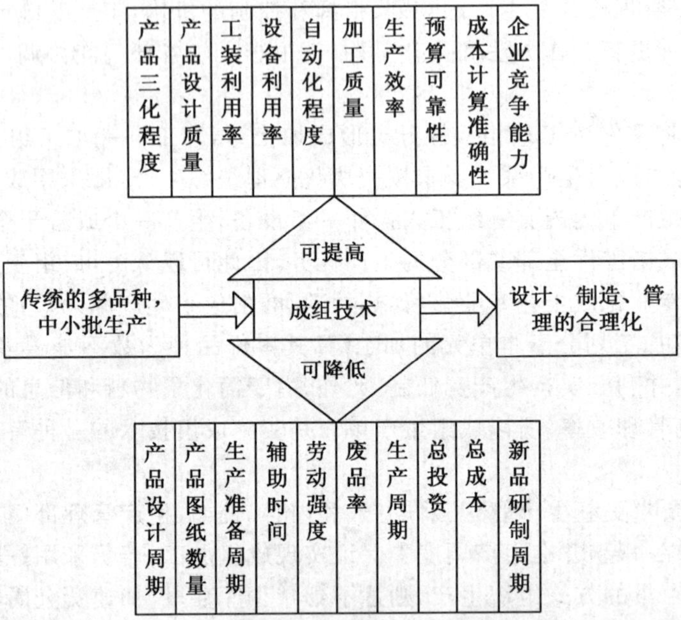

图 9-14 实施成组技术的技术经济效益

1)提高劳动生产率。由于成组技术是采用成组地处理相似零件组在生产领域中的各种问题,因而可以节省大量的时间,从而提高劳动生产率。例如成组加工时,采用成组设备或成组工艺装备,可使调整时间缩短69%。又由于形成较大的成组生产批量,有可能采用大批生产的高效设备,可以使辅助时间和加工时间缩短。德国科隆(KHD)公司对五缸和六缸发动机曲轴采用成组加工,使生产率提高300%。

2)保证产品质量。采用成组技术后,由于消除了相似零件工艺上不必要的多样性,零件加工组选择了合理的工艺方案,使零件加工质量稳定、可靠;生产工人编制在生产单元或流水线上,工序专业化程度提高,可以提高工人的劳动熟练程度;在成组生产单元内从组长到工人对零件质量全面负责,增强了生产责任心;采用自动化程度高的设备和工艺装备,减少人为因素对加工质量的影响,使废品率下降;减少零件的磕、碰、划伤。以上种种因素都促使零件废品率降低,产品质量得以提高,如某公司采用成组技术前,废品率为12.4%。而采用成组技术后,减少了95%,废品率为0.62%。

3)缩短生产技术准备周期。推行成组技术最先得益的项目是改进设计。借助于分类编码系统,新产品的大部分零件可以沿用原有图纸,减少了设计工作量,从而缩短设计周期。由于设计上提高了新、老产品的继承性,因而必然带来工艺设计与制造上的继承性。从而大大简化新产品的技术准备工作,缩短了生产技术准备周期。英国赫伯特公司采用成组技术后,新产品技术准备周期由原来的12～18个月缩短到平均6个月，是原来周期的1/2～1/3。

4)减少零件运输工作量、实现物料流合理化。由于成组零件封闭在相应的生产单元或流水线上，所以大大缩短了输送路线，不必全车间旅行。

5)减少在制品数量和库存费用。成组零件在生产单元或流水线上加工时，零件不必像传统生产方式那样按批量作工序间的顺序流动，原则上可以逐件或几件传送。这样可减少在制品的数量，因而可相应地减少库存零件的费用。通常在制品费用可以下降60%。

6)有利于管理科学化。实施成组技术后，改变了原来多品种、中小批生产企业的杂乱、分散和落后状况。减少因设计、工艺、工装不必要的重复性和多样化带来管理上的困难。先进的生产组织形式简化了生产管理工作。产品零件编码后为使用计算机管理生产打下基础。管理上使用计算机可用来编制生产作业计划、检索生产计划信息、统计工时、管理仓库、设备投资的核算、成本和销售的估算等。

表9-4定量地说明国外成组技术的应用效果，表中数据是在收集大量实例的基础上归纳而得到的。

表9-4 国外应用成组技术的综合效益 %

序号	获益项目	平均变化量	序号	获益项目	平均变化量
1	新零件设计数	－52	10	生产周期	－70
2	图纸总数量	－10	11	延期交货	－80
3	新绘制图纸数	－30	12	企业管理时间	－60
4	生产准备时间	－69	13	运行费用	－47
5	生产准备费用	－40	14	零件成本	－43
6	工人劳动生产率	＋33	15	生产面积	－20
7	废品率	－45	16	固定资产	－40
8	原材料库存量	－40	17	流动资金	－80
9	在制品费用	－62			

表9-5是根据国内若干工厂实施成组技术后，在主要项目上所得经济效益归纳而得。虽然与国外相应项目相比较获益稍低，但也已取得明显的效果。

表9-5 国内应用成组技术的综合效益 %

序号	获益项目	平均变化量	序号	获益项目	平均变化量
1	工艺准备周期	－33	5	废品率损失	－36
2	生产周期	－30	6	在制品投资	－28
3	劳动生产率	＋30	7	运输路线	－66
4	管理人员	－34			

最后应当指出，上述数据只能表示出已取得的部分可计算的经济效果，成组技术所取得的技术经济效果不可能完全包括在内，更不包括成组技术的社会效益。成组技术能提高企业在产品多样化时代的适应性和竞争能力，是无法用简单的数字来说明。由此，成组技术的综合效益还有待于成组技术深入发展，并做出全面的科学评估。当前，成组技术已是制造业生产组织和生产技术的一块基石，还将继续发挥它的作用。

习题 9

1. 成组技术(GT)的原理和实质是什么？通过何种手段取得实际效益？

2. 零件分类和编码系统的概念是什么？

3. 什么是零件分类编码系统的结构原理？其中包括：总体方案、字符、码位长度、码位关系、信息容量(分类环节总数)等。

4. Opitz 系统的总体结构是什么样？并说明其功能和特点。

5. JLBM-1 系统的功能、特点是什么？与 Opitz 系统有何区别？

6. 设一分类编码系统有 6 个码位，每一码位有 6 项特征，码位前 3 位为树式结构，后 3 位为链式结构，要求绘出结构示意图并计算此系统的分类环节总数。

7. 在实施 GT 中，“零件组”的含义是否惟一？并进行解释。

8. 叙述成组技术的基本思想，在产品设计、工艺设计及加工过程中如何应用成组技术？

9. 实施 GT 能给工厂在哪些方面取得经济效益？

10 计算机辅助工艺过程设计

10.1 概述

10.1.1 工艺过程设计的内容和作用

在生产过程中，按一定顺序直接改变生产对象的形状尺寸、物理机械性质，以及决定零件相互位置关系的过程统称为机械制造工艺过程，简称为工艺过程。工艺过程设计的内容有以下几项。

1)毛坯的选择及毛坯图的生成。根据零件的尺寸、形状及技术要求，可选择铸件、锻件、棒料及型材等作为毛坯。并根据工艺过程中的加工工序余量和毛坯的制造方法绘制毛坯图。

2)选择加工方法。根据生产实际情况及零件的尺寸、形状、技术要求选择适当的加工方法并选择零件加工时的粗基准和精基准，确定夹紧方案。

3)拟定加工路线。确定零件加工的先后顺序，拟定工序、安装、工位、工步和走刀等。

4)设备和工艺装备的选择。确定各工序所采用的设备和刀具、夹具、量具以及辅助工具等工艺装备。

5)工艺参数的计算。工艺参数主要是指切削用量、加工余量和时间定额。可以用计算或查表的方法确定切削用量，而后根据所选用机床的实际技术性能参数进行修正，并据此计算时间定额。在加工余量计算中，要计算各工序的加工余量、工序尺寸及其公差和加工总余量。加工总余量用来确定毛坯尺寸，如果毛坯是棒料或型材，则应按棒料或型材标准进行圆整后选定。

6)专用机床、刀具、夹具、量具等工艺装备设计方案的提出。如果在工艺过程设计中涉及专用设备和专用工艺装备，则应提出明确要求供有关人员进行设计制造。

7)填写工艺文件。主要的工艺文件有工艺过程卡片和工序卡片。零件的机械加工工艺过程卡片表示了加工过程的全貌，用来了解零件的加工流向、所需的加工车间和设备等。零件的机械加工工序卡片是表示每一加工工序的情况，有各工步内容、所用机床、工艺装备、切削用量和时间定额等，并有工序简图。工艺文件大多应根据工厂的需要而确定，且各厂有自己的标准或习惯。除上述工艺过程卡片和工序卡片外，尚有调整卡片、检验卡片等。

工艺过程设计在机械制造生产过程中有什么作用以及它的地位和重要性如何。先看一下机械制造生产过程，在这个过程中包括产品设计和制造中的各个环节，如图 10-1 所示。

生产过程开始于对某种产品的生产动机与设计设想，这一设想通过设计过程进行分析、精化、改进并形成设计方案，设计方案又通过绘制一系列工程图纸、制定设计规范而形成产品制造所需要的全部文件。这一部分，我们一般称为设计阶段。下一个环节就是进行产品装配和零件制造的工艺过程设计，有时还需要进行新的工艺装备的设计与准备。生产调度将提供产品的生产量及完成日期等方面的计划。下面就开始了制造阶段，还有产品、零部件的质量检验，最后投放市场，这就是一个完整的生产过程。可以看出，社会对产品的需要是第一位的，生产过程是由用户市场来推动的。

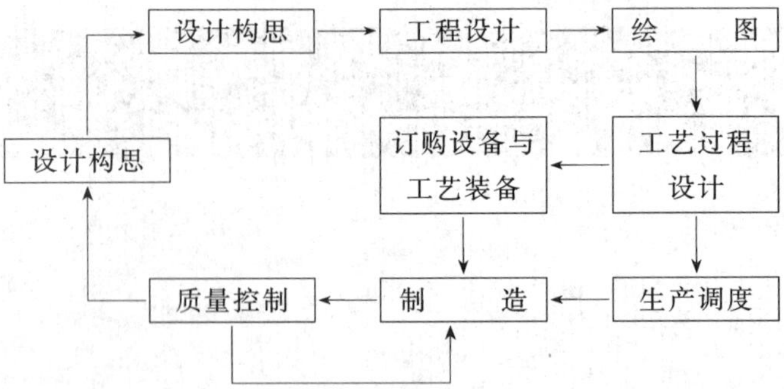

图 10-1 机械制造生产过程

在生产过程中，不但包括直接作用到生产对象上去的工作，还包括许多生产技术准备工作和生产辅助工作。而生产技术准备工作的第一步就是工艺过程设计。工艺过程设计就是确定在制造中采用哪些加工方法和加工参数，怎样把原材料或半成品加工成工程图上预先规定的最终形状。也就是说为生产一个零件而准备详细工作指令的工作。从图中可以看出，工艺过程设计是连接产品设计和产品制造的桥梁，是整个生产过程中十分重要的一环。

工艺过程设计是生产过程中信息流的集中点。在进行工艺过程设计时要处理大量的信息，要分析和处理与产品及零件本身有关的各种技术信息(包括加工对象的结构、材料、工艺性、批量等)；还要分析和处理与具体企业生产技术及设备条件有关的技术信息，如工厂的技术能力、生产条件、环境、传统习惯等。据统计，工艺过程设计约占全部生产准备时间 40%。所以说，工艺过程设计是一项关键性的工作。

10.1.2 工艺过程设计的复杂性

由原材料转变为最终产品的制造过程中的一系列生产技术活动涉及相当广的领域，因此，工艺过程设计所面临的问题极其复杂。工艺过程设计过程是技术、经济、社会诸方面因素的整体优化过程。工艺过程设计中需要大量的决策，这些决策由工艺设计人员根据制造对象的结构和工艺信息、生产环境和条件、科学技术的现状和发展、社会经济的需求等多方面因素，采用多种决策方法来实现。而传统的工艺过程设计方法存在以下问题。

10.1.2.1 对工艺员的技巧要求高

工艺过程设计面对大量的信息，所以要做好这项工作必须在制造方法和制造工艺方面有渊博的知识和丰富的经验。一个合格的工艺员必须具备必要的工艺知识和设计经验，还要能充分理解图纸设计意图、熟悉工厂的生产条件、能力和习惯。培养一个合格的工艺员一般要花费很长的时间和很大的代价。据美国空军的一次调查说：一个称职的工艺师是 40 岁以上并有机械车间大量经验的工程师。英国的资料说，英国合格工艺师的平均年龄是 55 岁。这种对年龄数据的统计，反映了对工艺工程师的生产实践知识的要求。

10.1.2.2 工艺过程质量不稳定

无论国内还是国外，传统的工艺过程设计工作都是一种由工艺人员用手工方法进行的个体劳动，工艺过程设计的质量完全取决于工艺人员个人的技术水平和经验。每个工艺人员的技术水平、经验、经历都是不同的，所以他们设计的工艺过程的质量也会大不相同。

质量不稳定的另外一个问题是一致性差。一致性差就是不同的工艺人员为同一个零件所设计的工艺过程，会产生不同的方案。有人做了一个试验，取一个如表 10-1 所示的简单零件图，请 4 个年龄和经历不同的工艺员对其进行工艺工程设计，结果得到了 4 种不同的工艺过程，如表 10-1 所示。另外又拿 8 个复杂程度不同的零件，还是请这 4 个工艺员进行工艺过程设计，结果得到的工艺过程没有相同的。不但工艺过程不同，连原材料的选择也有差异，更不要说方案的优化了。

表 10-1 简单零件的 4 种工艺过程

简单零件	工序号	甲	乙	丙	丁
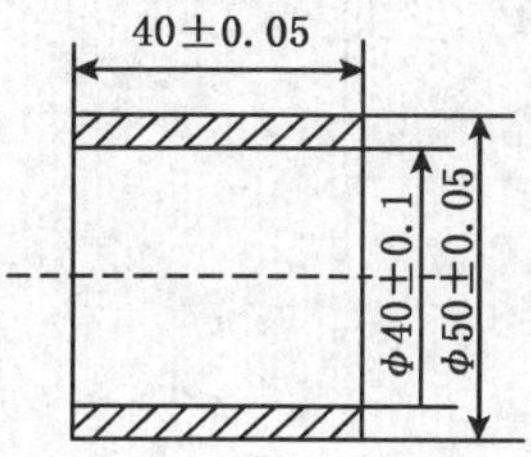	1	车端面	钻孔a. φ20 b. φ38	车外圆 φ50	钻孔a. φ30 b. φ40
	2	钻孔a. φ10 b. φ38 c. φ40	车端面	一次钻至 φ40	车外圆 φ50
	3	车外圆 φ50	切断	车端面	车端面
	4	切断	车另一端面	切断	切断
	5	车另一端面	车外圆 φ50	车另一端面	车另一端面
	6		镗孔 φ40		

还有一种情况也是可以经常看到的，同一个人几次为同样零件设计的工艺过程，也会有一些差别。所以，完全依靠个人技术和经验来设计工艺过程，很难保证质量，更不要说工艺过程的优化和标准化了。

10.1.2.3 设计周期长、效率低

上面说了工艺过程设计是由工艺人员手工进行的个体劳动。由于工艺过程设计手工劳动量大，有计算、画图、制表等手工工作。所以由人工进行工艺过程设计劳动强度大、设计周期长、效率低，不能适应市场瞬息多变的需求，不能满足生产发展的需要。另一方面，每当产品更新时，都要花费大量的时间去设计和老的工艺过程并没有很大区别的新的工艺过程。在新产品中有些零件与过去的零件相似或相同，也必须重新设计新的工艺过程，在新的工艺过程设计中的分析、计算、画图、制表等工作带有明显的重复性，这种繁琐重复性的工作本身就是一种浪费，而且新、老工艺过程之间的许多不必要的差别，会拖长生产周期，增加生产成本。

在产品品种不断地增加，更新换代日益频繁，生产向多品种、小批量发展的形势下。这种传统的由人工进行工艺过程设计的方法远远不能适应当前和今后发展的需要。为了提高工艺过程设计的效率，实现工艺过程设计的优化和标准化，以达到确保产品质量，提高生产率，缩短生产周期和降低生产成本之目的，改革旧的、寻求新的工艺过程设计方法具有十分重要的意义。计算机为此提供了强有力的工具，现在计算机在许多行业都得到应用。计算机已用于生产过程的每个环节，计算机辅助设计和计算机辅助制造已经得到了很大的发展，计算机辅助工艺过程设计（computer aided process planning，CAPP）也就应运而生。在机械制造生产过程中，CAPP 上与 CAD 相接，下与 CAM 相连，如图 10-2 所示。它是 CAD 与 CAM 之间的桥梁，设计信息只有通过工艺过程设计才能生成制造信息，设计只能通过工艺过程设计才能与制造实现信息和功能的集成，实现 CAD/CAM 的一体化，为进一步建造计算机集成制造系统（computer integrated manufacturing system，CIMS）打下基础。所以 CAPP 的研究受到了世界各国的广泛重视。

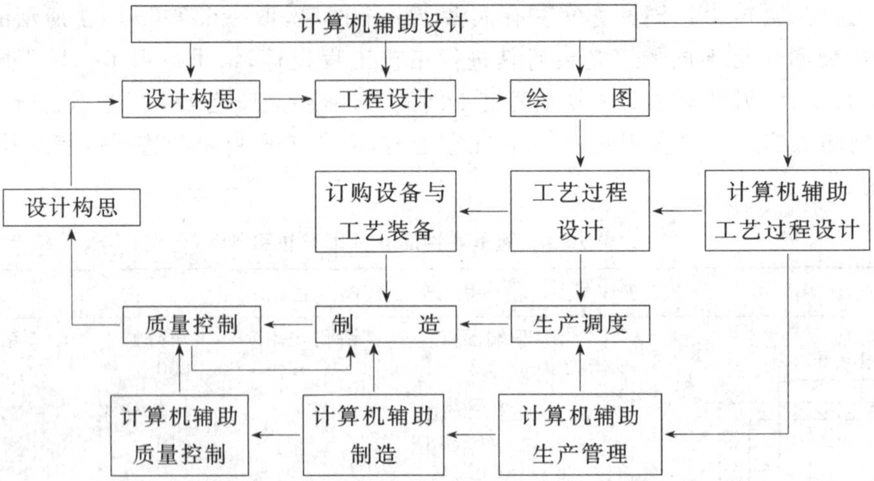

图 10-2　计算机在机械制造生产过程中的应用

10.1.3　CAPP 的产生与重要性

计算机辅助工艺过程设计是通过向计算机输入被加工零件的几何信息(图形)和工艺信息(材料、热处理、批量等),由计算机自动输出零件的工艺路线和工序内容等工艺文件的过程。简言之,计算机辅助工艺过程设计就是利用计算机来制定零件的加工工艺过程,把毛坯加工成图纸上所要求的零件。

计算机辅助工艺过程设计又可以译为计算机辅助工艺过程规划。国际生产工程研究会提出了计算机辅助规划(computer aided planning,CAP)、计算机自动工艺过程设计(computer automated process planning,CAPP)等名称,可见 CAPP 一词强调了工艺过程的自动设计。实际上国外常见的一些词汇,如制造规划(manufacturing planning)、材料处理(material processing)、工艺工程(process engineering)、工艺过程设计(或规划)(process planning)以及加工路线安排(machining routing)等在很大程度上都是指工艺过程设计。

计算机辅助工艺过程设计无论是对单件小批量生产还是大批大量生产都有重要意义,主要表现如下。

1)可以代替工艺工程师的繁重劳动。计算机辅助工艺过程设计可以代替大量的工艺工程师繁重的重复劳动,将工艺设计人员从繁重和重复的劳动中解放出来,转而从事新产品及新工艺开发等创造性工作。另外,利用人工智能技术,如专家系统等,还可以减少工艺过程设计上所需要的某些人工决策,降低对工艺人员技能的要求。还有助于对工艺设计人员的宝贵经验进行总结和继承。

2)提高工艺过程设计质量。计算机辅助工艺过程设计可以编制出一致性好、精确的工艺过程。在人工编制工艺过程时,由于受到个人经历和知识的限制,在同样生产条件下,可能会编制出不同的工艺过程,影响了生产组织工作。同时,计算机能按程序要求编制出详尽的工艺过程,精确性好,减少了人为因素的影响。有利于工艺过程设计的最优化和标准化。

3)缩短生产准备周期,提高生产率。人工设计工艺过程繁琐、费时、速度慢,不能适应多品种生产、产品更新换代、市场变化等要求。计算机辅助工艺过程设计能大大缩短生产准备周期,从而缩短了产品开发周期,提高了对市场变化的响应速度和竞争能力。

4)减少工艺过程设计费用及制造费用。计算机辅助工艺过程设计系统可以大大地减少工艺工程师的劳动，缩短产品开发周期，提高生产率，减少在制品数量，使生产制造费用、产品成本大为缩减。

表 10-2 表示了在一个零件的成本中各项费用所占的比例，当采用了计算机辅助工艺过程设计后，各项费用都得到不同程度的减少，其中工艺过程设计费用减少了 58%，由表中可以看出，由于采用了计算机辅助工艺过程设计使零件生产成本降低了 9.6%，该数字尚未包括其全部效益。

表 10-2 采用计算机辅助工艺过程设计的效益 %

费用组成	占总费用的比例	采用 CAPP 后减少的比例数	采用 CAPP 后占总费用的比例数
工艺过程设计	8	58	3.36
材料	23	4	22.08
工时	28	10	25.20
刀具	7	12	6.16
返修品和废品	4	10	3.60
管理、利润等	30		39.60

5)为实现计算机集成制造系统创造条件。CIMS 是在网络、数据库支持下，由 CAD，CAM 和计算机管理信息系统(MIS)所组成的综合体，它是当前先进制造系统发展的方向之一。随着机械制造业向 CIMS 或智能制造系统(IMS)的发展，CAD，CAPP 和 CAM 以及它们之间的集成是 CIMS 的信息集成主体和关键技术。CAPP 的输入是零件的几何信息、材料信息、工艺信息等。它的输出主要有零件的工艺过程和工序内容，是 CAM 所需的各种信息。随着 CIMS 的深入研究和推广应用，人们已认识到 CAPP 是 CAD 和 CAM 之间的桥梁，设计信息只能通过工艺过程设计才能形成制造信息。因此，在 CIMS 中，CAPP 是一个关键技术，占有很重要的地位并在更高、更新的意义上受到广泛的重视。在 CIMS 环境下，CAPP 与 CIMS 中其他系统的信息流如图 10-3 所示。

①CAPP 接受来自 CAD 的产品几何信息、材料信息以及精度、粗糙度等工艺信息；为满足并行产品设计的要求，需要向 CAD 反馈产品的结构工艺性评价信息。

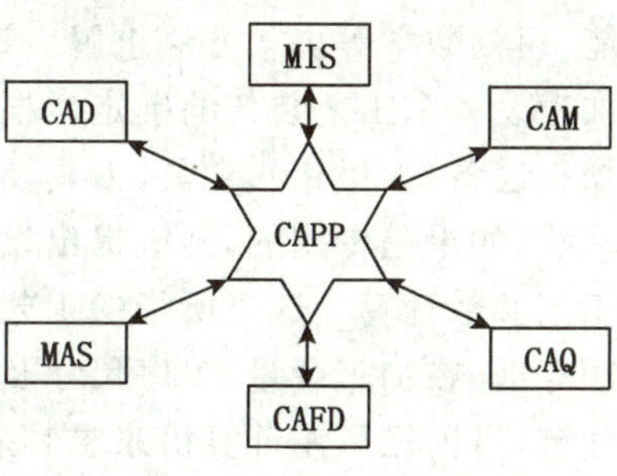

图 10-3 CAPP 信息流向图

②CAPP 向 CAM 提供零件加工所需的设备、工装、切削参数、装夹参数以及反映零件切削过程的刀具轨迹文件；同时接收 CAM 反馈的工艺修改意见。

③CAPP 向 CAFD(计算机辅助工装设计)提供工艺过程文件和工装设计任务书。

④CAPP 向 MIS(管理信息系统)提供工艺过程、设备、工装、工时、材料定额等信息，同时接收 MIS 发出的技术准备计划、原材料库存、刀具量具状况、设备变更等信息。

⑤CAPP 向 MAS(制造自动化系统)提供各种工艺过程文件和夹具、刀具等信息；同时接收由 MAS 反馈的工作报告和工艺修改意见。

⑥CAPP 向 CAQ(质量保证系统)提供工序、设备、工装、检测等工艺数据，以生成质量控制计划和质量检测规程；同时接收 CAQ 反馈的控制数据，用以修改工艺规程。

由以上可以看出，CAPP 对于保证 CIMS 中信息流的畅通，从而实现真正意义上的集成是至关重要的。

并行产品设计、制造已成为目前制造业热点问题之一，在并行环境下的CAPP，它接收产品设计信息，在完成工艺设计同时，一方面对产品结构工艺性进行评价，从加工工艺的角度对产品的结构提出改进建议；另一方面向生产规划及调度系统传递工艺设计结果。生产规划及调度系统根据车间资源的动态变化情况，在满足资源合理配置的同时，对工艺设计所确定的工艺过程，在当前条件下对其加工过程可行性做出评价，如果当前的资源不能满足工艺设计的要求，则提出修改工艺过程的建议。因而并行环境下的CAPP，对在产品生命周期诸进程中做出全局最优决策也是至关重要的。

近年来，计算机辅助工艺过程设计的效益已在生产实践中得到证实，从而促使其蓬勃发展，在国内外均有不少计算机辅助工艺过程设计系统问世，并试图自动生成能适应不同生产需求的工艺过程。

10.1.4 CAPP的设计步骤与结构组成

计算机辅助工艺过程设计的步骤大致如下。

1)产品图纸信息输入。首先了解整个产品的原理和所加工零件在整个产品中的作用，分析零件的尺寸公差及技术要求，以及其结构工艺性。在此基础上应用零件信息描述系统，输入零件的几何信息和工艺信息。

在集成制造系统中，由于CAD/CAPP/CAM在信息和功能上是集成的，零件的几何信息和工艺信息可由CAD直接输入。

2)工艺路线和工序内容拟定。这项工作的主要内容有定位基准和夹紧方案的选择、加工方法的选择和加工顺序的安排等，这几项工作紧密相关，应统筹考虑。一般来说，先考虑粗、精定位基准和夹紧方案的选择，再进行加工方法的选择，最后进行加工顺序安排。应该指出，零件工艺路线和工序内容的拟定是CAPP中最关键和最困难的工作，工作量也比较大，目前多采用人工智能、模糊数学等决策方法求解。该项工作进行前应确定毛坯类型。

3)加工设备和工艺装备的确定。根据所拟定的零件工艺过程从制造资源库中查询各工序所用的加工设备(如机床)、夹具、刀具及辅助工具等。如果是通用的，而库中又没有，可通知有关部门采购；如果是专用的，则应提出设计任务书，交有关部门安排研制。

4)工艺参数计算。这里所指的工艺参数主要是切削用量、加工余量、工序尺寸及其公差和时间定额等项。在加工余量、工序尺寸及其公差的计算中可能由于基准不重合问题而涉及求解工艺尺寸链，目前已可用计算机来求解尺寸链。这一阶段可最后生成零件毛坯图。

5)工艺文件的输出。工艺文件可按工厂要求用表格形式输出，在工序卡片上应有工序简图，图形可根据零件信息描述系统的输入信息绘制，也可从计算机辅助设计中获得，工序简图可以是局部的，只要能表示出该工序所加工的部位即可。在集成制造系统中，工艺文件不一定要输出可读文档，可将信息直接输入计算机辅助制造系统中，也可用数据形式输出备查。

计算机辅助工艺过程设计系统的构成与其开发环境、产品对象、规模大小等因素有关。图10-4是CAPP系统的基本构成，其模块如下。

①控制模块。协调各模块运行，实现人机之间的信息交流，控制零件信息获取方式。

②零件信息获取模块。零件信息输入可以有下列3种方式：人工交互输入、从CAD系统直接获取或来自集成环境下数据库中统一的产品数据模型。

③工艺过程设计模块。进行加工工艺过程的决策，生成工艺过程卡。

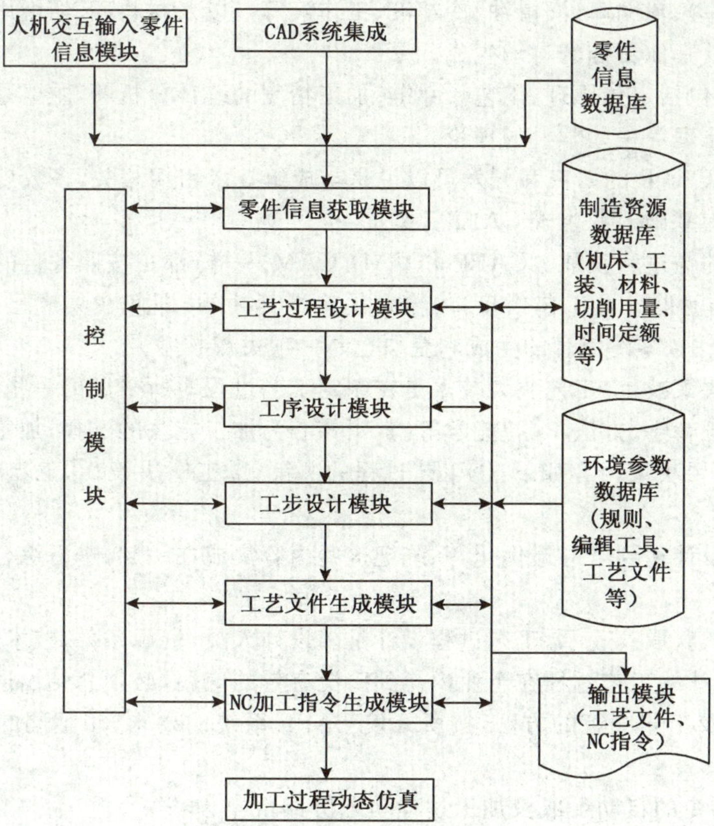

图 10-4 CAPP 的系统构成

④工序决策模块。进行工序设计,生成工序卡。

⑤工步决策模块。划分工步及提供形成 NC 指令所需的刀位文件。

⑥工艺文件生成模块。生成规定格式的工艺文件。

⑦NC 加工指令生成模块。根据工序内容、刀位文件,所选用的 NC 机床自动编制用于控制数控机床的 NC 加工指令。

⑧输出模块。可输出工艺过程卡、工序卡和工序图和 NC 加工程序单等各类文档,并可利用编辑工具对现有文件进行修改后得到所需的工艺文件。

⑨加工过程动态仿真模块。可检查工艺过程和 NC 指令的正确性。

上述的 CAPP 系统结构是一个比较完整的、广义的 CAPP 系统。实际上,并不一定所有的 CAPP 系统都必须包括上述全部内容,例如传统概念的 CAPP 不包括 NC 指令生成和加工过程仿真,实际系统组成可以根据实际生产的需要而调整。但它们的共同点应使 CAPP 系统的结构满足层次化、模块化的要求,具有开放性,便于不断扩充和维护。

10.1.5 CAPP 的技术基础

1)计算机技术。CAPP 的支持环境,包括计算机软硬件系统、数据库系统、图形系统、计算机网络及通讯等。值得注意的有:①数据库系统,其类型多、工作量大。虽然可以购买商用数据库系统,应用其现成的数据库管理系统,但其具体内容仍须自行开发。对于 CAPP 系统来说,主要是制造资源库,有加工设备库(多指机床库)、工艺装备库(包括刀具库、磨料磨具库、夹具库、量具库、模具库)、辅助库(润滑油、冷却液、工作液等),以及材料库、切削用量库和时间定额库等。②工序图及其他文档的自动生成。

2)工艺理论。包括定位原理、工艺尺寸链、加工精度的统计分析等,主要是机械制造工艺学和机床夹具设计原理等一些学科的理论。

3)成组技术。CAPP 的研究和开发可以说是与成组技术密切相关,多数 CAPP 系统的开发都是以成组技术为基础的派生式 CAPP 系统。

4)零件信息的描述和获取。CAPP 和 CAD,CAM 一样,都是按照各自的特点而独立发展的。零件信息(几何信息及工艺信息)的输入是首当其冲的,即使在集成化、智能化的 CAD/CAPP/CAM 系统中,零件信息的生成和获取也是一项关键技术。

5)工艺设计决策技术。工艺决策技术是在制定工艺过程时所采用的一些手段和方法,涉及优化理论、数学、逻辑学、方法学、智能学等。其中核心为加工方法的选择,加工工序及工步的安排及组合,故其主要决策内容如下:①工艺过程的决策;②工序决策;③工步决策;④工艺参数决策。

为保证工艺设计达到全局最优化,系统把这些内容集成在一起,进行综合分析,动态优化,交叉设计。

6)工艺知识的获取及表示。工艺过程设计是随设计人员、资源条件、技术水平、工艺习惯而变化的。要使所设计的工艺过程在企业内得到广泛有效的应用,必须总结出适应本企业的零件加工的典型工艺及工艺决策的方法,按所开发 CAPP 系统的要求,用不同的形式表示这些经验及决策逻辑。

7)NC 加工指令的自动生成及加工过程动态仿真。

10.1.6 CAPP 的历史

国外的 CAPP 研究工作是从 20 世纪 60 年代开始的。

1966 年,美国普托大学(Purdue Univ.)的一篇博士(PHD)论文“Feasibility of Automated Process Planning(自动工艺过程设计的可行性探讨)”提出了 CAPP 的研究课题。

1969 年,挪威 4 家公司联合开发了一个 AUTOPROS 系统(AUTOmated PROcess planning System)系统。

20 世纪 60 年代后期,IBM 公司业开发了一个叫做 AMP 的系统。而在世界上得到广泛重视,大踏步开始研制 CAPP 系统是从 1976 年开始的。

1972 年 10 月,CAM-I 组织开会讨论,计算机辅助制造的下一个研究项目是什么?当时 NC 自动编程已经比较成熟,APT(automated programming tools)已经推广使用。通过对制造信息在工厂内部流动过程的分析发现,信息最集中的领域是工艺过程设计,会议讨论确定研究 CAPP。在当时,机械工艺师不懂计算机,计算机软件工程师也不懂机械制造工艺,所以进展缓慢。用了几年时间,CAPP(CAM-I automated process planning)系统诞生了。1976 年 1 月 20 日-1 月 21 日在美国进行了公开表演,并在国际会议上发表了研究论文。该系统在 CAPP 的发展史上树立了一个里程碑。CAM-I 的 CAPP 系统是一个派生式 CAPP 系统。从那以后,CAPP 的研究工作在世界各国都得到重视,CAPP 的研究成果经常报道,研究论文几乎在各种有关的杂志和学术会议上都有发表。

1977 年,普托大学的另一篇博士论文“APPAS:Automated Process Planning and Selection(自动工艺过程设计与参数选择)”,提出了生成式 CAPP 系统概念。

1981年法国研制的GARI系统，是一个以规则为基础的系统，是一个批处理专家系统。东京大学研制的TOM系统发表于1982年，这个系统把产生式规则用于知识表达，采用人工智能技术进行工艺过程设计；它还能前接CAD系统，后接数控编程系统，输出NC加工指令。这2个系统开始了智能CAPP系统的研究。

我国的CAPP研究工作起步较晚，开始于20世纪70年代末，1983年在《机械制造》上发表了"TOJICAP系统"。以后，逐渐得到了各高校、研究单位和工厂的重视。1988年，在南京召开了第1届CAPP研讨会，CAPP的研究论文开始大量发表，研制开发了一些各种类型的CAPP系统并在企业投入使用。

10.2 零件信息的描述与输入

10.2.1 零件信息描述的要求和内容

1)零件信息描述的要求。工艺过程设计的目标是确定加工制造一个零件所需要的详细过程，输入零件信息是进行计算机辅助工艺过程设计的第一步，零件信息描述是计算机辅助工艺过程设计的关键，其技术难度大、工作量大，是影响工艺过程设计效率的重要因素。

工程设计是设计者概念的部分现实化。设计者通常不能直接把概念转变成实体，而是用工程图来表示设计信息以便和其他人进行联系。所以，工程图是将设计者的意图描述给别人的一种通用语言，它是在生产过程和工艺过程中广泛接受的信息交换媒介。多年来，我们使用工程图表示一个零件是十分理想的，因为工程图包括零件的全部信息。但是在现阶段，用计算机直接读一张工程图，获取零件信息还有很多困难，不易做到。现在常用的方法是由人工先把工程图上所表示的零件设计信息变成计算机易于接受的形式，我们称这种变换为零件信息的描述。

零件信息描述的准确性、科学性和完整性将直接影响所设计的工艺过程的质量、可靠性和效率。因此对零件的信息描述提出以下要求：

①信息描述要准确、完整，所谓完整是指要能够满足在进行计算机辅助工艺过程设计时所用，不是指要描述全部信息；②信息描述要易于被计算机接受和处理，界面友好，使用方便，效率高；③信息描述要易于被工程技术人员理解和掌握，便于操作人员运用；④信息描述要考虑计算机辅助设计、计算机辅助制造、计算机辅助检测等多方面的要求，以便能够信息共享和进行系统集成。

2)零件信息描述的内容。零件信息描述的内容主要包括两个方面。

①几何信息。几何信息系指零件的几何形状和尺寸，如表面形状、表面间的相互位置、尺寸及其公差，实际上是工程图上的图形。

几何信息是零件信息中最基本信息，对一些简单形状零件可以从零件的三维整体形状进行描述。对于复杂形状的零件，则可将其分解为若干形体，对每个形体的整体形状进行描述，并描述各个形体之间的位置关系；也可将复杂形体的零件分解为若干组合型面，对每个型面进行描述，同时描述各型面之间的位置关系，即可得到零件的整体几何形状和尺寸。在此基础上，描述尺寸公差和形状位置公差。

由于零件的种类繁多、形状各异，为了便于零件几何形状的描述，多利用成组技术的相似性原理，将零件分为若干类，通常分为回转体零件和非回转体零件两大类。

②工艺信息。工艺信息指零件材料、毛坯特征、加工精度、表面粗糙度、热处理、表面处理、

配合和啮合关系等及相应的技术要求，这些信息都是制定工艺过程时必需的，又称之为非几何信息。

在计算机辅助工艺过程设计时，只有几何信息和工艺信息同时具备，才能进行工作。此外，由于工艺过程设计与生产规模、生产条件有密切关系，零件信息描述中尚应有每一产品中该零件的件数、生产批量、节拍等生产管理信息。

在已经发表的计算机辅助工艺过程设计系统中，有许多种零件信息描述方法，如：零件分类编码描述法、零件形状要素描述法、体素拼合描述法、平面轮廓扫描描述法、坐标描述法、关联矩阵描述法、拓扑描述法等。其中，基于成组技术的零件分类编码描述法和零件形状要素描述法是在 CAPP 系统中用的较多的两种方法。另外，怎么把零件信息输入计算机，也是一个需要解决的问题，它往往和零件的描述方法有联系。现在常用的方法是用键盘人工输入，这样做的缺点是慢。信息输入最理想的方法是采用 CAD 系统的输出作为 CAPP 系统的输入，也就是 CAD/CAPP 系统的集成。CAD 系统的输出包含所设计零件的详细设计信息。将 CAD 系统与 CAPP 系统连接起来，能省去将设计转换成图纸和将图纸转换成代码的时间和人力，而且在系统之间传输数据可以大大减少 CAPP 系统输入数据所需要的时间，由于数据的转换是在系统之间自动完成的，不用人工干涉，可以避免人为的操作错误，数据的可信度高。为了实现 CAD 和 CAPP 系统的集成，实现数据交换，有两种常用的方法：一种是采用固定协议的专用接口，实现专门系统之间的连接；另一种是采用标准协议的通用接口实现系统之间的连接。因为后一种方法在实现数据交换时与系统无关，具有较大的柔性，所以在实际中得到广泛应用。

10.2.2 零件分类编码描述法

零件的分类是根据特征属性的异同将零件划分为不同的零件组，编码是用顺序排列的字符对零件的信息进行标识和描述。

10.2.2.1 成组代码描述法

零件的分类编码与成组技术是密切相关的，借助于成组技术的分类编码系统可使零件得到成组代码，该代码能反映出零件的名称、功能、结构、形状、工艺等信息。利用成组代码来描述零件，可以从宏观上描述而不涉及这个零件的细节。它最大的优点就是简单，用几个数字就能把零件的主要特征勾画出来，这也符合我们的某些习惯，成组代码可以粗略地描述 1 个零件而不涉及其细节。用成组代码描述零件的缺点是粗糙，由成组技术的知识可以知道，1 个零件有 1 个代码(某 1 个编码系统的)，那么反过来，1 个代码能否惟一的确定 1 个零件呢？不行。零件代码和零件是 1 对多的关系。所以用零件代码描述零件时，只能描述 1 个零件的基本特征。为了解决成组代码信息描述粗糙的问题，在现有 CAPP 系统中，常用到的方法是：成组代码＋补充输入(人机交互方式)。当零件代码输入计算机后，CAPP 系统首先根据零件代码判断该零件能否处理，如果能处理，再进一步通过人机交互的方式要求用户输入所需要的零件信息。计算机可以用提问的方式，如：计算机提问“请输入零件的直径、上偏差、下偏差”或“请输入表面粗糙度”等；也可以列出一个表格供用户填入有关的零件信息；还可以用菜单的形式供用户选择。

计算机需要补充输入的信息，根据零件的复杂程度多少不等。例如 1 个零件的奥匹茨系统零件代码是 200000200，只需要补充输入直径、上偏差、下偏差、粗糙度和长度即可。而较复杂一些的零件如 210010200，则需要补充输入两个外径、一个内径和它们的长度信息，还有辅助孔信息，以及热处理方式和硬度等信息。

10.2.2.2 柔性编码描述法

奥匹茨零件分类编码系统和JLBM-1分类编码系统等都属于刚性分类编码系统，其缺点是：①不能完整、详细地描述零件结构特征和工艺特征；②存在高位代码掩盖低位代码的问题；③描述存在着多义性；④不能满足生产系统中不同层次、不同方面的需要。

刚性分类编码系统也有其明显的优点：①系统结构较简单，便于记忆和分类；②便于检索和辨识。

刚性分类编码系统所存在的缺点，用传统的分类编码系统的概念和理论是无法解决的。所以，柔性分类编码系统的概念和理论也就应运而生了。柔性分类编码系统的概念是相对于传统的刚性分类编码系统的概念提出来的，它是指分类编码系统横向码位长度可以根据描述对象的复杂程度而变化。

柔性分类编码系统既要克服刚性分类编码系统的缺点，又要继承刚性分类编码系统的优点，所以，零件的柔性分类编码系统的结构模型为：

柔性编码系统＝固定码＋柔性码

固定码用于描述零件的综合信息，如类别、总体尺寸、材料等，与传统的刚性编码系统相似。固定码要充分体现传统成组编码系统的简单明了、便于检索和识别的优点，因此宜选用码位不太长的传统分类编码系统；柔性码主要用于描述零件各部分的详细信息，如形面的尺寸、精度、形位公差等，柔性码要能充分地描述零件的详细信息，又不引起信息冗余。固定码主要用于零件分类、检索和描述零件的整体信息，基本上起传统编码的作用；柔性码则详细地描述零件各部分的结构特征和工艺信息，用于加工、检测等环节。因此，在设计固定码时，力求简单明了，突出反映零件分类信息、零件整体结构和零件综合信息，如材料、毛坯、热处理等；在设计柔性编码时，要面向形状特征，详细地描述零件及其形状要素。

在传统的分类编码系统中，我国的JLBM-1系统是比较理想的系统，功能较强且易于使用，所以固定编码可选用该系统作为参考系统。

在设计柔性编码系统时，由于形状及加工码将在柔性部分予以详细描述，所以，可以去掉JLBM-1系统中的第3码位和第9码位，把主要尺寸码提于前端并加上尺寸比这一项，这样对主要尺寸的描述就比较全面。JLBM-1对材料的描述较粗糙，只描述了材料类型，没有描述材料牌号，因此应该补充材料牌号码位，使材料类型和材料牌号构成树状结构关系。考虑到零件搬运和装卸因素，应增加反映零件重量的码位。

目前，柔性分类编码系统尚在研究之中，没有形成标准。

10.2.2.3 专用代码描述法

COFORM(COding FOR Marching，加工用编码系统)是美国普渡大学专为APPAS系统开发的一种专用编码系统。COFORM只描述个别的加工表面(孔、槽及一般表面)。而不描述整个零件的几何形状，对于整个零件，可以通过把它分解成几个表面的方法进行描述。它根据选择合适的加工方法及有关参数(切削速度、进给量和切削深度)时所需要的那些属性来描述每一个表面。COFORM并不对每一个特征进行编码，对于某些特征(直径、长度、公差等)只登记其数值，它是将代码和数值混合在一起的一种零件描述系统。它分别用40个参数、31个参数和32个参数描述孔、槽和一般平面的详细要求，例如表10-3是描述孔的40个参数的含义。尽管COFORM是十分详尽的，但它并不包含描述非加工形状特征的内容。

表 10-3 COFORM 对孔的描述

属性(1)—表面或孔的识别号(ID),ID 号由用户赋值,	属性(14)—直线度
取值范围 1～99 999	属性(15)—圆度
属性(2)—程序入口待编码表面的类型	属性(16)—平行度
1=圆孔	属性(17)—垂直度
2=平面或其他表面	属性(18)—倾斜度
3=槽	属性(19)—同轴度
4=对称的车削表面	属性(20)—对称度
5=轮齿	属性(21)—位置度
6=花键	属性(22)—面轮廓度
7=非圆孔	属性(23)—线轮廓度
8=其他	属性(24)—铸造孔标志
9=信息结尾	属性(25)—铸造孔最大余量
属性(3)—属性(3)取决于属性(2),下列各值的意义	属性(26)—原始表面条件标志
只当属性(2)=1 时有效	属性(27)—倒角码
1=简单圆柱孔	0=无倒角
2=锥孔,台阶	1=倒角
3=带螺纹的圆柱孔	2=内倒圆半径
4=带螺纹的锥孔	3=外倒圆半径
5=带键槽的圆柱孔	属性(28)—倒角角度或半径尺寸
6=带键槽的非圆柱孔	若属性(28)=1, 35°≤角度≤80°
7=带键槽的螺纹孔	属性(29)—倒角或倒圆长度(最大值)
8=表面定位用的孔	属性(30)—倒角长度公差
9=其他孔定位用的孔	属性(31)—螺纹牙数/英寸(非丝锥加工时为 0)
属性(4)—与所描述的孔有关的直径数或定位表面数	属性(32)—螺纹公差
属性(5)—材料类型	属性(33)—螺纹制度
1=灰铸铁	1=统一标准或美国标准
2=可锻铸铁	2=其他
3=钢	属性(34)—底孔标志
4=钢锻件	属性(35)—底孔值
属性(6)—材料硬度(BHN)	属性(36)—表面粗糙度(底部)—CLA
属性(7)—孔的尺寸—直径	属性(37)—间断切削标志
属性(8)—直径公差—正差	属性(38)—基准表面号
属性(9)—直径公差—负差	属性(39)—入口表面标志
属性(10)—表面粗糙度—(侧边)—CLA	属性(40)—同一工具所加工的孔的数
属性(11)—直径的长度	如果属性(40)为负值,则
属性(12)—长度公差$\pm x$	表示需要求出每一个孔的
属性(13)—表面的方向余弦	最少加工时间

10.2.2.4 标准代号描述法

按照 GB/T 272-93《滚动轴承代号方法》的规定:滚动轴承代号由基本代号、前置代号和后置代号构成。基本代号表示轴承的基本类型、结构和尺寸,是轴承代号的基础;前置代号和后置代号是轴承在结构形状、尺寸、公差、技术要求等方面有改变时,在其基本代号左右添加的补充代号。轴承代号的构成、表示方法及排列顺序如表 10-4 所示。由此可见根据国家标准制定的滚动轴承代号本身就包含有工艺过程设计所需要的多项信息数据。它既包含对整个滚动轴承的装配要求,又包含对轴承中单个零件的加工要求;既包含零件的几何信息,如零件的结构形状、基本尺寸等,又包含零件的工艺信息,如精度、游隙、材料、热处理等。同时,滚动轴承的精度等级、表面粗糙度、产品技术条件、工序间技术条件等都能以轴承代号中的类型代码、精度代码为检索关键字,从国家标准中检索得到。由此对于这一类零件完全可以采用零件标准代号描述法进行零件描述，输入零件代号就可以从数据库中检索到工艺过程设计所需要的各种信息。

表 10-4　滚动轴承代号表示方法

<table>
<tr><td colspan="12">轴 承 代 号</td></tr>
<tr><td>前段</td><td colspan="3">中 段</td><td colspan="8">后 段</td></tr>
<tr><td rowspan="2">前置代号</td><td colspan="3" rowspan="2">基 本 代 号</td><td colspan="8">后 置 代 号(组)</td></tr>
<tr><td>1</td><td>2</td><td>3</td><td>4</td><td>5</td><td>6</td><td>7</td><td>8</td></tr>
<tr><td rowspan="2">成套轴承分部体</td><td rowspan="2">类型代号</td><td>尺寸系列代号</td><td>内径代号</td><td rowspan="2">内部结构</td><td rowspan="2">密封与防尘套圈变形</td><td rowspan="2">保持架及其材料</td><td rowspan="2">轴承材料</td><td rowspan="2">公差等级</td><td rowspan="2">游隙</td><td rowspan="2">配置</td><td rowspan="2">其他</td></tr>
<tr><td colspan="2">配合安装特征尺寸表示</td></tr>
</table>

10.2.3　零件形状要素描述法

采用分类编码法描述零件，即使采用较长码位的分类编码系统，也只能达到“分类”的目的。对于 1 个零件究竟由多少表面组成，各个表面的尺寸及位置是多少，它们的精度要求又如何，分类编码系统都无法解决。而进行工艺过程设计时，又要求输入这些详细的数据。

形状要素又称表面元素或型面要素。任何机器零件都是由一个或若干个形状要素按一定的关系组合而成，这些形状要素可以是圆柱面、圆锥面、螺纹面等等。例如，光滑钻套由 1 个外圆柱表面、1 个内圆柱表面和 2 个端面组成；台阶钻套由 2 个外圆柱表面、1 个内圆柱表面和 3 个端面组成。每一种形状要素用一组特征参数描述，并对应一组加工方法。将组成零件的各形状要素逐个地按一定顺序输入到计算机中，在计算机内构成零件的原型，就可以描述出整个零件。形状要素描述的关键之一是形状要素的设计，在设计时要考虑以下几点：①形状要素的种类要能覆盖欲描述零件的要求，同时数量要尽量少，形状要素要有典型性。②为了有效地对零件进行描述，许多形状要素描述系统采用特征分层结构，将形状要素分成基本形状要素和组合形状要素（或称复合形状要素），也有将形状要素分成主形状要素和辅助形状要素。基本形状要素就是零件的基本单元，是组成零件不可再分的元素，组合形状要素由基本形状要素组合而成。主形状要素是指一些常常出现的主要形状单元，如圆柱面、平面等，而辅助形状要素是附加在主形状要素上构成零件的表面，如带倒角的轴就是由外圆柱面（主表面要素）和倒角（辅助表面要素）组合而成。形状要素可以是单一几何表面，也可以是组合表面。③形状要素的划分应同时考虑零件的几何结构特征和工艺特征等诸多因素，而不是单纯几何结构的划分，要考虑产品零件的特点。④形状要素的描述可以采用编码、语言、数学等多种形式，视具体情况而定，以能准确、完整、方便为原则，不拘于强调某一种形式。

设计形状要素描述法的 CAPP 系统时，首先要确定本系统的适应范围。无所不包的、不论什么类型的零件都适应的 CAPP 系统是不存在的。只是有些系统的范围较宽，有些系统范围较窄。确定 CAPP 系统的适应范围后，就着手统计分析该范围内的零件由哪些形状要素组成，设计形状要素和它们的数据结构。形状要素的具体划分没有标准，由系统的开发者根据系统适用范围确定。因此，各系统差异可能较大。

如某个零件形状要素描述系统通过对回转类零件在机械加工中常见的零件表面进行分析，选择回转类零件形状要素的一个子集，描述部分回转类零件。该子集定义了 5 种主表面元素和 8 种辅助表面元素，它们是：

主表面元素：　圆柱(cylinder)　圆锥(cone)　螺纹(thread)

圆柱齿轮(gear)　花键(spline)

辅助表面元素：端面(face)　倒角(chamfer)　辅助孔(hole)　均布孔(divide hole)

平面(plane)　环形槽(groove)　键槽(slot)　中心孔(center hole)

一个回转类零件可以由以上的 5 种主表面元素按轴线顺序组成，而在每个主表面元素上可以有若干个辅助表面元素。

使用零件形状要素法描述零件的优点是可以比较完整、准确地输入一个零件的信息。缺点是效率低、输入时间长。虽然在零件信息输入时可以通过菜单等方式提高输入速度，但是随着零件复杂程度的增加，输入时间的增长可能会达到不可接受的地步。

10.2.4 其他描述法

1)体素组合描述法。体素又称体元素。任何零件都可以看作由若干个体素按一定的关系组合而成，每一种体素可用一组特征参数来描述，将组成零件的各体素按相应的组合关系输入计算机中，便可描述整个零件，这就是体素组合描述法。它是一种在计算机辅助设计系统中常用的实体造型方法，直观感强、易于理解、便于实现计算机处理和 CAD/CAPP/CAM 系统之间的集成。

美国 COMPAC 系统就是用体素组合描述零件的一种自动绘图用语言，设计有 15 种基本体素。

2)零件的轮廓面扫描描述法。这种方法的原理是一个三维的零件实体可以由一个二维平面在空间扫描而形成，简称扫描法。扫描方法有直线扫描、旋转扫描和复合扫描，复合扫描是指按非圆二次曲线扫描。轮廓面扫描形成的实体，其描述分为 2 步：第 1 步先描述轮廓面，可参考体素描述方法；第 2 步描述扫描，可用语言形式。

轮廓面扫描描述法直观、简单、易行，关键是轮廓面的描述。多用于结构比较简单的零件描述。

10.2.5 CAD 系统集成

零件的描述和信息的输入最理想的方法是不用人工的转换和干涉，由 CAD 系统自动将所设计的零件信息传输给 CAPP 系统。各种必要的数据变换都是在传输过程中，两个系统按协议自动完成的。这样做的优点是：①能为 CAPP 系统提供比较全面的零件描述信息；②信息传输速度快、效率高；③避免了人为的数据转换和输入操作错误，零件信息的可信度高；④能为 CAD 系统及时地提供有关制造方面的反馈信息，从零件的制造工艺和制造成本上对设计提出建议；⑤有利于在 CAD，CAPP，CAM 和计算机辅助检测等不同系统中的信息共享，有利于信息集成和信息的并行处理，能向更高一级的计算机集成制造系统、智能制造系统和并行工程方面发展。

但是，现在的 CAD 和 CAPP 系统大多是针对不同用户的不同任务而研制开发的，它们的零件信息描述方法、定义的信息量及其所采用的数据结构都是各不相同的，这样就使系统之间的信息交换产生困难。这种方法是关于 CAD，CAPP 系统集成的，在以后的章节中介绍。

10.3 派生式 CAPP 系统

CAPP 系统的研制在世界各国都已取得相当数量的成果。已经使用和正在研制的 CAPP

系统是多种多样的，其分类方法有许多种。按自动化程度可分为：自动化型、半自动化型和人—机交互型；按设计对象（机械零件）的种类可分为：回转体类零件、平板形类零件、箱体类零件或其他复杂零件等几种；按工艺过程性质可分为：典型或成组工艺过程类、专用工艺过程类等。但从工艺过程的设计方法上，从系统生成工艺过程的工作原理上，最基本的只有派生式和生成式2种。派生式CAPP系统像在图书馆中查书一样，为类似的零件检索出标准工艺过程。而标准工艺过程则是由工艺人员事先编好存入计算机中的。当一个新零件需要设计工艺过程时，就调出一个标准的工艺过程，然后由工艺员进行修改以满足该零件的特定要求。成组技术是派生式CAPP系统的基础。生成式CAPP系统则被认为是更先进的也是更难开发的。在生成式CAPP系统中，新零件的工艺过程是计算机按照进行各种工艺设计决策的算法和逻辑步骤，进行一系列的逻辑判断和决策，自动的、从无到有的设计出零件的工艺过程。

10.3.1 派生式CAPP系统原理

派生式CAPP系统（variant or retrieve）的基本原理是利用零件的相似性，相似的零件有相似的工艺过程。一个新零件的工艺过程是通过检索出现有的相似零件族（组）的标准工艺过程并加以筛选或编辑而成，并由此得到"派生"这个名称。派生式CAPP系统也可称作修订式、检索式、样件式、变异式等。

相似零件的集合称为零件族。一个零件族使用的工艺过程称为标准工艺过程，标准工艺过程一般以它的族号作为关键字而存放在数据库或数据文件中，它所包含的内容是根据企业的标准或习惯来确定，但它至少应该包括一个能基本满足该零件族所使用的加工工艺过程和有关工序。在使用派生式CAPP系统时，首先检索到一个标准工艺过程，然后经过筛选或编辑，以适应于一个特定的新零件。

标准工艺过程的检索一般是采用成组技术中用码域法分组的方法。一个零件族用一个零件族特征矩阵表示，这个特征矩阵包括该零件族中所有可能的零件矩阵。

10.3.2 派生式CAPP系统的开发设计过程

开发设计一个派生式CAPP系统一般包括以下工作。

1）选择或开发零件分类编码系统。最好能选用已有的比较成熟的通用系统，如OPITZ，JLBM-1，KK系统等。如果已有的系统不能满足本企业的要求，可以对已有的系统做局部修改，也可以选用适合本企业产品特点的专用分类编码系统或开发一个新的分类编码系统。

2）对现有的零件进行编码。这里所说的现有零件可以是整个工厂的、也可以是一个车间甚至是某一部分零件。一般来说，先从部分零件开始，先从容易做的开始。

3）划分零件族，建立零件族特征矩阵。划分零件族是以零件的相似性为基础，确切地说，是以它们的制造工艺特征为基础，把工艺过程相似的零件归并成同一个零件族。由于零件族的定义不严密，所以没有严格的规则可以用来划分零件族。用户必须自己定义自己的零件族。划分零件族的方法是采用成组技术中零件分组的方法，一般有目测法、生产流程分析法和零件分类编码法，其中生产流程分析法是用的较多的方法。当零件族划分完成后，将同族零件的编码进行复合即可得到零件族特征矩阵。

4）编制零件族标准工艺过程的。为每一个零件族编制一份标准工艺过程。标准工艺过程应包含本族所有零件的工艺过程，但又不是族内某一具体零件的工艺过程。编制零件族的标准工艺过程一般采用成组技术中编制成组工艺的方法。

对回转体零件可以采用复合零件法编制标准工艺过程。复合零件是指拥有同族零件的全部待加工表面要素的零件，由于本族内其他零件所具有的待加工表面要素都比复合零件少，因此按复合零件编制的标准工艺过程，既能加工复合零件本身，也必然能加工同族的其他零件，只要删去该标准工艺过程中不为其他零件所具有的表面要素和工序工步即可。由于复合零件的上述特点，因此复合零件可以是零件族中某个具体的零件，也可以是虚拟的假想零件，尤以假想零件的情况为多。

由于非回转体零件的几何形状不对称、不规则，其装夹方式远较回转体零件复杂，复合零件原理不可能用于非回转体零件。因此，常采用复合路线法编制非回转体零件的标准工艺过程。复合路线法是以同族零件中最复杂的工艺过程为基础，与族内其他零件的工艺过程相比较，凡族内其他零件所需要而最复杂工艺过程所没有的工序分别添上，最后形成能满足全族零件加工要求的标准工艺过程。

5)建立工艺数据库或数据文件。把标准工艺过程和工艺设计中用到的有关数据、技术资料和技术规范存入数据库或数据文件。

6)CAPP 系统软件的设计和调试。确定 CAPP 系统的总体结构；确定零件信息的输入方式；确定对标准工艺过程的检索、筛选和编辑等方法；确定工艺文件的输出形式。设计系统主程序和各种功能子程序，经调试和试运行，发现和纠正在设计中的错误和不足之处后，即可交付现场使用。

开发一个派生式 CAPP 系统是一个工作量很大的过程。有资料报道称，需要 18～24 个人 1 年的工作量。图 10-5 为派生式 CAPP 系统开发过程的流程。

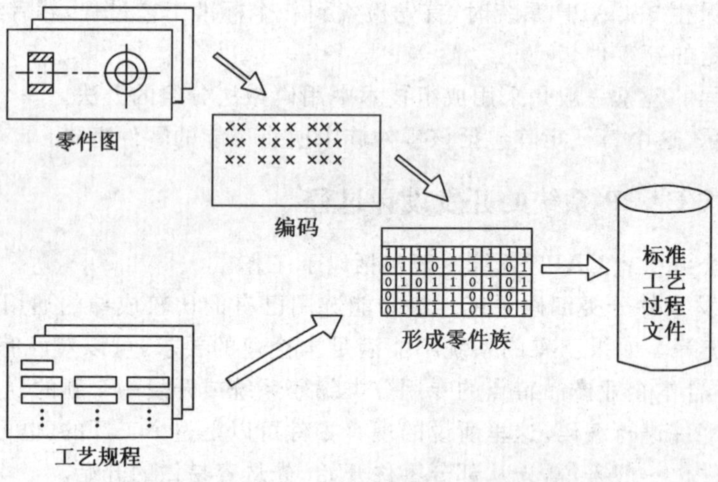

图 10-5 派生式 CAPP 系统开发过程的流程图

10.3.3 派生式 CAPP 系统的使用

派生式 CAPP 系统设计完成后，就可以投入使用，为新零件设计工艺过程。使用步骤如下：①按照选定的零件分类编码系统，给待设计工艺过程的新零件编码；②将零件代码输入计算机，以评定新零件是否在该系统所含有的零件族内；③如果新零件包括在已有的零件族内，则检索出该族零件的标准工艺过程；如果新零件不包括在已有的零件族内，则计算机将此情况报告用户；④计算机根据输入的代码和已确定的逻辑，对标准工艺过程进行筛选；⑤用户对已选出的标准工艺过程进行编辑，增加、删除或修改；⑥将设计好的工艺过程存储起来，并按指定格式打印输出工艺规程;⑦输出工序图。

图 10-6 是派生式 CAPP 系统使用的流程图。工艺规程的表头信息和零件信息的补充输入应在适当的时候完成。表头信息是指零件名称、零件图号、材料、编制者姓名、设计日期等。

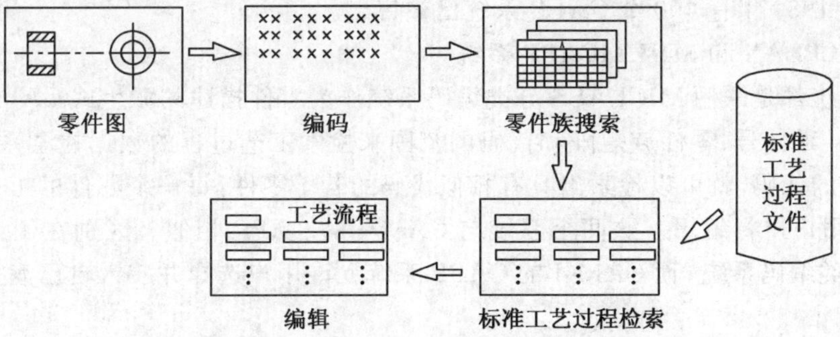

图 10-6 派生式 CAPP 系统的使用步骤

10.3.4 典型的派生式 CAPP 系统

10.3.4.1 CAM-I 的 CAPP 系统

CAM-I 的工艺过程自动设计系统(CAPP)是所有工艺过程设计系统中使用最广泛的一个系统。它是 Moconnell Douglas 自动化公司(McAuto)按照与 CAM-I 签订的合同而开发的一个派生式 CAPP 系统。CAPP 系统在 1976 年首次当众公开表演并交付给它的各资助成员使用。

CAM-I 的 CAPP 系统(图 10-7)是用 ANSI 标准 FORTRAN 语言开发的一个数据库管理系统,它为派生式CAPP系统的数据库结构、标准工艺过程的检索逻辑和工艺文件的交互编辑功能提供了一种结构。CAPP 系统使用的零件分类编码系统是由用户补充的,允许用户在标准工艺过程的搜索中使用已有的分类编码系统,但最多允许使用 36 位用数字或字母表示的零件代码。这个特点仅需要用户在该系统的执行过程中做极少量的修改。用户为使用方便而改

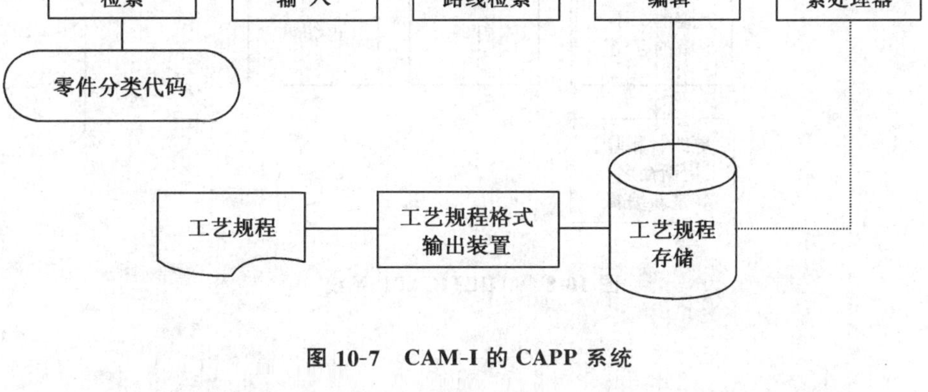

图 10-7 CAM-I 的 CAPP 系统

编的零件分类编码系统一般情况下都是适用的。例如 Lockheed Georgia 公司在他们的 CAPP 系统中使用修改过的奥匹兹代码(opitz code)已获得成功的结果。系统的输出格式也是由用户补充的。CAPP 这一类系统容易开发,使用方便,所能处理的零件范围取决于零件分类编码系统的能力。到 1980 年有 400 个 CAPP 系统已被售出。

10.3.4.2 MLPLAN 和 MULTICAPP 系统

这两个系统都是采用 MICLASS 分类编码系统作为零件描述的派生式 CAPP 系统它们是根据零件代码、零件号、零件族矩阵和代码的范围来检索工艺过程的数据检索系统(图 10-8)。输入一个零件的代码,就可以检索出具有相似代码的若干零件,每一个零件的工艺过程都显示出来,然后由用户进行编辑。这两个系统与 CAM-I 的 CAPP 相似。区别在于系统内已装入 MICLASS 分类编码系统。而 CAM-I 的 CAPP 系统允许用户选择并装入自己满意的分类编码系统。

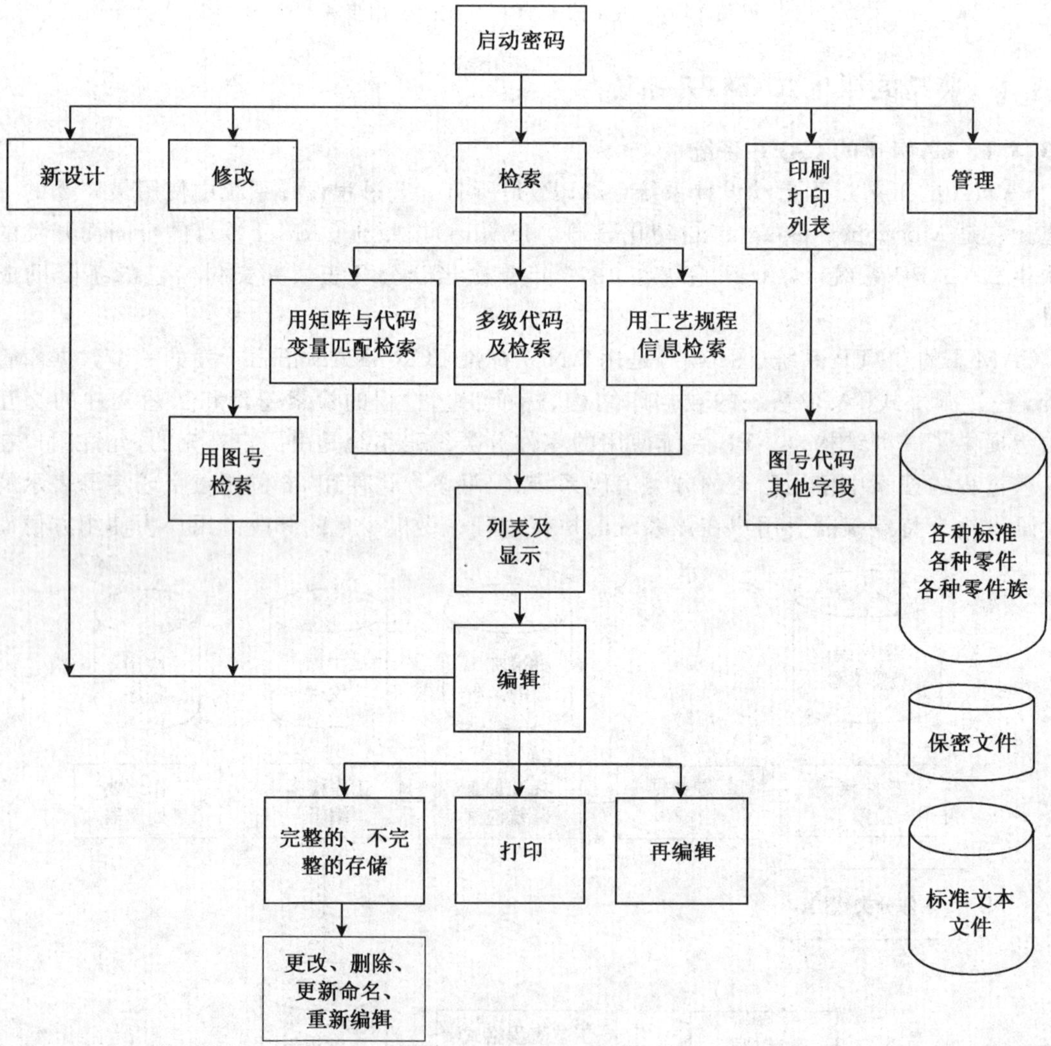

图 10-8 MULTICAPP 系统

10.3.4.3 TOJICAP 系统

TOJICAP 系统是我国开发的第一个 CAPP 系统。该系统是用于回转类零件的工艺过程设计的派生式 CAPP 系统。系统采用 JCBM 分类编码系统和 JLBM 分类编码系统,用 BASIC 语言在 IBM-PC 微型计算机上运行。该系统具有特征矩阵文件、标准工艺文件、名称文件(机床、刀具名称和工序、工步名称)、工艺数据文件和加工关系矩阵文件等。系统采用模块化设计,有初始化模块、样件法生成模块、切削参数计算模块、修改和打印模块及人机交互模块等。

10.4 生成式 CAPP 系统

生成式 CAPP 系统(generative)是第二种类型的 CAPP 系统。生成式 CAPP 系统的基本原理和派生式系统不同,它不是以对标准工艺过程的检索和修改为基础,而是由计算机软件系统,根据输入的零件信息,依靠系统中的加工能力知识库和工艺数据库中的加工工艺信息以及各种工艺设计决策逻辑、规则,模仿工艺人员进行工艺过程的设计方法,在没有人工干预的条件下,自动进行各种决策和计算,如:选择零件表面的加工方法、安排零件工艺路线、选择机床、刀具、夹具、计算切削参数、加工时间和加工成本以及对工艺过程进行优化等,自动设计出零件的工艺过程,我们称这种系统为生成式 CAPP 系统。生成式 CAPP 系统也可称为创成式 CAPP 系统。

10.4.1 生成式 CAPP 系统原理

从理论上讲,生成式 CAPP 系统是一个完备而易于使用的系统。此系统带有包含在软件中的工艺过程设计用的全部决策逻辑和规则,拥有工艺过程设计所需要的全部信息。但是与派生式系统相比,生成式系统的研究更不成熟,到目前为止,还没有一个生成式 CAPP 系统能包含所有的工艺过程设计决策逻辑,也没有一个系统能完全自动化。也就是说,由于工艺过程设计的复杂性,要实现完全的生成式 CAPP 系统目前还有困难,这种功能齐全、自动化程度很高的生成式系统目前还没有开发出来,甚至在短时期内也不一定能实现。因此,生成式系统的含义,在大多数系统中已通融为一个不大完整的概念,即只要系统中不存在事先编好的标准工艺过程,而且包括重要的决策逻辑,或者只有一部分决策逻辑就可以认为属于这一类系统。这种系统在原理上比较理想,自动化程度高,并能实现工艺过程的优化。它具有下列特点:①通过决策逻辑、专家系统、制造数据库自动生成新零件的工艺过程,运行时一般不需要人的技术性干预,是一种比较理想而有前途的方法;②适应范围广,回转体和非回转体零件的工艺过程设计都能胜任,具有较高的柔性;③便于和 CAD,CAM 系统的集成。便于和自动化加工设备相连接,能为其提供详细完整的控制信息,有利于集成;④由于工艺过程设计的复杂性和智能性,自动化程度很高、功能齐全的生成式系统目前尚难实现。

10.4.2 设计生成式 CAPP 系统的准备阶段

设计一个生成式 CAPP 系统的工作可以分为准备阶段和实现阶段。准备阶段即详细的技术方案设计以及工程数据和知识的准备,实现阶段则包括软件系统结构的设计以及程序设计和调试。准备阶段可以说是基础性工作阶段,需要大量的调查研究和仔细的分析归纳、具体工作大体包括下述内容。

1)确定系统的对象范围。虽然生成式 CAPP 系统可以不采用按一定的零件分类编码系统建立零件族的方法,但成组技术的原则还是应该考虑,必须有明确的设计对象类别,即系统必须有一个明确的、限定的使用范围。例如,要明确本系统将适用于回转类零件还是非回转类零件,箱体类零件还是杆叉类零件等。因为不同的零件类别具有不同的表面类型,不同的表面类型一般采用不同的加工方法,甚至相同的表面类型在不同行业中也可能需要采用不同的加工方法。因此,明确设计对象类别可以说是开发生成式 CAPP 系统的首要工作。

2)对零件进行工艺分析。对确定的设计对象类别进行工艺性分析,即该类零件由哪些基本表面组成,各种表面可以用哪些加工方法来完成。

3)设计零件信息描述方法。根据确定的零件类别设计或选择适用的零件描述和信息输入方法,一般多采用零件形状要素描述、体素拼合描述等方法,和 CAD 系统的集成方法也在研究和发展中。

4)确定在工艺过程设计中各项任务的决策方法。这一步是生成式 CAPP 系统设计的核心工作,主要是各种工艺设计决策逻辑的模型化和算法化,一般多采用数学模型决策、逻辑推理决策和智能思维决策等。

5)建立工艺数据库。准备和整理各种加工方法的加工能力范围、加工经济精度(包括尺寸、位置和形状)和表面粗糙度等数据,建立加工方法、切削用量库等数据库,这些数据在各种制造工程手册中可以查到。根据企业的具体情况,收集与具体企业有关的资料,建立刀具库、机床库等数据库。目前,生成式 CAPP 系统设计的研究还很不充分,需要做大量的工作。

10.4.3 生成式 CAPP 系统的设计方法

工艺过程设计的涉及面很广,它既包括各种选择性工作,也包括计划(排序)性工作,还包括各种数值计算以及文字编辑和制表工作。从决策逻辑看,它既包括逻辑推理决策、也包括数学模型决策和创造性的智能思维决策等。工序尺寸计算、切削用量选择、时间定额计算、生产费用计算等主要依靠数学模型的建立和求解的方法属数学模型决策外,其他大多数都属于逻辑推理决策。这种性质的决策,只能依靠建立决策模型来实现。而且,这些决策除了需要依靠大量的制造工程数据外,还需要“专家”的丰富实践经验和处理问题的技术水平和技巧。目前对生成式 CAPP 系统的研究还不够完善,再加上工艺过程设计的复杂性,设计生成式 CAPP 系统还没有一个统一的、标准的方法,以下只能简单地介绍各阶段工作的大体内容和方法。

10.4.3.1 零件表面加工方法的选择

机器零件的结构形状虽然多种多样,但都是由一些最基本的几何表面(外圆、孔、平面等)组成的。机器零件的加工过程,就是获得这些几何表面的过程,因此零件表面加工方法的选择是工艺过程设计的基础。同一种表面,可选用不同的加工方法加工,而每一种加工方法所能达到的加工精度和粗糙度以及生产率和加工成本又是各不相同的。零件的每一个表面根据其精度和表面粗糙度的不同,一般都要经过几次加工才能达到它的要求,因此,加工方法的选择实际上是零件上每个表面的加工方法序列的选择。一个表面的加工方法系列可表示为:

$$S=\{P_1,f_1,P_2,f_2,\cdots,P_n,f\}$$

即从毛坯形状开始,首先采用加工方法 P_1 加工出中间形状 f_1,然后用加工方法 P_2 加工出中间形状 f_2,…,最后采用加工方法 P_n 加工出合格的表面 f 为止。

在派生式 CAPP 系统中,工艺过程的设计只是简单地通过编码匹配,从数据库中检索得到,不存在设计的方向问题。而在生成式 CAPP 系统中确定加工方法序列时可以采用正向设计,也可以采用反向设计。所谓正向设计指的是从毛坯的形状开始,逐步选择合适的加工方法

$P_1, P_2, \cdots, P_n$ 直至能加工出符合零件图纸要求的表面为止。反向设计则采用的相反的设计过程，即从零件图纸的要求开始，首先选择出最终的加工方法 P_n，并根据 P_n 的要求选择预加工 $P_{n-1}, \cdots, P_1$，直至选择出无需预加工的加工方法 P_1 为止。这时选用加工序列的过程，实际上相当于零件表面的反向“填充”过程。假设我们有一个图纸要求的零件表面，目标是把它填充为一个未加工的毛坯形状，每选择一次加工都可以看作是一个填充过程，钻孔加工可以看做是填充一个孔，铰孔加工可以认为是在孔壁上填充一层薄壁等等，直到最终获得毛坯为止。正向设计和反向设计看起来可能是相似的，但是，它们对系统的程序设计有较大的影响。对于正向设计，在选择一种加工方法以前，我们除知道表面的当前状态外，还必须了解表面的后继状态，因为每一次加工的后继状态都是选择下一次加工方法的当前状态。例如对于螺纹孔加工，当我们选择钻孔加工时，还必须知道以后要加工螺纹，选择的钻头就要满足螺纹的加工，否则下一步加工方法的选择将无法进行。反向设计消除了这些制约条件问题，因为它从最终的图纸要求的表面开始，这是先期已明确的，选择各种加工方法以满足表面的要求。而且用填充过程所产生的中间表面，即选择的加工方法所需要的预加工要求也是容易确定的，它是一种加工方法所能接受的最坏的初始状态，例如，精车、磨削所需的最小切削余量厚度等。任何能适用于中间表面的加工都可以选作预加工。在正向设计中，为了保证加工结果，不管采用几次加工，目标表面总要保持。而反向设计从最终要求开始，逐步选择预加工方法，得到一个新的状态，将它作为一个新的要求，再选择预加工方法，直到某一个状态不需要预加工为止，这时的状态是零件的毛坯。显然，反向设计方法比正向设计方法更符合实际工艺设计的传统，在程序中也更容易实现，所以为大多数生成式 CAPP 系统所采用。

加工方法选择时应考虑的因素是很多的，粗略概括起来，可以用函数的形式表示如下：

$$P=f(Bf, D, T, Sf, M, Q, C_p, M_c)$$

式中：P—所选择的加工方法；Bf—零件表面形状；D—尺寸；T—公差及精度要求；Sf—表面粗糙度要求；M—工件材料；Q—生产批量；C_p—生产费用；M_c—可使用的机床设备。

这个公式仅仅是定性公式，而且包括的因素未必全面（例如，通常应考虑的优化条件并没有列入）。但它可以为决策逻辑的设计提供方便，在决策过程中可以根据公式中列入的因素，利用工艺数据库中关于各种加工方法的加工能力范围和加工经济精度、表面粗糙度等数据进行匹配。选择加工方法时，按反向设计法，应先从数据库或数据文件中确定最终的加工方法 P_n，同时确定预加工要求，然后再选前一次的加工方法等。

零件表面加工方法的选择也可以根据零件表面的最终要求，从数据库或数据文件中直接选择出该表面元素的加工方法序列——加工链。各种零件的基本表面加工链可以从各种制造工程手册中查到，并装入工艺数据库。

10.4.3.2 工艺路线的安排

加工路线的安排，即各加工工序的划分和先后顺序的确定，是工艺过程设计中的重要环节，要考虑的因素很多，处理的方法在生产实践中也很灵活，决策逻辑的研究也很不成熟。工艺路线安排中要考虑的因素是很多的，粗略概括起来，可以表示成下列的函数形式：

$$S=f(P, Bf, D, T, Sf, M_c, T_y, Q, C_p)$$

式中：S—零件的工艺路线；P—所选择加工方法的集合；Bf—零件各表面的几何形状；D—尺寸；T—公差及精度要求；Sf—表面粗糙度要求；M_c—使用机床设备的集合；T_y—工艺因素；

Q—生产批量；C_p—生产费用。

这里，用工艺因素 T_y 代表加工阶段的划分、基准加工及热处理和其他辅助工序的性质和要求。其他符号代表的意义都是很显然的。不过，尽管应考虑的因素可以概括成上述表达式或其他的形式，但要总结出通用的决策模型还是很困难的，只能按具体的生产环境和特定的设计对象设计相应的决策模型。

工艺路线安排的过程具有分级、分阶段性质，并可看成是分级、分阶段的约束驱动过程，即分级、分阶段地考虑几何形状、技术要求、工艺方法和以经济性或生产率为指标的优化目标等约束因素，使各工序之间能排出合理的进行顺序。工艺路线安排的决策过程如下。

1)生成工艺路线的主干。按主要表面的加工序列排出工艺路线的“主干”，分出粗加工、半精加工和精加工的加工阶段。

2)对工艺路线的“主干”进行约束。按各种几何、技术条件、工艺因素和优化目标进行约束。

3)根据加工阶段，插入基准的加工和修整。

4)工艺路线的扩充。在工艺路线“主干”的基础之上插入辅助表面的加工序列。

5)插入热处理工序和辅助工序。

10.4.3.3 工序设计

对于机械加工工序来说，工序设计的内容包括：①加工机床设备的选择；②工艺装备(刀具、夹具、量具等)的选择；③工步内容和次序的安排；④加工余量的确定；⑤工序尺寸的计算及公差的确定；⑥切削用量的确定；⑦时间定额的计算；⑧工序图的生成和绘制；⑨加工费用的估算；⑩工艺文件的编辑和输出。

在开发具体的 CAPP 系统时，工序设计的内容可根据实际的需要，包括上述内容的一部分、大部分或全部。可以看出，这些任务是多样的、复杂的。它包括需要逻辑决策的选择性任务，也包括一些可以依靠计算公式或数学模型的计算工作。此外，还有工序图生成，工艺文件的编辑和输出等任务。

10.4.4 工艺过程设计中的决策方法

工艺过程设计是一项复杂的多层次、多任务的决策过程，有大量的条件与决策的判定问题，且工艺决策涉及的面较广，影响工艺决策的因素也比较多，实际应用中的不确定性也比较大。生成式 CAPP 系统研究的中心问题是工艺过程设计中各类问题的决策规律和方法，探索如何应用计算机对这些问题进行求解。可用于工艺过程设计中的决策方法有许多种，一般可把它们分为：数学模型决策、逻辑推理决策和智能思维决策 3 类。工艺过程设计中的有些问题宜采用某种决策方法，而有的则需要几种决策方法的混合使用。

10.4.4.1 数学模型决策

数学模型决策是以建立数学模型并求解作为主要的决策方式。在工艺过程设计中，以数值计算为主的问题多采用这一方式求解，如工艺尺寸链的计算、切削参数的计算、材料消耗和时间定额的计算等。但也有一些工艺设计问题，如定位夹紧方案的确定，其影响是多因素的，复杂而又困难，采用模糊数学的不确定推理方式来求解不失为一种有效方法。

数学模型是根据事物中的特征或数量依存关系，采用形式化数学语言描述出来的一种数学结构。它是对客观事物经过抽象、提炼、删除与关系无本质联系的属性而获得的，是一种纯关系结构。从广义上来说，一切数学概念、数学理论体系、各种数学公式、方程式以及由公式系列构成的算法系统等都可称之为数学模型。诸如实数、向量、集合、群、环、域、范畴、线性空间、拓扑空间等，都是以各自相应的现实原形（实体）为背景而抽象出来的最基本概念，可称为原始数学模型。从狭义上来说，数学模型是指描述那些反映特定事物的数学关系结构，是反映物理的、工程的、社会的、经济的等各种客观现象中各主要因素内在联系的一种数学形态。计算机辅助工艺过程设计所涉及的数学决策，其数学模型多是为了解决工程上的实用问题，具有很强的针对性。一般，数学模型可分为3类。

1）系统性数学模型。这类模型所对应的实体对象及其关系具有确定性，可以是连续型数学模型，也可以是离散型数学模型，可用函数、方程、矩阵、行列式、线性方程组、网络图等经典数学方法描述。

2）随机性数学模型。这类模型所对应的实体对象及其关系具有随机性，要用概率论、数理统计学等方法进行描述和求解。

3）模糊性数学模型。这类模型所对应的实体对象及其关系具有模糊性，可用模糊集合理论与模糊逻辑等来进行描述和求解。

诚然，实体对象是复杂多变的，其数学模型可能是兼有系统性、随机性和模糊性的多元数学模型，可视具体情况而定。有时，同一实体对象可采用不同的数学模型来描述和求解，可择优处理之。

10.4.4.2　逻辑推理决策

在工艺过程设计中，诸如各种表面加工方法的选择、工序工步排序、刀具选择、机床选择等问题，都可以采用确定性的逻辑推理来决策。常用的逻辑推理决策有决策树和决策表两种形式，但其原理是相同的，只是表现形式不同，可视其适应场合选择，并可互相转换。

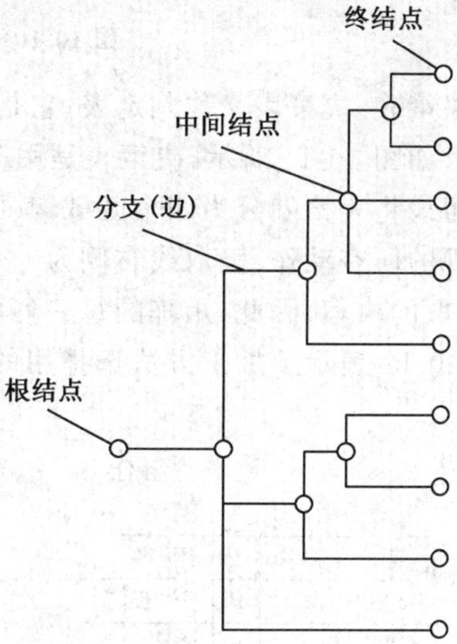

图 10-9　决策树的结构

1）决策树。决策树又称判定树，它是用树状结构来描述和处理“条件”和“动作”之间的关系和方法。如图10-9所示，决策树是一种由结点和分支（边）构成的图。结点有根结点、中间结点和终结点之分，它表示一次测试或一个动作，最后拟采取的动作一般放在终结点上。根结点无前趋结点，中间结点有单一的前趋结点和一个以上的后继结点，终结点无后继结点。分支（边）连接两次测试和动作，表达一个条件是否满足；满足时动作沿分支向前传送，实现逻辑与（AND）的关系；不满足时则转向另一分支以实现逻辑或（OR）的关系。有根结点到终结点的一条路径表示一条决策规则。视决策规则的简繁程度不同，从根结点到终结点的路径长短和结构层次复杂程度也不同，有的路径很短，只有一个中间结点，有的路径很长，要经过若干个中间结点。

图10-10表示了孔、沟槽、内螺纹的加工方法选择所用的决策树，其中孔加工方法选择要考虑孔径、位置度和孔径公差等因素，所选用的加工方法各有不同，比较复杂，而沟槽和内螺纹的加工方法选择，相对要简单的多。当然，如果仔细考虑沟槽的形状和大小，内螺纹的类型、尺寸和精度，它们的加工方法选择也是很复杂的，这里只是一种简单举例。

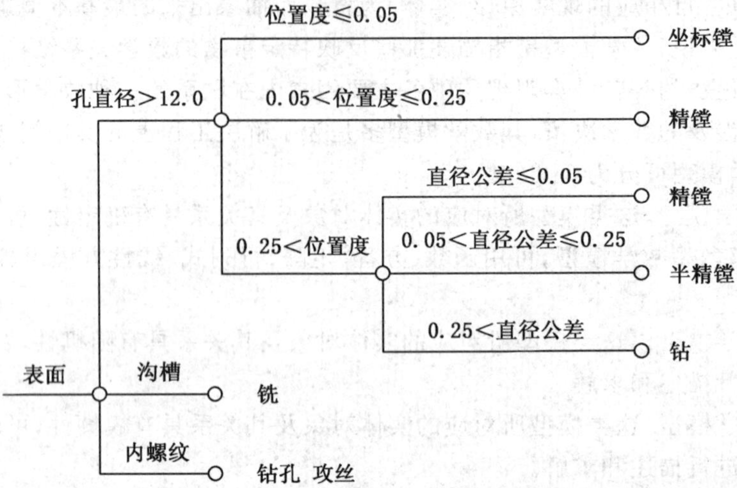

图 10-10 加工方法选择用的决策树

2)决策表。决策表又称判定表，它是用表格结构来描述和处理"条件"和"动作"之间的关系和方法。如图 10-11 所示，决策表是用符号描述事件之间逻辑关系的一种表格，它用横竖两条双线或粗线将表格划分为四个区域，其中左上方区列出所有条件，左下方区列出根据条件组合可能出现的所有动作；竖双线右侧为一个矩阵，其中上方为条件(可能)组合，下方为对应的动作，即采取的决策，因此，矩阵的每一列可看成是一条决策规则。

图 10-12 表示了加工方法选择用的限定条件决策表，与图 10-10 所示的决策树是同一个例子。

		条件组合			
		A	B	C	…
条件	C1	T	T	F	
	C2	F	T	T	
	C3	F	F		
	⋮				
动作	A1	×	1		
	A2		2	×	
	⋮				
		决策动作			

图 10-11 决策表的结构

孔	T	T	T	T	T	F	F
直径＞12.0	T	T	T	T	T		
位置度≤0.05	T	F	F	F	F		
0.05＜位置度≤0.25	F	T	F	F	F		
0.25＜位置度	F	F	T	T	T		
直径公差≤0.05			T	F	F		
0.05＜直径公差≤0.25			F	T	F		
0.25＜直径公差			F	F	T		
沟槽	F	F	F	F	F	T	F
内螺纹	F	F	F	F	F	F	T
钻	1	1	1	1	×		1
半精镗	2	2	2	2			
精镗	3	3	3				
坐标镗	4						
铣						×	
攻丝							2

图 10-12 加工方法选择用的限定条件决策表

10.4.4.3 智能思维决策

工艺过程设计中，有些问题的决策往往依赖于工艺人员的经验和智能思维能力，因此需要应用人工智能。智能是运用知识解决问题的能力，学习、推理和联想三大功能是智能的重要因素。人工智能（artificial intelligence，AI）是计算机科学中涉及设计智能计算机系统的一个分支，这些系统呈现出与人类的智能行为如理解语言、学习、推理联想和解决问题等有关的特性。智能思维决策主要在智能式 CAPP 系统中使用。

10.4.5 工艺过程优化方法

10.4.5.1 优化的准则

工艺过程作为一个制造系统，其输入和输出分别是工件加工前和加工后的形状和尺寸精度、表面粗糙度以及材料性质等参数。这些参数概称为品质参数。在一般情况下，系统的输出品质参数总是高于输入品质参数，即在系统的输出端可以得到更高的尺寸精度和表面质量。对一个机械制造系统来说，当输入品质参数一定时，欲达到一定的输出品质参数的要求，往往可以用几种不同的加工方案来实现。这些不同的方法，其时间和费用的消耗是不同的。因此必须对这些不同的过程进行分析和识别，然后才能实现制造过程的优化或进行优化控制。

制造过程的识别，就是要确定系统的输入和输出状态之间的关系，并对它们进行分析和描述。具体地说，就是要构造一个数学模型，用以恰当地描述所研究的制造过程的动态特性。近年来出现了一种系统分析的方法，它把制造过程本身看作一个“黑箱”（black box），不去考虑过程内部的物理意义，而用与切削过程有关的几何精度、表面粗糙度、工具磨损等不同的传递函数来描述过程的内在规律。图 10-13 即是以工序为对象的制造系统的这种分析方法。其输入量为毛坯、机床、工具及切削条件；输出则为工件与切屑，以及标志工件质量和工艺过程品质的参数。

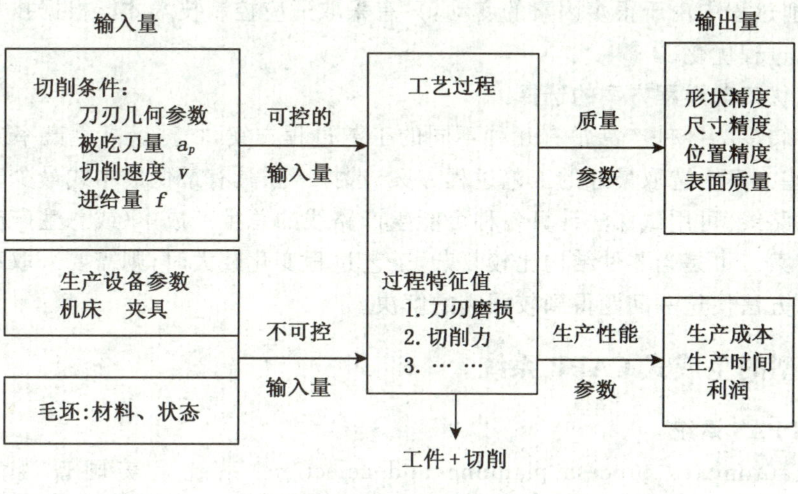

图 10-13 切削工艺过程

研究切削工艺过程，分析其输入量和输出量，目的就是要根据最佳输出量规定工艺过程可控的输入量。这就需要寻找这些输出量与输入量的函数关系式，并且需要从这些输出量中规定适当的判据。这些判据应作为判定工艺过程性能优劣和确定制造过程最佳切削条件的基本依据。决定这些判据以后，它与工艺过程输入量的关系也就可以确定。

在实际生产中评价切削工艺过程最佳状态的判据，或称工艺过程优化的准则如下。

1）最高生成率准则。它是指单位时间生产的产品数量最多，或是产品单件生产的时间最少准则。

2)最低成本准则。它以单件产品生产成本最少为标准。当生产时间充裕,市场对产品需求不紧迫时采用这一准则。

3)最大利润或最大利润率准则。它要求在给定时间内取得利润的最大值。一般情况下最低成本和最高生产率这两个目标不能同时达到,这一准则可兼顾这两方面。当市场上对产品需求迫切,而工厂现有生产能力不能满足时采用。其措施就是适当增加生产投资来提高产品的生产率。这虽然增加了成本,但由于增加产品的销售量,总的利润可望增加。

4)其他指标。如达到产品最高精度,使机床消耗功率最少等。

尽管衡量制造过程可依据不同准则,但对一个具体的系统和环境来说,往往只有一个是最合理的。

在一个制造过程中,刀具的磨损(用刀具耐用度衡量)特性可说明工件材料的加工性和刀具的切削性能,也是识别制造过程的主要依据。为使一个制造过程实现优化,主要通过可控参数——切削用量参数的变化来实现。

10.4.5.2 优化的原理

工艺过程优化是根据所选定的优化准则,确定目标函数,即工艺过程输出量和输入量之间的函数关系式。然后分析加工过程内部与外部的限制条件,又称约束条件。按照一定的约束条件对目标函数求最小值或最大值,从而确定工艺过程最佳的输入量,使其实现优化。优化方法(线性规划、非线性规划等)是近代数学中一个重要的分支。近几十年来由于计算机技术的发展,优化技术已渗透到建筑、航空、工程设计、制造过程等各个领域。机械加工的优化问题大都是有约束条件的,而且是非线性的。一般机械加工工序通过优化切削用量以实现工艺过程优化。在实际切削过程中由于很多因素的变动,只有采取适应控制技术才能根据技术经济指标实现真正的工艺过程优化。

10.4.5.3 最优工艺过程方案的选择

把原材料转变为零件产品常有几种不同的工艺过程方案,根据最高生产率或最低成本准则,应该从这些方案中选取最好的工艺过程方案。选择一条具有最低成本或最少时间的路线就是最佳的工艺路线。可用试探法计算各种可能生产路线的总生产成本(或总生产时间),所以便于得到最佳方案。可是当零件结构比较复杂,工艺过程变化较大时,则需要采取动态规划的方法或网络技术方法使这一问题得到较圆满的解决。

10.4.6 典型的生成式 CAPP 系统

10.4.6.1 APPAS 系统

APPAS (automated process planning and selection)系统是美国普渡大学(Purdue University)的 R. A. Wysk 等人于 1977 年开发的,它的设计对象是采用加工中心或镗铣类机床上加工的箱体类零件。它是一种学术研究性的系统。

APPAS 系统是一个面向零件表面元素的生成式 CAPP 系统。用户把某个表面元素的详细要求输入后,APPAS 系统能输出加工此表面的详细工艺过程,其中包括加工步骤,所选择的刀具以及切削参数等。待加工表面如果有 n 个表面元素,待用户逐个输入各个表面各自的详细要求后,计算机将按用户的输入次序,打印输出这 n 个表面的详细工艺过程。

APPAS 系统适于的表面元素有孔、槽、平面等 3 类,而可供选择的加工方法有 13 种,如表 10-5 所示。

表 10-5 APPAS 系统的加工方法

钻孔(用麻花钻)	中心钻钻孔	套料(trepanning)	端铣
钻孔(用扁钻)	铣孔	枪钻钻孔	圆周铣
镗孔	攻丝	挤光	
铰孔	扩孔		

APPAS 选择加工方法的过程是一个匹配过程,即某表面元素的各种技术要求集合 S_k 能与某种加工方法的加工能力集合 P_k 相匹配,则此种加工方法便能用于加工该表面。APPAS 系统所用表面元素技术要求集合以及加工方法加工能力集合的表达方式如表 10-6 所示。APPAS 系统用 COFORM 专用编码系统描述零件,分别使用 40 个参数、31 个参数和 32 个参数描述孔、槽和平面的详细要求。例如 10.2 中表 10-3 是对孔的技术要求描述的格式。可以看出,APPAS 系统描述表面元素是相当详细的。但是,在多数情况下,产品设计图对零件表面元素的要求并没有像 APPAS 系统规定的那样多。例如,对表面形位误差的设计要求,有时只提出少数几项,有时不单独提出要求,很少提出全部项目的要求。为了解决输入时的繁琐问题,系统开发了一个用于 COFORM 编码系统的符号代码解释系统。按它所规定的符号代码描述表面元素并输入系统后,它便将这些代码转换成 APPAS 所要求的输入值,输入代码中所没有包括的项目,则按默认值转换。例如,孔的圆度误差,如果设计图上没有标明,解释系统便将默认为 5.0 mm,这样大的圆度误差值,所能选择的哪种加工方法都能达到。图 10-14 是 APPAS 系统的决策流程图,图 10-15 是 SIMHOL 子程序流程图。

表 10-6 孔加工方法,加工能力数据示例

	麻花钻	扁钻	镗	中心钻	铣孔
刀具最小直径 (D)(mm)	1.5	19	9.5	3	3
刀具最大直径 (D)(mm)	50	100	254	19	76
最大深度(L/D) (深度/孔径)	12.0	4.0	9.0	1.0	1.5
负公差(mm)	$0.007D^{0.5}$	$0.004D^{0.5}+0.064$	0.007 6	0.025 4	$0.004D^{0.5}+0.064$
正公差(mm)	$0.007D^{0.5}+0.076$	$0.005D^{0.5}+0.076$	0.007 6	0.127	$0.005D^{0.5}+0.076$
直线度(mm)	$0.0005(L/D)^3+0.051$	$0.0003(L/D)^3+0.051$	0.007 6	0.051	$0.002(L/D)^3+0.025$
圆度(mm)	0.1	0.1	0.007 6	0.076	0.1
平行度(mm)	$0.0010(L/D)^3+0.076$	$0.0006^3+0.076$	0.013	0.051	$0.002(L/D)^3+0.038$
位置度(mm)	±0.2	±0.2	±0.002 5	±0.05	±0.15
表面粗糙度 (CLA)(μm)	2.56	2.56	0.20	1.52	1.6

在 APPAS 的基础上,普渡大学后来还扩展成一个新系统,称作 CADCAM。该系统增加了与 CAD 系统的接口,增加了图像显示及交互编辑功能,并改用判定表形式表达其决策过程。

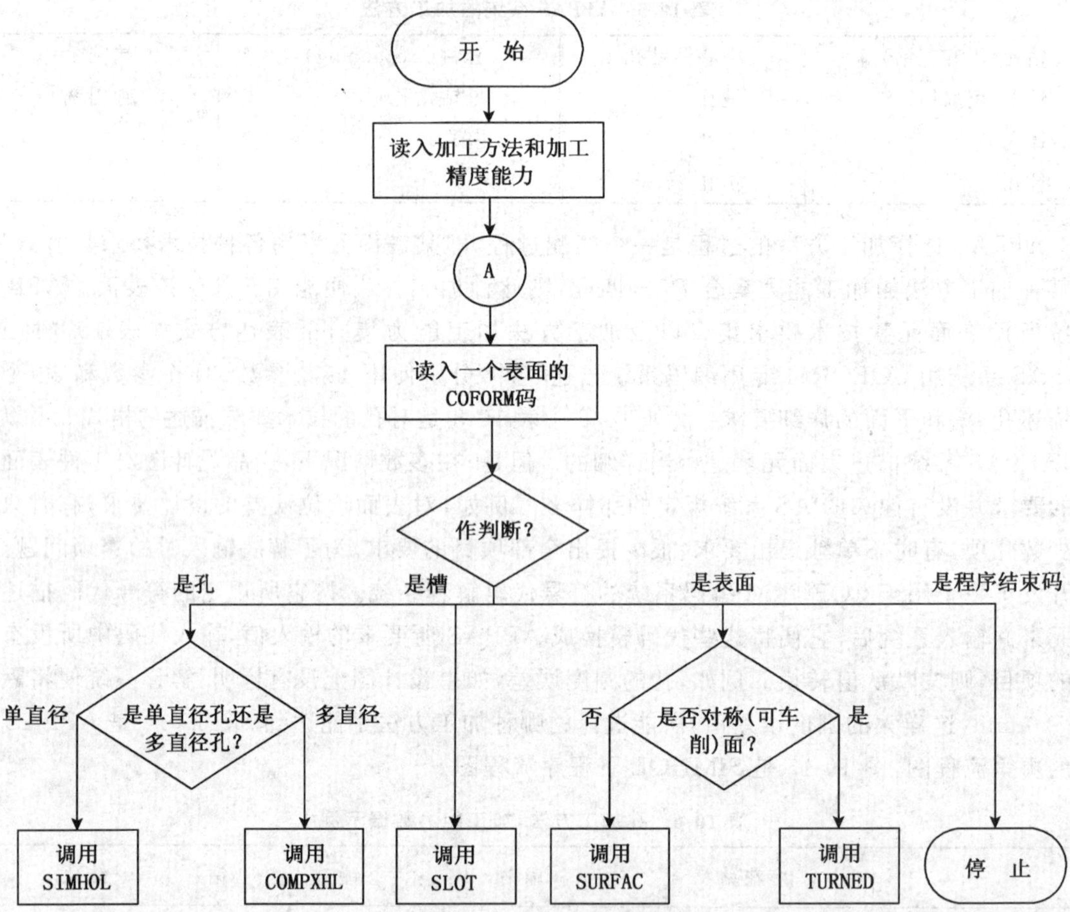

图 10-14 决策流程图

10.4.6.2 AUTAP 系统

AUTAP 系统是德国阿亨(Aachen)工业大学的 W. Eversheim 等人开发的。该系统具有材料选择、加工方法选择、工艺路线安排、机床选择、刀具选择、车床卡盘(对车削零件)选择以及 NC 编程能力。

AUTAP 系统独特的地方在于它所使用的零件描述语言。它采用与构造实体几何法(CSG)类似的体素来构造零件，但仅仅使用“并”运算，而没有像一般 CSG 系统一样采用整套布尔运算符，它使用基本元素、子元素和工艺元素来描述实体，对每一个特征都赋予一个惟一的描述符。因此，任何形状特征和工艺特征(如形位公差等)都能加以描述。完整的输入包括零件的描述以及零件数量和批量等管理性数据。在使用 AUTAP 系统设计工艺过程时，首先分析零件描述，其次选择出零件的最外的轮廓形状，把这些信息和现有的毛坯进行对比，就可选定毛坯。加工方法选择、工艺路线安排以及机床的选择都是按判定表所表达的逻辑进行的。

AUTAP 系统与 AUTAP-NC 系统的接口提供了进一步的设计功能，例如刀具选择和零件编程。AUTAP-NC 系统能设计回转体零件的加工工艺，它的输出是该零件 NC 加工程序。把 AUTAP 系统与 EXAPT 系统连接，还可以获得刀位数据和校核图样。AUTAP 系统是一个专门设计成能与 CAD 系统连接的系统，它可以是 CAD/CAM 集成系统的一部分。

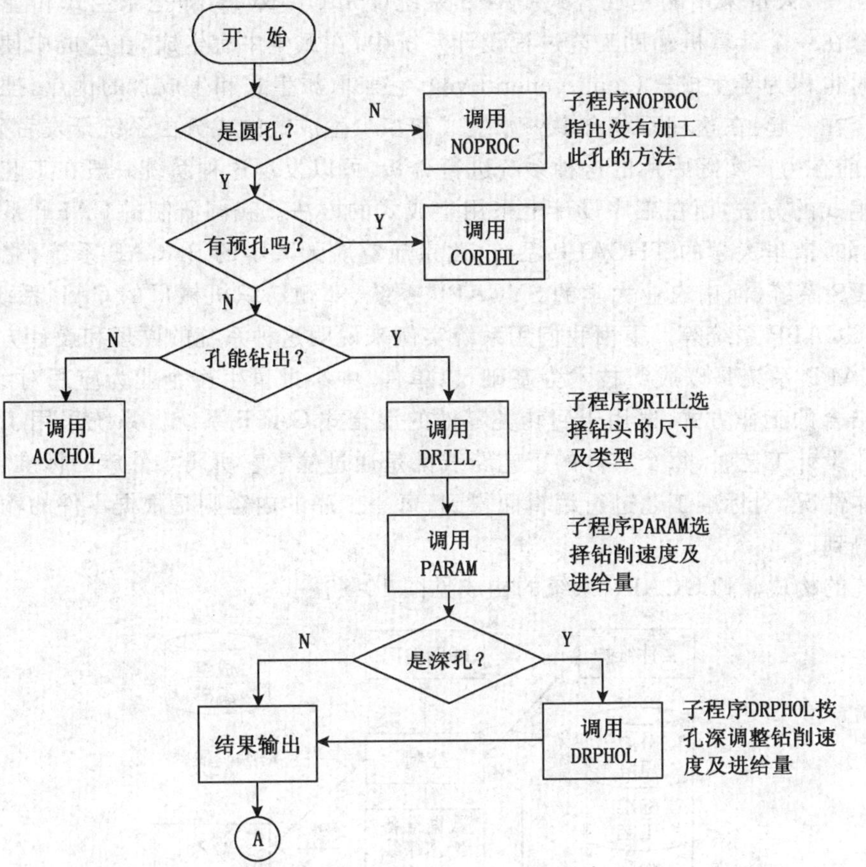

图 10-15 SIMHOL 子程序流程图

10.4.6.3 CPPP 系统

CPPP(computerized production process planning)系统是在美国陆军的部分资助下，有联合工艺研究中心开发的。它能为圆柱形零件设计工艺过程。CPPP 系统具有生成工艺总表和详细工序卡的能力。工序卡包含注有全部尺寸和公差的零件草图，还规定了机床、切削顺序、基准表面、夹紧表面、刀具以及切削参数。

CPPP 的工作原理利用了复合零件的概念。复合零件是包含某一零件族中所有零件特征的一种假象零件。通过建立能处理每一特征的一种工艺决策模型的办法，使它能设计该零件族所有零件的工艺过程。CPPP 用一种类似英语的专用语言来描述这种工艺模型，用户只需稍加训练便可使用。对于每一个零件族都必须开发一个工艺模型。

加工方法选择和排序似是按照工艺模型进行的。把选择结果、排序结果与零件表面及工序数据(机床、刀具、工艺装备等)结合起来，从而形成一个工序矩阵。同一工序中个表面的加工顺序，所用机床及工具都利用工序矩阵的信息进行选择。每次走刀均可在 CRT 上显示出来，以便进行检查。CPPP 也允许使用交互方式进行操作。CPPP 系统最适用于零件族不多，但每族零件之间大不相同的场合。

10.4.7 混合式 CAPP 系统

无论是派生式还是生成式都是进行工艺过程设计的方法，也都存在不同的不足之处。但在实际应用中，大量采用的是混合式 CAPP 系统(combinative)，即把派生式和生成式这两种方法都混合在一个计算机辅助工艺过程设计系统中，在派生中有生成，在生成中使用派生。这种系统有时也称为半生成式(semi-generative)，它兼取派生式和生成式的优点，把这两种方法有机地结合在一起。在这种系统含多少派生式和多少生成式的成分由系统开发者确定，没有限制。但对目前在生产实际中用的这种系统进行分析，可以发现这种系统一般在工艺路线的设计上采用派生式的方法，而在工序设计上采用生成式的方法。我国研制的 CAPP 系统多数属于这种类型，如：清华大学的 THCAPP 系统、北京航空航天大学的 BHCAP 系统、北京理工大学的 BITCAPP 系统、河南农业大学的 SYCAPP 系统、郑州纺织机械厂的 CAP 系统、西安交通大学的 JTUCAPP 系统等。下面我们用系统实例来说明这种系统的原理和设计方法。

JTUCAPP 系统是以成组技术为基础，以单件、中小批量生产企业为应用对象，采用派生与生成相结合的工作方式，适用于回转类零件的混合式 CAPP 系统。系统采用 JLBM-1 分类编码系统在设计工艺时，每个零件的工艺路线都是通过检索它所属零件族的标准工艺，再根据零件的具体情况，对标准工艺进行编辑而得到；每一工序的内容则是根据零件的输入参数经过自动决策得到。

1)系统的构成。JTUCAPP 系统的构成见图 10-16。

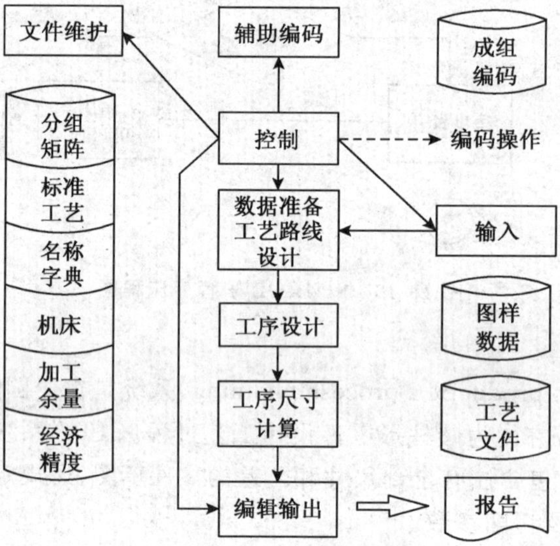

图 10-16 JTUCAPP 系统构成

2)工艺设计准备。在工艺设计之前，需进行下列准备工作。

①零件设计信息的输入。除零件的成组编码外，工艺过程设计还需要输入详细的设计信息，包括形面特性要素、几何尺寸、加工精度、技术要求等。

②数据准备。根据几何尺寸、精度等级和表面粗糙度，对需要加工的形面进行分类、排序，按磨削表面、车削表面和非车削加工形面构造表示形面位置、加工顺序的数据结构，用指针和二叉树的结构实现。

③计算机辅助自动编码。在工艺设计前，必须确定零件的成组编码，为此，配置了一个自动编码子系统，在零件信息输入后，可以自动生成零件的成组编码。

3)工艺过程设计。

①工艺路线的确定。一个零件的工艺路线的最初形式就是它所属零件族的标准工艺过程，

它是通过零件的成组编码搜索所在的零件族，再以该零件族的序号为关键字检索得到。标准工艺过程是针对整个零件族的零件设计的，它考虑了零件族中可能出现的全部加工特征，其工序数量对族内某一具体零件来说只多不少，必须根据零件的具体情况编辑。

②机床选择。系统根据加工方法和标准工艺选择机床类型，根据零件的尺寸参数选择机床型号。例如，车床根据零件的长度和最大直径选取，钻床根据零件上待加工孔的最大直径选取等。

③工序设计。工序设计包括确定工步内容和刀、夹、量具等。一个标准工序模块由许多任务步组成，每一工步用3项数据描述：工步名称代号、使用刀具类型代号和量具类型代号。工序设计时，首先要提取当前工序的加工表面要素，然后对它们按一定的工艺决策逻辑进行整理排序，最后调出标准工序模块进行工序设计，生成详细的工序内容。

4)工艺设计结果的编辑和输出。该系统的编辑输出模块具有下列5种功能。①显示零件的工艺过程；②对工艺过程进行编辑；③存储编辑好的工艺过程；④检索某零件的工艺过程；⑤打印工艺过程。

10.5 智能式CAPP系统

人工智能、专家系统在CAPP中的应用所形成的CAPP系统我们称为智能式CAPP系统。与生成式CAPP系统相比，虽然二者都能自动进行工艺过程设计，但生成式CAPP系统是以确定性的逻辑推理算法来进行决策，而智能式CAPP系统则是采用智能思维决策，以知识和知识的应用为特征的CAPP专家系统。

10.5.1 人工智能简介

人工智能是一门新的技术学科，它研究如何用人工的方法和技术，即用各种自动机器或智能机器（主要指计算机或智能机）模仿、延伸和扩展人的智能，实现某些“机器思维”或脑力劳动自动化。例如，应用人工智能的方法和技术，设计和研制各种计算机的“机器专家”系统，可以模仿各行各业的专家去从事医疗诊断、质谱分析、矿床探查、数学证明、管理决策等脑力劳动工作，可以完成某些需要人的智能、需要运用专门知识和经验技巧的任务。有些专家系统能够接近于，甚至在某些方面超过专家本人的能力和水平。因此，人工智能也可称之为“机器智能”，它研究各种智能机器的设计原理和实现方法，研究如何提高机器，特别是计算机的智能水平，使机器成为具有感知、推理、决策等功能，具有知识获取、知识表达和知识利用能力的智能机器系统。

人工智能是一门研究内容和应用领域广泛的学科，而且随着新的应用领域的开拓，就要不断增添与补充新的内容。因为，实际上人类所有的工作与活动都离不开智能。所谓“智能”通常是指人们在认识与改造客观世界的活动中，由思维过程和脑力劳动所体现出的能力。它包括以下几个方面。

1)感知能力。即人们通过视觉、听觉、触觉等，感知客观世界，获取感性知识的能力。这里，包括由眼、耳等感觉器官接受各种自然信息，如文字、图像、物景、声音、语言等，将信息由外周神经传入中枢神经——脑，通过相应的视觉中枢、听觉中枢等，进行信息处理和模式识别的智能活动过程。

2)思维能力。指人们通过脑的思维活动，如记忆、联想、推理、计算、分析、比较、判断、决策、计划、规划、学习、探索等，对各种输入信息进行加工处理，将感性知识上升为理性知识，积累与总结经验、形成概念、建立方法、制定计划、做出决策的能力；通过推理、论证或分析、计算、求解问题、做出结论的能力；通过学习、教育或训练、实践，增长知识、丰富经验、提高工作能力。

3)行为能力。指人们通过效应器官，如手、足以及发音器官等，对外界刺激(输入信息)做出反应(输出信息)，采取行动的能力，如根据仪表的显示信号，进行手工操作，或者对学生或用户提出的问题，做出回答或解释等。反应的智能表现在反应的灵活性与适应性，即对于变化的、不确定的或不确知的环境条件和刺激干扰，灵活地做出相适应的反应的能力。

感知、思维和行为能力，体现了人们在认识与改造客观世界过程中的智能。人的智能的核心在于"知识"，包括感性知识与理性知识、经验知识与理论知识。从知识的观点，智能表现为以下几个方面。①知识获取能力。相应于感知能力，包括通过感知器官，在观察、测量、训练、操作等实践中，获取直接经验知识或感性知识，以及在学习、阅读、交谈等过程中，获取间接经验知识或理性知识。②知识处理能力。相当于思维能力，包括将感性知识上升为理性知识，进行演绎推理和归纳推理，通过知识的积累、存储、联想、类比、分析、计算、论证、比较、探索、优选等信息处理过程，求得问题的解答，制定规划决策。③知识运用能力。相当于反应能力，即运用所获得的知识，通过知识信息处理，根据所求得的问题解答，或所制定的规划决策做出反应，采取行动，发挥知识的效用，如回答咨询、诊断疾病、操纵机器等。

因此，在人工智能的研究中，为了使机器具有类似于人的智能，需要探讨以下3方面的问题。①机器感知——知识获取。研究机器如何直接或间接(自动或半自动)获取知识，输入自然信息(文字、图像、声音、语言、物景等)，即机器感知的工程技术方法。如机器视觉(文字、图像识别，物景分析)；机器听觉(声音识别、语言理解)；机器触觉；机器嗅觉以及其他机器感觉(力感觉、平衡感觉等)。其中，最重要的是机器视觉，因为人从外界获得的信息有80%以上是依靠视觉输入的，其次是听觉。所以，人工智能研究的一个重要学科分支——模式识别，主要是研究机器视觉和听觉的工程技术方法。②机器思维——知识处理。研究在机器中如何表示知识，积累和存储知识，组织与管理知识，如何进行知识推理和问题求解，如机器记忆、联想、学习、推理和解题等机器思维的工程技术方法。知识表达技术(如产生式规则、谓词逻辑、语义网络)，即知识的形式化、模型化方法，用于建立相应的符号逻辑系统；知识积累技术，如知识库、数据库的建立、检索与管理，扩充与删改的方法，其中涉及机器学习与联想的问题；知识推理技术，包括启发式推理和算法推理，归纳推理和演绎推理。涉及专家系统、定理证明、机器博弈、自动程序设计、学习机、联想机等问题；知识处理工程，用于知识信息处理的人工智能语言，如LISP语言，Prolog语言等。③机器行为——知识应用。研究如何运用机器所获取的知识，通过知识信息处理，做出反应，付诸行动，发挥知识效用的问题，以及各种智能机器和智能系统的设计方法和工程实现技术。如基于知识库的人工智能专家系统；智能控制与智能管理系统；进行知识信息处理的，具有人—机智能接口的新一代智能机；能够自动制定行动规划，具有机器视觉、听觉和触觉的智能机器人；自然语言理解与生成的人—机对话系统；具有人工智能的计算机辅助设计、制造、实验、教学系统；以及生产自动化、办公自动化、家务管理自动化系统等。

上述3方面是人工智能技术研究的基本内容。正如人的感知能力和行为反应都需要依靠人的思维活动一样，智能机器的感知能力和行为反应也是以机器思维为基础的。因此，人工智能技术研究的中心内容是机器思维——知识信息处理问题。

人工智能技术的主要应用领域有：①问题求解；②逻辑推理与定理证明；③自然语言处理；④机器学习；⑤专家系统；⑥机器人学；⑦机器视觉；⑧智能检索系统等。

在工艺过程设计中，主要工作不是计算，多数问题的求解过程，难以用数学模型表示，求解过程是逻辑判断和智能决策过程，这正是人工智能技术的特长所在。目前智能式CAPP系统主要使用的智能思维决策有专家系统(expert system,ES)、模糊逻辑(fuzzy logic,FL)和神经网络(neural network,NN)等方法。

10.5.2 专家系统

10.5.2.1 人类专家与专家系统

一个什么样的人能称为专家?一个人要成为专家，他至少必须具有某一领域高深的知识与丰富的实践经验。专家通常与缺少"严格性、准确性和条理性"相联系。一个人类专家所处理的工作一般有以下2个特点。①问题难以形式化和转换成计算问题。比如，在工艺过程设计中的很多问题，很难建立其数学模型，用求解数学模型的方法算出一个零件的工艺过程来。在工艺过程的设计中必须加入工艺人员的经验等其他因素。②领域知识通常具有多义性或不定性。一种知识若是非常肯定的，那么就用不着专家来处理了。正因为问题具有多义性和不定性，才需要利用专家的知识和经验等来处理。

专家系统是这样的一个系统：①它是一个智能程序系统；②它内部具有大量专家水平的领域知识和经验；③它处理现实世界提出的需要由专家来分析和判断的复杂问题；④它利用人类专家的知识和推理方法来解决问题，如果专家系统所要解决的问题和专家要解决的问题可相比较的话，专家系统应该提供和专家相同的结论。

也就是说，专家系统是一个具有大量专门知识与经验的软件系统，它应用人工智能技术，根据一个或多个人类专家提供的专业领域的知识、经验进行推理和判断，模拟人类专家作决策的方法，解决那些现实世界中需要由专家决策的复杂问题。因为专家系统的功能主要依赖于大量的知识，所以常常被称为知识基系统或基于知识的系统。

专家系统一般具有以下3个特点。①具有启发性。专家系统能运用专家的知识和经验进行推理与判断，因为世界上的许多工作都是非数学性的，所以有这一点很重要。②具有透明性。其意思是系统对系统的开发者及用户都是易懂的，系统能解释本身的推理过程，能回答用户提出的问题。③具有灵活性。就是说它能不断地增长知识，修改原有的知识。

专家系统具有下述的优良特性：①专家系统能够高效率，准确无误，周密全面，迅速且不疲倦地进行工作；②专家系统在解决实际问题时不受周围环境的影响；③专家系统可以使专家的专长不受时间和空间的限制；④专家系统可以促进领域的发展；⑤专家系统能够汇集许多领域专家的知识与经验和他们相互合作解决问题的能力。因此，它解决问题的能力和知识的广博，往往使单个专家望之兴叹；⑥专家系统的研究在科学技术研究方面有着极为重要的作用。

10.5.2.2 专家系统的组成

专家系统的组成如图10-17所示。它一般应包括以下5个部分。

1)知识库。知识库是专家系统的核心部分之一，用于存储从专家那里得到的关于某个领域的专门权威性知识。知识是决定一个专家系统的性能是否优越的主要因素。知识可分为2类：①一般性知识和专门性知识。一般性知识是广泛共有的知识，指定义、公理、事实、理论，通常可在教科书、参考书、工具书等出版物中有记载。专门性知识是指专家直观推断的经验、体会、感知。又称作启发性(heuristic)知识，它是在一个领域正确的实践和正确的判断的知识，是凭经验得到的知识，是专家经过多年工作而掌握的"善于猜想的艺术"。是还没能出现在公开出版物中的知识，而专家系统的建立就是要阐明和复现这种知识。②说明性知识和过程性知识。从知识的表达和解决问题的角度可将知识分为说明性知识和过程性知识。说明性知识是用于说明事实的,如在CAPP中对工件、加工面、加工方法、机床、刀具等的描述。过程性知识是用于说明过程的,如在CAPP中,对定位夹紧、加工方法、机床、刀具等的选择,对工序、工步排序等的描述。

在一个专家系统中,应根据领域特点选择相应的说明性知识和过程性知识。

知识库与数据库不同,知识库中的知识富于创造性,而数据库中的数据是被动的。传统的建立数据库的方法不适合于组织知识库。为了建立知识库,我们需要解决如何储存知识的问题,这就是所谓的知识表达,确切地说就是如何以计算机能够储存的形式来表达知识。在智能式CAPP系统中常用的知识表达方法有谓词逻辑、框架、语义网络、产生式规则等。

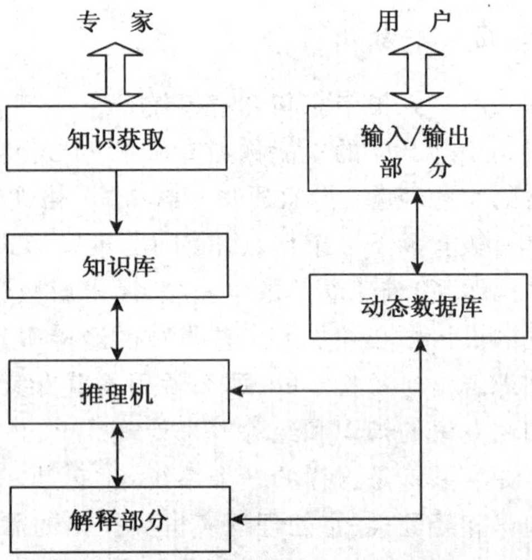

图 10-17 专家系统的基本组成

①谓词逻辑。谓词逻辑是一种逻辑模式,是迄今为止能表达思维和推理的最精确方法,是最广泛使用的知识表达方法。谓词逻辑的基本组成部分是谓词符号、变量符号、函数符号和常量符号,并用圆括号、方括号、花括号和逗号隔开,以表示论域内的关系。谓词演算是通过谓词公式来进行的。谓词演算的基本单元称谓词演算的原子谓词公式,把原子谓词公式组成复合谓词公式,又称为分子谓词公式。如:要表达“机床1和机床2都在1号车间内”,可用复合原子公式(分子公式)表示:

在车间(机床1,S1)∧在车间(机床2,S1)

又如:要表达“如果加工表面是平面,则要用铣削加工”,的复合原子公式为:

是(平面,加工表面)⇒用(加工表面,铣削加工)

其中:连词符号⇒用来表示“如果—则”的语句。

②框架。人类在日常的思维及理解活动中,会使用过去经验中所积累的知识来分析和解释所遇到的新情况。通常把过去的经验以一个通用的数据结构形式存储在头脑里,这种数据结构称为框架。因此,框架提供了一个结构,一种组织,在这个结构或组织中,新的资料可以从过去的经验中所得到的概念来分析和解释。

框架是有槽—侧面—值所组成的层次嵌套结构,可以描述格式固定的事物、行为和事件。

框架有框架名。框架由一组描述物体各个方面的槽所组成。例如在零件信息的描述中,回转类零件就是一个框架,可有几何特征、工艺特征等来描述,这些特征就是槽。对于复杂的事物,可由若干个框架组成一个框架系统来表示。

槽有槽名。槽由若干个侧面所组成,侧面有各种不同类型,每个槽所包含的侧面类型并不是固定的。填入每个槽的值,称为填充值。每个槽还可能有一组与它有关的条件,当填入填充值时,必须满足这些条件。例如,在回转类零件描述的几何特征槽中填入的必须是型面或形体的名称,有平面、外圆柱面、孔等,不可能是数字。对于结构复杂的槽,还可以用子槽结构。

侧面有侧面名,根据填入槽的值有以下一些类型:

“值”侧面：确切知道有关事物的填充值；

“默认”侧面：缺少有关事物的信息，又无直接反面证据时，可按惯例或一般情况下的填充值填入；

“如果需要”侧面：过程信息的填入，如一些经验公式；

“如果加入”侧面：填入应该做什么的信息。

框架的表达方法可以归纳如下：

```
(〈框架系统〉(〈框架 1〉(〈槽 1〉(〈侧面 1〉(〈值 1〉)
                                      (〈值 2〉)
                              (〈侧面 2〉(〈值 1〉)…)
                        (〈槽 2〉(〈侧面 1〉(〈值 1〉)…)…)…)
            (〈框架 2〉(〈槽 1〉(〈侧面 1〉(〈值 1〉)…)…)…)
……
```

③语义网络。从本质上讲，语义网络是知识的图解表示，它由结点和带箭头的弧或链组成，结点表示物体、概念和情况，弧或链表示它们之间的关系，这些关系可以分为以下几种。

分类关系：把相同类型的事例归划在某种类型之下，构成“事例(instance of)”关系，如车床主轴是回转类零件的一个事例，在这里，车床主轴是一个个体值，是类型的事例。

聚集关系：是基于高层概念的分解。一般高层概念是若干低层概念的集合，而低层概念可以看作是高层概念的属性，高层概念和低层概念之间可构成“部分(part of)”关系，如平面是机械零件的一部分。

泛化关系：是对相似概念的抽象而形成的共性，表示事物“属”概念和“种”概念之间的联系。一般高层结点表示共性概念，而较低层的结点是这些概念的具体实例。在高层概念中，不考虑低层概念间的差异，而低层概念可以有自己的特性。在语义网络中用“是一(个)(is a)”联系的泛化关系，如回转类零件是一种零件，可用泛化关系表示。

联合关系：是个体概念与整体概念之间的联系。当要强调整体的某些性质而个体概念并不重要时，用“成员(member of)”来表示这种关系，如轴是回转类零件的一个成员。

④产生式规则。目前，在很多实用的专家系统中，产生式规则是最常用的一种知识表达方法。产生式规则是一个以“如果这个条件满足，则采取这个行动”形式表示的语句，每条规则是一个“条件 — 行动”。产生式规则的“如果(IF)”称为条件部分、前项或左边；“则(THEN)”称为行动部分、操作部分、结果部分、后项或右边。产生式规则形式简洁，便于理解和维护。

2)推理机。专家系统的第二个主要的组成部分是推理机，它具有进行推理的能力，即能够根据知识推导出结论，而不是简单的去搜索现成的答案。

推理机是一组程序，它采用一定的推理策略根据用户输入的数据选择知识库中的知识进行推理，解决当前用户提出的问题。因为专家系统是模拟人类专家的推理过程进行工作的，所以在设计推理机时，应使其推理过程和专家的推理过程相类似，最好是完全一致。在专家系统中，推理方法有正向推理和逆向推理及正逆向混合推理。

①正向推理。它是由原始数据出发，按一定的策略，运用知识库中的知识，推断出结论的方法。在正向推理中，至少应做以下几件事：

(a)能根据原始数据，知道如何选用知识库中哪些知识；

(b)能将运用知识库中的知识所得到的结论，存入动态数据库，并将所用过的知识记录下来，以备解释之用；

(c)能判断何时应结束推理;

(d)必要时向用户提问。

②逆向推理。它是先提出结论(假设),然后去找支持这个结论的证据。逆向推理的功能有:

(a)能提出假设,并能运用知识库中的知识判断此假设的真假;

(b)若真,记录下运用了什么知识,以备解释之用,同时告知用户;

(c)若假,系统能重新提出新的假设,再进行判断;

(d)必要时向用户询问情况。

③正逆向混合推理。先从原始数据出发,通过正向推理帮助系统提出假设,再运用逆向推理,进一步寻找支持该假设的证据,如此反复这个过程,这就是正逆向混合推理。

不管是正向推理,逆向推理,还是正逆向混合推理,在它们之中都包含有精确推理与不精确推理。

3)解释部分。解释部分是一组程序,负责对推理给出必要的解释,让用户了解推理过程,向系统学习和维护系统提供方便,使用户容易接受和信任系统。在设计解释部分的时候,必须根据领域的特点,预先计划好,在这个系统中,应该回答哪些问题,如何回答。

4)知识获取。知识获取是从领域专家、工程技术人员、书籍、资料等处收集所要解决问题的专门知识,把求解问题的知识经过传递、教授等方式变为专家系统拥有的知识。所以知识获取也称为学习功能,它为建立知识库、修改知识库中原有的知识和扩充知识库提供手段。在专家与系统的交互过程中,认为哪些知识不合理,甚至错了,过时了,或者需要加入新的知识,都利用这部分。

目前知识获取是由知识工程师来完成的,他从专家那里获取知识,并把它们以正确的形式储存到知识库中。由于专家所掌握的知识和能存储于计算机的知识形式之间通常存在较大的差别,所以,要建立一个成功的专家系统,知识工程师与专家之间要多次相互交换意见,以使知识库能正确地反映专家的知识。知识获取问题是人工智能中的重要研究课题,是建立专家系统时的关键性的难关。

5)动态数据库。用于存储用户输入的数据和推理过程中得到的各种中间信息。也就是说存放用户提出的原始数据、已知的事实和由推理而得到的事实。总之,动态数据库存放的是系统当前要处理对象的事实的集合。

10.5.2.3 建立专家系统的过程

专家系统是一个发展很快且构造细节又比较灵活的程序系统,所以没有严格的建立专家系统的过程可供遵循。在建立专家系统时,通常包括以下几个步骤。

1)建立专家系统的基本结构。

①明确由专家系统完成的具体任务及要求。

②知识来源及知识获取。可能的知识来源包括专家、教科书、资料库以及工程师自己的经验。知识获取就是把解决问题所用的专门知识从某种知识来源变换成计算机程序。

③知识表达方式的选择。所选择的知识表达方式应该具有表达专家知识的能力,能简单和方便地描述、修改和解释系统中的知识。能方便地改变和修改知识这一点,在选择知识表达方式中是很重要的。因为专家在描述模型时经常改变,特别在描述模型的初期更是如此。要适应这种情况,灵活性是很基本的。此外还需要在以计算机表达知识的方便性和结构的复杂性之间加以平衡。

④推理策略的确定。

⑤确定系统需要向用户解释的问题，提问与回答的方式。

⑥根据以上五项，确定专家系统的基本结构。

2)专家系统原型的建立和试验。专家系统的基本结构形式一经确定，系统建造者就可以开始用程序语言进行系统的设计工作。首先，选择整个系统所需知识的原型子集。这个子集的选择是关键性的。它必须包括有代表性的知识样本，这些知识样本对整个模型来说是有典型意义的，同时又必须只涉及对试验是足够简单的子任务和推理过程。使用这个知识的原型子集，建立一个小型的专家系统，或称为专家系统的原型。利用这个原型对知识、知识表达、推理策略以及解释部分进行试验。一旦原型产生了可接受的推理，这个原型就要扩展以包括它必须解决的各种更为详细的问题。然后，用更复杂的情况来进行试验。这些比较复杂的情况，以后将被用作改善知识库时的标准试验集。这些试验的结果一定会对问题的基本组成以及它们之间的关系做出许多调整。这样不断对原型进行试验、修改、逐步扩充完善。

3)知识库的改进和推广。如果要达到专家那样很高的水平，这个阶段将要花费相当长的时间。经过一段时间的努力工作，有可能在某些特性方面，达到令人相当满意的性能。

总之，要成功地建立一个专家系统的关键是从一个较小的系统开始，然后逐渐地扩大成一个具有相当规模的可以进行试验的系统。一个初始的试验系统，可能是很粗糙和不完善的，但可以提供一个出发点，从这个出发点专家可以提出他们的建议，增加、修改知识，不断扩充系统，使系统的性能不断提高与完善。经过一段时间的试验修改，最后成为一个实用系统。

10.5.3 模糊逻辑

1)模糊逻辑的概念。模糊逻辑又称模糊推理，它是依靠模糊集中模糊逻辑模型(多用关系矩阵算法模型)进行多个相关因素的综合考虑，处理模糊的、不完全的乃至相互矛盾的信息。

模糊理论的研究对象是带有模糊性的不确定性的客观事物，CAPP 所涉及的知识领域常带有不确定性，利用模糊推理比较合适，受到广泛关注。

2)知识的模糊表达。任何一个概念总有它的内涵和外延，内涵是这一概念的本质属性，外延是指符合这一概念的全体对象，讨论概念外延的范围叫论域。一个精确的概念，其外延实际上就是一个普通集合。但世界上的许多概念都是模糊的，不能用绝对属于或绝对不属于来描述，因而出现了模糊概念和模糊集合。例如：在生产中的“批量”就是一个模糊概念，大批大量生产、成批生产和单件小批生产之间没有明确界限和数字关系，其论域中的元素有产量、产品大小、产品复杂程度等。

3)模糊推理。模糊集方法在 CAPP 中的应用愈来愈广泛，目前主要有模糊综合评判、模糊统计判决、模糊优化等。

模糊评判是根据给出的评价标准和实测值，经过模糊变换后对事物做出评价的一种方法。它可以归纳为以下几个步骤：①给出备择的对象集；②确定因素集；③确定评语集；④确定评判矩阵；⑤确定评判函数；⑥计算评判指标。

模糊评判可分为单因素评判和多因素评判。

①单因素评判。利用一个因素去评判一个事物时，对事物某个方面的评价能获得较好的效果，但也往往会出现违背客观实际的结果。

单因素评判比较简单，例如要评价某厂生产机床的精度保持性，先给出评价等级，取 $W=\{好,一般,不好\}$，然后邀请对该机床了解的各界人士来打分。若评价结果是：30%的人说“好”、40%的人说“一般”，其余 30%的人说“不好”，则可用模糊集来表示其评价结果，并根据最大隶属原则，该机床的精度保持性为 0.4。

②多因素评判（综合评判）。综合评判就是对多种因素所影响的事物或现象做出总的评价。综合评判可分为一级（单级）评判和二级（多级）评判。

4)模糊逻辑的特点。

①模糊逻辑主要解决不确定现象和模糊现象，是具有多年经验的一种感知判断能力。

②模糊逻辑决策的过程有模糊化、模糊推理、逆模糊化 3 部分组成。输入零件信息精确量通过模糊化转化为模糊量，模糊化是通过隶属函数完成的，正确确定隶属度是至关重要的；模糊推理是通过产生式规则、模糊综合评判等完成的；逆模糊化采用最大隶属度（极大平均法）、加权平均法等输出结论的精确量。

③模糊推理常和专家系统相结合，构成模糊（推理）决策专家系统。

④模糊推理中的关键问题是隶属度的确定，它直接影响推理的结果，是一个值得深入研究的问题。

⑤模糊逻辑的理论基础是模糊数学，随着模糊数学的发展，模糊逻辑的应用将更加深入广泛。

10.5.4 神经网络

10.5.4.1 基本概念

神经网络是研究人脑工作过程、研究如何从现实世界获取知识和运用知识的一门新兴多学科交叉学科。人工神经网络（artificial neural network，ANN）是人脑部分功能的某些抽象、简化的模拟，是用大量神经元构成的非线性系统，具有学习、记忆、计算和智能处理功能，在不同程度和层次上模仿人脑神经系统的信息处理、存储和检索等工作，最终形成神经网络计算机。

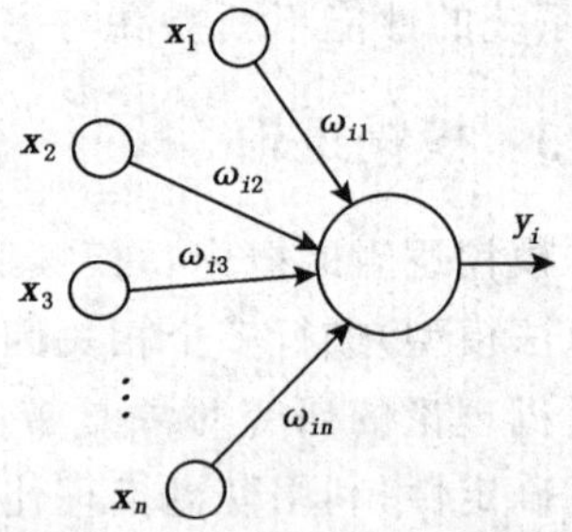

图 10-18 神经元结构示意图

人工神经网络是由大量神经元组成。神经元是一种多输入、单输出的基本单元，从信息处理的观点出发，为神经元构造了多种形式的数学模型，其中有经典的 McCuloch-Pitts 模型，图 10-18 是这种模型的结构示意图。

该模型的数学表达式为

$$y_i=\mathrm{sgn}\left(\sum_j \omega_{ij}x_j-\theta_i\right)$$

式中：y_i—神经元 i 的输出；x_j—神经元 j 的输入，$j=1,2,\cdots,n$；ω_{ij}—神经元 j 对神经元 i 作用的权重；$\sum\limits_j \omega_{ij}x_j$—对神经元 i 的净输入，它是利用某种运算给出输入信号的总效果，最简运算是线性加权求和，即 $\sum\limits_j \omega_{ij}x_j$；sgn—符号函数，表示神经元的输出是当前状态的函数；θ—阈值，但净输入超过阈值时，该神经元输出取值+1，反之为−1。

每个神经元的结构和功能比较简单，但把它们连成一定规模的网络而产生的系统行为却非常复杂。人工神经网络是由大量神经元相互连接而成的自适应非线性动态系统，可实现大规模的并行分布处理，其中：①信息处理，由神经元的相互作用来实现；②知识和信息存储，表现在神经元相互连接的物理模式上，即各神经元分布式的连接权重。③学习、识别和优化，决定于神经元连接权重的动态演化过程。

人工神经网络具有联想记忆(associative memory,AM)、分类(classifier)、优化计算(优化决策)等功能。人工神经网络主要用于以下3个方面:①信号处理与模式识别,如机械结构部件(装配)工艺智能识别就可通过一定的算法学习工艺人员的分类识别过程等。②知识处理工程或专家系统,如在零件的工艺过程设计中加工方法的选择和加工步的排序及其优化等,主要是进行决策。③运动过程控制,如机器人的手眼协调自适应控制等。

因此在CAPP中,人工神经网络的应用十分广泛,形成智能化CAPP系统。在整个制造系统中,形成智能制造系统、智能制造工程。

10.5.4.2 人工神经网络中的知识表达与获取

1)知识的显示表达与隐式表达。知识的表达可分为显式和隐式2类。

在专家系统中,知识多以产生式规则描述出来,直观、可读,易于理解,便于解释推理,这种形式是显式表达。

在人工神经网络中,如前向多层网络,它由输入层、输出层和隐含层的神经元组成,每个神经元对输入进行加权求和,对和进行阈值处理产生输出值。它利用多层误差修正剃度下降法等学习算法,在样本集的支持下进行若干次离线学习,充分调整各层神经元之间的权重,从而获得并表达出样本中所蕴含的知识,这时知识是以隐式的方式分布地存储在各权重中,称为隐式表达。这种表达方式可以表达难以符号化的知识、经验、容易忽略的知识(如常识性知识),甚至尚未发现的知识,从而使人工神经网络具有通过现象(实例)发现本质(规则)地能力。

2)基于实例的知识获取方式。人工神经网络中,知识来自于样本实例,是从用户输入的大量实例中通过自学习得到规律、规则,不是像专家系统那样由程序提供现成的规则。所谓学习就是改变神经网络中各个神经元之间的权重,而自学习强调了根据样本不断地修正各个神经元之间权重的过程,所以是一种自动获取知识的形式。

10.5.5 典型的智能式CAPP系统

10.5.5.1 EXCAPP系统

EXCAPP系统是北京航天航空大学开发的CAPP专家系统(图10-19),系统用户友好,使用方便。系统处理回转类零件,输入信息后,系统能自动生成工艺过程文件。根据需要,用户还可以通过人机交互对自动生成的工艺过程文件进行编辑、修改,系统可根据需要输出一定格式的工艺过程文件。

EXCAPP系统的知识库和推理机独立,可扩充性及可修改性好。系统能解释推理过程,告诉用户在推理过程中使用了哪些规则和为什么使用某条规则,便于用户理解和接受。在操作过程中,用户可以随时查看动态数据库,了解其变化情况。在EXCAPP系统中,对零件使用线性描述,也就是用一系列表面元素按主轴线的顺序描述一个零件,并用一组Prolog事实存在计算机中。

1)知识库。在EXCAPP系统使用产生式规则表达知识。把工艺过程设计知识进行整理、归纳,用产生式规则表达出来,每一条规则表示一条知识。下面是关于加工方法选择规则的结构。

IF(几何形状)

AND(精度和粗糙度要求)

AND(材料种类)

AND(……)

⋮

THEN (采用的加工方法)

(……)

(修改动态数据库)

例如规则 1.8：

IF(外圆柱)

AND(精度>6)

AND(精度<8)

AND(粗糙度<1.6)

AND(粗糙度>0.2)

AND(黑色金属)

THEN (磨外圆)

(动态知识库修改内容：

1. 直径+0.4 的磨余量；

2. 加工前精度=9；

3. 加工前粗糙度=3.2；

4. 长度+0.3 磨余量；

5. 加工前长度公差=0.1；

6. 加工前端面粗糙度=3.2)

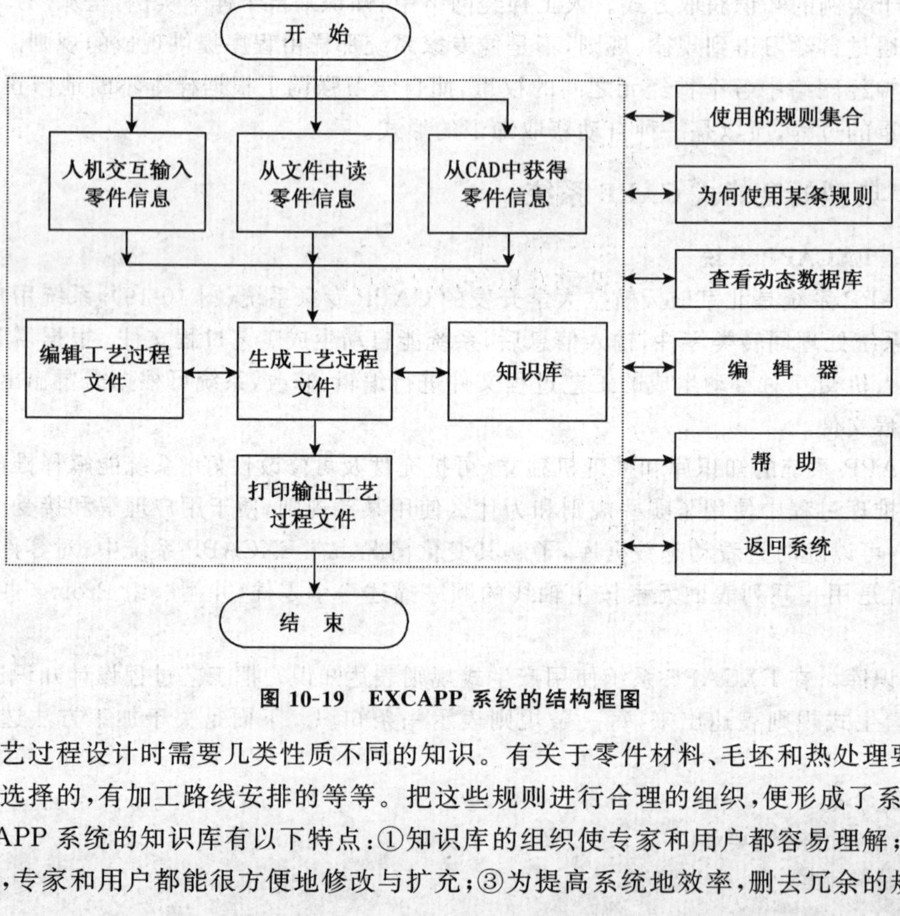

图 10-19 EXCAPP 系统的结构框图

在工艺过程设计时需要几类性质不同的知识。有关于零件材料、毛坯和热处理要求的，有加工方法选择的，有加工路线安排的等等。把这些规则进行合理的组织，便形成了系统的知识库。EXCAPP 系统的知识库有以下特点：①知识库的组织使专家和用户都容易理解；②知识库管理方便，专家和用户都能很方便地修改与扩充；③为提高系统地效率，删去冗余的规则；④把规则按优先级进行排序,这样在推理时操作方便,系统效率高;⑤各种知识的规则集是完备集。

2)推理机。在 CAPP 专家系统中,完成工艺过程设计任务的是推理机。推理机是一组程序,它根据动态数据库的内容访问知识库,决定规则的选取,推演出最好的解答。在 EXCAPP 系统中使用了以下几种推理方法。

①反向设计。专家在设计工艺过程时,首先要分析零件图,即零件加工的最终状态,而最后要推出的是零件所需的毛坯,即零件加工的初始状态。EXCAPP 系统也是这样,推理机根据用户提出的零件设计要求选用适当的规则,确定加工方法和加工参数,这是一个递归过程,直到所确定的加工方法不需要预加工为止,这时也就推出了零件所需的毛坯。

②子目标法。将一个问题分解成几个子问题的一种方法,就是在初始状态与目标状态之间引入子目标或称中间目标。这样,从初始状态到目标状态的原问题,现在就由从初始状态到第 1 个子目标,从第 1 个子目标到第 2 个子目标等子问题取而代之,最后一个子问题,即是从最后的子目标到目标状态的问题。当所有的子问题都得到解决,那么原问题也就解决了。专家分步骤完成工艺过程设计任务,采用的就是子目标法。EXCAPP 系统仿照专家的推理方法,把工艺过程设计任务分解为几个子目标,如:轴向尺寸计算、加工方法选择、工艺路线安排等。

③空间划分——匹配法。空间划分——匹配法就是把一个大的求解空间,考虑求解问题的特性,将其划分为几个子空间。在知识库中,每一个子空间有自己的规则子集,在求解问题时,原始数据只在有关的自空间内搜索匹配,寻找问题的解。使用这种方法不但可以大大提高搜索效率,还可以避免“组合爆炸”问题。EXCAPP 系统就采用了这种方法。

3)与 CAD 系统集成。EXCAPP 系统已经实现了与 CAD 系统的集成。

10.5.5.2 GARI 系统

GARI 是法国研制的,发表于 1981 年。它是一个以规则为基础的系统,是一个批处理专家系统。

GARI 用形状元素描述零件,如孔、槽等,相同的几何形状可以有不同的参数值。系统可以选择机床,如铣床、钻床或磨床,还规定机床的重要特性,如精度、尺寸等。

GARI 用产生式规则表达和存储知识,在知识库中有 50 条以上的规则,可以处理 20 中表面元素。系统还可以通过请教工艺过程设计专家给系统补充新的规则,这是以规则为基础的系统的主要优点。GARI 系统仅用来进行加工方法的选择和排序,而工艺过程设计的其他功能,如刀具和量具的选择、加工参数的优化等,GARI 并没有试图去实现它们。

10.5.5.3 TOM 系统

东京大学研制的 TOM 系统是一个小型研究工具,发表于 1982 年。这个系统有 3 个特点:①把产生式规则用于知识表达,采用人工智能技术进行工艺过程设计;②TOM 系统前接 CAD 系统,它可以接收 COMPAC 语言描述的零件;③TOM 系统后接数控编程系统,它可以与 EXAPT 相接,输出数控指令。

在工艺设计上,TOM 系统采用反向设计方法。根据加工孔(TOM 系统只用于孔)的要求,TOM 先选择孔的最终加工方法,并根据最终加工方法的要求,选择前一道工序的加工方法,以此类推。在搜索策略上,TOM 系统使用的方法是,首先按深度优先找到一条加工路线,把它作为候选加工计划,并估算出它的总加工时间,作为界限值。接着再顺另一条分支搜索。搜索时每向下扩展一级,就估算一次累计加工时间。如加工时间超过原定界限值,就立即停止并放弃这一分支,反之则继续搜索。如果沿某一分支找到的加工计划的累计总加工时间低于原定界限值,就改选此加工计划为新的候选加工计划,其总加工时间为新的界限值。通过这种方法,就可以在放弃一些无效搜索的前提下找出总加工时间最小的最佳加工计划，所以效率较高。但是很显然这种方法的效率和分枝的顺序，即应用规则的顺序有关。最先得到的候选加工计划越好，效率就越高。

10.6 CAPP 专家系统开发工具

CAPP 专家系统不同于一般的诊断型专家系统，是一个复杂的设计型专家系统。它要求除具有一般专家系统所具备的知识获取、推理策略外，还需具有解决在工艺设计及决策中特殊知识的获取和描述，如零件信息（几何拓扑信息、工艺信息、检测信息、表面质量信息等）的获取和表示、加工资源信息（设备及工具、人员及技术水平等）的获取和表示，以及图形、NC 加工指令、加工过程仿真的表示与生成。如果不借助专用生成工具，要想建立一个实用的工艺过程设计专家系统是需要花费大量的人力、物力及需较长的开发周期。随着专家系统在机械制造生产过程中的广泛应用，CAPP 专家系统的需求日益加大。为了缩短专家系统开发周期，国内外研制了多种类型的专家系统开发工具，从不同的层次、不同角度解决专家系统中的共性问题，如知识表达方法、知识获取、知识检验、知识求解和推理解释等，使开发者把主要精力集中在知识选取和整理方面，建立相应的知识库，较少地考虑甚至不考虑专家系统中的其他问题。

10.6.1 专家系统开发工具的类型

专家系统开发工具按功能和所拥有设施的特征可分为 3 类，即骨架型、辅助型和通用型工具系统。

10.6.1.1 骨架型专家系统开发工具（专家系统外壳）

这类工具的基本思想是从被实践证明了有实用价值地专家系统出发，抽出该系统中知识库中实际领域的知识，保留一个固定化的知识表示框架及相应的推理机和可能的知识获取及解释机制，这些固定化的但知识库为空的系统结构就成为一个骨架系统。当在骨架系统的知识库中填入另一领域专门知识，并调试、完善，形成一个新的知识库时，就实现了一个新的专家系统。这样，新的专家系统的开发无须从头做起，它借用了已有专家系统的骨架，避免了系统建造上的重复劳动，缩短了专家系统的研制周期。骨架型工具中比较著名的系统是从 MYCIN 系统演化的 EMYCIN 系统。这类开发工具的特点是使用方便，易于掌握，生成专家系统的效率高。但由于这类工具中知识描述的方式以及推理机制和控制策略均保留不变，实时应变能力差。因为针对性太强、适应性差，故推广应用有较大的局限性。

10.6.1.2 辅助型专家系统开发工具（知识获取辅助工具）

这种类型的开发工具是比一般程序语言更高级的程序设计语言。该语言可方便地表示知识，进行推理，求解问题，同时可将它嵌入某种语言进行工作，便于知识库建立，执行推理，实现用户接口。这一类工具是根据专家系统的不同应用领域和人工智能活动的特性研制出来的、适用开发多种类型专家系统的开发工具。比较典型的例子是 Prolog，OPS5 等属于这类工具，它提供了建造专家系统所必要的基本机制，如基本控制策略和知识表示方法，但不偏向具体问题的领域，部分控制知识被引入系统内作为一种显示知识对待，知识工程师在建立知识库的同时，也建立相应的元规则（放入元规则库）来影响控制策略的选用。这类工具比骨架型工具所受的局限要少，但其使用过程比骨架型工具所受的局限要少。其缺点是领域专家不易使用，也不易掌握其程序设计技巧。使用这类开发工具研制实用化、商品化的专家系统时，特别是针对某个具体的应用领域时，需要知识工程师和领域专家密切配合、要做大量的二次开发工作。

10.6.1.3　通用型工具(构件组合式工具)

该工具以构件的形式提供给知识工程师各种通用构件。用户可根据需要选择适当的构件并添加具有领域针对性的构件，通过构件组合便可构造所需要的专家系统。其突出实例是AGE系统。这种工具能适应复杂对象的需要，功能较强，但开发规模大，生成专家系统的过程也复杂。

10.6.2　CAPP专家系统开发工具的组成

一般来说，典型的工艺过程设计专家系统开发工具应该包括以下几个方面的内容：①知识库开发和管理工具；②零件信息获取工具；③推理机；④解释部分；⑤工艺文件(过程卡、工序卡、工序图、工步卡)生成工具；⑥工艺数据库管理工具；⑦数控加工程序编制工具；⑧加工过程仿真工具。

这些工具作为构成工艺过程设计专家系统构件库中的一个构件可以独立地完成其逻辑功能，但作为一个整体，它们之间又是有关联的，因而统一的信息模型是极重要的，它们在统一和协调后才能成为一个整体的开发平台或开发环境。

1)知识库开发和管理工具。该工具的任务是帮助用户选取知识、完成建立知识库，对知识的静态一致性和冗余度检验，以及对知识库进行管理。知识的获取是一项极其复杂的工作，是开发专家系统的瓶颈。它的基本功能应能提供适用于开发和描述工艺(包括工序及工步)的决策知识、资源信息、零件描述信息、工艺参数优化运算和工艺设计规范数据、表格等功能模块和表达方式，形成不同类型和不同层次的知识库。适用于工艺过程设计方面的知识表达方式有框架、产生式规则、过程、事实模型、模糊模型和数据库等。

2)零件信息获取工具。零件信息的获取和描述是工艺过程设计专家系统中很重要的一个环节，必须既满足在集成制造系统中，直接从CAD系统的产品数据模型中获取信息，又能作为独立模块，对零件信息进行描述，供工艺过程设计时使用。零件信息应该包含几何拓扑信息、工艺及检测信息(形面特征及其关联信息、加工精度信息及形位公差信息、表面质量)、管理信息等。为了能够准确快速而无误地描述零件信息，以面向对象的技术，根据零件的特征对零件进行分类，按类别提供相应基本框架，在对零件描述时生成目标框架，供各类CAPP系统使用。根据实际情况，系统应提供常用的回转类零件信息生成器、箱体类零件信息生成器和叉杆类零件信息生成器。这类知识的表达选用框架模型较为适合。

3)设备及工具、夹具、量具库管理工具。应提供各类设备和工具、夹具、量具的数据库及其管理系统。其功能包括：库内容的增、删、修改和检索，方便有效地修改各类设备和工具、夹具、量具及其参数。对不同的具体企业，用户使用该工具可方便地建立起本单位的设备库、工具库、夹具库和量具库，以便工艺决策和生产调度时使用。

4)推理机。工艺过程设计是经验性很强、非确定性的决策过程，其中包括毛坯类型及其尺寸、加工方法的选择、工序和工步决策及工艺路线的生成等等。为了有效地进行决策，其推理机应以更灵活地控制策略和多种推理方式相结合的形式进行推理。它具有：①以元知识为核心的控制策略，使得控制策略非常灵活；②模糊推理控制策略；③正向推理控制策略；④反向推理控制策略；⑤双向推理(混合推理)控制策略。

5)解释部分。对工艺过程设计各阶段行为的决策做出明确的解释，以用户易于接受的形式说明必要的推理过程，回答产生结论的理由，并能帮助用户查找系统产生错误结论的原因，帮助用户建立系统、调试系统，而且可以对缺乏领域知识的用户起到传授知识的作用。

6)工艺文件(工序卡、工序图、工步卡)生成工具。经过推理机求解后产生出来的工艺设计信息，作为中间结果存在系统中，以便用户形成特定格式要求的工艺过程卡、工序卡、工序图和工步卡。该工具提供的功能有：①识别推理机产生的中间结果信息；②提供工艺卡表格设计功能，自动或交互式生成标准或非标准工艺文件格式，并将推理得到的结论添加到表中，产生适用于本单位的工艺文件；③提供工序图生成模块，按不同类型的零件，用相应的方式表示和生成工序图；④工艺文件输出模块，它具有各种工艺文件的打印功能及工序图的绘制功能。

7)数控加工程序编制模块。随着数控加工设备的广泛应用，数控程序的编制也越来越受到重视，特别是在集成制造系统中，数控程序的自动编制是不可缺少的部分，其功能有：①根据工步决策能自动生成NC加工程序；②NC加工程序必须适应于常用的NC系统，对于某些机床的特殊要求，必须提供较方便的接口，以便扩充后适应其需要；③为加工过程动态仿真提供必要的数据；④对自动生成的NC加工程序进行语义、语法检查，并对其加工过程进行动态仿真，以检验该程序的正确性。

8)加工过程仿真模块。加工过程仿真是一项十分重要的工作，通过仿真，可以检查零件的加工过程中可能存在的不合理现象和可能出现的干涉和碰撞现象，并用图形方式结合工艺参数显示，形象直观地仿真零件的加工过程。

10.6.3 CAPP专家系统的生成策略

基本出发点是根据机械加工工艺过程设计的特点和领域专家的要求，提供面向生成实用专家系统的“构件库”，由用户根据本企业的生产条件和资源，选择相应的功能模块，可构成自己的工具。在使用该工具建立和开发专家系统时，用户只需要整理出工艺知识和零件信息等，并建立相应的知识库，而无需考虑知识的求解、工艺结果和NC数控程序的生成等等问题，可大幅度地提高开发效率，使用该工具建立专家系统的主要步骤是：①根据加工对象，应用成组技术对现行工艺进行总结、提炼，形成专家系统的知识文本，然后使用知识库开发和管理工具生成知识库；②针对具体的零件，使用专用零件信息生成器建立其信息库；③系统调试，借助推理机和解释部分对已有的知识进行调试，进一步完善和精练工艺知识库；④生成专家系统产品。

10.7 CAPP技术的发展

随着CAD，CAM，CAPP单元技术的逐渐成熟，同时又由于CIMS和IMS技术的提出与发展，CAPP正朝着集成化、智能化、网络化、工具化、实用化方向发展，在设计技术上采用分布式和面向对象技术。当前研究开发CAPP系统的热点主要在以下几个方面。

1)产品数字模型的生成与获取。

2)CAPP的体系结构及CAPP智能开发工具系统的研究。

3)基于分布型人工智能技术的分布型智能式CAPP系统。

4)人工神经网络技术在智能式CAPP系统中的应用。

5)并行工程模式下的CAPP系统。

6)虚拟制造中的CAPP系统。

7)基于网络制造的CAPP系统。

8)面向企业的实用化 CAPP 系统。

9)CAPP 系统与自动化生产调度系统的集成。目前,CAPP 系统的主要应用已从金属切削方面逐渐向其他方面扩展,如装配、热处理、锻造、冲压、焊接、检验、机器人运动规划等。CAPP 技术在非机械制造领域的应用也有发展,如一些单位开展了服装 CAPP 系统、耐火材料 CAPP 系统、砂轮 CAPP 系统等的研究。

习题 10

1. 试述 CAPP 技术在 CAD/CAM 集成系统中的地位和作用。
2. 试述派生式、生成式、综合式、智能式 CAPP 系统原理和工作过程。
3. 开发派生式、生成式、综合式、智能式 CAPP 系统的关键技术有哪些?
4. 零件信息描述有哪几种方法? 各有何特点?
5. CAPP 系统的工艺决策方法有哪几种? 试各举一例。
6. 工序设计包含哪些内容? 它的主要功能是什么?
7. 智能式 CAPP 系统和其他类型的 CAPP 系统有什么不同?
8. 叙述 CAD/CAPP/CAM 的信息流。
9. 叙述 CAPP 专家系统开发工具的类型和组成。

11 计算机辅助工装设计

11.1 概述

工装即是工艺装备的简称。它是指零件在机械加工过程中所用到的刀具，夹具，量具，模具等的总称。工装设计包括刀具设计，夹具设计，量具设计，模具设计等等。而其中的刀具设计与夹具设计应用较多，本章也将重点介绍这两方面的计算机辅助设计。

计算机辅助工装设计(computer aided craft equipment design，CACED)，就是利用计算机实现工装设计的自动化与半自动化。从工装设计方案的确定，参数的选择与计算，图形的绘制到制造都可以由计算机来辅助完成。

在自动加工系统中，应用的机床多数是数控（numerical control，NC）机床和加工中心（machining center，MC），工装设计需适应这类机床。需做好刀具与夹具的准备工作。例如刀具的选择、设计、制造、装配、预调及检测，夹具的选择、设计、制造、装配等均需满足生产的要求。

11.2 计算机辅助制造中的刀具系统

金属切削加工是机械零件成形的主要方式。刀具是机械制造系统中必不可少的重要工具，也是切削加工中影响生产率，加工质量与成本的最活跃的因素。刀具切削性能的好坏，取决于构成刀具切削部分的材料，几何形状和结构尺寸。

在自动化加工中，刀具准备工作是非常复杂的，往往成为加工中的关键问题，直接影响加工质量、生产率和经济性。因为加工中心的数控系统能控制机床的自动地更换刀具，从而连续地完成对零件的各个加工面进行铣削、车削、钻削、绞孔、攻丝、镗削等多工序的加工，所以工件一次装夹后，能进行多道工序的加工，其加工质量易于保证，加工效率高。但加工中心的刀具准备工作要复杂得多。为保证加工中心实现自动换刀，加工中心的自动换刀装置需有用于储存刀具的刀库、有用于实现自动换刀的选刀机构、有帮助机床进行自动换刀的机械手。因此，在计算机辅助制造系统中，应建立刀具系统，以保证生产制造顺利进行。

刀具系统是指刀具设计，制造，管理及应用等方面的综合。

刀具系统由需求、设计、制造、使用、管理等部分组成，属于生产准备工作范畴，在制造自动化系统中，其作用如下：①保证提供足够的刀具，满足加工需求，其中包括通用标准刀具和专用刀具；②用最少的刀具种类和数量来满足加工需求，减少刀具库存和冗余；③对零件加工的全过程提供刀具支持，如刀具磨损、破损的补充，刀具的尺寸调整，刀具的刃磨等。

因此，刀具系统可以完成零件加工前的刀具准备、加工中的刀具使用以及加工后的刀具处理等工作。

传统的刀具系统的综合性很差，形成各自独立的局面，刀具的设计，制造、管理与应用相互脱节,使刀具不能得到有效的应用,而且对应用人员的技术要求较高,特别是刀具的刃磨技术很难掌握。计算机辅助制造中的刀具系统就是利用计算机技术,进行刀具设计与制造,实现刀具系统的综合管理与应用,以保证生产制造的顺利进行。在机械制造系统中,特别是在计算机辅助制造等制造自动化系统中,刀具工作是十分复杂的。

11.2.1 刀具系统的构成

刀具系统的构成如图 11-1 所示。

- 刀具系统
  - 刀具设计
    - 刀具的数据库
    - 刀具的图形库
    - 刀具的材料库
  - 刀具制造
    - 刀具的加工工艺
    - 刀具的刃磨工艺
    - 刀具的组装和调整
  - 刀具使用
    - 刀具的准备
    - 刀具的预调
    - 刀具的工况监控
    - 刀具的刃磨
  - 刀具管理
    - 刀具的分类、编码
    - 刀具的储存
    - 刀具的识别
    - 刀具的查询

图 11-1 刀具系统的构成

1)刀具设计。刀具设计是很复杂的,它将会牵涉到大量的数据的查找及计算,所以我们必须在刀具系统内建立一系列的数据库。它包括以下 5 个方面的数据库。

①刀具的数据库:刀具的设计所应用到的原始数据及相关参数的查找和计算。

②刀具的图形库:刀具的图形绘制应规范化、自动化或半自动化。

③刀具的材料库:合理选择刀具的材料。

④加工机床的数据库:便于设计人员了解机床设备的情况。

⑤公差与技术要求数据库:正确地选用国家标准规定的公差要求,完成刀具的精度设计。

有了这些软件库,我们就可以根据设计的需要从库中调出相应的数据及图形,从而大大地节省了设计时间,缩短了设计周期,提高了设计质量。

2)刀具制造。刀具制造是对专用刀具而言,它牵涉到用于加工刀具的工具及刀具的刃磨。

①刀具的加工:它由加工刀具的刀具、机床及辅助设施构成。

②刀具的刃磨:在自动化制造系统中,需有专门的刀具刃磨车间,所以它的刃磨工艺也是规范化的、自动化的。

③刀具的组装与调整:为安装刃磨方便,刀具的加工往往不是整体的,需组装与调整。

3)刀具使用。在自动化加工过程中,刀具使用的品种、数量是很大的,例如一个加工中心所需的刀具多达几十把,所以刀具的使用应满足加工机床的需要。

①刀具的调配:刀具的统一调配,对刀具的状况随时监控,最大限度地满足加工需要。

②刀具的准备:刀具的准备包括刀具的组装、预调、拆卸和处理。

4)刀具管理。

①刀具的分类:刀具编码、分类、查询和识别。

②刀具的储存:刀具的储存、交换、运送。

③刀具的监控:对刀具的储存状况、准备状况和使用状况进行监控。

总之。刀具的系统要保证提供足够的刀具,满足使用要求,并在加工过程实施刀具质量监控,保证加工质量。

11.2.2 刀具的计算机辅助设计

刀具分为标准刀具与专用刀具,标准刀具又分为车刀、钻头、绞刀、铣刀、滚刀等,它们的形状,尺寸,角度均已标准化了。一般无需设计,只要从标准中查取选择即可。专用刀具也称非标准刀具,是需设计人员专门设计的刀具,如成形车刀,成形铣刀及复合刀具等,它们的形状,尺寸,角度需根据被加工零件的形状及要求来设计。所以,为实现计算机辅助设计,首先需建立大量的刀具数据库文件。包括材料库、标准文件库及图形库文件,另外还有计算程序库等。有了这些库以后,设计人员的设计工作将会方便得多,而且也可以减少大量的重复的、烦琐的工作,将更多的精力投入到解决关键的问题,从而提高设计质量。计算机辅助制造中的刀具系统中刀具设计涉及到刀具的总体方案设计,材料的选择,标准件的选用,组装与专用件的设计,参数的选择、计算,图形的绘制等方面的内容。

1)刀具材料应具备的性能。刀具切削部分的材料在切削时要承受高温、高压,强烈的摩擦,冲击和振动,因此,刀具切削部分材料的性能应满足以下基本要求:高的硬度、高的耐磨性、足够的强度和韧性、高的耐热性(热稳定性)、良好的热物理性能和耐热冲击性能、良好的工艺性能。

刀具材料有碳素工具钢、合金工具钢、高速钢、硬质合金、陶瓷、金刚石、立方碳化硼等。另外还有涂层刀具、陶瓷材料、人造金刚石、立方氮化硼。

2)刀具角度的选择。刀具角度有:前角 γ_0,后角 α_0,主偏角 κ_r、副偏角 κ_r' 和刃倾角 l_s。

应当指出,刀具各角度之间是相互联系,相互影响的。不同的刀具其角度的要求是不同的。例如,机夹可转位式车刀,就是将预先加工好的有一定几何角度的多角硬质合金刀片,用机械的方法装夹在特制的刀杆上的车刀。由于刀具的几何角度是由刀片形状及其在刀杆槽中的安装位置来确定的,故不需要刃磨。

3)刀具结构的设计。刀具的结构需根据加工要求来设计与制造。自动化加工中,无论是自动线、加工中心(MC)或柔性制造系统(flexible manufacturing system,FMS)都需要快速换刀。更换刀具的基本方式可以是换刀片、换刀具、更换已装好刀的刀夹或刀柄,也可以是换连刀具在内的主轴箱。

自动化加工对刀具的要求是可靠性要高、切削性能要好,结构应能便于刀具快速更换。例如在加工中心上,刀具的结构由刀具、中间接杆、刀柄构成。对于钻头、绞刀和立铣刀是带有莫氏锥柄的刀具或是带有直柄,锥柄是不能调整轴向尺寸的。

4)刀具尺寸预调。刀具结构应能预调尺寸,在自动化加工中,为提高调整精度并避免太多的停机时间损失,一般应在线外将刀具尺寸调整好,换刀时不再需要任何附加调整。

刀具尺寸是需要预调的,例如车刀的径向尺寸(车外圆)或轴向尺寸(车端面和阶梯轴);镗孔刀的径向尺寸;钻头和铣刀的轴向尺寸等。这些刀具的部分尺寸是靠制造精度保证的,如车刀的刀尖高度,钻头、铰刀和立铣刀的直径等。加工前,也应检查刀具的这些尺寸是否合格。自动化加工中使用的刀具,其结构必须允许进行尺寸预调。

镗刀、孔加工刀具和铣刀的尺寸检测和预调一般都使用专用的调刀仪。调刀仪有光学的，也有用电测头的。我们在设计时要考虑刀具的预调系统，结构设计要合理。

5)刀具品种规格。在柔性自动化加工中，每台加工中心要加工多种工件，并完成工件上多道工序的加工，因此需要使用的刀具品种规格甚多，为此开发了工具系统。工具系统一般为模块化组合结构，在一个通用的刀柄上可以安装多种不同的切削刀具，尽量减少刀具的品种和规格这样即方便了制造，也便于使用和保管，大大减少了用户的工具储备。

6)刀具管理系统。刀具管理系统的作用是实现刀具的有效管理，由于刀具的品种规格繁多，每一把刀具又有许多参数，要管理好刀具，首先必须对刀具的类型、规格、形状、参数、材料等进行分类与编码；其次必须建立刀具管理软件，它由刀具数据库、刀具离线管理模块、刀具在线管理模块 3 部分组成。刀具管理软件是刀具管理系统的中枢，它必须能担负起刀具的供应、组装、尺寸预调、刀具的运送等管理工作。因此，发展及完善刀具管理系统是十分必要的。

7)刀具磨损和破损监控。在制造系统无人管理的情况下，对切削过程的各种故障，应有完善的在线检测和监控以便及时报警、停机或自适应调节。研究表明，切削力、切削力矩、切削分力的比值或比值的变化率与刀具的磨损和破损有着直接的内在联系。刀具磨损导致切削力增大，刀具破损则引起切削力骤变。通过切削分力的比值或比值的变化率作为监控刀具状态的判断信号是一种效果较好的方法。切削过程中实施刀具监控的主要目标是刀具磨损、破损。

11.3 计算机辅助机床夹具设计

在机械加工的过程中，为了在工件的某一部位上加工出符合技术要求的表面，必须在加工前将工件装夹在机床上或夹具中，我们把用以固定工件、保证加工精度的工艺装备称为机床夹具，简称为夹具。

机床夹具根据其应用范围和特点，分为通用夹具、专用夹具、通用可调夹具和成组夹具及组合夹具。

计算机辅助机床夹具设计(computer aided fixture design，CAFD)，就是利用计算机，进行机床夹具的构思、设计、计算和绘图等工作，从而提高夹具设计的效率，特别是专用夹具的设计与制造实现了自动化和半自动化。

11.3.1 计算机辅助机床夹具设计的基本内容

11.3.1.1 夹具设计的基本步骤与内容

工件在夹具中的定位是通过工件上的定位基准表面与夹具中的定位元件的定位表面接触或配合而实现的。工件上被选作定位基准的表面常有平面、圆柱面、圆锥面、成形表面(如齿形面、导轨面)等及它们的组合。

工件在夹具中的夹紧是由夹具的夹紧装置完成的。夹紧装置通常由动力装置和夹紧机构两大部分组成。常见的夹紧机构有：斜楔夹紧机构、螺旋夹紧机构、圆偏心夹紧机构、定心夹紧机构、铰链夹紧机构和联动夹紧机构。

传统的夹具设计步骤及主要内容有：①明确设计任务要求、工件的生产纲领；收集、研究分析与其有关的原始资料。②确定夹具结构的总体方案，绘制结构草图。包括确定零件的定位方式,选择或设计定位元件,计算定位误差;确定零件的夹紧方法,选择或设计夹紧机构,计算夹紧力;确定其他辅助装置,(例如分度装置,工件顶出装置等)的结构形式;确定夹具体的结构型式,保证有足够的刚度、强度及动态特性,必要时,可进行有限元分析。③夹具装配图及装配图上的标注及技术要求的提出;填写标题栏和零件明细表。④绘制夹具的非标准件的零件图,标注尺寸、形位精度和表面粗糙度要求等。

11.3.1.2 计算机辅助机床夹具设计的主要内容

计算机辅助夹具设计就是要在夹具设计的过程中实现自动化及半自动化,以加快夹具设计的速度及提高夹具设计的质量。它的设计系统构成应能完成夹具设计各个环节的任务。包括夹具总体方案的拟订、定位方案的设计、夹紧装置的设计、夹紧力的计算、标准元件和通用元件的选择以及其他辅助部件的选择与计算。如图 11-2 所示的框图及在 AutoCAD 平台下做的专用夹具设计软件的菜单系统,如图 11-3 所示 。

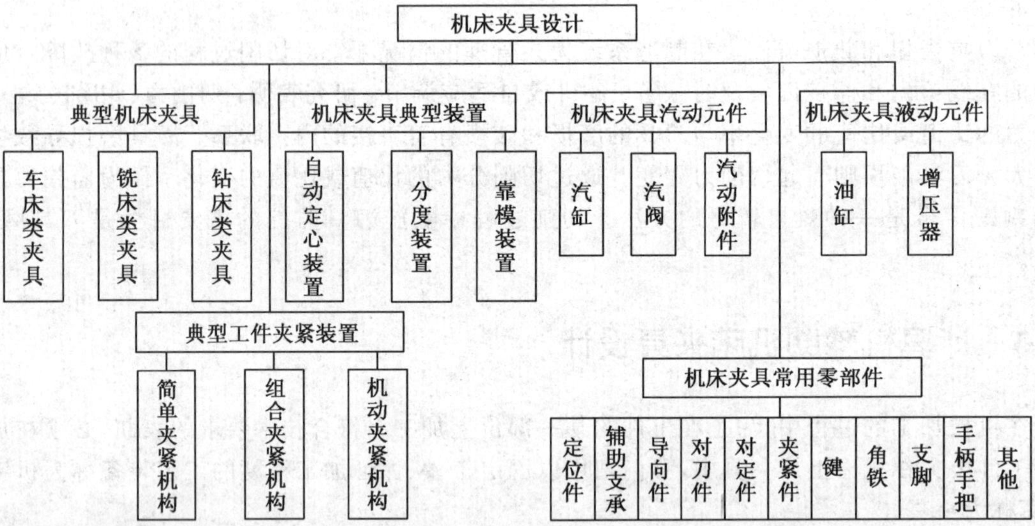

图 11-2 夹具设计框图

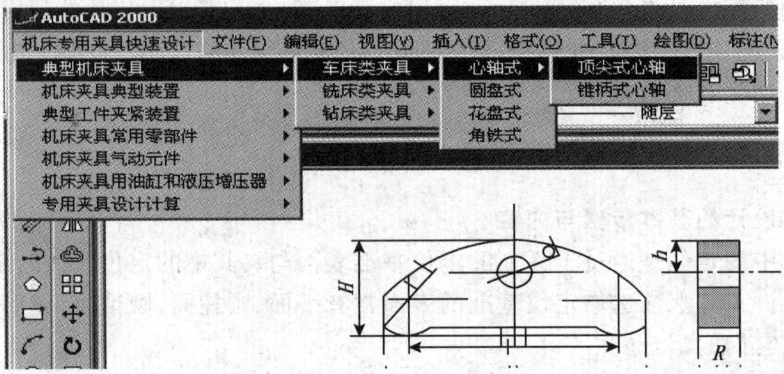

图 11-3 夹具设计的用户界面

计算机辅助机床夹具的设计中,主要是专用夹具设计和组合夹具设计,在计算机辅助专用夹具设计的设计中,其主要的内容有:

1)定位方案设计。定位方案设计主要是根据工艺过程设计来选定的。但具体的实现还需在夹具设计中来完成，如果两者之间有矛盾，还需协商解决，所以定位方案的决定是工艺过程设计与夹具设计共同完成的。在夹具设计中，还要确定定位元件。计算定位精度。

2)夹紧方案的设计。夹紧方案的设计包括夹紧方式，是气动、液压、电动还是手动，主要根据企业的生产条件及生产规模决定；另外还有夹紧力的大小、夹紧元件和夹紧装置的选择及布局。

3)对刀、导向等其他元件的选择和设计。对刀件、导向件一般都是选择标准件和通用件，特殊情况才需设计。

4)夹具总装图与元件明细表的设计与绘制。夹具总装图是夹具装配的依据，应有良好的直观性。元件明细表是给采购与生产提供的依据，应标注明确、清晰。

5)夹具体和夹具零件图的设计与绘制。夹具体和一些非标准的夹具零件应有相应的图纸，以便生产。

从以上夹具设计的内容可知，在计算机辅助夹具设计中需要大量的标准件及通用件的图形库、数据库及计算程序来为其设计提供依据。这也是我们设计人员事先要做的准备工作，即编制与建立机床夹具设计的应用软件。如图 11-2 所示。

11.3.2 计算机辅助夹具设计应用软件开发

目前夹具 CAD 系统，主要是从建立夹具元件的标准化图库、方便实用的绘图设计环境及计算分析软件入手。因为一个完善的夹具 CAD 系统，必须具有丰富的元件图库、方便实用的装置设计环境和系统的信息传递及控制系统。下面简单介绍这 3 个方面。

11.3.2.1 标准件库的建立

在夹具设计中，需要用大量的标准元件，而标准件库及其管理系统的建立为夹具设计人员提供一个快速且准确的查询、绘制标准件的工具，使用户能方便地查出所需的元件及其图形，减少设计人员大量的繁琐劳动。标准件库的设计应针对最终用户。

1)标准件库的功能。内容全面，通常应包括国标规定的各种螺栓、螺母、垫片、轴承等标准件及夹具设计专用的元件，如定位元件、夹紧元件等等。

可完全摆脱设计手册。手册上的标准数据要全部录入到标准件库中。对有些标准件，既允许采用国标数据，又应允许使用自定义数据。

标准件的位置和方向应允许动态调整。对不同线型应分层或分颜色绘制，以便于绘图机输出。且图形可修改。

2)标准件库的特点。

①具有模块化分层结构：每种类型的标准件都应具有基本输入模块、数据检索模块和图形绘制模块。

②具有独立的数据结构：数据应独立于程序。在管理方式上采用数据库、数据文件和内存变量等多种方法。

③图元实现参数化绘图：要编写相应的参数化绘图程序，用户可根据要求选择所需的图形：零件图、装配图或是标注尺寸。

④资源的开放性：不同类型的标准件在标准件库中处于平行地位，应允许用户卸掉不同的标准件子库或装入其他的标准件子库。

⑤界面形象直观：操作界面应使用对话框，做到图文并茂，用户在众多的标准件库中准确快速地挑选出自己所希望的结果。

⑥函数化:在不同种类的标准件或同一种类但不同规格的标准件中,往往具有许多相同或相似的功能,如选择集操作、对话框常用栏目的处理、绘图环境的设置等等,都应使用通用函数的形式来完成。

根据以上原则,所开发的标准件库的具体内容如图 11-4 所示。

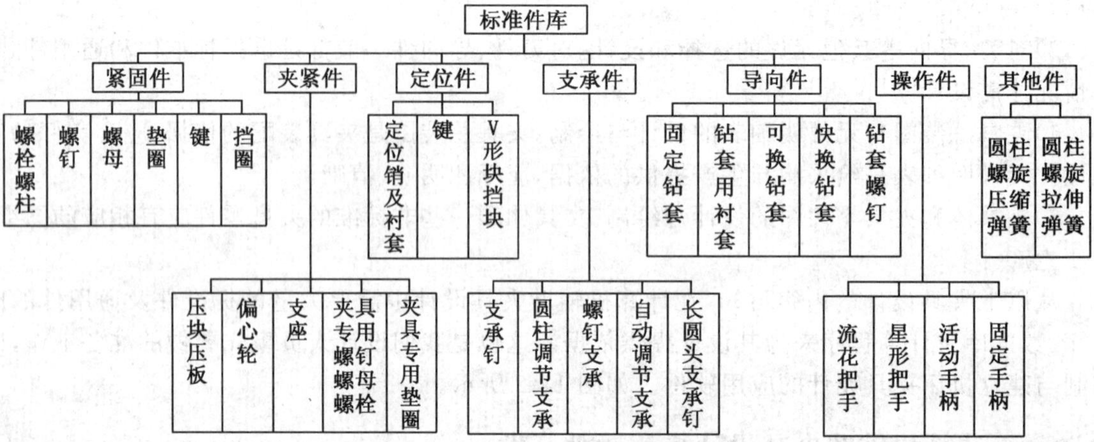

图 11-4　标准件库的主要内容

3)开发标准件库的方法。标准件库中的元素(标准件)是分层次在库中存放的。有两大结构层:第 1 结构层和第 2 结构层。在第 1 结构层内有固紧件、夹紧件、定位件、支承件等,它们在软件结构上是平行的,分属于不同的标准件子库,相互之间在结构型式上无太多的共性可言,因此在开发软件时,可以有不同的要求及风格,例如导向件与支承件的要求是不同的,可按不同的界面形式设计,只要使用方便就行。而且标准件库的方式也可根据自己企业的特点设计,常用的元件可以归纳在一起,如图 11-5 所示,其标准件库是以常用零部件的方式组合。

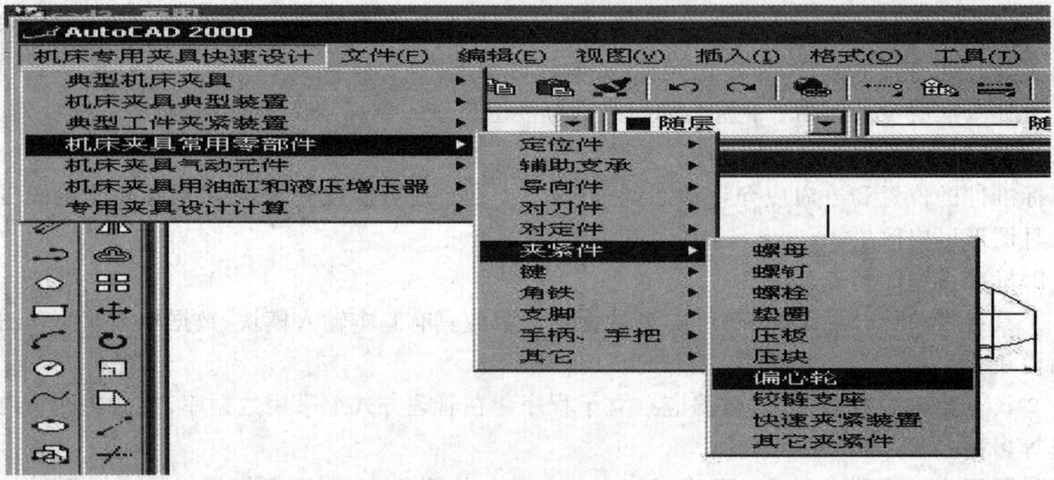

图 11-5　机床夹具常用零部件

标准件库的开发方法有很多,用户可以根据自己的能力及需要选择一种方法。目前国内的 CAD 软件大多数都带有常用的标准件库,用户只要直接应用即可,而且还带有二次开发的功能与界面,使用起来很方便。只要按照提示输入事先做好的图形及数据,就能建立或扩大标准件库。用户也可以通过 CAD 软件的二次开发环境建立全新的标准件库,例如在

AutoCAD2000 下，有自带的 Visual lisp 和 VBA(visual basic for application)语言，它们都是内嵌式语言，用户不需要考虑其与 CAD 软件接口问题，而且可以调用 CAD 中的绘图命令，它们是完全面向对象体系结构的一种编程语言，它们的功能强大，可以说是一个万能开发工具。图 11-6 与图 11-7 是用 VBA 语言编制的偏心轮设计的界面。操作步骤是先在图 11-5 界面下点击偏心轮下拉菜单，进入图 11-6 界面选择偏心轮种类，按确定键，进入图 11-7 界面，选择具体的参数。

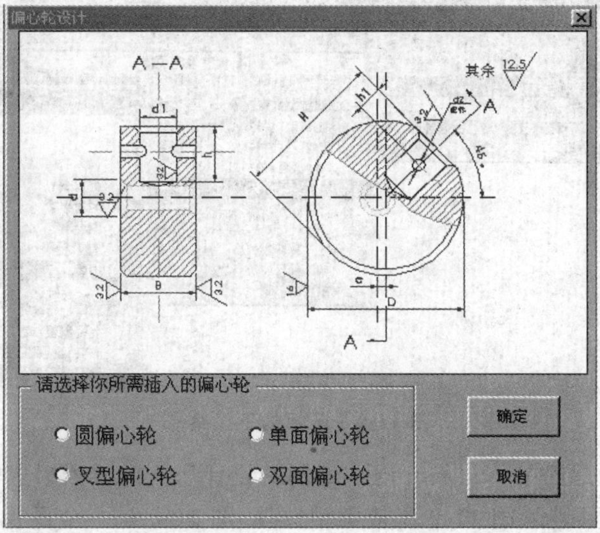

图 11-6　偏心轮的设计

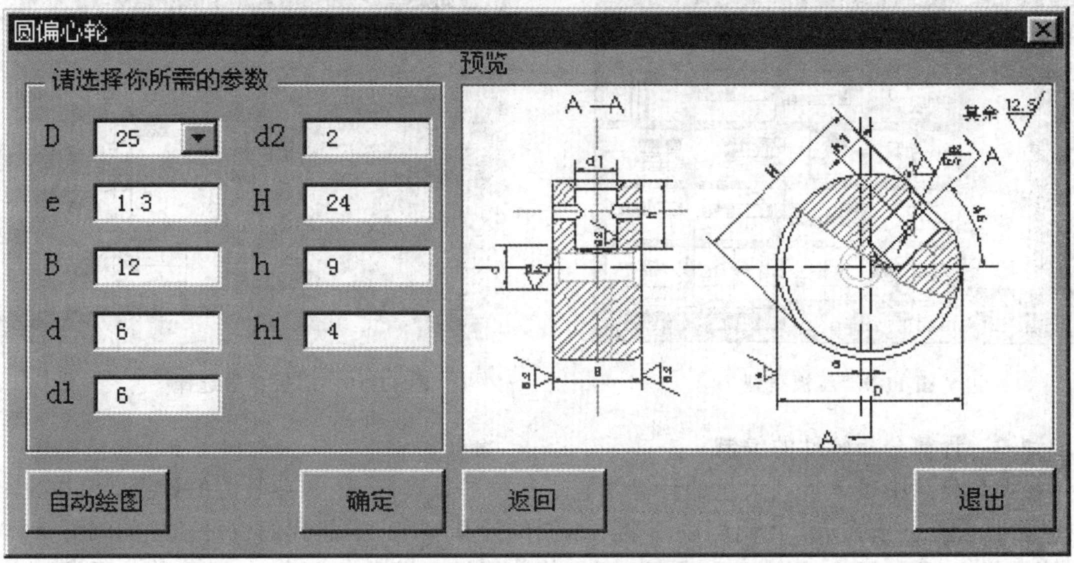

图 11-7　圆偏心轮设计界面

11.3.2.2　绘图设计环境的建立

标准件库在建立时需考虑绘图设计环境，要以实用为主，用户能够直接操作标准元件库，能对夹具设计图进行管理，要有编号和归类。考虑用户是绘零件图还是装配图，如果是零件图，就要考虑有必要的视图，如主视图、俯视图等，还需有尺寸标注及相关技术要求，如果是装配图，就要考虑装配关系，直接从零件图插入装配图，该隐去的线条在图形插入时就该自动隐去。还要允许用户修改，所以在插入时，最好不要以块的形式插入。另外要能实现装配图上的零件自动编号、能生成零件明细表，并产生外购件表、自制件表、外协件表及材料清单。设计的菜单最好以下拉菜单的形式挂在 CAD 的主菜单下(图 11-8)，不要占据太多的空间，应该的是动态显示，不用时可自动关闭。

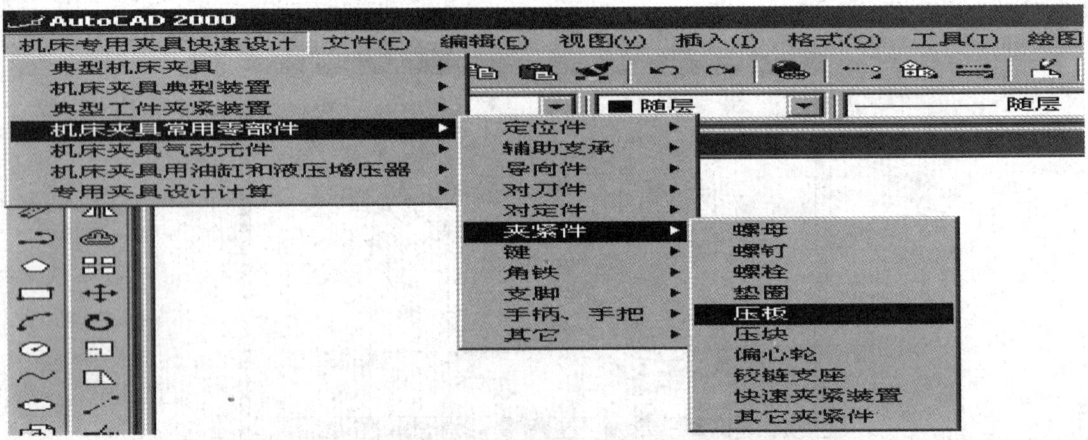

图 11-8 压板的下拉菜单

图 11-9，图 11-10 是用 Visual lisp 语言编制的设计压板的界面。同样，用户只要点击图 11-8 压板的下拉菜单，即可进入图 11-9 压板类型选择，图 11-9 是一个图像控件菜单，当我们确定以后，进入图 11-10 压板的参数选择与设计。

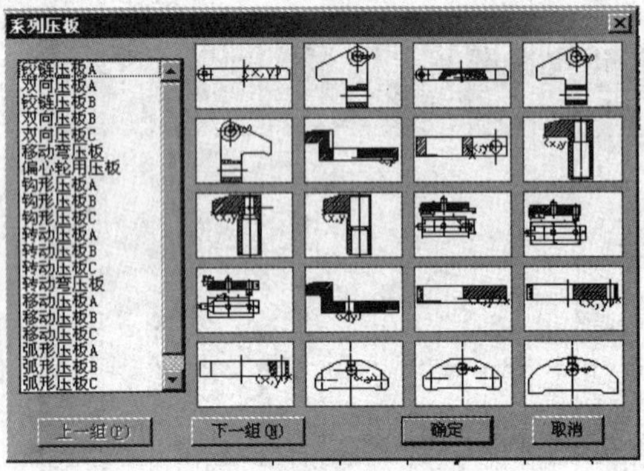

图 11-9 压板类型

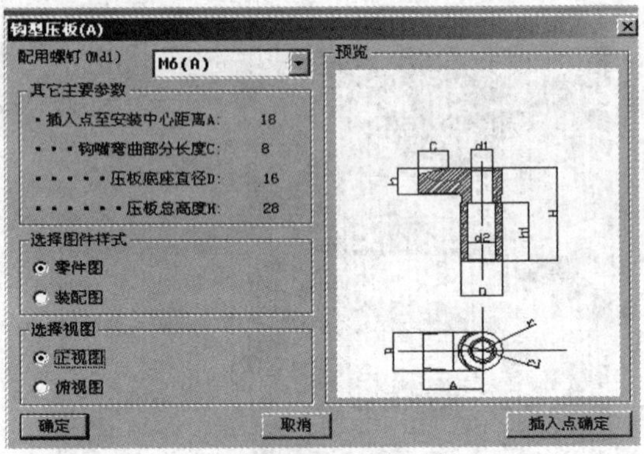

图 11-10 压板参数选择

11.3.2.3 计算分析软件的编制

在夹具设计中也牵涉到大量的计算及查表数据的处理问题，如夹紧力的计算，尺寸公差的选择、形位公差的选择等。我们可以用事先编制的计算程序。当然我们也可独立的编写计算程序、演示程序，例如用 C 语言、VC 或 VB 语言等计算机高级语言都能在 CAD 软件下编制应用程序。当用户完成计算后将数据自动保存输入到 CAD 软件下也行。采取什么样的形式，设计者自己都应首先熟悉程序的编写及计算的要求后才能决定。标准件库在建立时需考虑绘图设计环境。

习题 11

1. 简述计算机辅助工装设计的主要内容。
2. 简述刀具系统的组成。
3. 简述计算机辅助夹具设计的主要步骤和内容。
4. 请你画出齿轮设计的框图。

12 计算机辅助质量系统

质量是目前产品参与市场竞争的重要因素。产品的质量是企业经营成败的关键，只有具备良好的质量控制组织和控制措施，才能保证产品达到用户的订货要求和设计师规定的质量指标。以市场信息为指导的工厂，其产品质量标准必须以用户的要求为奋斗目标。近年来，用户对质量提出了越来越严格的要求。随着这种趋势的发展，必须全面提高质量，才能使产品具有社会信誉，赢得市场，以保证企业获得和保持良好的经济效益。为达到上述目的，需要实现质量工作的现代化。随着计算机应用技术的发展，特别是CAD/CAM技术日趋成熟并进入实用阶段，以及数控机床的普遍使用，促进了制造业的发展。企业全面地采用计算机以保证产品的质量，已成为必然的趋势。计算机辅助质量系统的研究和实施已越来越受到企业的重视。

12.1 计算机集成质量系统

12.1.1 计算机集成质量系统的概念

计算机辅助质量系统(computer aided quality system,CAQS)是指运用计算机实现质量数据采集、分析、处理、传递的自动化,实现质量控制、质量保证和质量管理的自动化。1987年美国提出了集成质量系统(integrated quality system,IQS)。IQS和CAQS统称为自动化的质量系统,它对企业发展具有重要作用。

传统的生产企业还没形成一个完整的质量保证体系,质量管理主要集中在以事后的质量检验为主的统计质量控制,提高质量的努力主要在减少加工过程中可能出现的问题。根据现代生产管理的观点,产品的质量不仅仅是靠制造形成的,产品质量的形成过程贯穿在企业的整个生产过程中,企业的所有活动几乎都与产品质量的形成有关。企业仅仅生产出合格的产品是不够的,只有了解用户的需要并生产出满足他们要求的合格产品,企业才能在激烈的市场竞争环境中生存和发展。因此,企业应将所有与质量有关的活动集成起来,形成一个集成质量系统,才能得到一个行之有效的质量控制网络。

计算机集成质量系统IQS对产品质量进行控制时,首先对用户进行调查,并以此调查结果作为制订生产计划的基础,只有这样才能生产出受用户欢迎的产品。产品售出后,质量系统收集反馈信息以确定产品是否满足用户的需要。这种集成质量系统可以用来监视产品的性能,预防次、废品的产生,了解用户对产品质量的反映。这将促进生产过程质量、产品质量、服务工作质量的提高,最终提高企业的整体经济效益。

对于不同的制造企业,其质量目标不同,质量体系要素不同,质量活动的内容及其侧重点亦不尽相同。适合于各类企业的万能的质量体系是不存在的,因而通用的计算机辅助质量系统也是不存在的。

通常的做法是根据企业的经营目标和质量目标,以GB/T19000-ISO9000为指导进行计算机辅助质量系统的规划，根据 GB/T19001-ISO9001～GB/T19003-ISO9003 选择质量保证，从而确定计算机辅助质量系统的范围。GB/T19004-ISO9004 提供了质量管理和质量体系要素指南，它是确定计算辅助质量系统组成单元的依据，可见，GB/T19000-ISO9000 系统标准是企业开发和实施计算机辅助质量系统的基础，如图 12-1 所示。

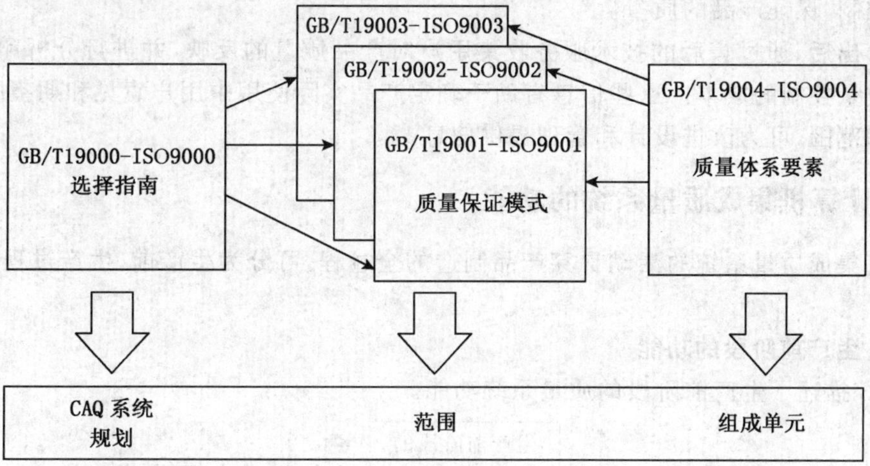

图 12-1 计算机辅助质量系统

12. 1. 2 计算机集成质量系统的信息流

计算机集成质量系统的循环周期是从市场调查阶段开始到售后服务阶段结束，在售后服务阶段收集用户的反馈信息。图 12-2 所示为计算机集成质量系统的信息流。

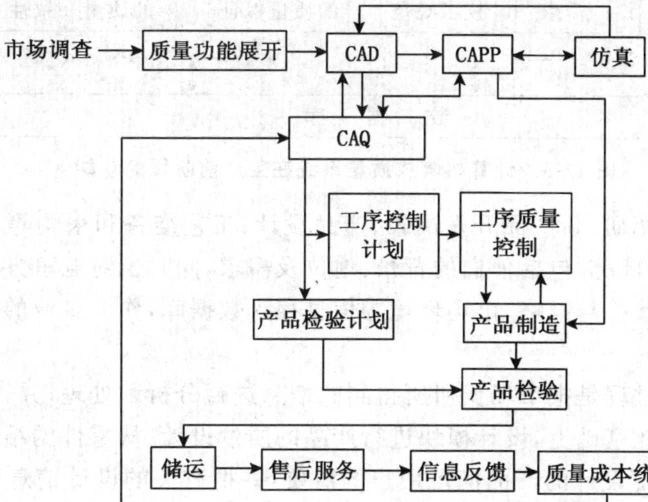

图 12-2 集成质量系统信息流

在市场调查阶段，了解用户需求和竞争对手的情况，并以调查的结果作为设计阶段的输入信息。以此为基础，利用 CAD 技术设计出满足用户要求的产品，然后通过 CAPP 将涉及信息转化为生产工艺计划。通过在线仿真系统对加工过程进行模拟,发现可能出现的问题并反馈给CAD/CAPP 系统,进行修改设计,直到将所有设计及工艺等方面的问题全面解决,以保证按工艺计划生产的产品能满足设计要求。

系统根据设计及工艺信息制定工序质量及产品质量监测计划,对产品的加工过程及加工质量进行控制,保证产品的质量。

产品售出后,通过售后的技术服务收集用户对产品质量的反映,并进行分析和归纳,同时统计产品质量控制的成本。这些信息有助于确定产品实际使用中用户意见和期望所反映的问题的性质和范围,可为改进设计和管理提供信息。

12.1.3 计算机集成质量系统的功能

计算机集成质量系统的活动贯穿产品制造的全过程,可分为生产前、生产过程和生产后 3 个阶段。

12.1.3.1 生产前阶段的功能

图 12-3 描述了生产前阶段的质量系统功能。

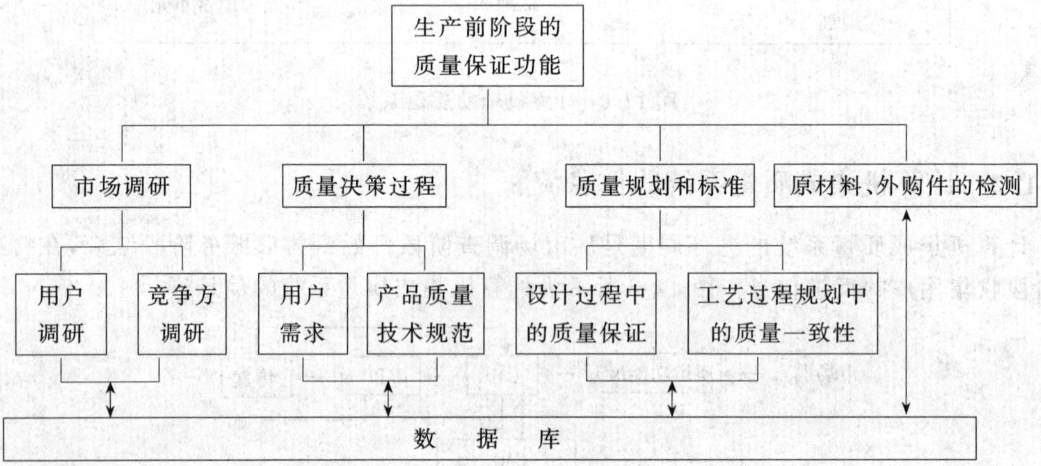

图 12-3 计算机集成质量系统在生产前阶段的功能

该阶段涉及市场调研、新产品开发决策、产品设计、工艺准备和采购等功能。通过市场调研、收集和研究用户的情况,包括他们的背景、地位及需求,同时也对竞争方进行调研。把收集到的用户和竞争方的状态与策略、市场环境等信息存入数据库,作为企业的决策支持系统的一部分。

新产品开发决策过程是把市场调研所得到的信息进行分析和处理,并转换成产品的性能、形式和技术规范。在此基础上,设计模块进行产品的质量设计,从零件的结构方案、材料选用、热处理方法等方面保证设计的产品满足用户的需要,并把有关的设计信息等技术规范一并存入数据库供后续过程使用。

为防止由于原材料的原因造成产品的质量问题,生产前阶段需对购进的原材料进行检验,确保只有合格品才能进入生产线及仓库。在进货检验过程中还要对供货商进行评价,将接收或拒收的情况存储在供货记录数据库中;同时从生产线上反馈回来的信息也应输入数据库以校核和更新供应商的评价纪录。

工艺准备过程从数据库中提取产品的设计信息和技术规范,编制工艺规程(CAPP),提出刀具、夹具和量具的设计任务书，并反馈到设计过程，若在制造过程采用数控加工，则还需考虑数控程序的编制，并把所有信息存入数据库。

12.1.3.2 生产过程阶段的功能

该阶段主要涉及生产过程的质量活动。通过对工艺过程的在线检测、对零部件和产品质量的检测，将采集到的信息进行分析和处理，及时发出警告信号或反馈到加工设备，及时纠正加工误差，最大限度的满足产品质量要求。所有上述功能层次结构框图如图 12-4 所示。该阶段的功能由质量规划、检测与监控、质量评价与控制 3 个子功能模块实现。

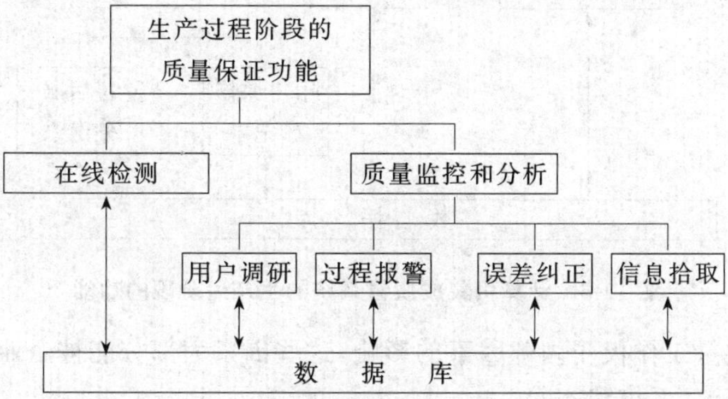

图 12-4 计算机集成质量系统在生产过程阶段的功能

1）质量规划子功能模块。该模块完成尺寸检测方法制定、监控与诊断策略的生成。主要功能有：①从 CAD/CAPP/CAM 中抽取质量要求的信息，并用合适的数据模型表述质量特征；②制定加工工件在各工序的检测项目、所用仪器并生成自动监测程序；③选择刀具状态（磨损和破损）以及夹具状态的监控策略；④确定设备运行状态监控与故障诊断方法。

2）检测与监控子功能模块。该模块具体执行由质量规划子功能模块产生的工作指令。主要功能有：①在线采集生产过程中工件的质量数据（加工精度、表面粗糙度）；②对刀具的磨损、破损进行实时监测预报警；③对故障进行自动诊断、定位和预测。

3）质量评价与控制子功能模块。该模块对检测结果进行分析、评价，并对生产过程进行合理控制，保证加工过程的顺利进行。主要功能有：①根据获取的质量数据进行分析、评价，消除影响工件质量的不良因素，并对加工质量进行预报及控制；②对刀具的磨损状况进行刀具补偿，并在刀具急剧破损时及时控制机床换刀；③对诊断出的设备故障进行故障自恢复处理。

12.1.3.3 生产后阶段的功能

该阶段涉及包装、储存、发运和售后服务。通过库存管理、包装的监控，保证产品在发运前的质量。通过对发运和售后的跟踪和信息采集，将用户档案信息和用户对质量的反映信息存入数据库。所有的退货都将记录并进行调查，确定造成废品的原因。该类信息是企业和用户间的桥梁，经过信息分析和处理，使企业能够发现用户的需求，减少废品率，采取正确措施生产出高质量的产品，有关的信息也反馈到市场调研阶段，作为修改设计和工艺时的参考。其层次结构框图如图 12-5 所示。

计算机集成质量系统并不是完全独立的，在生产周期中，它不断同企业其他功能模块进行信息交换，并提供诸如：用户需求、竞争对手情况、质量标准、质量数据历史记录、最新质量信息、废品率、退货率等信息。在生产前阶段，集成质量系统的大部分工作是同外部环境进行交流，对用户、竞争对手、供货商进行研究。外部环境不受企业控制，并且人的行为也是动态的，使得这一阶段的工作非常复杂。过去，生产前阶段的质量工作不受重视，近年来企业对用户的研究和新产品的质量设计愈加重视，因为做好这方面的工作可以大大减少后续工作的费用。

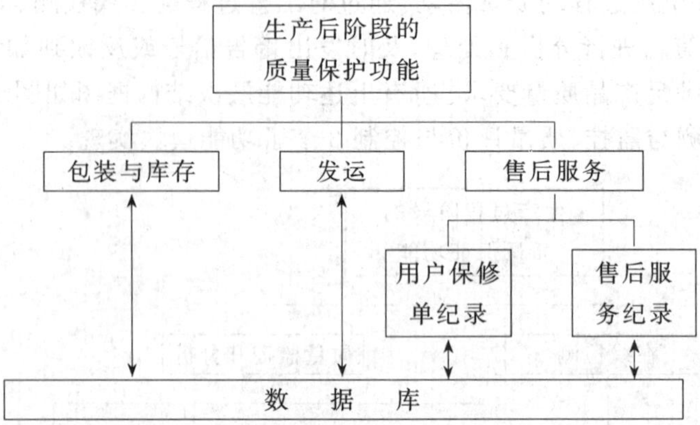

图 12-5 计算机集成质量系统的生产后阶段的功能

在生产阶段，质量工作仅受内部因素的影响，这些因素大部分能被企业控制。其控制的对象主要是机床、物料流、系统状态等。

产品生产出来后，集成质量系统与仓库、包装和运输等功能模块发生作用。当产品售出后，集成质量系统由于外部环境发生联系，市场成为这一阶段的主要研究对象。从用户那里收集到的反馈信息以及测试结果将对以后的改进设计起极大的参考作用。

从集成质量系统的三个阶段的功能分析可知，其操作的模式是相同的，包括从控制点收集信息；对信息进行分析和处理，并反馈到相关的控制点；信息的提取、生成质量报表，和实时查询；数据库的刷新等。因而，在集成质量系统中必须具有信息的操作功能，并具有各个控制点(如 CAD，CAM)、加工和测试设备的通信接口，以实现质量信息流的自动化。

集成质量系统采用分布式多级计算机系统来实现。通过网络系统，把分布在各层次的计算机与中央主计算机相连接。这是一项投资较大的工程，也是一项高技术的工程，对企业的技术水平和人员素质均有一定的要求。

12.2 计算机辅助加工过程监控

计算机辅助加工过程监控的目的在于预防废品产生，减少辅助时间，提高设备的使用效率和生产率。随着自动化检测技术的发展和由计算机控制的检测仪器和设备的出现，使质量控制工序和加工过程集成起来，或与生产设备结合为一整体，有效地实现加工过程的监控。

12.2.1 加工过程监控的特征信号

在现代制造过程中，产品质量的控制方法已不局限于测量被加工零件的尺寸精度和表面粗糙度等几何量，而是扩大到监测和控制影响产品加工质量的机械设备和加工系统的运行状态。运行状态的变化，必然会反映在运行过程中的某些物理量和几何量的变化。例如：加工过程中的刀具磨损，会引起切削力、切削力矩和振动等特征量的变化。因此，在采用计算机进行制造过程监控时，就是借助于特征信号的采集，对信息进行分析处理后，及时发出警告信号或直接反馈到加工设备进行误差的修正，以保证产品质量要求和加工系统的运行可靠性。

可供选择的检测特征信号较多，在选择时必须满足下列要求：①信号能准确反映被测对象和工况的实际状态；②信号便于实时和在线检测；③检测设备的通用性和经济性。

在加工系统中，常用于产品质量自动监测和控制的特征信号有：

1)尺寸和位移。这是最常用的监控特征信号。因为尺寸精度是直接评价加工工件质量的依据，在可能的情况下，应尽量直接检测工件尺寸。但是，有时直接检测工件的尺寸比较困难，在这种情况下也可以检测机床运动部件的位移量。

2)力和力矩。力和力矩是机械加工过程中最重要的物理量，他们直接反映加工系统中的变化，如刀具磨损的状态会在切削力或主轴扭力矩等特征信号中反映出来。

3)振动。这是加工系统中常见的特征信号，它涉及加工机床和有关设备的工况和加工质量的动态特征信号，如刀具的磨损状态、机床运动部件的工作状态等。振动信号便于监测和处理，能得到较精确的测量结果。

4)温度。在许多机械加工过程中，随着摩擦和磨损的发生和发展，均会出现温度的变化。因此，温度也常作为检测和控制的信号。

5)电流、电压和电磁强度等电信号。电信号是最便于检测的物理量，特别是在其他物理参数较难直接测量(如主轴扭矩)的情况下，通常将它们转换成电信号进行间接检测。

6)光信号。随着激光技术、红外线技术以及视觉技术的发展和应用，光信号也已作为特征量用于加工系统的实时检测和控制，如检测工件的表面粗糙度、形状和尺寸精度等。

7)声音。声信号也是一种常用的监控物理量，它是由于弹性介质的振动而引起的。因此，它和振动信号一样可以间接地反映加工系统的运行状态。

以上所列举的均为机械加工系统常用的检测和控制的特征信号。为了保证加工系统的正常运行和产品的质量，需要根据实际生产条件和经济条件，正确地选取需要进行检测的特征信号和测试设备，或者若干信号的组合。

12.2.2 计算机辅助加工过程监控的方法

计算机辅助加工过程监控系统的控制方式与制造过程的自动化程度有关。在自动化程度较低的制造系统中，最简单的方式是将质量监测结果记录在质量登记表上，然后将这个登记表中的内容由终端输入计算机。数据在计算机中运算并存放在中央质量控制文件中。计算机还给操作人员提供一份打印的质量报告，操作人员可依据这份报告手动控制加工过程。

对于完全自动化的质量监控系统，则由计算机对制造过程进行监视和控制。系统中配置采集过程参数的各种传感器，传感器将采集到的实际过程参数送入计算机，根据编入计算机的数学模型确定每个控制循环的适宜的定值点，也就是说，定值点不是固定不变的，以便对全过程中的一些性能目标进行优化。过程的性能目标可能是最高生产率、最低生产产品成本或是其他一些与过程有关的目标。

12.2.3 计算机辅助加工过程监控的实例

12.2.3.1 以工件的几何尺寸为判据

工件加工质量的优劣，主要反映在它的几何精度上，包括它的尺寸(直径与长度)精度、表面粗糙度和形状精度等。它们也是评定工件加工质量的直接依据。

用几何尺寸作为判据的监控方法，在大批量生产中用得最广。通常，在自动化机床上用三维测头，在 FMS 中配置坐标测量机或专门的检测工作站进行在线尺寸自动测量等，都是以尺寸为判据，同时用计算机进行数据处理，完成质量控制的预测工作。

图 12-6 所示为在 CNC 车床上用三维测头对工件的孔的尺寸进行自动测量的示意图，测头在计算机控制下，由参考位置进入测量点，计算机记录测量结果并进行处理，测头自动复位。图中的箭头为测头中心移动的方向。

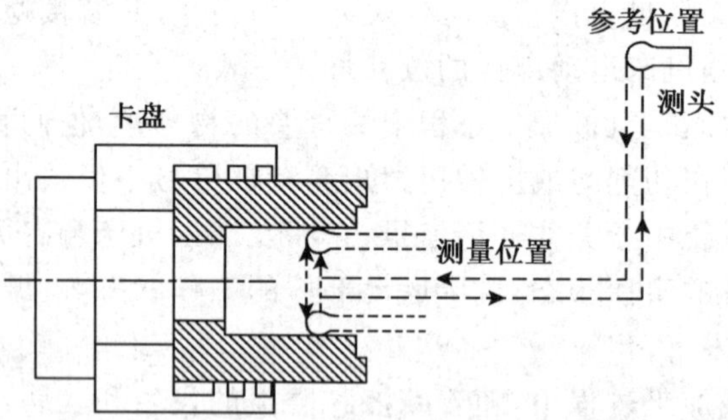

图 12-6 在 CNC 车床上用三维测头直接测量工件尺寸

12.2.3.2 以刀具状态为判据

在加工中心和柔性制造系统中，加工零件的批量大都比较小，除专用刀具外，各种刀具都用于加工多种工件或同一工件的多个加工表面。因此，用直接测量工件尺寸为质量监控判据来调整机床比较困难，较好的办法是监测刀具状态，以此作为控制加工质量的评定依据，对刀具状态监测技术的要求是快速、稳定、可靠。一般可分为“直接测量法”和“间接测量法”两类。

1)直接测量法。直接测量法就是直接测量刀具的磨损、破损。对于切削刀具，可以测量刀具的后面磨损量、前面磨损量或刀刃位移量；对于磨削工具可测量砂轮半径磨损量；对于电火花加工，可测量电极损耗。图 12-7 所示为镗刀刃的磨损测量。刀具首先被停在测量位置上，然后将测量装置移近刀具并与刀具接触，磨损传感器从刀柄的参考表面上测取读数，刀刃与参考表面间 2 次相邻的读数变化即表示刀刃的磨损值。测量过程和测量值的计算过程都由计算机控制和完成。

2)间接测量法。直接测量法一般在非切削时间内进行，是一种“离线”技术。但是在大多数切削过程中，刀具的磨损区往往被工件、其他刀具或切削所遮盖，很难直接测量刀具的磨破损值。因此常采用间接测量刀具磨损的方式，如测量切削力或力矩、切削温度、振动和噪声等，间接地测量出刀具的磨损。间接测量法是在切削时间内测量与刀具磨损、破损有关的物理量变化，是一种“在线”技术，间接测量法有以下几种。

图 12-7 镗刀磨损测量

1. 参考表面 2. 磨损传感器
3. 测量装置 4. 刀具触头

(1)刀具、工件尺寸及相对距离测定法。测量刀具和工件的尺寸一般采用接触式触发测头。测头的安装方式有两种，一种是安装在机床床身上测量刀具的尺寸，成为刀具测头；一种是相当于一个特殊刀具，安装在机床主轴或刀架上测量工件的尺寸，成为工件测头。

图 12-8 所示是测量刀具与工件相对距离的原理图。δ_s' 为刀体的位移量，δ_s 为新成形表面

的位移量，则工件新成形表面与刀体的距离变化量为：$\delta_w=\delta_s-\delta_s'$。

这样通过在线测量 δ_s' 和 δ_s 即可求出刀具的磨损量。

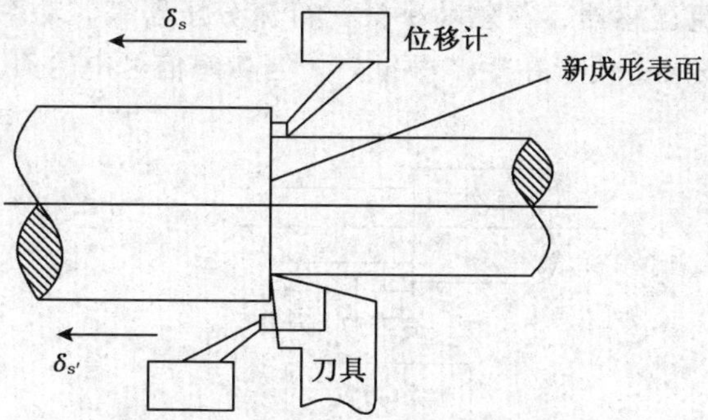

图 12-8 刀具与工作相对距离的测量

(2)放射线法。在刀刃的磨损部分渗入同位素，通过测量同位素的辐射量的大小来确定刀具磨损量或破损量。

(3)电阻法。其基本原理是：随着刀具磨损量的增加，刀具与工件的接触面积增大，因而刀具与工件的接触电阻减小。或把一种精密的电阻材料均匀地涂在刀具的后刀面上，随着刀具磨损量的增加，电阻材料不断减少，电阻值逐渐下降。

(4)光学图像法。光学方法是利用磨损区比未磨损区有更强光反射能力的原理，把一束强光照射在后刀面上，根据反射光的强度来判定刀具的使用状况。

光学图像法是使用工业电视，原理框图如图 12-9 所示。

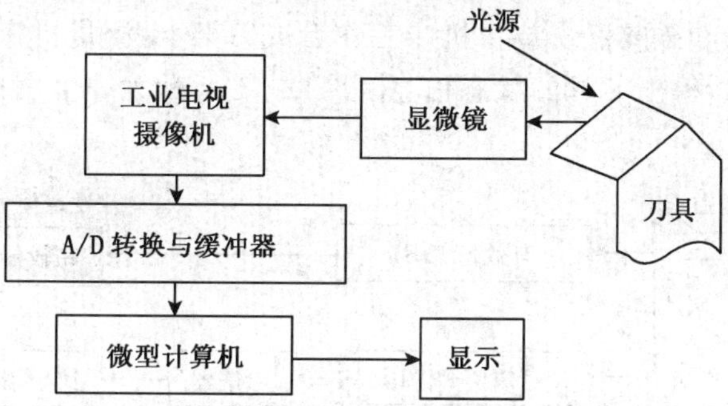

图 12-9 用工业电视测量刀具状态

显微镜接收刀刃部分的图像，输送给工业电视摄像机，根据图像上各点辉度的不同，把信号数字化并存入储存器，通过微机进行图像处理，滤掉干扰信号和原来存储的阀值比较，确定刀具的使用状况。

(5)切削力法。测力仪的安装根据加工条件而定，一般情况是：对于车床，安装在刀架、刀杆上；对于铣床、钻床等安装在工作台上。

利用切削力监测刀具状态有多种实施方案，图 12-10 是其中的一种，利用主切削力 F_z 与切削力 F_x，F_y 之比 F_x/F_z，F_y/F_z 及其变化率 $\mathrm{d}(F_y/F_z)/\mathrm{d}t$ 综合地监测刀具的磨损、破损。

此外，还可用机床的主轴扭矩和轴承力监测刀具的切削状态。

(6)切削温度法。测量切削温度主要有 3 种方法：热化学反应法、磁辐射法、热电势法。应用较多的是热电势法，它以热电偶作为测量元件，把热电偶嵌入刀具中可以测量切削温度，监测刀具的磨损。

切削温度法不适用于断续切削的情况，且不能用来监测刀具的破损。

(7) 切削功率法。切削功率（主电机功率、进给电机功率）是切削力的延伸。功率的测量可以采用互感器、直流互感器、霍尔功率计、分流分压器等。功率法的优点是信号获取简单、可靠，传感器便于安装，便于在生产中推广。但功率信号中的刀具磨损、破损信息较弱，灵敏性差。

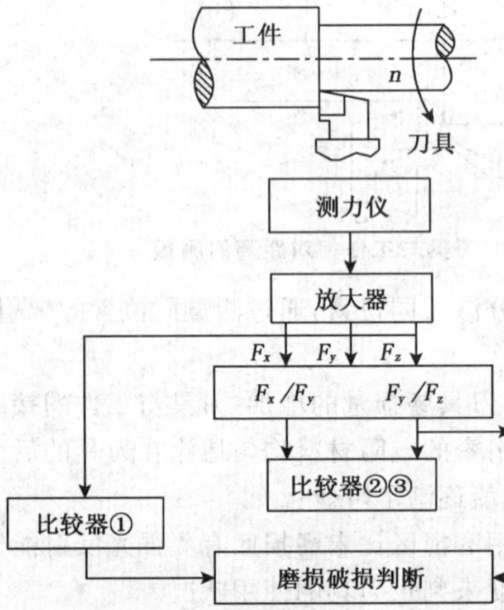

图 12-10 用切削力监测刀具的磨损、破坏

(8)振动法。将加速度传感器安装在机床工作台或刀架上，测量机床的振动信号，然后对其进行时域和频域的分析，得出刀具的状态信息。图 12-11 所示为一个用振动信号监测刀具状态的原理图。

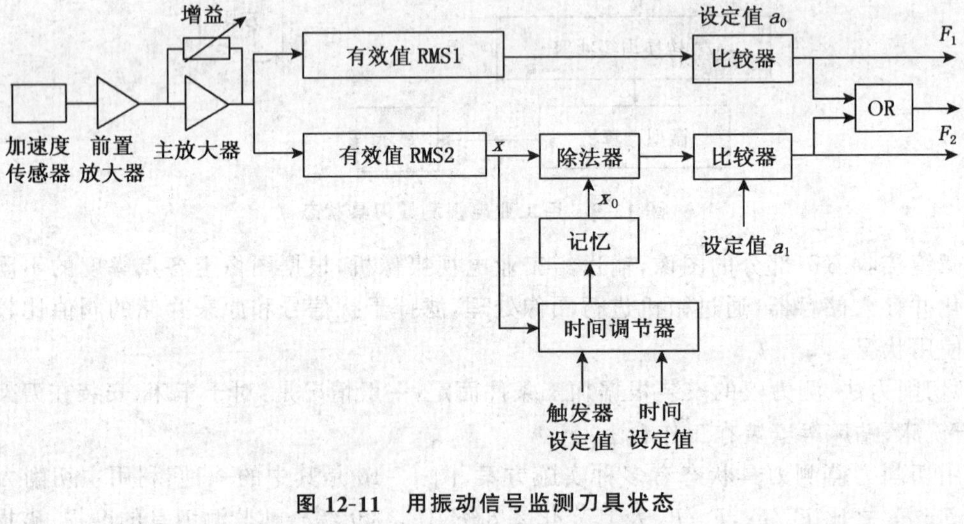

图 12-11 用振动信号监测刀具状态

(9)噪声分析法。测量并分析机床的噪声信号可以监测刀具的状态。一般来说，用噪声信号中某一频段的能量来监测刀具状态更为有效。但此方法受环境干扰大。

(10)声发射法。在材料发生塑性变形、破裂时，会释放瞬时的弹性能，即声发射。声发射信号的频率范围为几万至几十万赫兹(Hz)。图 12-12 表示在切削过程中，声发射的主要来源：

①在第1变形区，在切削成形时主切削区出现的塑性变形；②在第2变形区，前刀面与切屑底面的摩擦；③在第3变形区，后刀面与新成表面的摩擦；④切屑与断屑器之间的摩擦；⑤刀具的破裂；⑥工件材料的破裂；⑦切削液的喷射；⑧切屑的碰击。

声发射信号的特点是受切削参数的影响小，特别适用于监测刀具的破损。

(11)加工表面粗糙度法。从质量控制的观点出发，这种方法是最直接的监测方法。在切削过程中，当加工表面的粗糙度超差时，就认为刀具不能再继续使用。表面粗糙度的测量可以用光干涉法和接触探针法。

目前，各国对刀具磨损、破损的监测还处于研究阶段，实用化的商品还比较少。普遍认为有发展前景的监测方法有：切削力(扭矩)法、振动法、功率(电流)法和声发射法等。

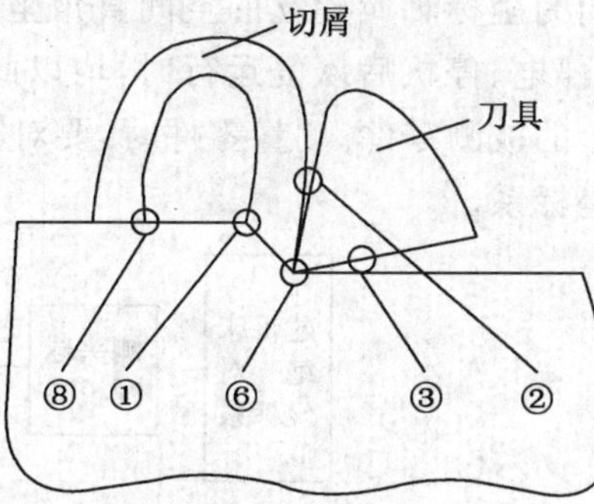

图 12-12 可能的声发射源

12.3 计算机辅助质量检测

在自动化制造系统中，加工产品的质量应由相应的自动化检测设备检测。监测环节是制造过程质量控制系统中产品质量的主要信息源。

与常规制造系统相比，集成质量系统对检测技术提出了更高的要求：①检测设备能自动监测产品质量；②检测系统具有较高柔性，能适应多品种小批量的柔性生产；③对检测的质量数据能自动进行评价、分析，并将结果反馈到加工设备控制系统。

在机械制造业中，质量检测的主要对象是机械零件，检测内容主要有：①零件表面的尺寸、形状和位置误差；②零件表面粗糙度；③零件材质(如表面硬度、夹砂缺陷等)。

质量检测有接触测量和非接触测量等多种方法和器具，本节主要介绍坐标测量机和三维测头在制造系统中的应用，以及柔性制造系统中的检测工作站。

12.3.1 坐标测量机

坐标测量是一种通用数字化间接测量技术，它以直角坐标为参考系，检测机械零件轮廓上各被测点的坐标值，并对其数据群进行处理，求得零件各几何元素形位尺寸的检测方法。实施坐标测量的设备称坐标测量机，英文缩写为CMM(coordinate measuring machine)。

CMM是计算机控制制造系统的基本设备，它不仅可以在CAD/CAM系统中作为集成系统的一个部分，直接利用CAD和CAM系统中的工件编程信息，并且可以在工件的加工和装配的前、后或过程中，给出测量信息进行反馈处理，是一种在线检测方法。

12.3.1.1 坐标测量原理及方法

坐标测量时对那些能充分表征零件几何要素的坐标点数据群做数值分析并计算出形位尺寸或型面曲线函数。对坐标测量的计算值所组成的总体或样本做数理统计，可求出制造过程的质量评估值。

1)坐标测量数据流程。在坐标测量机上，从建立机床绝对坐标系到测量结果输出的整个数据流程所示图12-13所示。

2)测量坐标系。坐标测量时,测头的侧端及被测零件都在坐标测量机的坐标系(也称检测空间)内。最常用的是空间直角坐标系,而坐标测量机本身就已构成这种坐标系。

如图12-14所示,在测量机3个轴的某一行程终点处设置一个"绝对零点"作为原点,以三轴方向为坐标轴所建立的空间直角坐标系,称为机床绝对坐标系。在零件测量程序重复使用时,或停电、停机后恢复运行时,均以此坐标系为基准自动寻找(数控测量机)测量空间内固定位置上的被测零件。测量零件时,要对零件做三维找正,这时需在零件上建立三维坐标系,称为零件坐标系。

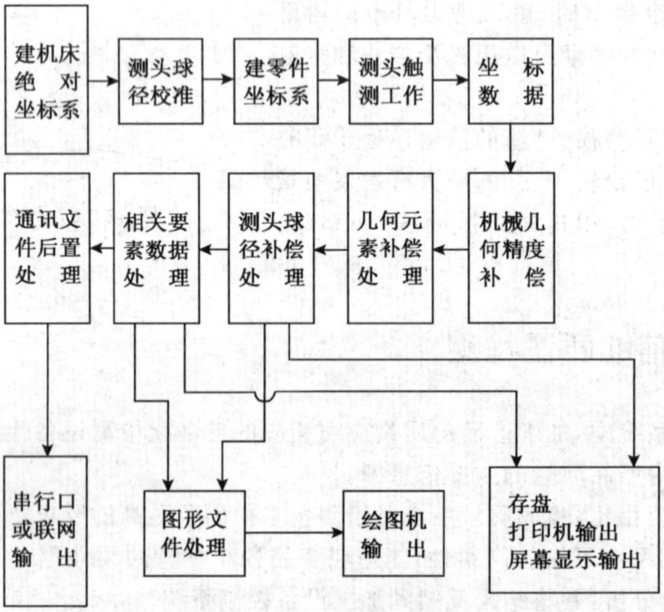

图12-13 坐标测量数据流程框图

3)测头球径校准。一般的坐标测量机都是用接触式测头检测零件轮廓的坐标值。直接触测工件表面的测头部分一般为球形测端,数据处理时必须进行补偿。由于球径补偿值与实际球径不同,故需在测量机上用"标准方块"或"标准球"(都是已知尺寸的高精度校准基准)对测头球径做标准测量。如图12-15所示:$d=L-A$。式中:d为名义球径;L为测量值;A为标准器具的标准尺寸值。

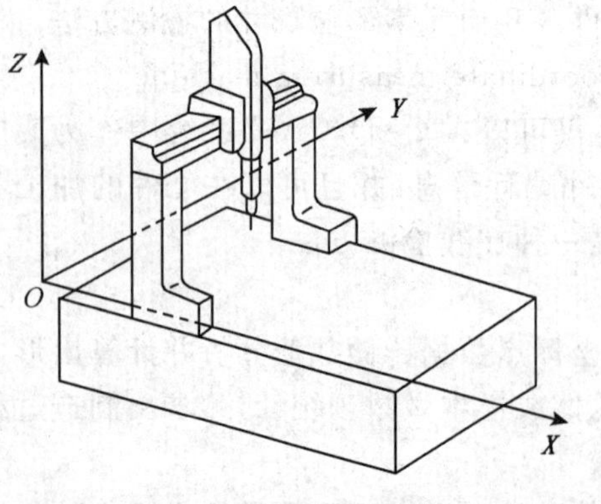

图12-14 机床绝对坐标系示意图

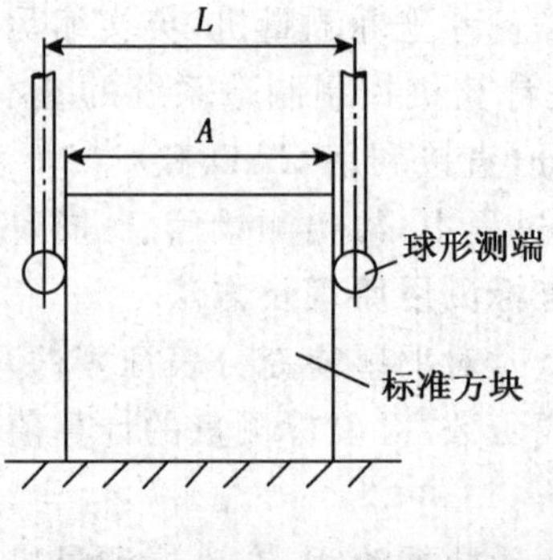

图12-15 测头球径校准测量

4)机械几何精度补偿。坐标测量机不符合阿贝设计原则,所以在坐标测量时有运动误差。此外,还有定位误差。对于机械几何的误差,可采用不同的方法获得误差值,然后建立补偿数学模型,利用此模型对坐标测量的原始数据进行补偿,可获得正确的坐标测量值。这种误差补偿方法可使坐标测量误差(由几何误差引起)降低 40%~70%。

5)坐标测量的数据处理。几何元素数据处理主要是对单个几何元素项目进行数据处理,如:平面、孔、圆等。

形状公差测量项目与一般几何元素数据处理过程类似。但在几何元素上采集到的坐标点很多,所以在算法上有差异(如用最小二乘法回归计算等)。

位置公差测量以一个已知的几何元素为基准,在被测元素的坐标点数值采集后,再做与 2 个几何元素相关的计算。

空间曲面测量时,一般是固定一个坐标系,然后按截面测量曲线。如固定 X 坐标,Y 方向作进给(等距或不等距),Z 方向即可采集轮廓表面坐标值。

这些数据处理可用测量机提供专门的测量软件包实现。

12.3.1.2 坐标测量机的组成

坐标测量机按配置分类有 3 种基本类型:手动型、机动型和数控型。其基本结构由机械系统和电子系统组成,详见表 12-1。

表 12-1 坐标测量机的组成

类型	机械本体	光栅计数系统	测头	计算机	控制系统	驱动部件	软件系统	适用机型
手动型	三维导向机构	三轴独立光栅系统	硬测头触发式测头	专用机或通用机	无专用控制系统	手轮附手动微调机构	数据处理系统	中、小型
机动型	三维导向机构	三轴独立光栅系统	触发式测头	专用机或通用机	机动驱动系统	电机附测速机	数据处理系统和报警系统	中、小型
数控型	三维导向机构	三轴独立光栅系统,电子部分独立或与系统集成	触发式测头测量时测头	微机小型机工作站	计算机数字控制系统	电机附测速机	数据处理系统,自检和系统调试软件	中、小大型

机械系统如图 12-16 所示,由 3 个正交的直线运动轴构成空间直角坐标系。其中,X 方向导轨系统就在工作台上,移动桥架横梁是 Y 向导轨系统,中央滑架上下移动是 Z 向导轨系统。3 个方向上装有光栅尺作为增量式数字测长元件,用以度量各轴位移值。测长元件也可用激光干涉仪。装在 Z 轴端部的测头直接检测零件表面被测点的坐标值。

手动型坐标测量机的电子系统,主要由光栅计数、测头信号接口及计算机 3 部分构成。

机动型坐标测量机电子系统,比手动型多 1 套机动驱动机构,实现由人操作的电机驱动。数控型坐标测量机电子系统,由含有测头接口、光栅计数的 CNC 数控单元和含有数据处理系统的控制用主控计算机 2 部分组成。由计算机程序规定其运行动作,实现自动测量。主控计算机也可采用工作站级配置,以便纳入本地网络系统。

12.3.1.3 坐标测量机的机械结构及运动机构

为了得到很高的尺寸稳定性,CMM 的测量工作台、导轨、横梁等都用高质量的花岗岩制成。测量机移动部件通常设计成高刚性、小质量移动部件。导轨轴承副要求摩擦力小,且应具

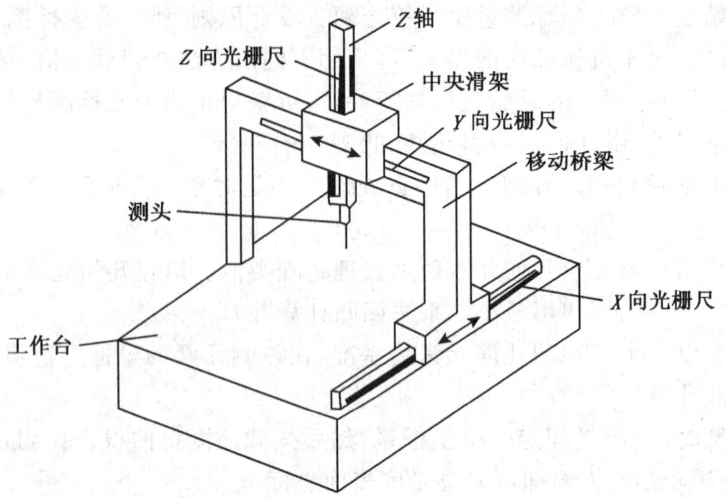

图 12-16 坐标测量机机械系统示意图

有很高的承重能力及封闭刚度。滚动轴承导轨容易产生双向滞后，且需防尘，目前基本上已不采用。应用最多的是气浮导轨，摩擦力极小，无磨损，其缺点是刚性差。坐标测量机电机驱动的传动机构要求工作平稳且双向运动时无间隙。最常用的传动机构是齿轮齿条，驱动装置一般采用直流伺服电机，少数用力矩电机。

12.3.1.4 测头系统

测头及其系统是坐标测量的"检测器"，最常用的是触发式测头，它在接触工件时可给出表征被测点坐标值的信号。触发式测头对整机系统的配置要求不高，使用方便，测量效率高。

测头座是一种可分度旋转头，能使测头改变姿态，以扩展从各个方向接近工件的能力。

图 12-17 所示为电机驱动的自动可分度旋转测头座。图 12-18 示出了可分度旋转测头座配接延长杆、测头及盘状测端进行深孔测量的实例。

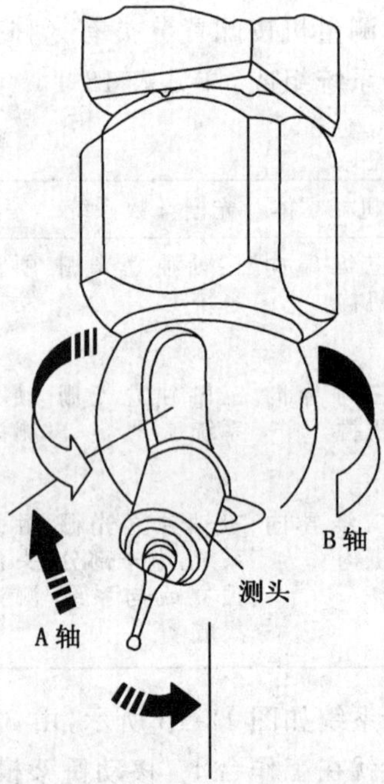

图 12-17 二维可分度自动旋转侧头座

测头库是自动更换测头的装置，用于非人工干预的"柔性测量中心"自动测量作业。它有多个库位，每个库位上装有不同配置的测头，以适应各种测量功能。应用这种测头库时，通常在测量机 Z 轴上装备电机驱动的具有自动连接能力的二维可分度旋转测头座。

12.3.1.5 坐标测量机数据采集处理系统

当坐标测量机测头碰到工件表面后，测头接口发出的计数信号立即"凝固"光栅计数器当时的计数值，这个被"凝固"的计数值即代表所检测的坐标值，该坐标值传输到数据处理系统内存中进行下一步的数据处理。坐标测量机可分别进行几何元素、形位公差、空间曲面等 3 类数据的处理。一般坐标测量机提供包含多种数据处理程序的测量软件包，以满足各种工程需要。

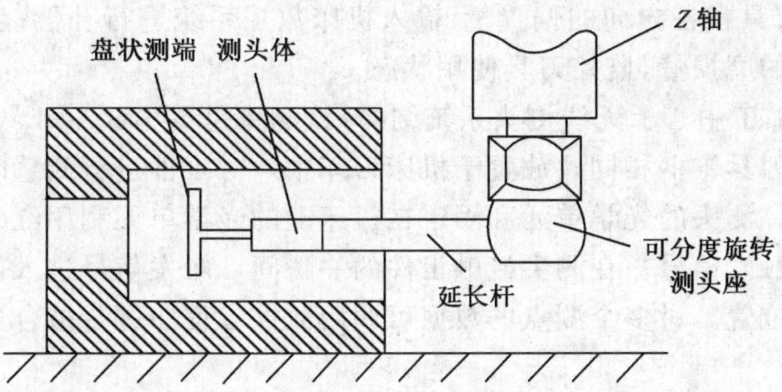

图 12-18 延长杆和盘状测端测深孔应用

1)基本几何元素测量软件包。所有测量机数据处理系统必须配置的软件包。

2)形位公差测试软件包。测量机数据处理系统应当配置的软件包,除少数项目需专门编程外,大多数测试项目应有可调用的程序。

3)齿轮测量软件包。属专用程序,用于直齿轮、斜齿轮测量。

4)凸轮后置处理软件包。凸轮测量数据的后置处理程序,可计算出凸轮轮廓驱动位移曲线、速度及加速度曲线等参数。

5)手动扫描程序。用于手动测量机的轮廓扫描测量程序,包括硬测头和软测头测量扫描方式。后置处理为实物编程,可生成数控加工程序。

6)多功能轮廓测量程序。用于数控坐标测量机,可精确测量空间曲面零件,具有测球三维补偿功能。

7)轮廓数据处理程序。对扫描测量及轮廓测量的数据作后置处理,通过屏幕显示绘图机及打印机输出轮廓曲线,并可在屏幕上做各种变换显示,也可做数据检查。

8)轮廓检查自动编程软件。根据理论点数据自动生成轮廓检查程序,在曲率半径较小处能自动加密测量点数。

9)统计分析软件包。用于测量结果的后置找正。当坐标系位置不对而使数据群发生偏移时,可通过该软件包的后置处理重新调整原点及坐标轴并输出新的测量结果。

12.3.2 三维测量头

坐标测量机能用来评定很高质量要求的零件,为了避免振动、环境温度变化等引起的测量误差,CMM 必须安置在专门的基础上,在环境误差最小的条件下工作。这个要求给 CMM 直接用于制造系统带来了不少问题。例如,CMM 的安装必须远离机床,被检验的零件必须从生产地点运送至 CMM,如果该零件的检验需要在几个不同的阶段进行,那就需要反复运送几次,对于质量要求不是特别精确的零件,这显然是不经济的。克服上述问题的一个办法是将 CMM 上用的三维测头直接安置于 CNC 机床上,用测头检测工件的几何精度或标定工件零点和刀具尺寸,检测结果直接进入机床数控系统,修正机床运动参数,保证工件质量,这是一种过程中检测方法。

测头在机床上的安装有 2 种方式。

1)测头安装在主轴上(镗铣加工中心)或刀架上(车削中心),通过触点测量和数据处理,检测工件上加工表面的尺寸和形位误差,并标定工件坐标零点在机床坐标系中的位置。

2)测头安装在机床工作台(镗铣加工中心)或床身上(车削中心),机床坐标轴运动使刀具与测头接触，测出刀具在各方向的偏置量，输入机床数控系统进行补偿；也可利用切削前后测量的差值计算刀具的磨损量，监控刀具使用状态。

图 12-19 为某加工中心上无线测头系统结构，该测头是英国 Renishaw 公司的 MP3 测头，其尾部结构与普通刀具锥柄相同，放置于机床刀库中，对工件进行测量时由换刀机械手将其安装在机床主轴上。测头的光学单元和固定在机床上的光学单元利用红外光束进行通讯，传递控制信号和测头触发信号。在测尖接触工件的一瞬间，触发信号进入机床控制系统，记录下此时的各轴坐标位置。对多个测点的数据可调用数控宏程序进行拟合处理、计算孔径和圆心等。

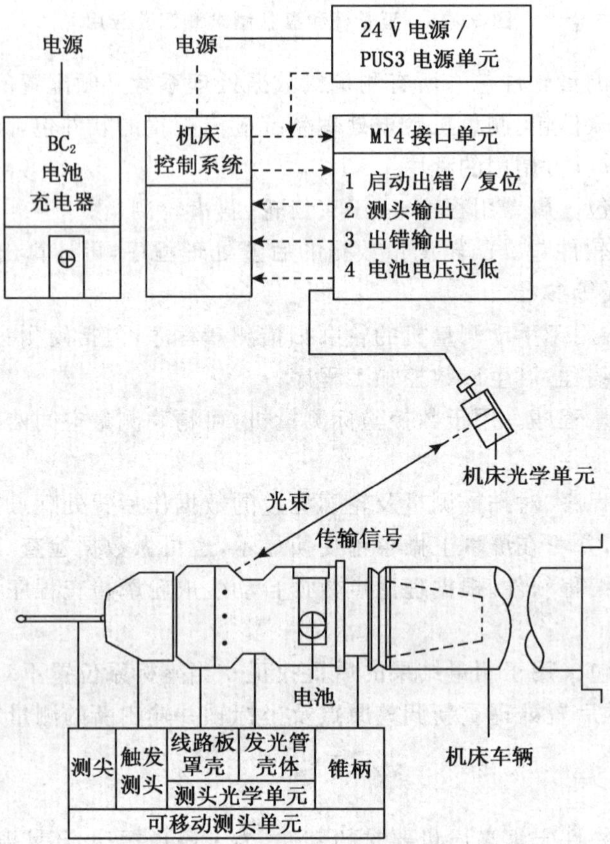

图 12-19 加工中心上无线测头系统

在制造系统中使用三维测头，最主要的效益是提高测量精度和节省工时。由于机床内在精度高，使得测头所检测工件尺寸的结果，比用传统测量方法要精确得多。此外，三维测头还可以用于加工过程中的自适应控制系统，由于刀具磨损、夹具问题和其他因素引起的与工件规定尺寸的偏差，可作为系统控制的过程变量，控制系统能在刀具的轨迹方面做出必要的调整来校正这些误差。

为了扩大三维测头的应用范围，测头的量杆有多种形状，可根据不同测量对象选用。

12.3.3 柔性制造系统中的检测工作站

柔性制造环境中以坐标测量机为主体的检测工作站实例如图 12-20 所示。

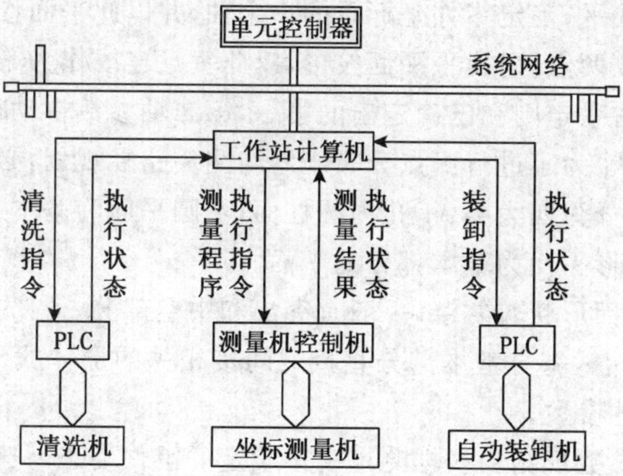

图 12-20 检测工作站体系结构

12.3.3.1 检测工作站构成

计算机直接控制的坐标测量机是检测工作站的主要设备，其控制计算机可在上位计算机控制下运行。由可编程控制器(PLC)控制的自动装卸机可将装夹着待测工件的托盘从缓冲站送到测量机工作台上固定位置。由于工件的清洗与检测关系较密切，由 PLC 控制的自动清洗机归入检测工作站控制。

工作站计算机向上通过网络与系统其他部分相连，接受单元控制器的指令并返回执行状态，从 CAD/CAM 子系统调用测量程序；向下通过点对点的通讯方式与测量机控制机、自动清洗机和自动装卸机的 PLC 相连，控制它们协调的工作。

12.3.3.2 工作模式

根据单元控制器的调度指令，加工完的零件经过自动清洗后，送到制造系统的夹具工作站。按照测量装夹规则，把零件用测量组合夹具装夹固定在测量托盘组件中后运送至测量机室内缓冲站上。被测工件经过与环境温度的等温过程后，由自动装卸机将托盘从缓冲站送上测量机工作台。与此同时单元控制器向测量工作站下达检测指令，工作站根据零件号从程序库中取出相应的测量程序，并加载至测量机控制机进行自动测量。测量机将测量结果传送给工作站。工作站经质量评价系统做出合格性判断后上报单元层，结果数据存储于数据库中，再由 AGV 将工件送回夹具工作站。

零件的测量装夹规划和自动测量程序由计算机辅助检测工艺规划(computer aided inspection planning，CAIP)软件生成，其过程如下。

1)从 CAD 获取待测零件的结构和工艺信息，这些信息作为后续测量和装夹规划的基础。

2)对零件的检测工艺进行宏观决策，确定零件的装夹次数，以及在每次装夹下工件的安装姿态及要测的精度项目。程序首先根据零件总的精度要求确定哪些是需要测量的表面，测量各表面时的测头进入方向。对待测平面，测头必须从平面的外法线方向进入；对内孔，测头要从邻近零件外形边缘并且外侧无障碍的一端轴向进入；对比较长的孔，测头需分别从两侧轴向进入采点测量。要根据零件的形状，找出适于装夹的工作姿态。因零件装夹后其朝下一面无法测量，故希望尽可能找到一种能测量所有的精度项目的工件姿态。当不能实现上述要求时，则可将所有的精度项目分别在 2 次装夹下进行测量。

3)进行找平找正规划，确定找平找正、原点设置的方式及所用的测量表面。一般选一较大的易于测量的平面进行找平，确定零件坐标系的一个轴，并以此平面作为这个轴的零点。在与找平平面垂直的平面上取两点，向找平平面投影，以此垂足连线作为第二轴方向，进行找正。零件坐标的第三轴则根据右手定则和已确定出的第一，第二轴参数自动得出。

4)计算表面实际形状。为了进行测点分布规划与测头路径规划，必须对待测表面的实际形状进行计算。将待测表面分为四大类：①孔内圆柱面；②圆平面为基本部分的平面；③扇形平面为基本部分的平面；④矩形平面为基本部分的平面。

其中第三，第四类平面形状较复杂，一般有突出和中空部分。首先计算出测量表面基本部分的参数，再查询零件信息，将与基本部分直接或间接相关的形体找出，经过进一步详细计算得出表面实际形状的描述参数。

5)装夹工艺与夹具参数规划。根据测量决策确定的零件姿态，具体规划装夹的方式、夹具组件布置、夹具组件参数和零件最终安放的位置，规划结果形成测量装夹规划文件。该文件将被送到夹具工作站，经装夹显示软件处理，在终端上显示出夹具的结构、夹具调整参数及工件如何安放在夹具上，指导装夹站操作人员进行装夹。

6)测量工艺路线制定。在满足精度项目对测量顺序要求的前提下，安排出一个较为合理的测量工艺路线，使得更换测头的次数最少，并且尽可能避免重复测量。

7)测量工艺过程生成。计算精度项目的精度水平决定所用测点数的多少，合理地把测点分布在待测的表面上，再规划测头在测点间移动的轨迹和测头在测量面之间转移的外部轨迹，并对这些数据进行处理和管理。

8)后置处理。前面几部分只是对检测工艺过程进行规划，不针对具体测量机，生成的测量工艺文件是一种通用格式。后置处理就是把测量工艺文件变换成某种测量机直接执行的程序格式。因各种测量机测尖校正的方式有较大差别，故测尖校正工作的规划和编程都在此进行。测量工艺文件中的移动的触点坐标都是按托盘坐标系给出的，这时要变成机器坐标系或零件坐标系。在找平找正原点设置完成后自动进行从机器坐标系到零件坐标系的转换，并产生相应的移动和触点指令。后置处理的另一项重要内容就是对测点数据进行处理。对结果存储器进行管理、调用，最后把各项精度的测量结果写向磁盘文件。

12.3.3.3 测量结果评价与分析

1)零件合格品判断。根据零件图纸要求的各项精度参数，与坐标测量实测值对比，给出对零件质量的综合评价：合格、废品或返修。

2)零件质量统计分析与趋势预测。对同种多个零件的质量数据进行统计分析，并根据统计数据预测未来加工零件的质量趋势。由于自动化制造系统采用柔性生产模式，一般为中、小批量，甚至是单件生产，在统计分析方法上应与常规生产中的统计过程控制(SPC)方法有所区别。

3)劣质现象原因分析。由于导致零件质量不合格的因素相当多，且涉及面很广，利用计算机自动分析劣质原因的工作受到很大限制。近期内只能对一些常见、较规则的原因进行分析。在今后相当长时期内建立较完善的劣质现象原因自动分析系统是自动化制造系统中质量检测的重要发展方向之一。

12.4 计算机辅助测试

"测试"通常用于最终产品或部件的功能特性。此时将产品或部件在实际或模拟工作条件下进行试验，如果部件通过了测试，则可送入总装配线，否则进行反修；总装后的产品如果通过测试，就可进入成品库待销，否则也需进行返修。另外，对于某些特定零件的功能特性，如自动带衬的摩擦功能，也需要通过测试确定。

传统的测试方法一般需要设计专用的测试台或采用专用的测试仪器，借助于人工操作和分析。因而，测试准备周期长、测试效率低、精度较差，还有人为因素的影响等不利因素。

随着电子技术的迅猛发展，计算机辅助测试(computer aided test，CAT)技术应用也日益广泛。CAT 系统一般是由带有通用接口的智能仪器、计算机及其外部设备，并在测试分析和图形处理等软件的支持下所组成的自动测试分析系统。典型的 CAT 系统，通常以一台微型或小型计算机为核心，配置相应的检测仪器、数据采集单元、终端、打印机和绘图机等外部设备，以及应用软件库。因此，CAT 系统比一般以微处理器为核心组成的专用的测量信号处理设备(如 FFT 分析仪、声强测量仪等)具有更大的灵活性、更强的通用性和更优的功能价格比；同时，采用 CAT 测试技术可以大大提高测试精度、效率和可靠性。

CAT 技术不仅在产品性能测试中广为应用，而且在产品的结构和性能改进，以及误差补偿等方面均得到一定的应用。现以北京机床研究所机床测试的 CAT 为例，对 CAT 技术作简要的讨论。

12.4.1 在机床噪声测试中的应用

机床噪声是衡量机床水平的一个重要指标。目前采用计权声压级和声功率作为机床噪声的 2 种测量评价依据，前者用以评定加工现场工作人员接收到的噪声大小，后者用以测出声发射的噪声能量。

图 12-21所示为测试噪声的CAT系统。在机床周围布置了6个拾音器，噪声由拾音器采集，通过转换器送到测量放大器，信号放大后被送到微型计算机，经过模—数(A/D)转换器后，

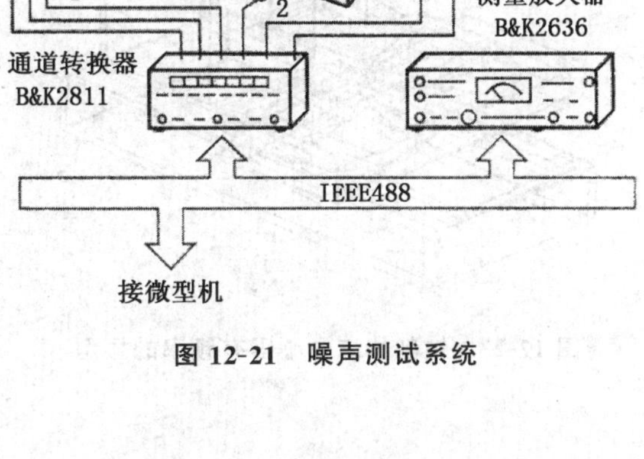

图 12-21 噪声测试系统

由计算机进行分析处理，获得测试结果，如图 12-22 所示。

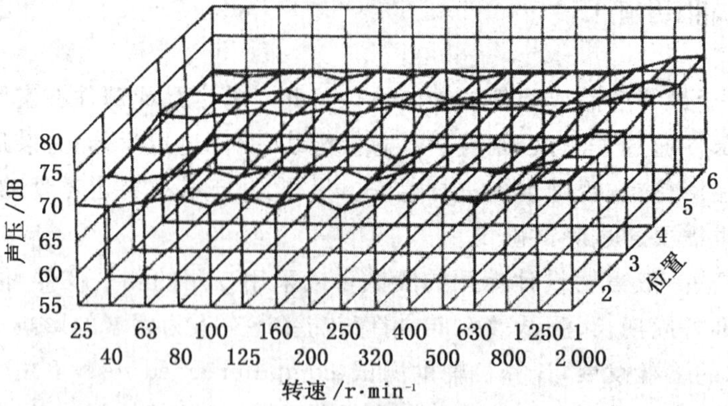

图 12-22　噪声测试结果

12. 4. 2　在机床结构和性能改进研究中的应用

机床结构和性能改进的研究是一个内容较为广泛的领域，也是质量系统的职能之一。计算机辅助质量系统(computer aided quality，CAQ)通过市场调查和售后服务获得用户对产品质量和性能的要求，以及使用后反映出来的产品问题，将上述信息反馈到设计部门，为改进产品结构和性能作参考。但是，这类信息仅是定性的信息，不能直接提供改进结构的措施。只有通过性能测试，所获得的测试结果才能有助于定量地找出结构中的薄弱环节。通过 CAQ 系统将测试的信息反馈到设计部门，将大大有利于设计师对产品结构和性能做出改进。为改进产品结构和性能，测试系统要根据要求的目标和设想的变化而不断更改测试内容和方法。如果采用传统的专用测试系统必将很不灵活甚至成为不可能，而应用 CAT 技术由于能充分发挥计算机的性能和软件的灵活性，使其测试的功能有很大的适应性。例如，在机床的动态性能研究中，北京机床研究所采用以 HP5451C 和傅立叶分析系统为主体组成的 CAT 系统，对一台钻削加工中心进行结构模态分析。图 12-23 为钻削加工中心在固有频率 80 Hz 时的振型，图中仅表示出其中主轴箱、工作台和立柱部分，虚线为静止时轮廓形状，实线为振动位移后的机床轮廓。这种

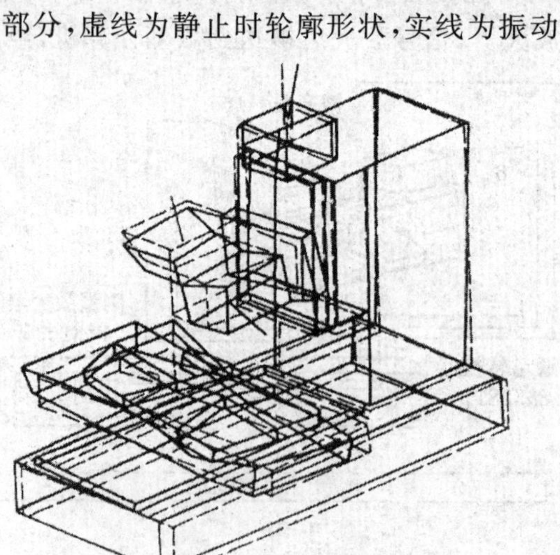

图 12-23　钻削加工中心固有频率的振型

直观的计算机图形输出，不仅能形象地了解各种振型，而且也有助于找出结构中的动态薄弱环节，如该阶振型的薄弱环节即为主轴箱与立柱导轨的连接部分。

12.4.3　在机床误差补偿中的应用

CAT 技术不仅能对机床性能进行精确和快速的测试，而且借助于微机控制系统，还能进行机床性能改进，如通过对精密机的热位移补偿提高机床的位移精度。图 12-24 所示精密数控电切割机床的 Y 向热位移自动补偿的测试装置框图。通过测量机床的温升及热位移，建立数学模型；然后根据若干特征点实测的温度值，借助于该数学模型计算出相应的补偿量，通过数控的伺服进给系统实现自动补偿量。以上所述，只是以机床为例来说明 CAT 技术的应用场合，实际上它的应用前景是十分广阔的，而且测试分析软件也日趋完善和商品化。例如，美国 SDRC 公司的 I-DEAS 软件系统具有功能很强的动态特征分析、模拟的 CAT 软件，它具有实时数据采集功能，通用、专用和谐波数据的频谱处理功能，模态分析和显示模态测试结果功能及疲劳寿命的估算等。它不仅可以作为实际产品测试系统中的支持软件，而且可以在产品的设计阶段对产品的动态性能进行预测。因此，借助于 CAD/CAM/CAT 的现代设计、分析和测试工具，可设计出高质量的产品。

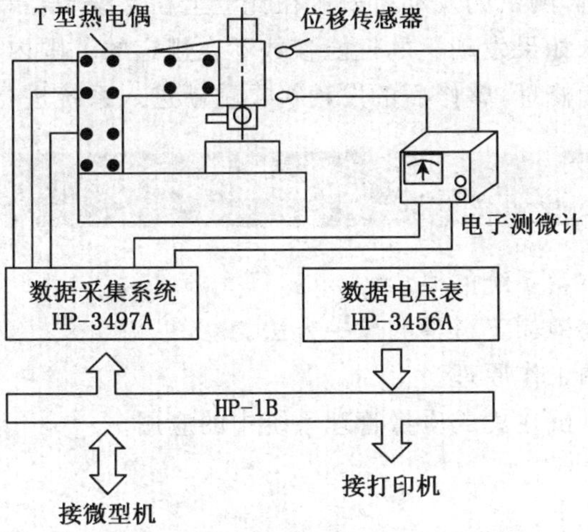

图 12-24　热位移自动补偿的测试装置框图

此外，对于复杂的大批量产品和自动化生产程度较高的产品，如汽车发动机、电子集成电路等，通常将多个 CAT 的测试台集成为一个由计算机控制的集成测试单元。计算机集成试验单元的自动化级别则高得多，它由一系列试验台组成，并用物料搬运系统将试验台连接起来(图 12-25)。一个自动化测试单元具有许多 FMS 的特征，且往往与装配生产线直接连接。因此，产品能自动由装配线流送至终试单元，单元的测试操作都是由计算机控制的，每个试验台都独立进行工作。测试过程中，产品被物料搬运系统送去可供使用的试验台，试验台自动将产品安放在适当的位置上，并加上必要的连接件。实验开始后，计算机立即监视试验数据和分析结果。如果产品检验结果合格，就被送去下一个装配点或停货场；如果产品性能不被通过，则常被送至一个手工试验台，由试验人员作补充试验。计算机通常能协助补充试验，找出不能通过实验的原因，甚至能进行诊断，提出如何进行修理的建议。某些实验单元还能在测试过程中调整产品，直至完全通过功能测试。

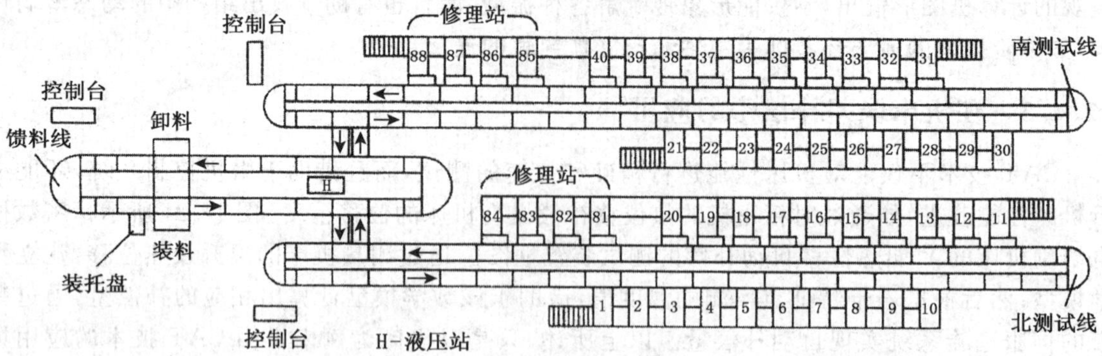

图 12-25 发动机自动化测试单元的平面布置图

上述计算机辅助试验单元的优点是测试生产率和一致性均很高。比起用人力测试的类似能力的单元所占用的车间面积要小。

图 12-25 所示为美国联合公司的汽车发动机实验系统。该系统有 40 个独立的试验台组成，沿着 2 条传送带布置，每条传送带边设置有 20 个试验台和 4 个辅助修理站。馈料线用于接受装配部门送来的发动机，测试的发动机安放在托盘上在系统中移动。测试结束后，发动机被送回馈料线并送去包装。如果发动机的性能参数不在规定的范围内，系统便不予接受，并被送去修理站进行手工调整和修理，整修后的发动机再重新进入系统进行试验。

习题 12

1. 理解计算机集成质量系统的概念。
2. 举例说明计算机辅助加工过程的监控方法。
3. 说明坐标测量机的工作原理。
4. 说明计算机辅助测试在集成质量管理系统中的应用。

13 CAD/CAM 集成技术及其发展

13.1 CAD/CAM 集成技术

13.1.1 CAD/CAM 集成概述

计算机辅助技术 CAD,CAPP,CAM,CAE,CAFD 等独立地分别在产品设计自动化、工艺过程设计自动化和数控编程自动化等方面起到了重要作用。这些各自独立的系统不能实现系统之间信息的自动传递和交换。例如 CAD 系统设计的结果,不能直接为 CAPP 系统接受,若进行工艺过程设计时,还需要人工将 CAD 输出的图纸、文档等信息转换成 CAPP 系统所需要的输入数据,既影响了效率的提高,又容易发生人工转换错误。如何使这些独立的系统之间的信息和数据自动传递及转换,开发 CAD/CAM 集成系统成为计算机辅助研究的热点。

13.1.2 CAD/CAM 集成系统

13.1.2.1 CAD/CAM 集成系统的组成

CAD/CAM 集成系统的组成包括 CAD,GT,CAPP,CAM 等及计算机仿真、分布式工程数据库,以及计算机网络等“单元”技术。CAD/CAM 系统能实现设计和制造各功能模块之间的信息传输和交换,并对各功能模块的运行统一管理和控制。

13.1.2.2 CAD/CAM 集成系统的功能

CAD/CAM 集成系统的具有:计算及图形处理功能,大量数据和知识的存储及快速检索、操作功能,人机交互通信的功能,输入、输出信息及图形的功能等。

13.1.2.3 CAD/CAM 系统集成的途径

CAD/CAM 系统集成是把 CAD,CAE,CAPP,CAFD,CAM 等各种功能软件有机的结合起来,各功能软件信息的提取、转换和共享能顺畅无阻。可以以信息交换与共享方式实现 CAD/CAM 系统的信息集成。

1)用专用数据文件集成。这种点对点数据交换集成方式是因为各应用系统所建立的产品模型各不相同,相互间的数据交换在 2 个系统之间进行。数据交换和共享层次低,每个子系统都要开发双向转换接口。其特点是原理简单,转换接口程序易于实现,运行效率较高。但当子系统较多时,接口程序增多,而且编写接口时需要了解的数据结构也较多,当一个系统的数据结构发生变化时,引起的修改量也较多,见图 13-1。

2)用标准数据格式的文件集成。这种中性文件集成方式是系统中存在一个与各子系统无关的标准格式,各子系统的数据通过前置处理转换成标准格式的文件。各子系统也可以通过后置处理,将标准格式文件转换为本系统所需要的数据。每个子系统只与标准格式文件打交道,无需知道别的系统细节,为系统的开发者和使用者提供了较大的方便,并可以减少集成系统内的接口数和降低接口维护难度。但这种集成方式需要解决各子系统间模型统一问题,且运行效率较低,也不能算是一种十分理想的集成方式,见图 13-2。

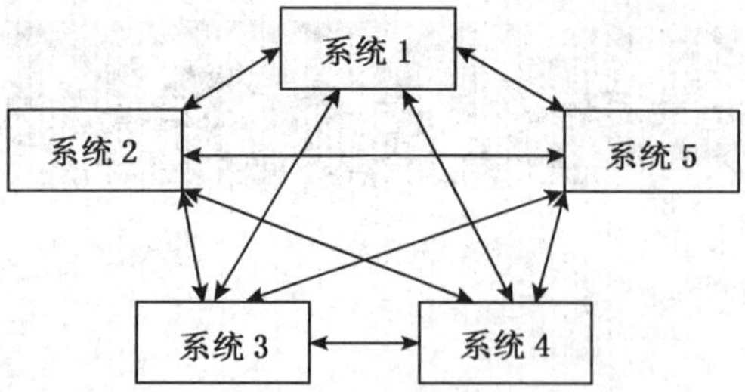

图 13-1 专用数据文件交换方式

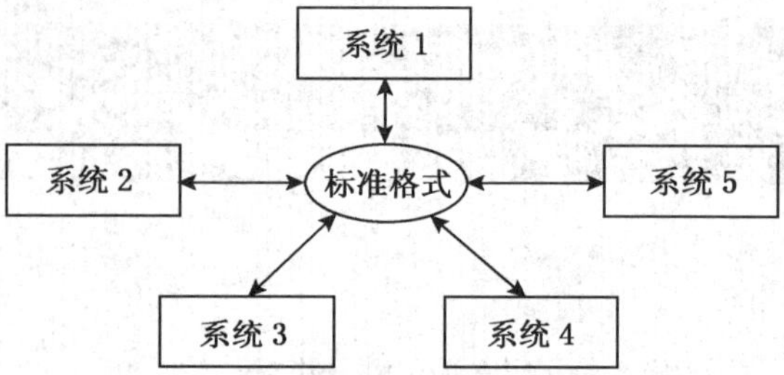

图 13-2 标准格式数据文件交换方式

3)用统一的产品模型集成。这种共享数据库集成方式是采用统一的产品数据模型,通过数据库存取接口在集成的产品数据库内存取各种数据,各系统对数据操作的一致性有数据库来保证,并采用统一的数据管理软件来管理产品数据。各子系统之间可直接进行信息交换,不是将产品信息转换数据,再通过文件来交换,这就大大地提高了系统的集成性。这种方式是以产品数据表达与交换标准(standard for exchange of product model data,STEP)进行产品信息交换的。

13.1.3 CAD/CAM 集成系统的关键技术

13.1.3.1 产品建模技术

1)产品特征建模。产品特征建模是 CAD/CAM 集成系统的关键技术之一。传统的实体建模方法存在如下问题:现有的基本体素及其布尔运算方法只能部分构造产品零件;在定义产品信息中,除了几何状态尺寸外,对于工艺过程、材料因素(如牌号、热处理、状态、加工纹理等)、尺寸公差和形位公差等都必须提供附加文字说明;所处理的几何体仅限于平面、多面体及轴、孔类简单的几何体;所有特征在识别以前,大多需要预先进行详细化、形式化的描述,而这样的描述尚需人工进行,形状复杂时,描述十分困难等等。特征建模是为了弥补传统的体素造型方法的不足提出的。

特征模型继承了完善的几何表达能力,完整地表达产品技术和生产管理信息,使设计人员可以应用特征在更高的层次上从事产品设计,并有效地促进了产品信息在设计、工艺、制造等环节的传递及共享,为建立集成产品模型和开发新一代 CAD/CAM 集成系统打下了基础。

2)产品集成建模。产品集成建模是 CAD/CAM 集成系统关键技术的更高要求。集成化产品建模是随着先进制造系统的发展而出现的。产品建模系统在先进制造系统中承担着产品成型并在计算机内构成有关的信息,从而为后续环节,如工艺过程设计、数控编程和加工检测等环节提供基本数据。集成化产品建模是由局部走向全局的自动化,即由原来的局限于产品制造过程的自动化发展到产品的设计过程、生产过程和经营管理过程的自动化。

为了实现集成化的要求,需要在计算机内部把与一个产品有关的全部信息集成在一起的集成产品模型。集成产品模型中不仅包括了与生产过程有关的信息,而且在结构上还能清楚地表达这些信息之间的关联。

集成产品模型指的是关于产品数据的形式化描述,通用于产品开发过程的各个阶段,使得企业的各个部门的计算机辅助系统(CAX)生成、处理和管理的各类产品数据,能够在预定的时间,以规定的形式传到指定的地点。产品数据是关于产品的一个或一组事实、概念和要求的形式化描述,适合于人类或自动化作业进行通信、解释和处理。产品定义数据是产品数据的一个子集。它是把要制造的产品作为物理对象，对其各个特征进行描述和通信所需的数据，它是CAD/CAPP/CAM 的研究对象、CAD/CAPP/CAM 集成实现的基础、各种 CAX 系统处理和交换的对象。

13.1.3.2 集成数据管理

CAD/CAM 集成系统在运行过程中，产生大量及复杂的数据。管理好这些数据是保证系统运行的必要条件。然而，单纯数据管理已不能满足现代企业信息化的要求。因此，产品数据管理(product data management，PDM)应运而生。

PDM 技术是以产品数据的管理为核心，通过计算机网络和数据库技术，把企业生产过程中所有与产品相关的信息和过程集成管理的技术。PDM 是 CAD/CAPP/CAM 的集成平台，对共享数据进行统一管理。PDM 不仅管理有 CAD 生成的工程图图形文件，而且实现与工程图相关的管理信息的全自动双向交换，PDM 和 CAD 能自动交换数据及文档的管理信息，使数据实现一次输入，保证了产品数据的一致性。PDM 利用文档管理功能为 CAPP 管理数据，提供对数据的储存、检索、版本控制等功能。

13.1.3.3 产品交换标准

1)STEP 与 CAD/CAPP/CAM 系统的集成。CAD/CAPP/CAM 系统集成的关键是 CAD，CAPP，CAM 系统间的产品数据交换和共享。

在产品数据交换标准方面，近二三十年来，国外做了大量的研制和制定工作，也产生了许多标准，如美国的 DXF，IGES，ESP，PDES；法国的 SET；德国的 VDAIS，VDAFSO。这些标准是根据工业界对这一技术的要求而发展和制定的。随着计算机集成制造技术的兴起，要求各个计算机辅助系统能纳入集成的产品设计、分析、制造框架内，需要交换的产品数据不仅仅是几何和图形数据，还有许多非几何信息，因此，需要制定能支持产品生命周期的数据交换标准，应用这一标准来实现各个计算机辅助系统之间，特别是 CAD/CAPP/CAM 系统之间的数据交换和信息集成。国际标准化组织(ISO)制定的产品数据表达与交换标准 STEP 可满足计算机集成制造系统对产品数据集成和共享的要求。

2)产品数据表达与交换标准 STEP。STEP 是 ISO 提出的产品数据表达与交换的国际标准，其目标是提供一种独立于任何特定系统且能描述产品整个生命周期中有关数据的机制。STEP 标准包括 5 个部分的内容：描述方法、集成资源、应用协议、实现形式和一致性测试。这 5 个部分的内容中，描述方法用于集成资源的定义，由资源模型产生应用协议，应用协议和实现形式相结合产生一种 STEP 实现体，一致性测试则用于测试 STEP 实现是否与标准相一致。STEP 使用形式化的数据规范语言 EXPRESS 来描述产品数据的表达。形式语言的使用提高了数据表达的精确性和一致性，有利于在计算机上的 STEP 实现。

STEP 的目标是提供一种能描述整个产品生命周期中产品数据的机制，并在完整产品数据模型的基础上实现产品数据的自动交换，以实现 CAD/CAPP/CAM 乃至整个 CIMS 以及并行工程的信息集成。

3)STEP 应用方法。STEP 应用的实施主要涉及 2 个方面的问题。一是实施的范围，另一个是支持该实施范围的数据交换机制。由于不同的 CAD/CAM 系统内部数据结构各有差异，它们对数据交换的要求也各不相同。需根据自己的情况选取合适的方式进行数据交换。

目前，各种数据交换系统为用户提供进行数据交换的界面一般有 3 种：交换文件(exchange format file)，数据存储软件(access software)，查询语言(query language)。实现方式(implementation form)分为 4 级：第 1 级中性文件交换(STEP file)，第 2 级工作格式交换

(working form),第 3 级数据库交换(data base),第 4 级知识库交换(knowledge base)。

国际上著名的 CAD/CAM 软件(如 UG,Pro/E 等)都不同程度上支持 STEP 标准,提供 STEP 物理文件前后处理器。也有专门支持遵循 STEP 标准的产品建模和产品数据交换的 STEP 集成工具。ProSTEP 公司推出的集成软件 PSStep-Caselib,其产品功能有[Prostep 3]:支持 SDAI 标准应用程序界面;提供 EXPRESS 建模工具,利用 EXPRESS 或 STEP 应用协议描述数据模型,进行系统集成;生成符合 STEP 标准的物理文件;帮助用户快速、有效地使用 EXPRESS 语言,支持 HTML 格式;通过交互或批处理形式,对 IGES 和 STEP 的数据(曲线、面、曲面等)进行语法和词法检查;提供面向通用 CAD 系统和 PDM 系统的数据交换工具包。

随着并行工程、敏捷制造、虚拟制造的实施,随着 CIMS,PDM 在企业的深入应用,STEP 技术在数据交换领域的作用日益突出:提供产品数据表达的标准,使数据信息能在不同系统与企业之间交换与共享;提高数据交换的效率和正确性;使多种异构系统的集成成为可能;STEP 技术使一些重要的合理化资源得到充分利用。

13.2 柔性制造系统

13.2.1 概述

随着制造技术的快速发展,特别是 CNC 技术、计算机技术、自动控制技术、通信技术的高速发展,以先进的制造技术和组织方式为基础的适应多品种、中小批量、高效率、低成本和具有快速响应市场能力的生产系统应运而生。柔性制造系统和柔性制造单元(flexible manufacturing system and flexible manufacturing cell, FMS&FMC)被认为是解决制造过程中涉及上述问题的最好方法。它的目标是最大限度地利用和控制制造技术、信息和资源以达到最好的经济效益。它通过系统自身的柔性、可预测性和优化控制来最大限度地达到减少生产准备时间、降低库存、提高市场的响应能力、减少劳动力成本、提高劳动生产率。

从总体上讲,FMS 是一种先进的生产方式,它具有很高的柔性、效益和生产率。但是对一个企业具体的生产需求来说,FMS 并不是都能发挥其最佳效益的,也就是说它有一定的最佳适用范围。一般来讲,FMS 比较适合于产品变化比较频繁、批量属中小批类型的生产。

13.2.1.1 柔性制造系统概念

FMS 的概念诞生于伦敦,由 David Williamson 在 20 世纪 60 年代提出。他构思并研制开发了世界上第一个柔性加工系统(flexible machining system)。它的基本思想是利用数控机床自动地加工一系列产品零件,零件加工的程序预先储存在机床上,事先被安装在托盘(pallet)上的工件可以自动地装卸,每台机床装有刀库可以实现刀具的自动更换,同时系统中配备有排屑和清洗设备,系统大部分由计算机实现控制。随着计算机控制设备和应用的扩展,柔性自动化系统的应用也从金属成形发展到装配等其他的领域。柔性加工系统的概念也发展到柔性制造系统。

柔性制造系统是指可变的,自动化程度较高的制造系统,它由多台数控机床或加工中心组成,没有固定的加工顺序和节拍,能在不停机调整的情况下更换工件及工夹具,在时间和空间(多维性)上都有高度的可变性。

13.2.1.2 柔性制造系统的特点和适应范围

柔性制造系统一般是由多台数控机床和加工中心组成,并有自动上、下料装置,仓库和输送系统，在计算机及其软件的集中控制下，实现加工自动化，它具有高度柔性，是一种计算机直接控制的自动化可变加工系统。与传统的刚性自动线相比，有下列突出的特点。

1)具有高度的柔性，能实现多种工艺要求不同的同"族"零件加工，实现自动更换工件，夹具、刀具及装夹，有很强的系统软件功能。

2)具有高度的自动化程度、稳定性和可靠性，能实现长时间的无人自动连续工作(如连续24 h 工作)。

3)提高设备利用率，减少调整、准备终结等辅助时间。

4)具有高生产率。

5)降低直接劳动费用，增加经济收益。

柔性制造系统的适应范围很广，其中柔性制造单元、柔性制造生产线都属于柔性制造系统的范畴。柔性制造系统主要解决单件小批生产的自动化，把高柔性、高质量、高效率结合和统一起来，具有很强的生命力，是当前最有实效的生产手段，并逐渐向中大批多品种生产的自动化发展。

13.2.1.3 柔性制造系统的类型

柔性制造系统一般可分为柔性制造单元、柔性制造系统和柔性制造生产线，但统称为柔性制造系统。

1)柔性制造单元 FMC。它是由单台计算机控制的数控机床或加工中心、环形(圆形或椭圆形)托盘输送装置或工业机器人所组成，采用切削监视系统实现自动加工，不停机转换工件进行连续生产。它是一个可变加工单元，是组成柔性制造系统的基本单元。

2)柔性制造系统 FMS。它是指有 2 台或 2 台以上的数控机床或加工中心或柔性制造单所组成，配有自动输送装置(有轨、无轨输送车或机器人)，工件自动上下料装置(托盘交换或机器人)，自动化仓库，并有计算机综合控制功能、数据管理功能、生产计划和调度管理功能和监控功能等，见图 13-3。

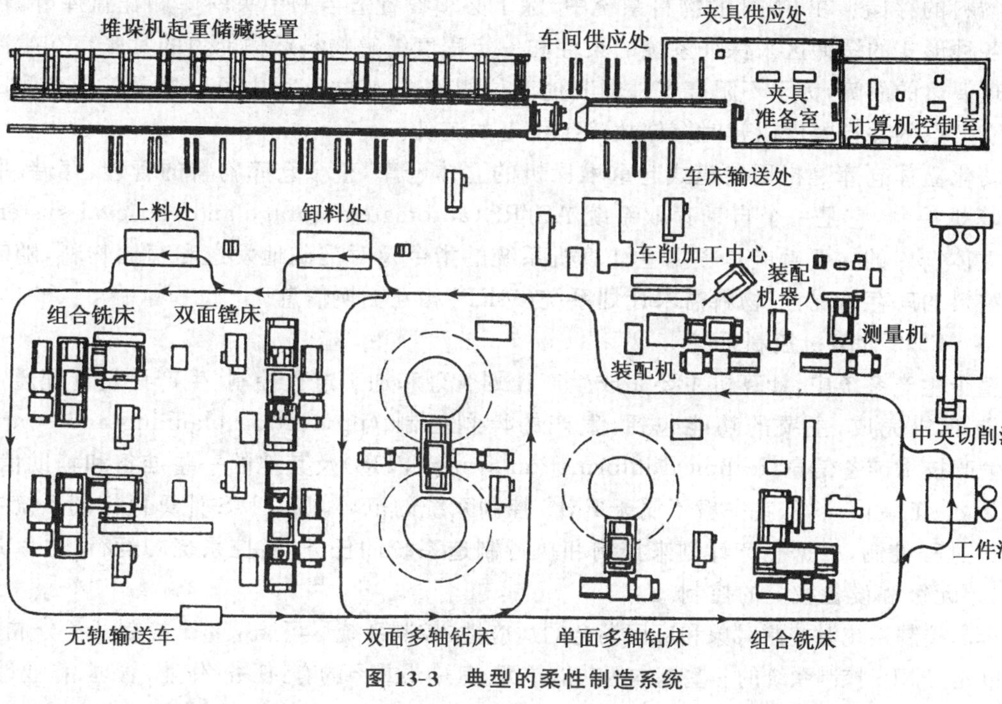

图 13-3 典型的柔性制造系统

3)柔性制造生产线 FML(flexible manufacturing line).它是针对某种类型(族)零件的,带有专业化生产或成组化生产的特点。它由多台加工中心或数控机床组成,其中有些机床带有一定的专用性,全线机床按工件的工艺过程布局,可以有生产节拍,但它本质上是柔性的,是可变加工生产线,具有柔性制造系统的功能。

13.2.2 柔性制造系统的组成

13.2.2.1 加工设备系统

加工设备系统的主要加工设备是加工中心和数控机床,目前以铣镗加工中心(立式和卧式)和车销加工中心占多数。对以加工箱体类零件为主的柔性制造系统而言,通常配备有数控加工中心、CNC 铣床等;对以加工轴类零件为主的系统而言,则多数配有 CNC 车削中心、CNC 车床和 CNC 磨床等。对于加工专门零件的系统除了一些通用的 CNC 设备以外,还配备一些专用的 CNC 设备。

13.2.2.2 物流系统

柔性制造系统的物流系统与传统的自动线或流水线有很大的差别,它的工件输送系统是不按固定节拍强迫运送工件的,它没有固定的顺序,甚至是几种零件混杂在一起输送的。也就是说,整个工件输送系统的工作状态是可以随机调度的,而且都设有缓冲站以调节各工位上加工时间的差异。因此,物流系统应包括工件的输送搬运和存储两个方面。

1)工件的输送搬运及刀具的传送。物料搬运系统(material handling system,MHS)是在机床、装卸站、缓冲站、清洗站和检验站之间运送零件和刀具的传送系统。也有的系统把刀具和工件的运输分开,由各自的传送系统处理,那么系统中就存在 2 套传送系统:物料传送和刀具传送。在大多数 FMS 中,进入系统的毛坯在装卸站装卡到夹具托盘上,然后由物料传送系统(MHS)把毛坯连同夹具和托盘一起,送往将要对工件进行加工的机床旁排队等候。在 FMS 系统中,传送系统可以由小车、环形输送带、机器人等组成。

2)物料的存储。在 FMS 的物料系统中,除了必须设置适当的中央料库和托盘库外,还可以设置各种形式的缓冲区来保证系统的柔性和一定程度缓解物料运输能力的紧张。在生产线中会出现偶然的故障,为了不阻塞工件向其他工位的输送,输送路程中可以设置若干个侧回路或多个交叉点的并行料库以暂时存储故障工位上的工件。

自动化立体仓库是指用巷道式起重堆垛机的立体仓库,整个仓库物料的管理、存储、取出都由计算机控制,它是一个自动存取系统 AS/RS(automated storage and retrieval system)。自动化立体仓库的主要功能是根据主计算机系统的指令及时准确地发送和存储物料,随时提供各种物料的库存情况,与物料需求计划系统(MRP)相互交换信息。

13.2.2.3 FMS 计算机控制系统

在整个生产系统中,计算机主要完成生产计划管理和加工过程控制。生产计划管理通常由上一级计算机完成,主要的功能包括:生产的计划控制 (production planning and control,PPC)、生产技术准备信息(technical information system,TIS)及其他的一些准备和辅助信息,如刀具计划、工装设计等,它一般不属于 FMS 控制系统的范畴。而 FMS 计算机控制系统主要进行加工过程控制,根据生产计划来控制和执行制造系统的任务,监控系统的运行,也就是在总控级、单元级和设备级上的控制。

为提高控制系统对控制对象和应用场合的适应性,控制系统尽可能把整个控制任务分成独立的功能单元。FMS 控制系统的一些基本的功能单元,其中最重要的有:任务(作业)管理、作业计划、运行控制、工装资源管理、NC 数据管理、物流控制、人机交互控制、工况数据采集等。

13.2.2.4 FMS 的软件系统

FMS 的软件系统由各种应用模块所组成，它们包括：任务管理模块、作业计划模块、运行控制模块、工装资源管理模块、NC 数据管理模块、物流控制模块、人机交互控制模块、工况数据采集模块、系统的诊断和维护模块、质量控制管理模块等。所有这些模块集成起来，稳定协调的工作才能真正地发挥 FMS 本身所提供的高效益。

在更高层次的 CIM 工厂中它的许多输入信息可以从与之相连的其他软件系统自动获得。FMS 系统通常要与 MRP，NC 编程系统（通过远程任务介入，RJE）、CAD/CAM 系统、信息管理系统（MIS）等相连且相互交换信息，以提供更高的集成启动化和效率的能力，朝着企业工厂的全面集成（CIM）迈出坚实的一步。

13.2.2.5 FMS 中的计算机网络技术

网络技术是柔性制造系统的一项重要的支持技术，它是系统协调工作、相互交换信息的必备条件，直接影响系统正常高效的运转。在一个柔性制造系统中往往需要建立一个局部网络系统，即局域网 LAN（local area network）。

目前用于工业环境的分级网络包括工厂级、车间级、现场级和设备级等 4 个层次。在 FMS 中，涉及到车间级和现场级。适用于车间级的有 MAP（manufacturing automation protocol）通信协议，适用于现场的总线（field bus）多采用 bitbus、profibus 等标准。

13.2.2.6 FMS 的刀具管理系统

FMS 能在不停机的条件下对任何一种工件进行加工，除了机床本身可以自动换刀和系统的其他配合因素外，FMS 本身设有中央刀具库，并有配套完善的刀具管理系统，可以实现刀具预调，可以将机床的刀库与中央刀库实现交换，可以监视系统中每一把刀具的参数、磨损情况、寿命和空间位置，可以预报下一阶段的刀具信息等。实现 FMS 系统内刀具循环的优化管理将提高 FMS 的柔性。

13.2.2.7 FMS 的检测监控系统

在 FMS 中，为了实现质量对工艺过程的反馈控制，所以在 FMS 范围内收集、识别、提取表征质量的参数，以此或根据统计分析技术确定工艺过程或装置的全面质量管理，修改工艺过程以改进产品质量或使生产在预先确定的极限范围内正常进行防止废品的出现，以及在设备自检的基础上检测和响应任何异常或紧急情况，必要时给予视听信息或启动备用设备，保证人身与设备安全的系统，统称为 FMS 的检测监控系统。

FMS 检测监控系统可划分为 5 个子系统：FMS 运行状态检测监控系统、机床工作状态检测监控系统、刀具状态检测监控系统、工件状态检测监控系统、系统安全检测监控系统。

13.2.3 柔性制造系统的工作过程

FMS 工作过程可以这样描述：柔性制造系统接到上一级控制系统的有关生产计划信息和技术信息后，由其控制系统进行数据信息的处理、分配。按照一定的方式对加工系统和物流系统进行控制。料库和夹具库根据生产的品种和调度计划信息，供应相应品种的毛坯，选出加工所需要的夹具。物料运送系统根据指令把工件和夹具运送到相应的机床上。机床选用正确的加工程序、刀具、切削用量对工件进行加工，加工完毕，按照信息系统输给的控制信息转换工序，并进行检验。全部加工完成后，由装卸和运输系统送入成品库，同时把质量和数量信息送到监视和记录装置，夹具送回夹具库。

当需变更产品零件时，只要改变输入给系统的生产计划信息、技术信息，整个系统就能迅速、自动地按照新要求来完成新的零件的加工，见图 13-4 所示。

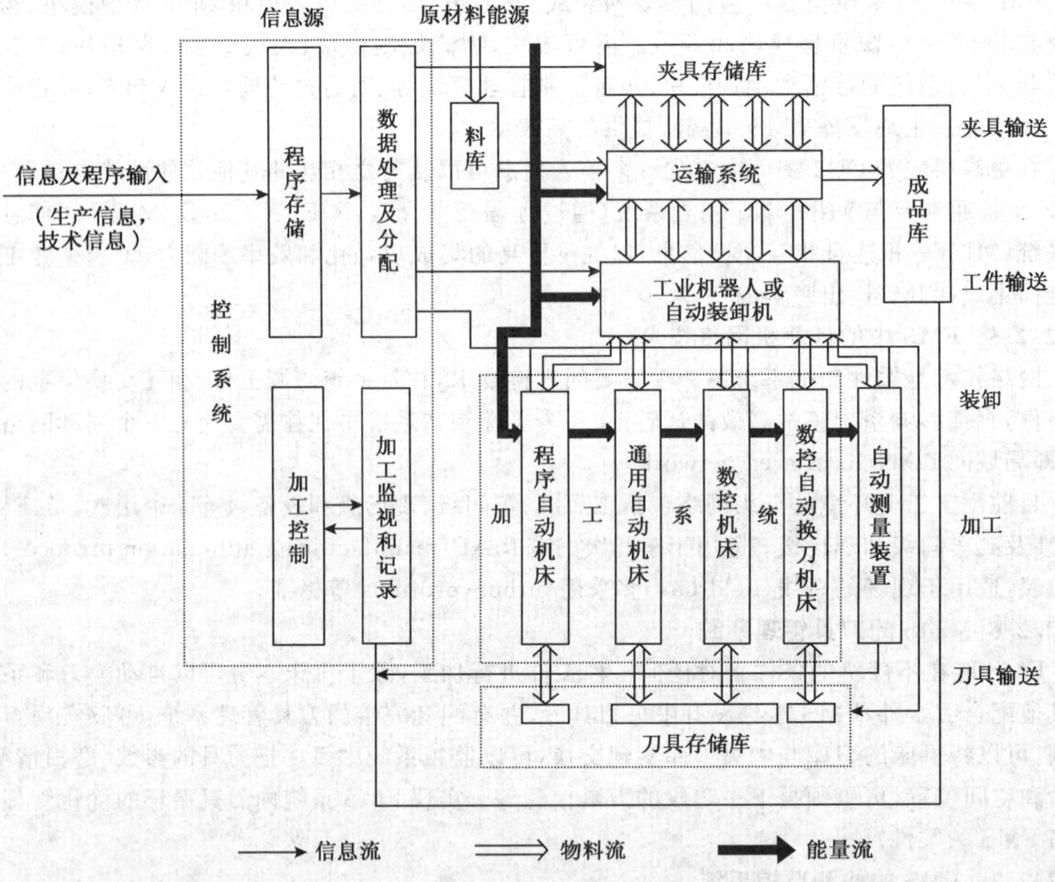

图 13-4　柔性制造系统的模型框图

13.3　计算机集成制造系统

13.3.1　概述

13.3.1.1　CIM 及 CIMS 的概念及内涵

计算机集成制造(computer integrated manufacturing，CIM)是 1974 年美国的约瑟夫·哈林顿博士在《Computer Integrated Manufacturing》一书中首次提出的，他的 CIM 概念基于两个观点：一是企业中的各个部门，诸如市场分析、经营管理、工程设计、加工制造、装配维修、质量管理、仓库管理、售后服务等是一个不可分割的整体，为达到企业的经营目标应统一考虑；二是整个生产过程实质上是一个信息的采集、传递、加工处理和利用的过程。从这两个观点可以看出，CIM 是一种新的制造思想和技术形态，是信息技术与制造过程相结合的自动化技术与科学，是未来工厂的一种模式。

哈灵顿强调的一是整体观点，即系统观点；二是信息观点。两者都是在信息时代进行组织和管理生产。因此，采用信息技术实现集成制造的具体实现便是计算机集成制造系统

(computer integrated manufacturing systems,CIMS)。也就是说,CIM 是信息时代的一种组织、管理企业生产的理念,CIM 技术是实现 CIM 理念的各种技术的总称,而 CIMS 则是以 CIM 为理念的一种企业的新型生产系统。

CIM 和 CIMS 的定义及其内涵,从 20 世纪 70 年代至今是一个不断的发展过程,下面是几种新近定义。

1992 年,国际标准化组织 ISO TC184/SCS/WGI 认为:"CIM 是把人和经营知识及能力与信息技术、制造技术综合应用,以提高制造企业的生产率和灵活性,由此将企业所有的人员、功能、信息和组织诸方面集成为一个整体。"

美国 SME 于 1993 年提出了 CIMS 的轮图,该轮图有 6 层,从图中可以看出,将顾客作为制造业一切活动的核心,强调了人、组织和协同工作,以及基于制造基础设施、资源和企业责任之下的组织、管理生产等的全面考虑,如图 13-5 所示。

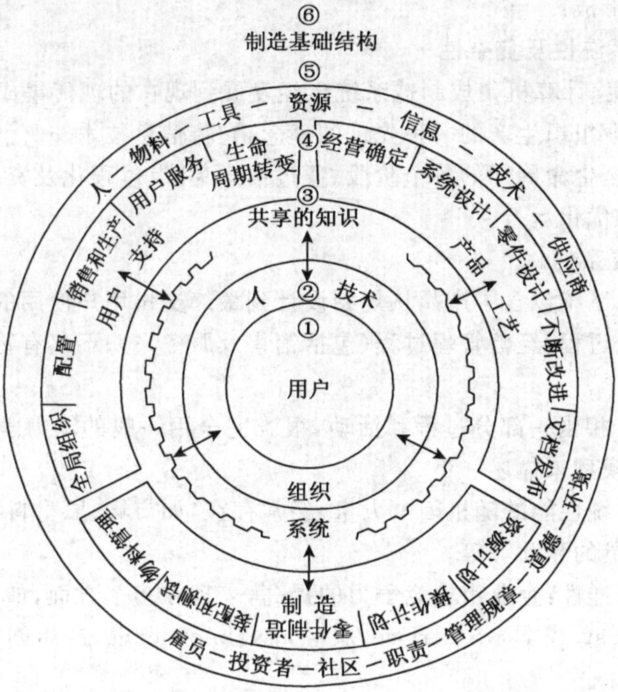

图 13-5 20 世纪 90 年代的 CIMS 轮图

我国 863 计划在 1998 年提出的新定义为:"将信息技术、现代管理技术和制造技术相结合,并应用于企业产品全生命周期(从市场需求分析到最终报废处理)的各个阶段。通过信息集成、过程优化及资源优化,实现物流、信息流、价值流的集成和优化运行,达到人(组织、管理)、经营和技术三要素的集成。以加强企业新产品开发的时间(T)、质量(Q)、成本(C)、服务(S)、环境(E),从而提高企业的市场应变能力和竞争能力。"这实质上已将计算机集成制造发展到现代集成制造。

13.3.1.2 CIMS 的相关技术

CIMS 的现代化特征是数字化、网络化、虚拟化、集成化和绿色化。它是信息集成、过程集成和企业间集成优化,企业活动中三要素(人、经营、技术)和三流(物流、信息流、资金流)的集成优化,以及 CIMS 相关技术和各类人员的集成优化;突出了管理与技术的结合,以及人在系统中的重要作用。因此,CIMS技术是基于制造技术、信息技术、管理技术、自动化技术、系统工程技术的一门发展中的综合性技术。它应用于企业产品全生命周期(从市场需求分析到最终报废处理)的各个阶段。通过信息集成、过程优化及资源优化,实现物流、信息流、资金流的集成和优化运行,达到人(组织、管理)、经营和技术三要素的集成,以缩短企业新产品(P)开发的时间(T)、提高产品质量(Q)、降低成本(C)、改善服务(S)、有益于环保(E),从而提高企业的市场应变能力和竞争能力。

20世纪90年代以来,基于企业动态联盟和网络化的敏捷制造(agile manufacturing),网络的协同产品商务(CPC),虚拟制造(virtual manufacturing);用来加速新产品开发过程的并行工程(concurrent engineering),大批量定制(mass customization production)的生产模式;可持续发展的绿色制造等CIMS相关技术迅速发展。因此,现代集成制造系统将是数字化、集成化、绿色化、智能化、敏捷化与网络化的融合,各种新的管理模式和管理理念拓展,并将导致全球化敏捷生产体系的形成。

13.3.1.3 CIMS的系统性及复杂性

1)CIMS的系统性。计算机集成制造系统已经发展到现在的现代集成制造系统。现代集成制造是信息时代的企业组织生产的一种先进的理念,它将信息技术、现代管理技术和制造技术综合应用于企业产品全生命周期的各个阶段。通过信息集成、过程化及资源优化,实现物流、信息流、价值流的集成和优化运行。

2)CIMS系统的复杂性。

①功能的复杂性:系统包含了产品从规划设计到最终交付用户使用的一切活动。如产品设计开发过程、加工制造过程、经营管理过程(包括销售及服务)等。不仅有物流,还有大量的人的活动。

②对象的复杂性:相当一部分过程和活动,很难完全用一般的动力学系统模型、离散事件系统模型及混杂系统模型来描述。

③随机性:影响系统性能的随机因素大量、经常存在,如市场、原材料零部件的供应、合同、价格、设备的损坏、人员的流动等等。

④目标/约束的多样性:企业市场竞争力的提高,表现在多个方面,如T(time,上市时间),Q(quality,质量),C(cost,成本),S(service,服务),K(knowledge,产品创新),E(environment,环境)等等。

13.3.2 CIMS的构成

13.3.2.1 CIMS的功能构成

计算机集成制造系统包含了一个制造工厂的设计、制造和经营管理3种主要功能,在分布式数据库、计算机网络和指导集成运行的系统技术等所形成的支撑环境下将三者集成起来。

1)设计功能。包括计算机辅助设计、计算机辅助工艺过程设计、计算机辅助制造的工程设计(如夹具、刀具、检具等)和分析工作。

2)加工制造功能。由加工工作站、物料输送及存储工作站、检测工作站、夹具工作站、刀具工作站、装配工作站、清洗工作站等完成产品的加工制造。同时应有工况监测和质量保证系统以便稳定可靠地完成加工制造任务。这里物流与信息流交汇,要将加工制造的信息实时反馈到相应部门。

3)生产经营管理功能。经营方面包括市场预测和制定发展战略计划。管理方面包括制定年、月、周、日生产计划，物料需求计划（manufacturing resource planning，MRP），制造资源计划（manufacturing resource planning Ⅱ，MRP Ⅱ）。将物料需求计划、生产能力（资源）平衡以及进行财务、仓库等各种管理结合起来就成为制造资源计划。

13.3.2.2 CIMS 结构构成

计算机集成制造系统可以由公司、工厂、车间、单元、工作站和设备 6 层组成。也可由公司以下的 5 层、工厂以下的 4 层组成。设备是最下层，如一台机床、一台输送装置；工作站是由几台设备组成；几个工作站组成一个单元。单元相当于柔性制造系统生产线；几个单元组成一个车间，几个车间组成一个工厂，几个工厂组成一个公司。工厂、车间、单元、工作站和设备层的职能分别为计划、管理、协调、控制和执行。

13.3.2.3 CIMS 学科技术构成

从学科看，计算机集成制造系统是系统科学、计算机科学和技术、制造技术交互渗透结合产生的集成方法和技术，并将此技术用于制造环境中。对于离散型制造，包括 6 类技术。

1）总体技术。

①生产系统总体模式：包括集成制造、智能制造及绿色制造等模式；

②系统集成方法论：包括建立功能模型、信息模型、组织模型、动态模型等方法论；

③系统集成技术：包括设计、生产、管理及后勤等子系统间的集成技术，企业三要素（经营、组织及技术）及三流（物流、信息流、价值流）的集成技术等；

④标准化技术：包括产品信息标准、过程信息标准、数据交换标准、图形标准等技术；

⑤企业建模和仿真技术及 CIMS 系统开发与实施技术等。

2）支撑环境技术。包括网络、数据库、集成平台，计算机辅助软件工程，产品数据管理（PDM），计算机支持协同工作及人/机接口等技术。

3）设计自动化技术。包括 CAD，CAPP，CAM，CAE，SBX（基于仿真的设计制造）等。

4）加工生产自动化技术。包括 DNC，CNC，FMC，FMS 及 RPM（快速成形制造）等技术。

5）经营管理与决策系统技术。包括 MIS，OA，MRP Ⅱ，CAQ，ERP，DEM 等技术。

6）生产过程控制技术。过程检测、现代控制、故障诊断和面向生产目标的建模、优化集成控制技术等。

13.3.3 CIMS 的集成模式及集成平台

13.3.3.1 CIMS 的集成模式

1）CIMS 信息集成。信息的集成是保证信息的正确、高效的共享和交换，解决在设计、管理和加工制造中存在的自动化孤岛问题信息集成是改善企业时间（T）、质量（Q）、成本（C）、服务（S）所必需的，其主要内容如下。

①企业建模、系统设计方法、软件工具和规范。企业建模及设计方法可以解决一个制造企业的物流、信息流、以至资金流、决策流的关系，这是企业信息集成的基础。

②异构环境下的信息集成。所谓异构是指系统中包含了不同的操作系统、控制系统、数据库及应用软件。异构信息集成主要解决下面三个问题：

（a）不同通信协议的共存及向 ISO/OSI 的过渡。在一个局域网上同时存在着 TCP/IP，MAP/TOP 以及各种控制系统的工业标准协议。

（b）同数据库的相互访问。

（c）不同商用应用软件之间的接口。如 CAD/CAM 系统，通过 IGES，STEP 建立中性文件，实现应用软件之间的信息传送和交换。

2)CIMS 的过程集成。对产品开发过程进行重构(process reengineering)，使串行过程转变为并行过程，在设计时就考虑可制造性、可装配性，考虑质量(质量功能分配)，则可以减少反复，缩短开发时间。

3)CIMS 的企业集成。面对全球经济、全球制造的新形势，充分利用全球的制造资源(包括智力资源)，更快、更好、更省地响应市场，这便是敏捷制造。敏捷制造的组织形式是企业之间针对某一特定产品，建立企业动态联盟(即所谓虚拟企业)。企业这种不断结盟的能力正是企业敏捷性的标志之一。

敏捷制造提倡"扁平式"企业，提倡企业动态联盟。产品型企业应该是"两头大、中间小"，即强大的新产品设计、开发能力和强大的市场开拓能力。"中间小"指加工制造的设备能力可以小。多数零部件可以靠协作解决，这样企业可以在全球采购价格最便宜、质量最好的零部件。因此企业间的集成是企业优化的新台阶。我国企业的结构应该在"改组"和"企业经营过程重构(BPR)"中调整成适应全球经济、全球制造(既竞争又联合)的新模式。

13.3.3.2 CIMS 的集成平台

CIMS 应用集成平台应具有：缩短应用开发和集成周期；提高企业 CIMS 的运行效率；降低系统维护费用；提供通用的通信和信息访问服务，使应用软件功能不依赖于特定的硬件系统、操作系统、网络协议和数据库管理系统(因此具有良好的可移植性)；提供通用的应用编程接口和图示化界面，方便用户使用；能够集成企业已有系统和信息源，充分发挥企业过去在信息技术上的投资效益；保证所开发的软件具有高度的可重用性。能够满足这些需求的 CIMS 应用集成平台是比较理想的企业 CIMS 实施软件支持工具。

1)CIMS 应用集成平台的定义和功能。CIMS 应用集成平台基本定义如下：CIMS 应用集成平台是一个支持复杂信息环境下 CIMS 应用开发、应用集成和系统运行的软件平台。它基于制造业信息特征，在异构分布环境(操作系统、网络、数据库)下提供透明、一致的信息访问和交互手段，对其上运行的应用系统进行管理，为应用提供服务，并支持 CIMS 信息环境下各特定领域应用系统的集成。

CIMS 应用集成平台的基本功能主要有：通信服务、信息服务、应用编程(集成)接口、应用开发工具、管理应用程序。

2)CIMS 应用集成平台的体系结构与功能。国外集成平台产品虽然已经具有了较高的技术水平，但大部分产品仅支持 CIMS 某个局部问题的解决方案如 Basestar，Monitrol，Plantworks 都只是解决车间控制层的平台产品，CA-Unicenter 主要解决系统资源管理问题。

"制造业 CIMS 应用集成平台"是 863/CIMS 主题重大关键技术攻关项目，其目的是开发一个具有应用前景的制造业 CIMS 应用集成平台，该集成平台采用"软件总线"的构想，为企业提供了一个实现信息集成和应用集成的软件框架环境。它通过提供应用的开发工具、应用的原型系统、应用的集成接口、全局共享信息系统(GIS)共享信息定义与维护工具、集成了的应用软件等方面，给实施 CIMS 的企业提供全方位的支持。

图 13-6 所示是 CIMS 应用集成平台的系统体系结构，整个集成平台采用 Client/Server 结构，由系统服务层、应用服务层、系统管理层和应用开发、应用集成系统等部分组成。

①集成平台系统服务层。提供集成平台底层的透明通信服务和信息服务，主要包括集成平台体系结构中的通信服务层、全局共享信息系统层、GISAPI 和 GIS 定义与维护工具。

②集成平台的应用服务层。在集成平台系统服务层的支持下，按照 CIMS 应用的不同领

域，提供应用集成接口，实现企业常用应用软件的集成。应用服务按照 MIS，CAX(CAE/CAD/CAPP/CAM)、车间管理与控制、Internet 应用 4 个方面分别实现。

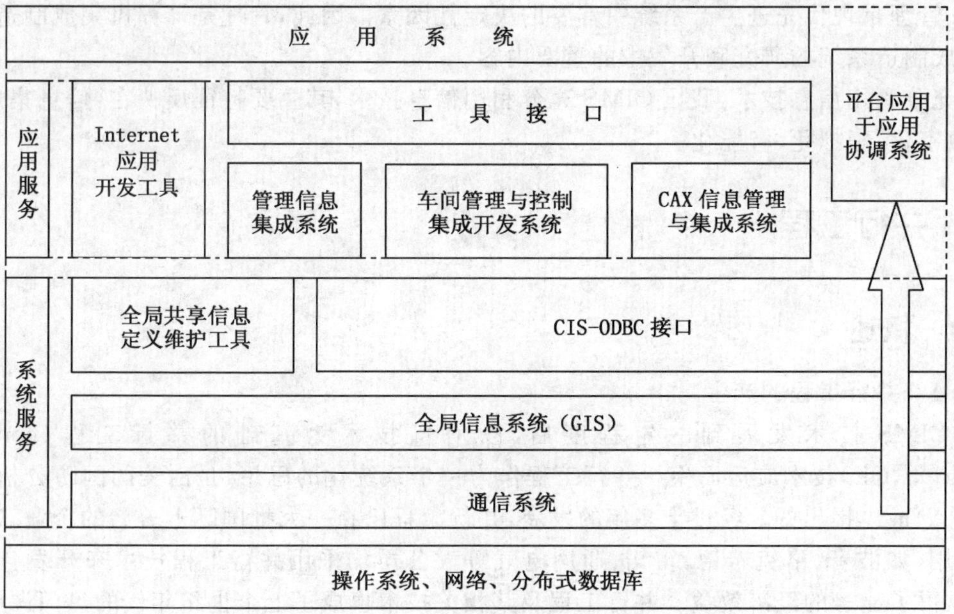

图 13-6 制造业 CIMS 应用集成平台系统体系结构

③集成平台系统管理层。完成对于集成平台环境下的用户管理、系统资源管理、消息服务、工作流管理功能。

④应用系统的开发、应用集成。集成平台系统服务层支持的系统包括通信系统、全局信息系统(GIS)和相应的应用编程接口(API)。通信服务处于集成平台的最底层，它为其他层次提供基本的应用服务，包括应用通信、底层设备屏蔽等。全局信息系统建立在通信服务之上，它维护整个信息系统的完整性和一致性，为应用层提供通用的透明信息访问服务和操作手段。在系统层接口之上是用于特定领域的集成接口和领域子平台：MIS 集成接口、CAx(CAD/CAPP/CAM)信息管理和集成系统、车间管理和控制集成系统，它们一方面提供各特定应用领域的应用支持工具，另一方面提供领域内的信息集成和应用集成接口。平台运行管理系统利用集成平台提供的应用及系统管理服务，完成系统运行监控和管理功能。

13.3.4 我国 CIMS 的特点

1)系统论方法。系统论是贯穿我国 CIMS 研究和发展的一条主导思想。

①强调系统分析和建模。在 863/CIMS 的实施中，总是从系统角度加以考虑。系统联系、系统目标、系统约束、系统实现以及系统优化等概念，如 CAD 可以作为一个系统来处理，它往往又是 CAD/CAPP/CAM 的一部分，而后者又仅是企业 CIMS 的组成部分。

②强调集成和优化。要集成需要企业的系统建模，就需要解决信息集成在异构环境下的关键技术。因此，系统技术、网络、数据库技术在 CIMS 中总是很重视的。另一方面，信息集成仅仅是构成系统的必要前提，因此系统的优化是其自然发展的结果。

③强调协同。系统既重视其组成，更强调互相之间的协同。系统观点为多学科的协同创造了一个好的环境，我国 CIMS 的实践，促进了系统学科、计算机学科、机械学科、管理学科以及

经济学科的发展。

2)管理在CIMS中的关键性作用。单纯从技术到技术，很难解决企业面临的种种问题。生产模式、管理是现代先进生产系统中首要的决定性因素。因此，管理是计算机集成制造系统和现代集成制造系统的研究和开发中的重要内容。

3)充分利用信息技术。我国CIMS充分利用信息技术，其主要特征反映在：信息集成化、网络化、数字化、虚拟化、智能化。

13.4 并行工程

13.4.1 概述

13.4.1.1 并行工程的产生

在CIMS技术发展到一定程度后，以信息技术为基础的并行工程(concurrent engineering，CE)技术应运而生。并行工程作为一个系统化的思想，是由美国国防分析研究所(DARPA)最先提出的。经过十多年的发展，并行工程已在一大批国际上著名的企业获得了成功的应用，如波音、洛克希德、雷诺、通用电气等大公司均采用并行工程技术来开发自己的产品，并取得了显著的经济效益。并行工程及其相关技术也成了上个世纪年代的热门课题。

13.4.1.2 并行工程的定义及特点

1)定义。美国国防分析研究所DARPA于1988年在R-338报告中对并行工程给出的定义：并行工程是对产品设计及其相关过程(包括制造过程和支持过程)进行并行、一体化设计的一种系统化的工作模式。这种模式力图使开发者从一开始就考虑到产品全生命周期中的所有因素，包括质量、成本、进度和用户需求。

2)并行产品开发的特点。并行工程的特点是：①协作关系，体现了小组合作、信任及信息共享；②多小组并行工作，将开发产品的工作人员划分成许多小组，通过过程规划，这些小组将设计工作最大程度地并行进行；③设计阶段冲突数量增加，在设计初期就考虑到影响产品质量的各种因素，必然造成冲突的增加；④并行工程重视对用户需求的分析。

13.4.1.3 并行工程的关键要素

1)组织变革要素。并行工程必须打破传统的、按部门划分的组织模式，组成以产品开发为对象的跨部门集成产品开发团队IPT。

2)满足用户需求与质量保证要素。是否满足用户需求与质量保证要求是衡量产品开发中每一项活动的进展和质量的主要标准，它贯穿于产品开发过程的各个阶段。

3)计算机与网络支持环境要素。并行工程环境中第三个关键要素是计算机与网络支持平台。它必须支持产品开发各种信息类型(如数据、文本、图像、声音)的特定要求，把正确的信息在正确的时刻以正确的方式传递给所需的人。

13.4.2 并行工程的集成框架

并行工程包含了大量的单项关键技术，因此，必须对多种技术和系统进行综合和集成。并行工程需要在一定的环境下、在一定的支持工具的支持下进行实施，参与实施并行工程的各学科工程技术人员以多功能小组的形式进行产品开发活动。产品开发活动中的多种学科、多个人员、大量的支持工具、分布的环境的特点就对并行工程使能工具、应用系统及环境的集成提出了要求。并行工程需要在并行工程集成框架的支持下具体进行实施。

13.4.2.1 并行工程集成框架的定义

集成框架(framework)是使企业内各类应用进行信息集成、功能集成和过程集成的软件系统。集成框架系统是一个软件系统,它提供一种即插即用的环境,能够集成已有的传统应用软件,并能够支持多厂商、多平台、异构网络和不同的操作系统。

13.4.2.2 集成框架的层次

1)集成框架环境层。集成框架环境层提供系统集成的技术规范和标准,以支持异构环境和系统的集成与互联。它是整个集成框架实现的技术基础和环境。集成框架支撑环境是面向对象的处理服务层,其目的是将通用对象服务从多种独立的语言及某种专用语言的运行环境中独立出来,封装并集成到系统中,以实现异构部件的集成和互操作。

集成框架环境层的重要支撑技术就是客户机/服务器技术和面向对象技术。

2)系统平台层。系统平台层基于集成框架环境层所提供的技术支持,提供软硬件支撑平台和集成软件接口,建立各分系统之间信息集成与共享、集成和生命周期数据管理的软总线,使各应用工具按照面向对象的思想能方便地即插即用。集成框架环境层中的技术规范与标准是系统平台的软实现的基础。

3)应用系统层。应用系统层按照企业集成框架的国际标准,提供基于总线的应用系统,为企业活动服务。它包括管理信息系统、CAD/CAM 系统等多种应用系统。

4)企业活动层。企业活动层包括经营管理、产品开发、产品制造三种活动,这是并行工程集成框架最终支持的活动。作为一个完整的并行工程集成框架应用系统,应用系统层和企业活动层是其中的重要组成部分。

并行工程的集成框架及各层次见图 13-7。

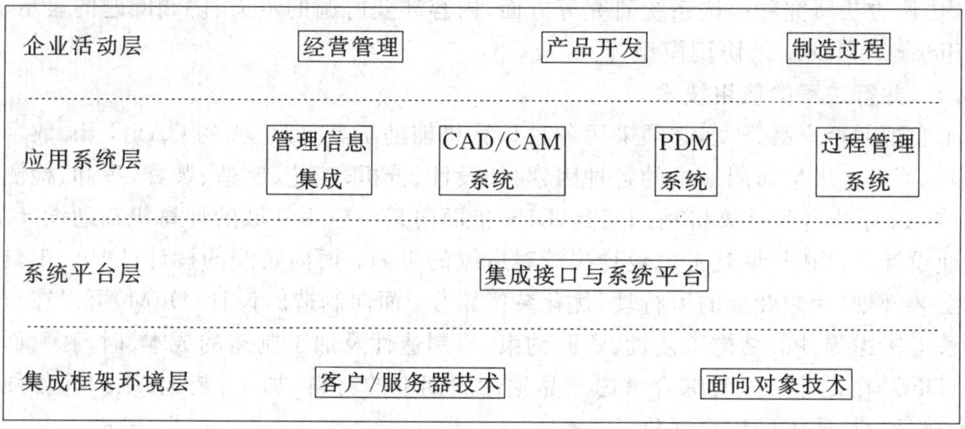

图 13-7 并行工程集成框架

13.4.3 并行工程的关键技术

并行工程除需要 CIMS 中的基础技术,如信息集成、STEP,CAD/CAPP/CAM,数据库、网络通信等,并行工程还需要在 CIMS 信息技术的基础上实施组织管理、过程改进、并行化设计方法学等新的关键技术支持。

13.4.3.1 并行工程过程重构技术

并行工程与传统产品开发方式的本质区别在于它把产品开发的各个活动视为一个集成的

过程,从全局优化的角度出发对该集成过程进行管理和控制,并且对已有的产品开发过程进行不断的改进与提高,这种方法被称为产品开发过程重构(product development process re-engineering)。并行工程产品开发的本质是过程重构。企业要实施并行工程,就要对企业现有的产品开发流程进行深入的分析,找到影响产品开发进展的根本原因,重新构造一个能为有关各方所接受的新模式。

13.4.3.2 并行工程的组织结构

并行工程要求打破部门间的界限,组成跨部门多专业的集成产品开发团队(IPT)。IPT 由企业的管理决策者、团队领导和团队成员组成一定的组织形式。并且形成不同工作范围的多学科小组(multidiscipline team)的协作关系。

13.4.3.3 协同工作环境和协调管理

1)协同工作环境。在产品开发过程中,多功能小组的要进行协同工作,由于小组的成员来自多个学科,其信息交换频繁、种类繁多,它涉及到的信息种类有文本数据、图形、图像、语音、表格、文字等,并且信息量大,对网络传输实时性要求高。因此,并行工程要有良好的协同工作环境。支持协同工作的计算机工具被称为计算机支持的协同工作环境(computer-supported cooperative work,CSCW),又被称为群件(group ware)。CSCW 系统融计算机的交互性、网络的分布性和多媒体的综合性为一体,为并行工程环境下的多学科小组提供一个协同的群组工作环境。

2)协调管理。并行工程的大规模协同工作的特点,使得冲突成为并行工程实施过程中的一个重要的现象。为使产品开发过程顺利进行,使并行工程的效益得以充分体现,必须具有一种协调管理的支持技术、工具及系统,来建立各功能小组及产品元部件之间的依赖关系,协调各跨学科功能小组之间的活动。目前,在并行工程领域,协调理论研究的重点主要集中在协调规律研究、协调方法研究和协调系统研究等方面,内容涉及协调的定义、协调问题的表示、冲突化解(conflict resolution)及协调模型等。

13.4.3.4 并行工程的使用技术

为了实现并行产品开发,必须采用各种计算机辅助工具,即广义的 CAx/DFx 数字化工具集。其中 x 可以代表生命周期中的各种因素,如设计、分析、工艺、制造、装配、拆卸、检测、维护、支持等。CAx 是指各种计算机辅助工具,DFx 指面向某一应用领域的计算机辅助设计工具,它们能够使设计人员在早期就考虑设计决策对后续的影响。面向装配的设计(DFA)工具用来制定装配工艺规划,考虑装拆的可行性,优化装配路径。面向制造的设计(DFM)可以在产品详细设计阶段即考虑零件的结构工艺性、资源约束、可制造性及加工制造的成本、时间等。面向成本的设计(DFC)在设计阶段就综合考虑产品生命周期中的材料、加工、装配、维护等各种成本因素,进行产品设计成本的综合评价。

CAx/DFx 工具被广泛用于 CE 产品开发的各个环节,在基于 STEP 的信息集成系统支持下,实现集成的、并行的产品开发。

13.5 智能制造系统

13.5.1 智能制造的含义和特征

所谓智能制造系统(intelligent manufacturing system ,IMS)是一种由智能机器和人类专家共同组成的人机一体化智能系统，它在制造过程中能进行智能活动，诸如分析、推理、判断、构思和决策等。智能制造技术的宗旨在于通过人与智能机器的合作共事，去扩大、延伸和部分地取代人类专家在制造过程中的脑力劳动。与传统的制造系统比较起来，智能制造系统具有以下特征。

1）自律能力。IMS 中的各种设备和各个环节具有自律能力，即搜集与理解环境信息和自身的信息，并进行分析判断和规划自身行为的能力；这种能力的基础一方面是高超的信息技术，包括对于信息的获取与理解，另一方面是一个强有力的知识库和基于知识的模型。具有自律能力的设备叫做“智能机器”，它表现出一定程度的独立性、自主性和个性。智能机器之间可以按照“投标”、“协商”、“表决”等类似人际关系的方式进行协调运作与竞争。

2）人机一体化。IMS 不是“人工智能”系统，而是人机一体化智能系统。是人工智能与人的智能、或智能机器与人类专家的有效结合。以人工智能装备起来的智能机器在计算、记忆、机械性的推理、预测与判断等方面，智能机器的速度和效率明显地优于人类专家。与传统的制造系统不同，在 IMS 中由于智能机器具有一定程度的自律能力，因此它们与人的关系不再简单地是一种操作者与被操作的工具之间的关系，而表现出一种类似合作共事的关系。例如，机器可以执行操作者的一个操作指令，也可以拒绝某一个指令，并解释理由，机器还可以根据它自已的判断和预测，建议采取某一操作，等等。和这种机器打交道，要求人类专家或操作人员具有更高的知识水准和智能。

3）自组织能力与超柔性。IMS 中各种设备或组成单元，能够按照工作任务的需要，自行集结成一种最合适的结构，并按照最优的方式运行。任务完成以后，该结构即自行解散，并准备在执行下一个任务中结成新的结构，即具有一种自组织能力。可以说，IMS 具有一种“无定形”的结构，一种超柔性。之所以说“超柔性”，是因为其柔性不仅表现在其运行方式上，更表现在其结构形式上。这种自组织能力和柔性，使得 IMS 像一群有智能的人类专家组成的群体，也像生物机体中的由神经元组成的神经网络。因此，现代智能制造系统也称作“生物型制造系统（BMS）”。

4）学习能力与自我优化能力。智能机器能在实践中不断学习，不断充实其知识库。其工作性能随时间推移而趋优。如同人类专家一样，IMS 有着开放式的知识结构，能不断地从工作经历中优化自身的工作的能力。

5）自我修复能力与强大的适应性。作为一复杂系统，IMS 自身具有容错冗余，故障自我诊断、自我排除、自我修复的功能，在动荡的需求环境中，IMS 具有适应变革、忍受冲击的坚韧性、鲁棒性与适应性。

13.5.2 智能制造系统的建模技术

在机械制造中，制造过程非常复杂，它是多因素的、高阶、非线性的。加工过程的模型可能多种多样，如刀具磨损数学模型、切屑成形数学模型、加工质量数学模型等。

过程模型往往很难用解析的方法表达为准确的数学模型形式。即使可以表达为解析数学模型，常常因为模型过于复杂，失去实用性，或者因为过多的条件、假设的限定，使该模型的鲁棒性受到很大的限制。

智能建模方法常常可以用模糊数学、神经网络等方法来实现。把制造过程视为一黑箱，用一个网络及其网络各部联络权值来描述该黑箱的物理行为。这时所建立的模型表现为一种非解析的形式，这就是神经网络建模的基本思想。

13.5.3 智能制造技术的控制策略

智能制造技术实质上是智能控制在制造中的运用。从加工过程的角度上看，智能制造系统的生产特征表现为一种事件的离散性。无论是加工任务，还是信息都是离散发生的，它可表现为一种异步的离散时间间隔过程，这和连续时间过程以及其离散化的等时间间隔过程的特征是完全不同的。离散事件控制系统实际是一种混合动态系统控制方法，它包含了连续信号的离散信号以及高一级的规则，人的运筹所使用的推理符号信息。

1）专家系统控制。由于在线测量仪器及测量信息的不完备性和不可靠性，以及复杂过程的物理模型的建模不准确性使得自适应控制方法的应用受到很大的限制。人工智能无疑是智能制造技术的最强有力的理论基础和技术手段。目前，专家系统在一些有限领域中得到了成功的运用，它可以为 IMS 提供知识获取、知识表示和知识利用的基本手段。

大多数人工智能系统都采用“产生式”系统结构。产生式系统是由数据库、规则库和推理机组成，它方便地描述了问题求解过程。多层次的问题求解过程对应于 IMS 中的多级控制结构。最低层的目标级，即对应于机床及生产设备的控制级，较高级的产生式系统解决较低级产生式系统中的状态描述，操作改变以及规划或策略选择等问题，间接影响目标问题的求解。

专家系统常用的“If-Then”向前链型推理方式，这种方式往往速度太慢较难适合于处理快速的过程。一种“Then-If”逆向链方式更适合于控制系统，因为反馈系统就是采用检测误差，然后反馈修正控制的。专家系统可以从期望的“Then”结果来推理“If”条件是否满足来修改控制系统或选择好的控制模式或控制参数。

2）模糊控制。模糊集合和模糊关系可以用来表示过于复杂的、不能表示为准确数字模型的数据关系。模糊决策方式具有较好的鲁棒性、简洁性和仿生特性。在 IMS 中常将有意义的模糊信息集成到闭环控制的外环的决策选取机构中，用它来选择控制动作。

3）神经网络控制。在 IMS 中的控制问题也可以理解为模式识别问题，神经网络就可以对“变化的信息”进行识别以映射特定系统特性的“动作”信号。神经网络对信息处理的并行性可以实现在线实时的模式识别和对以往经验的快速学习，即使信息是残缺不全的。

总之，专家系统、模糊控制、自学习控制、神经网络等方法为将来的 IMS 提供了自学习、自组织的能力。

13.6 精良工程

精良工程也就是精良生产(lean production，LP)是美国麻省理工学院在 20 世纪 90 年代提出的新概念。而在 20 世纪 50 年代日本丰田汽车公司为了求得汽车行业竞争的胜利，就已经开创了这种新的生产体制。

13.6.1 LP 生产方式的兴起

日本丰田汽车公司战后决定生产轿车和商用载重汽车，但公司面临着大量问题。

1）日本国内市场很小而需要的种类却很多，从豪华轿车一直到农民使用的小型货车。

2）日本的雇佣方式与美国不同，在新劳动法中规定资方不得随意解雇雇员。

3）战争的摧残使日本经济缺少资金和外汇，不可能去购买西方最先进的生产技术。

4）日本原材料缺乏，大部分靠进口，无疑会增加生产成本。

5)世界上特别是美国的大汽车商,他们渴望来日本经营,阻碍日本出口。

面对上述问题,丰田汽车公司的丰田英二和大野耐一认识到,他们需要走一条不同于美国所走的大量生产的道路。他们经过摸索、实践终于找到了这条道路——丰田生产方式(即以后的LP生产方式)。

当时的丰田生产方式的特点是:适应在大量生产条件下扩大品种;改变大量生产中的组织形式,充分发挥人的主观能动性;产品开发和工程设计上采用了"主查"制;组织项目组,改变纵向一体化生产为协作生产;在销售上采用主动销售、直接销售。

13.6.2 精良生产方式的特点

1)强调人的作用,以人为中心。工人是企业的主人,在精良生产中,以人为中心,工人在生产中享有充分的自主权。企业把雇员看作比机器更为重要的固定资产,精良生产最强调人的作用。充分发挥职工的创造性,企业将任务和责任最大限度的托付给在生产线上创造实际价值的工人。

2)精化组织。简化组织机构是精良生产的先决条件,精良生产在产品开发中,采用了并行方法,在产品开发一开始就由设计、工艺和工业工程等方面的人员组成项目组。在产品开发过程中,由于集中了各方面的人员,处理大量的信息可在组内完成,因而使信息的传递得到简化,系统反应十分灵活。

3)以完美为最终目标。精良生产把"尽善尽美"作为努力不懈追求的目标,即持续不断的改进生产、不断的降低成本、力争无废品、零库存和产品品种多样化。

13.6.3 LP的实现

根据面临环境的不同有两种基本可能:一种属于新建,是"白手起家",可以按照LP原理放开地来设计和考虑;另一种则为"逐步改造",要在原来生产系统基础上逐步改造,因为当前的生产不能停下来。

1)改变生产系统的模式。传统的大量生产、成批生产的老模式随着人们需求的提高和市场经济的变化已经不能满足要求,LP必须以新的模式来代替老模式。

①LP的基础模式。以成组流水线代替单品种流水线,组织混流生产模式。

②单元型LP模式。单元内零件产品类似,适合多品种小批量生产。

2)LP设备更新。LP根据系统需要适当更新设备,采用数控机床或FMS。

3)工装模具的成组化。设备以下便是工装、模具、夹具的成组化问题。夹具模具成组化后带来巨大的效益,这是LP所要求的。

4)组织和人员的变动。LP对于"人"的问题给予最大的重视,要发挥人的作用,同时要精简那些不增加附加值的人力浪费。留用的人就要考虑以什么方式将他们组织起来,发挥应有的作用。已有的经验是:技术人员组织项目小组或团组。车间组织单元组,还有质量小组等形式,为了提高人员的素质要加强教育和培养。

5)普遍地建立起计算机集成系统。在整个生产系统普遍地利用计算机这个工具对LP是非常必要的。但是应该也注意到GT的基础CE的应用和JIT,TQM的贯彻。

6)形成一个能够与工厂内协调好的外部环境。LP的一个很重要的特点是要与外部环境加强联系,要能及时反映市场的需求和动态变化。LP的协作厂家比旧式少(为大量生产方式的1/3～1/8)。而其关系不是采用招标,而是长期固定协作关系,这种关系是一种长期共存的关系，互相之间不封闭、完全透明，而且有人员交流，而对质量要求绝对 100%，在送货频率上要求勤送货以保证 JIT。

CIMS 和精良生产是为了达到同一企业目标的两种不同方法。这两种方法可以相互补充、相互促进。CIMS 突出的是内涵十分丰富的多方位、多层次的集成，强调功能集成、信息集成、组织集成和资源集成。精良生产则强调“简化”，即简化企业的组织结构、简化产品开发过程、简化产品结构和产品的制造过程。早期的 CIMS 偏重于计算机的集成，但为了充分发挥计算机集成的优越性，要求理顺人际关系，调整组织机构，实现人的集成及人、技术、经营三者的集成。而精良生产是一种哲理，是一种经营策略，是改变企业运行机制的新的组织方法，其核心思想是要正确处理人际关系，进行机构改革，使企业适应市场竞争的需要。所以将精良生产的哲理融入 CIMS 中，将使 CIMS 发展到新的高度。

13.7 敏捷制造

敏捷制造(agile manufacturing，AM)是美国于 1991 年提出的一种生产方法。它利用人工智能和信息技术，通过多方面的协作，改变企业沿用复杂的多层递阶结构以及传统的大批量生产。其实质是在现今的柔性制造技术的基础上，通过企业内部的多功能项目和企业外部的多功能项目组，组织虚拟公司。这是一种多变的动态组织结构，可把全球范围内各种资源，包括人的资源集成在一起，实现技术、管理和人的集成，从而能在整个产品生命周期内最大限度满足用户要求，提高企业的竞争能力。

13.7.1 敏捷性制造业

敏捷企业目前还没有统一共认的定义。有人定义敏捷在制造业中的含义是：在不断变化与不可预测的环境中，企业赢得成功的一种技能与方法(或者说在一种不断改变与不可预测的环境中获得成功的本领)。该定义有两个关键词：变化与成功。其中，变化是制造企业面临的环境，成功是目的。

这种变化最主要的表现是企业环境的变化。这种变化导致敏捷制造系统与传统的制造系统在功能上有本质的不同。

1)传统制造业的目标是：制造为了销售；敏捷企业的目标是：按订单安排生产。

2)传统制造业的管理目标是：减少与优化库存；敏捷企业管理的目标是：创新。

3)传统企业提高生产效率的主要方法是：增加批量；敏捷企业提高效率的主要方法是：提高企业的灵活性。

敏捷制造系统的扰动是来自市场诸如顾客化产品等突发事件。它是不可预测的随机变量，而且作用于系统的最前端，因而十分复杂与困难。它要靠制造系统的自组织能力通过重构新的制造系统的非线性手段来解决。对于这种非线性的制造系统，人们当企业符合市场环境时，要用负反馈的方法使企业稳定在这一平衡点，当企业不符合市场环境时，要应用正反馈的方法来离开原有的平衡点，并运行到满足市场需求的新的平衡点。

13.7.2 敏捷制造的组织结构

敏捷制造是全球范围内市场的集成，目标是将企业、商业、用户、学校、行政部门、金融等行业都用网络连通，形成一个与生产、制造、服务等密切相关的网络，实现面向网络的设计、面向网络的制造、面向网络的销售和面向网络的服务。

敏捷制造主要由两部分组成:敏捷制造的基础结构和敏捷制造虚拟企业。基础结构为虚拟企业提供环境和条件,敏捷的虚拟企业用来实现对市场不可预测变化的响应。

13.7.2.1 敏捷制造的基础结构(infrastructure)

虚拟企业生成和运行所必需的条件决定了敏捷制造基础结构的构成。一个公司存在的必要环境包括三个方面:生产环境、社会环境和信息支持技术。他们构成了敏捷制造的三个基础结构。

1)生产基础结构。生产基础结构是指虚拟企业运行所必需的厂房、设备、设施、运输、资源等必要的条件。

2)社会基础结构。虚拟企业要能生存和发展,还需要社会环境,即由社会提供为虚拟企业服务的公共设施。例如虚拟企业经常会解散和重组,人员的流动是非常自然的事。人员需要不断的接收职业培训,不断的更换工作,这些都需要社会来提供职业培训、职业介绍的服务环境。

3)信息基础结构。这是指敏捷制造的信息支持环境,包括能提供各种服务的网点、中介机构等一切为虚拟企业服务的信息手段。

在企业的产品生产过程中,从规划、设计、制造、入库到发货,要产生大量的数据信息。企业的运行效益在很大程度上受到其信息处理能力的制约。敏捷制造环境中产品制造过程更加复杂,不仅企业内部要进行信息交换,还要在企业之间进行信息交换。为了高效管理、维护和交换网络上的各类信息,必须开发协作式开放信息集成基础框架,在此基础上实现企业之间的集成。信息集成基础结构可以维护信息的一致性,连接各种应用系统,支持系统之间的合作,实现系统的集成。

13.7.2.2 虚拟企业

敏捷制造的关键是在计算机网络和信息集成基础结构之上构成虚拟制造环境,根据用户需求和社会经济效益组成虚拟制造公司。敏捷制造主要采用合作竞争的策略,分布在网络上的每个公司都缺乏足够的资源和能力来单独满足用户需求,各公司之间必须进行合作,各自求解一定的子问题,每个公司所得出的相应子问题解的集合构成原问题的解。敏捷制造可以连接各种规模的生产资源,根据用户需求和虚拟制造环境中各公司现有能力,在竞争合作的基础上组成面向任务的虚拟公司。

虚拟公司是实现敏捷制造的重要方法.它是信息时代的一种新的制造与管理模式。这种公司不存在庞大的、固定不变的制造系统与组织实体。一旦市场与顾客有某种需求,虚拟公司通过信息网络寻找合适的工程、制造与管理实体,形成新的、临时的制造系统与该项目组的组织。并按并行工程的模式高速度、高质量、低成本地设计与制造出符合这一特殊需求的新的产品(顾客化产品)。一旦任务完成,虚拟公司立即解散。虚拟公司绝不是一种松散的联邦,而是一种在信守承诺与通力合作的精神环境中和信息技术支持下的钢铁般的动态组织。

13.8 虚拟制造

13.8.1 概述

20 世纪 90 年代的“虚拟制造”引起了人们的广泛关注,不仅在科技界,而且在企业界,成为研究的热点之一。原因在于,尽管虚拟制造的出现只有短短的几年时间,但它对制造业的革命性的影响却很快地显示了出来。典型的例子有波音777,其整机设计、部件测试、整机装配以及各种环境下的试飞均是在计算机上完成的,使其开发周期从过去8年时间缩短到5年。又如Perot System Team 利用Dench Robotics 开发的QUEST 及IGRIP 设计与实施一条生产线,在所有设备订货之前,对生产线的运动学、动力学、加工能力等各方面进行了分析与比较,使生产线的实施周期从传统的24个月缩短到9.5月。Chrycler 公司与IBM 合作开发的虚拟制造环境用于其新型车的研制,在样车生产之前,发现其定位系统的控制及其他许多设计缺陷,缩短了研制周期。

13.8.2 虚拟制造的定义

"虚拟制造"是近几年由美国首先提出的一种全新概念。什么是虚拟制造?它包括哪些内容?这些至今仍然是人们讨论的问题。很多人曾为虚拟制造进行定义,比较有代表性有:

佛罗里达大学Gloria J. Wiens 的定义是:虚拟制造是这样一个概念,即与实际一样在计算机上执行制造过程,其中虚拟模型是在实际制造之前用于对产品的功能及可制造性的潜在问题进行预测(VM is a concept of executing manufacturing processes in computers as well as in the real world, where virtual models allow for prediction of potential problems for product functionality and manufacturability before real manufacturing occurs)。该定义强调VM"与实际一样""虚拟模型"和"预测"。

美国空军Wright 实验室的定义是:虚拟制造是仿真、建模和分析技术及工具的综合应用,以增强各层制造设计和生产决策与控制(VM is the integrated application of simulation, modeling and analysis technologies and tools to enhance manufacturing design and production decisions and control at all process levels)。

马里兰大学Edward Lin&etc 给出的"虚拟制造是一个用于增强各级决策与控制的一体化的、综合性的制造环境"(VM is an integrated, synthetic manufacturing environment exercised to enhance all levels of decision and control)。

综上所述给出如下定义:虚拟制造是实际制造过程在计算机上的本质实现,即采用计算机仿真与虚拟现实技术,在计算机上群组协同工作,实现产品的设计、工艺规划、加工制造、性能分析、质量检验,以及企业各级过程的管理与控制等产品制造的本质过程,以增强制造过程各级的决策与控制能力。

与实际制造相比较,虚拟制造的主要特点是:

①产品与制造环境是虚拟模型,在计算机上对虚拟模型进行产品设计、制造、测试,甚至设计人员或用户可"进入"虚拟的制造环境检验其设计、加工、装配和操作,而不依赖于传统的原型样机的反复修改;还可将已开发的产品(部件)存放在计算机里,不但大大节省仓储费用,更能根据用户需求或市场变化快速改变设计,快速投入批量生产,从而能大幅度压缩新产品的开发时间,提高质量、降低成本;

②可使分布在不同地点、不同部门的不同专业人员在同一个产品模型上同时工作,相互交流,信息共享,减少大量的文档生成及其传递的时间和误差,从而使产品开发以快捷、优质、低耗响应市场变化。

13.8.3 虚拟制造的内涵

虚拟制造从根本上讲就是要利用计算机生产出"虚拟产品",不难看出,虚拟制造技术是一个跨学科的综合性技术，它涉及到仿真、可视化、虚拟现实、数据继承、优化等领域。然而，目前还缺乏从产品生产全过程的高度开展对虚拟制造的系统研究。

1)虚拟制造的基础是产品、工艺规划及生产系统的信息模型。尽管国际标准化组织花了很大精力去开发产品信息模型，但CAD开发者尚未采用它们；尽管工艺规划模型的研究已获得了一些进展和应用，但仍然没有一种综合的，可以集成于虚拟制造平台的工艺规划模型；生产系统能力和性能模型，以及其动态模型的研究和开发需要进一步加强。

2)现有的可制造性评价方法主要是针对零部件制造过程，因而面向产品生产过程的可制造性评价方法需要研究开发，包括各工艺步骤的处理时间，生产成本和质量的估计等。

3)制造系统的布局，生产计划和调度是一个非常复杂的任务，它需要丰富的经验知识，支持生产系统的计划和调度规划的虚拟生产平台需要拓展和加强。

4)分布式环境，特别是适应敏捷制造的公司合作，信息共享，信息安全性等方法和技术需要研究和开发，同时经营管理过程重构方法的研究也需加强。

13.8.4 虚拟制造体系结构

1)虚拟制造环境。虚拟制造环境支持产品的并行设计、工艺规划、加工、装配及维修等过程，进行可制造性(manufacturability)分析(包括性能分析、费用估计，工时估计等)。它是以全信息模型为基础的众多仿真分析软件的集成，包括力学、热力学、运动学、动力学等可制造性分析，具有以下研究环境：

①基于产品技术复合化的产品设计与分析，除了几何造型与特征造型等环境外，还包括运动学、动力学、热力学模型分析环境等；

②基于仿真的零部件制造设计与分析，包括工艺生成优化、工具设计优化、刀位轨迹优化、控制代码优化等；

③基于仿真的制造过程碰撞干涉检验及运动轨迹检验－虚拟加工、虚拟机器人等；

④材料加工成形仿真，包括产品设计，加工成形过程温度场、应力场、流动场的分析，加工工艺优化等；

⑤产品虚拟装配，根据产品设计的形状特征，精度特征，三维真实地模拟产品的装配过程，并允许用户以交互方式控制产品的三维真实模拟装配过程，以检验产品的可装配性。

2)虚拟生产环境。虚拟生产环境支持生产环境的布局设计及设备集成、产品远程虚拟测试、企业生产计划及调度的优化，进行可生产性(producibility)分析。

①虚拟生产环境布局。根据产品的工艺特征，生产场地，加工设备等信息，三维真实地模拟生产环境，并允许用户交互地修改有关布局，对生产动态过程进行模拟，统计相应评价参数，对生产环境的布局进行优化。

②虚拟设备集成。为不同厂家制造的生产设备实现集成提供支撑环境，对不同集成方案进行比较。

③虚拟计划与调度。根据产品的工艺特征，生产环境布局，模拟产品的生产过程，并允许用户以交互方式修改生产排程和进行动态调度，统计有关评价参数，以找出最满意的生产作业计划与调度方案。

3)虚拟企业环境。虚拟企业协同工作环境支持异地设计、异地装配、异地测试的环境，特别是基于广域网的三维图形的异地快速传送、过程控制、人机交互等环境。

虚拟企业动态组合及运行支持环境，特别是INTERNET与INTRANET下的系统集成与任务协调环境。

13.8.5 虚拟技术在生产制造上的应用

一个产品从概念设计到投放市场，即产品的生产周期按时间顺序可分为概念设计、详细设计、加工制造、测试和培训/维护，虚拟技术可以在产品的全部生产周期中各个阶段发挥重要的作用。

1)虚拟技术在产品开发中的作用。虚拟能完成在设计过程中，设计师要考虑到产品的各个方面，以满足一定的安全性、人机工程学、易维护性和装配标准等要求。而CAD通常只考虑产品各个子部件的几何特征和相互间的几何约束。这大大降低了设计费用和原型构造时间，更进一步的达到产品用户化的目标。

例如，在飞机制造业中，为评测某飞机设计方案的优劣，要建立一系列与真实产品同尺寸的物理模型，并在模型上进行反复修改，这要花去大量时间和费用，而在过去是不可避免的。如今美国波音公司在飞机设计中运用虚拟技术完全改变了这种设计方法。波音公司为设计波音777飞机，研制了一个名为“先进计算机图形交互应用系统”的虚拟环境，用虚拟技术在此环境中建立一架飞机的三维模型。这样设计师戴上头盔显示器就可以在这架虚拟飞机中遨游，检查“飞机”的各项性能，同时，还可以检查设备的安装位置是否符合安装要求等等。最终的实际飞机与设计方案相比，偏差小于千分之一寸，机翼和机身的接合一次成功，缩短了数千小时的设计工作量。

2)利用虚拟技术设计布置车间。如何合理地布置设计制造车间，是保证制造系统的高效运行是一个非常重要的问题。采用虚拟技术能提高设计的可行性、有效性。车间设计的主要任务是把生产设备、刀具、夹具、工件、生产计划、调度单等生产要素有机地组织起来。

在车间设计的初步阶段，设计者根据用户需求，确定车间的功能需求、车间的模式、主要加工设备、刀具和夹具的类型和数量，提出一组候选设计方案。虚拟技术的作用就是帮助设计者评测、修改设计方案，得到最佳结果。

在详细设计阶段，设计者完成对各个组成单元的完整描述，运用虚拟技术造型技术生成各个组成单元的虚拟表示，并进而用这些虚拟单元布置整个车间，其中还可加上自动导引小车、机器人、仓库等车间常用设备。

总之，虚拟制造是实现柔性制造和敏捷制造的有力手段，是优化资源和充分利用资源，实现产品设计制造又一高端方式。

习题13

1. 柔性制造系统和柔性制造单元的概念是什么？
2. 柔性制造系统由哪几个主要部分组成？它们的主要功能是什么？
3. 简述CIMS的技术构成。
4. 实现CIMS的关键技术是什么？
5. CAD,CAM为什么要集成？
6. CAD/CAM集成的关键技术是什么？
7. 试述并行工程的主要特点。
8. 为什么说并行工程是现代制造技术的发展方向？

9. 什么是智能制造系统？

10. 智能制造技术的控制策略有哪些？

11. 试述精良工程的起源。

12. 精良工程的特点是什么？

13. 敏捷制造中虚拟企业的作用是什么？

14. 敏捷制造与传统企业有什么不同？

15. 什么是虚拟制造系统？

参考文献

1 杨 岳,罗意平主编.CAD/CAM原理与实践.北京:中国铁道出版社,2002

2 肖 刚,等主编.机械CAD原理与实践.北京:清华大学出版社,1999

3 童秉枢主编.现代CAD技术.北京:清华大学出版社,2000

4 张海藩主编.软件工程导论.北京:清华大学出版社,1998

5 严蔚敏,等主编.数据结构.北京:清华大学出版社,1991

6 牟乾辉,张 荧主编.SQL语言和SQL Server 7.0.北京:冶金工业出版社,2000

8 曹志奎,黄瑞清主编.机械CAD技术基础.上海:上海交通大学出版社,1996

9 姚英学,蔡 颖主编.计算机辅助设计与制造.北京:高等教育出版社,2002

10 蔡 颖,姚英学主编.CAD/CAM原理与应用.北京:机械工业出版社,1999

11 孙家广,陈玉健,等主编.计算机辅助设计技术基础.北京:清华大学出版社,1996

12 王炽鸿、欧宗瑛主编.计算机辅助设计.北京:机械工业出版社,1999

13 宁汝新主编.CAD/CAM技术.北京:机械工业出版社,1999

14 宁汝新,徐弘山主编.机械制造中的CAD/CAM技术.北京:北京理工大学出版社,1991

15 冯辛安主编.CAD/CAM技术概论.北京:机械工业出版社,1995

16 程宝义主编.计算机辅助设计基础.长沙:国防科技大学出版社,1999

17 孔庆复主编.计算机辅助设计与制造.哈尔滨:哈尔滨工业大学出版社,1999

18 孔晓玲主编.《计算机辅助设计》实验指导书及学习指导书.合肥:安徽农业大学出版社,2003

19 王贤坤主编.机械CAD/CAM技术、应用与开发.北京:机械工业出版社,2000

20 常 明,朱 林主编.计算机图形学.第2版.武汉:华中科技大学出版社,2003

21 赵汝嘉,殷国富主编.CAD/CAM实用系统开发指南.北京:机械工业出版社,2002

22 景作军,方建军,等主编.计算机辅助设计与工程分析.北京:化学工业出版社,2002

23 孙家广,杨长贵主编.计算机图形学.北京:清华大学出版社,1998

24 童秉枢、李学志,等主编.机械CAD技术基础.北京:清华大学出版社,1998

25 吴崇峰主编.模具CAD/CAE/CAM教程.北京:中国轻工业出版社,2002

26 赵 匀主编.农业机械计算机辅助分析和设计.北京:清华大学出版社,1998

27 范玉青,冯秀娟,等主编.CAD软件设计.北京:北京航空航天大学出版社,1996

28 王勖成,邵 敏主编.有限单元法基本原理和数值方法.第2版.北京:清华大学出版社,1997

29 孙靖民主编.机械优化设计.第3版.北京:机械工业出版社,2002

30 刘雄伟主编.数控加工理论与编程技术.北京:机械工业出版社,2000

31 单忠臣主编.机械CAD/CAM.北京:中央广播电视大学出版社,2002

32 任守榘主编.现代制造系统分析与设计.北京:科学出版社,1999

33 孙祖和主编.Mastercam设计和制造范例解析.北京:机械工业出版社,2003

34 蔡建国,吴祖育主编.现代制造技术导论.上海:上海交通大学出版社,2000
35 杨叔子,丁 洪主编.智能制造技术与智能制造系统的发展与研究.中国机械工程,1992(2):15～19
36 Solberg J J,Kashyap R L. ERC Research in Intelligent Manufacturing systems. Proc. of IEEE,1993,81(4):25～41
37 王先逵主编.机械制造工艺学.北京:机械工业出版社,2000
38 国家自然科学基金委员会工程与材料科学部机械工程科学技术前沿编委会编.机械工程科学技术前沿.北京:机械工业出版社,1996
39 李圣怡,范大鹏,等主编.智能制造技术基础.长沙:国防科技大学出版社,1995
40 熊光愣主编.并行工程的理论与实践.北京:清华大学出版社,2001
41 吴 澄主编.现代集成制造系统导论.北京:清华大学出版社,2002
42 李善平主编.产品数据标准与PDM.北京:清华大学出版社,2002
43 弋景刚,王泽河,安二中,等主编.并行工程中分解与协调方法在农用运输车中的应用研究.ICME.北京:机械工业出版社,2000
44 洪 海,弋景刚,王泽河主编.滚珠丝杠回珠槽的CNC加工.现代制造工程,2003,3(35～36)
45 许香穗,蔡建国主编.成组技术.北京:机械工业出版社,1997
46 杜 裴主编.计算机辅助工艺过程设计原理.北京:北京航空航天大学出版社,1990
47 杜 裴主编.计算机辅助制造.北京:北京航空航天大学出版社,1995
48 董家骧主编.计算机辅助工艺过程设计系统智能开发工具.北京:国防工业出版社,1996
49 黄乃康,等译.工艺过程自动设计导论.西安:西北工业大学出版社,1988
50 王先逵主编.计算机辅助制造.北京:清华大学出版社,1999
51 罗振壁,朱耀祥主编.现代制造系统.北京:机械工业出版社,1995
52 刘 飞,等主编.制造系统工程.第2版.北京:国防工业出版社,2000

图书在版编目(CIP)数据

CAD/CAM技术及应用/刘军,李永奎,陶栋材主编. —北京:中国农业大学出版社,2005.4

ISBN 978-7-81006-697-8

Ⅰ.C… Ⅱ.①刘… ②李…③陶… Ⅲ.①机械设计:计算机辅助设计 ②机械制造:计算机辅助制造 Ⅳ.TH122

中国版本图书馆CIP数据核字(2005)第012246号

书　名 CAD/CAM技术及应用

作　者 刘　军　李永奎　陶栋材　主编

策划编辑 张秀环　　**责任编辑** 洪重光

封面设计 郑　川　　**责任校对** 陈　莹　王晓凤

出版发行 中国农业大学出版社

社　址 北京市海淀区圆明园西路2号　　**邮政编码** 100193

电　话 发行部 010-62818525,8625　　读者服务部 010-62732336

编辑部 010-62732617,2618　　出　版　部 010-62733440

网　址 http://www.cau.edu.cn/caup　　**e-mail** cbsszs@cau.edu.cn

经　销 新华书店

印　刷 涿州市星河印刷有限公司

版　次 2005年4月第1版　2015年1月第3次印刷

规　格 787×1 092　16开本　18.5印张　453千字

印　数 5 001～6 500

定　价 38.00元